航天航空航海国际工程科技战略高端论坛论文集

PROCEEDINGS OF INTERNATIONAL TOP-LEVEL FORUM ON ENGINEERING SCIENCE AND TECHNOLOGY DEVELOPMENT STRATEGY-SPACE AVIATION & MARINE

北京空间科技信息研究所　主编

北京理工大学出版社
BEIJING INSTITUTE OF TECHNOLOGY PRESS

图书在版编目（CIP）数据

航天航空航海国际工程科技战略高端论坛论文集/北京空间科技信息研究所主编. —北京：北京理工大学出版社，2021.3

ISBN 978 - 7 - 5682 - 9613 - 7

Ⅰ．①航…　Ⅱ．①北…　Ⅲ．①航天工程 – 国际学术会议 – 文集②航空工程 – 国际学术会议 – 文集③航海 – 国际学术会议 – 文集　Ⅳ．①V57 – 53②V2 – 53③U675 – 53

中国版本图书馆 CIP 数据核字（2021）第 044895 号

出版发行／北京理工大学出版社有限责任公司

社　　　址／北京市海淀区中关村南大街 5 号

邮　　　编／100081

电　　　话／(010) 68914775（总编室）

　　　　　　(010) 82562903（教材售后服务热线）

　　　　　　(010) 68948351（其他图书服务热线）

网　　　址／http：//www.bitpress.com.cn

经　　　销／全国各地新华书店

印　　　刷／三河市华骏印务包装有限公司

开　　　本／889 毫米 × 1194 毫米　1/16

印　　　张／17.75

彩　　　插／1　　　　　　　　　　　　　　　　　责任编辑／钟　博

字　　　数／512 千字　　　　　　　　　　　　　文案编辑／梁铜华

版　　　次／2021 年 3 月第 1 版　2021 年 3 月第 1 次印刷　　责任校对／周瑞红

定　　　价／98.00 元　　　　　　　　　　　　　责任印制／李志强

目　　录

新基建背景下的卫星互联网建设运营模式研究

刘 畅，夏 禹，崔 彪

（北京空间科技信息研究所 北京 100094）

摘 要：2020 年，中央首次将卫星互联网建设纳入"新基建"范畴，国内卫星互联网建设成为新的投资机遇。本文通过梳理卫星互联网的类型，从业务定位、建设运营模式、融资模式等方面分析国外典型卫星互联网星座的建设运营特点，并总结国外星座的建设和融资经验，以期为我国卫星互联网建设运营提供借鉴。

关键词：卫星互联网；新基建；运营模式；发展建议

Research on the Construction Mode and Operating Model of Satellite Internet in the New Infrastructure Construction

Liu Chang, Xia Yu, Cui Biao

（Beijing Space Science and Technology Information Institute，Beijing，100094）

Abstract：In 2020，satellite internet was added to a list of "new infrastructures" to receive government support. The move is seen as an attempt to boost investment in the construction of satellite internet. This article summarizes the useful experience by studying the business model，construction mode and operating model of foreign satellite internet project，and aims to make suggestions for the development of domestic satellite internet projects.

Keywords：satellite internet；new infrastructures；operating model；development suggestions

0 引言

近年来，卫星设计和研制模式的创新发展，为低成本、高性价比的卫星宽带通信提供了可行的商业化解决方案。国际主要卫星产业巨头，都在大规模投资建设卫星互联网，竞相抢占卫星网络空间入口，争夺空间战略资源。我国也高度关注卫星互联网发展，先后提出了"鸿雁""虹云""行云"等低轨通信卫星星座，并在此基础上统筹谋划后续工程建设，可以说，填补了我国低轨全球通信网络系统空白，形成了自主安全的全球卫星通信保障能力。以卫星互联网建设推动航天产业发展对我国的国家安全和经济发展具有重要的战略意义。

"新基建"主要是指以 5G、人工智能、工业互联网、物联网等为代表的新型基础设施建设，通过推动信息基础设施领域的建设来支撑产业向数字化、网络化、智能化方向发展，满足国家产业转型升级的改革发展需要。同时，"新基建"的"新"在于引入更加市场化的建设方式，卫星互联网组作为一种能够完成向地面和空中终端提供宽带互联网接入等通信服务的新型网络，在"新基建"政策的推动下，有望引来新的发展机遇。本文旨在通过总结国外卫星互联网的建设运营模式，为我国卫星互联网建设提供启示建议。

1 卫星互联网的内涵和类型

按照卫星部署的轨道高度，卫星互联网可以分为低轨、中轨、高轨三类（其定义、特点及国外典型

刘畅（1990—），女，工程师，硕士研究生，主要从事战略新兴产业投资分析。

公司如表 1 所示），目前高轨和中轨卫星互联网在国际上都有较为成熟的运营案例，但低轨卫星互联网仍是一个较为热门的发展方向。

表 1　不同轨道高度卫星互联网

类别	定义	特点	国外典型公司
高轨卫星互联网	部署在地球静止轨道上	轨道高度高，覆盖范围广，3 颗卫星就可实现南北纬 70°区域覆盖	ViaSat，Hughes，Inmarsat
中轨卫星互联网	部署在离地球表面 2 000 ~ 20 000 km 的卫星轨道上	与高轨卫星互联网相比，具备较低时延的优点	O3b
低轨卫星互联网	部署在距离地面 500 ~ 2 000 km 的卫星轨道上	可实现全球覆盖、低时延，终端设备小、单星成本低	OneWeb，SpaceX

2　国外典型卫星互联网运营模式研究

本部分选取国外高、中、低三个轨道上较为典型的卫星互联网星座来分析运营模式。从全球卫星互联网发展现状来看，高轨和中轨卫星互联网已经形成了较为成熟的模式，并进入营利阶段；低轨卫星互联网仍处在各家加速战略布局的阶段，有望于近两年形成业务落地，商业模式还有待验证。

2.1　高轨卫星互联网——ViaSat

美国 ViaSat 成立于 1986 年，是一家北美的卫星通信解决方案提供商。该公司原是一家地面设备供应商，2009 年收购了卫星宽带服务供应商"狂蓝"（WildBlue）公司之后，开始向高吞吐量卫星（HTS）方向拓展。

1）业务定位

ViaSat 定位于直接面向用户提供增值服务的宽带运营商。其策略主要包括两个方面：一是在获取用户层面，通过领先的技术使得单位资费提供的网络容量最大化，在地面网络不发达地区，网络速度和价格达到替代地面宽带网络的程度，以此来保证用户的获取和黏性；二是在提高服务价值层面，ViaSat 选择在其目标市场领域内尽可能地进行垂直整合，直接面向用户提供服务，不断提高其服务的增值价值。

2）建设运营模式

ViaSat 星座部署有自己的空间段、地面段、用户段，其服务直接提供给终端用户。在空间段，高通量卫星星座是其核心竞争力，其通过不断提高卫星技术，增加网络服务的速率和价格。在地面段和用户段，ViaSat 建造自己的地面站，同时自行研发、生产、测试和组装包括天线、室内/室外单元、射频系统等的卫星通信设备，一方面发挥在通信设备方面多年积累的技术优势，另一方面降低成本，保证产品质量。

3）融资模式

ViaSat 采用多渠道融资的方式保证其资金供给的稳定性，主要包括股权融资、债务融资和用户资金，且股权和债券比例基本保持在 1∶1 的状态，使总体资本成本处于最优和风险可控状态。在股权融资方面，通过上市募集社会资金，其前十大股东主要是一些投资机构，且股权较为分散，一定程度上保证了后续资金的连续性；在债券融资方面，长期应付票据（偿还期 5 ~ 10 年）是其债权融资的主要形式，这种融资模式保证了公司在较长周期内充足的资金供给，不用面临短期的资金偿付压力；在用户资金方面，ViaSat 初期主要承接研发类合同，通过用户出资研发形成个性化产品进行交付，再用自有资金对产品进行标准化改造，出售给其他潜在用户。在 2009 年开始部署卫星宽带网络时，ViaSat 就已实现营业收入约 6 亿美元，净利润 3 亿美元，因此它具备较好的财务基础，在很大程度上减少了后续新系统建设投入的风险。

2.2 中轨卫星互联网——O3b

"其他三十亿人"（O3b）星座系统是目前全球唯一成功运营的中轨道宽带卫星通信系统。该星座系统的建设目标是为亚洲、非洲、大洋洲和美洲地区缺乏上网条件的"其他三十亿人"提供低延时、高速率和合理价格的互联网接入服务。截至目前，O3b 共发射 20 颗卫星。

1）业务定位

O3b 星座系统的运营原则是只提供干线传输，不做运营商，其主要业务类似传统的转发器出租业务，只不过是用中轨卫星代替传统的地球静止轨道。系统的主要服务对象为互联网服务提供商、电信服务提供商、大型企业、政府机构和军方用户等。2016 年 SES 收购 O3b 星座系统后，推动其高轨卫星与中轨卫星的服务融合，并投资建设第二代覆盖全球的 O3b mPower 星座。

2）建设运营模式

O3b 星座系统服务运营主要针对电信和互联网运营商，目前其典型应用主要有 3 方面：一是偏远地区的互联网接入；二是地面移动基站回传应用；三是游轮的宽带接入。使用 O3b 星座系统的用户一般都是通过购买通用的天线、射频设备和调制解调器（Modem）来搭建系统。任何一个运营商只要与 O3b 星座系统签署协议，设置一座地球站，就可以实现到地面骨干网的接入，从而向本地固定或移动通信网提供干线传输业务。因此 O3b 没有自己的分销网络，也不销售终端设备，其销售对象是相应的地面运营商，它是作为地面运营商的补充和延伸来提供服务的。

3）融资模式

O3b 公司主要采取股权融资的方式进行星座建设运营，其特点在于在首批星座建设之前，O3b 就以股权融资的形式筹集到了足以覆盖星座建设运营成本的资金，并在融资期内快速形成了提供服务的能力，后续通过被收购和独立上市的方式进一步扩展融资能力：一是以股权融资起步，其首批投资方包括全球通信卫星运营商欧洲卫星公司（SES）、互联网巨头谷歌公司（Google）等，累计获得超过 10 亿美元的融资，基本覆盖前 12 颗卫星的研制和发射总成本；二是通过被上市公司收购获得持续融资保障，2016 年，O3b 被 SES 收购，其下一代星座的建设资金主要由 SES 提供；三是后续 SES 将考虑将网络业务通过分拆上市获得更高的社会融资额，以满足网络业务部分对资本的高需求。

2.3 低轨卫星互联网

1）星链星座（Starlink）

SpaceX 低轨星座项目"星链"（Starlink）最早于 2015 年被提出，计划建设一个由近 4.2 万颗卫星组成的卫星群，旨在提供全球高速宽带接入服务。"星链"网络需要 24 次发射来实现对全球居住区域的覆盖，12 次发射后就能覆盖纬度较高的地区，如加拿大和美国北部。截至 2020 年，该公司已通过 11 次发射将约 650 颗"星链"网络卫星送入轨道。

（1）业务定位。从 SpaceX 的动向分析来看，消费者宽带和军事应用领域是其布局重点：一方面，SpaceX 拟为美国本土及附属岛屿的用户提供宽带接入服务，虽然星链卫星宽带网络尚未开放，但其服务已经受到消费者热捧，在 50 个州有近 70 万人注册该服务；另一方面，SpaceX 也积极争取军方的支持。2019 年 3 月，其与美国空军签订了价值 2 800 万美元的"商业天基互联网军用试验"（DECSI）合同，将在 3 年的时间内利用"星链"星座开展相关的军事服务演示验证，未来有望融入美军作战卫星通信体系，获得更大的发展空间和收益。

（2）建设运营模式。SpaceX 将降低成本作为在商业市场获益的关键，采用卫星研制、发射、运营的一体化，实现系统层面的集成优化，并面向终端用户直接提供服务。

（3）融资模式。SpaceX 在 Starlink 计划上的融资进展并不明朗，相关统计显示，其自 2015 年以来共融资约 22 亿美元，但由于公司并行开展了猎鹰系列火箭、载人货运飞船等多个耗资巨大的项目，因此只有部分所融资金用于星座建设。根据马斯克最初预计，第一期星座完成建设需要至少 100 亿美元，按照目前的发射价格推算，资金缺口巨大。

2）一网星座（OneWeb）

OneWeb 卫星互联网星座由 OneWeb 公司提出，OneWeb 公司是一家英国初创公司，成立于 2012 年。

（1）业务定位。OneWeb 公司的主要业务类型包括卫星宽带接入、面向企业的专业级服务以及电信运营商宏蜂窝基站的数据回程服务三大类。在星座建设初期将率先对发达国家的地面网络尚未覆盖地区的中小型企业开展 B2b 卫星通信业务，待地面用户终端设备的生产规模、营业额、现金流、成本控制等各方面达到一定程度后，再全面开拓发展中国家和边远地区的宽带互联网接入服务。2020 年，OneWeb 公司由于资金链断裂申请破产重组，其股权最终被英国政府与印度电信巨头 Bharti Global 拍下，公司未来发展战略有待观察。

（2）建设运营模式。整个 OneWeb 系统由空间段、地面段和用户段构成。星座全系统正常运行至少需要 600 颗卫星，并由 OneWeb 公司在全球建设部署 55～75 个卫星关口站，用户段根据应用领域和场景的不同，提供固定、舰载、车载和机载等多种类型终端，用户通过终端接入互联网。OneWeb 公司采用与 SpaceX 不同的产业链协作的商业模式，火箭发射承包商有 Arianespace 和 Virgin Galactic，卫星主要通过和空客建立的合资企业 OneWeb Satellites 自主生产，终端和服务主要通过和 Hughes、Qualcomm、Coca-Cola 合作。在服务上，OneWeb 公司特别强调各国政府和网络运营商合作的模式，通过社区进行网络服务的提供，而非直接为用户提供移动连接，以争取在各国的服务落地权。

（3）融资模式。由于长期无法获得稳定的业务收入，OneWeb 公司必须依靠融资来保证正常经营活动。截至 2020 年 3 月，该公司共获得约 33 亿美元融资，主要包含股权融资和债权融资两类。从其几轮融资的结果来看，其股权结构基本形成软银一家独大的局面。这也直接造成了 OneWeb 公司受其最大股东财务状况恶化的影响而最终申请破产的情况。

2.4　总结

根据全球卫星宽带互联网业务的发展特点，得到以下几方面的启示：

1）财务稳健性和建设运营速度是成功运营的重要因素

卫星互联网特别是低轨星座的建设对资金的需求是巨大的，建设投入基本都在几十亿美元甚至上百亿美元。这就要求一方面，卫星互联网建设运营企业有充足的融资储备，具备较高的财务稳健性，有多元化的资金来源以保证其投入和运营的持续性；另一方面，提前做好技术和商业两者间的协调衔接，尽早制定清晰的商业模式，并能够在短期内（平均 2～3 年）快速实现部署和运营，尽快抢占市场，实现投资回报，验证其商业模式。

2）高可用性和高性价比是获得用户和业务落地的关键

从目前情况来看，卫星宽带互联网相对于地面网络的优势主要体现在两个维度：一是在没有地面网络覆盖的区域，比如偏远地区、航空和航海领域，能够为用户提供"足够好"的网络接入服务；二是在有地面网络覆盖的区域，在同等体验下，能提供更高性价比的服务，比如更丰富的增值内容、单位容量更低的价格。总的来说，在某些场景下的不可替代性是卫星互联网的核心竞争力，比如航空、航海等是卫星互联网的蓝海市场，高可用性和高性价比是获得用户和业务落地的关键。

3）需要与全球网络生态系统高度集成

卫星互联网业务的开拓需要企业与多方资源进行集成，比如政府宽带业务和低轨卫星互联网的落地都需要卫星运营商与全球主要政府和企业用户建立长期的合作关系；同时，为了提供更高价值的增值服务，运营商不仅作为数据"管道"产生商业价值，还需要与更多内容服务商或者渠道商建立稳定的合作关系。

3 新基建背景下我国卫星互联网建设运营模式建议

3.1 我国卫星互联网建设计划现状

近两年，我国已有多家企业战略布局卫星互联网领域，形成了一定的基础。在高轨卫星互联网领域，国内目前已基本形成中国卫通垄断的竞争格局。与此同时，2017 年国内多个低轨互联网星座计划相继启动，如"鸿雁""虹云""行云""翔云星座""天象星座"等。

3.2 新基建给卫星互联网建设带来的重大机遇

2020 年 4 月 20 日，国家发改委在新闻发布会上明确了新基建的范围，将卫星互联网首次纳入新基建的范畴，这意味着卫星互联网已上升到了国家战略层面，为我国卫星互联网建设带来了重大机遇。

1）国家或将加大政策支持和财政投入

目前国内星座建设主要采用自主投入的方式，社会资本多为追求短期收益或试探性地投入资金。卫星互联网建设纳入新基建，为资本进行长周期的产业投资增强了信心，也提供了方向。社会资金的倾斜和长期投入，加上政策引导助推地方配套产业发展，将进一步加快构建卫星互联网产业体系。

2）地方政府加速推动卫星互联网产业配套升级

目前，国内已有多个城市陆续发布新型基础设施建设行动方案，将卫星互联网建设纳入建设规划。以地方政府为主导推进示范应用基地的建设，有利于尽快推动上下游产业链形成成熟、商业化的供应链体系，汇聚产业链各环节资源，形成建设合力。

3）信息基础设施建设加速天地一体化融合发展

在卫星互联网系统高低轨协同、天地一体、标准统一、与 5G 等地面网络融合发展的布局方向下，5G、人工智能、工业互联网、物联网等信息基础设施建设同步加速推进，将有望在新一轮的天基互联网建设中，加速天地一体化融合发展。

3.3 卫星互联网建设运营模式建议

在高轨卫星互联网领域，中国卫通已经在国内形成了明显的领先优势，考虑到高轨卫星星座的特殊性，国家进行重复建设和投资的可能性较小。因此本文主要针对目前仍处于起步阶段的低轨卫星互联网提出以下建设运营模式建议。

1）创新投资方式，多渠道融资支持星座建设运营，培育市场化竞争的平台型企业

低轨卫星互联网建设运营需要巨大的资金投入，吸取 OneWeb 公司破产的经验，本文认为国内互联网星座的建设运营企业可以从以下几个方面增强自身的财务稳定性：一是多种融资方式并存，优化资本结构，将股权融资和债券融资的比例保持在一个合理的范围内，在债券融资方面，可以申请政府专项债以及长期贷款，在股权融资方面，可以引进多类型资本；二是增加股权融资来源的多样性，采用 PPP 的投资模式，充分吸纳中央政府财政、地方财政、社会资本、战略合作企业的资金支持，避免因一方的资金紧张而影响整个项目的建设进程，同时以星座建设带动地方产业、卫星互联网生态的发展；三是增强自身"造血能力"，在卫星互联网业务的技术研发基础上，衍生培育能够产生收入的其他业务和产品，整体上降低企业的经营风险，同时反哺新业务的拓展。另外，从国外经验来看，采用商业化的模式运营、市场化竞争的理念协调资源，才可能实现建设运营企业的可持续发展，因此建议国内应在优化市场竞争环境的前提下，积极培育平台型企业来作为星座建设的主体。

2）加强与政府和企业用户的合作，尽早锁定初始商业模式，逐步开发应用服务

根据国外低轨互联网星座的建设经验，其起步阶段都有政府、军方或者企业级用户的订单支撑其运营维护。结合我国实际情况，考虑到低轨卫星互联网境外落地的难度，建议低轨卫星互联网建设的初期应该以覆盖国内偏远山区和全球海洋、空域为主，加强与政府、军方和中资企业的合作，开拓应急、国

土安全、航空和航海方面的应用，采用小型便携终端提供全球宽带服务；同时可以结合"一带一路"倡议进行地面基础设施建设布局，将服务拓展到"一带一路"沿线各国，为"一带一路"沿线不具备卫星通信能力的国家提供卫星服务；在消费级网络服务层面，可以选择作为"管道方"与地面运营商合作开拓的方式，并通过加强与国外运营商和政府合作，将服务逐渐拓展到全球范围。

3）加快卫星互联网生态体系建设，引导区域生产要素的聚合与协调发展

低轨卫星互联网的建设需要产业链上各个环节的相互配合，从卫星研制、卫星发射、地面基站及终端设备研制、卫星运营服务，到提供互联网内容和增值服务，都需要产业链上下游的相关企业形成成熟、商业化的供应链体系和紧密的合作关系。在以国内大循环为主体、国内国际双循环相互促进的新发展格局的建设背景下，我国卫星互联网星座的建设发展可以结合区域产业发展战略和卫星互联网的建设布局，加快卫星互联网生态体系的建设，通过政府采购服务的方式培育一批产业链配套环节上的龙头企业，在政策扶持下引导社会资本投入产业链各配套环节，引导区域生产要素的聚合与协调发展，加快形成商业化的卫星互联网供应链生态系统。

参 考 文 献

［1］ SES annual reports. Annual reports（from 2015 to 2020）. http：// www. ses. com/investors/annual – reports，2015 – 01 – 01/2020 – 05 – 12.

［2］ ViaSat annual reports. Annual reports（from 2015 to 2020）. http：// investors. viasat. com/financial – information/ annual – reports，2015 – 01 – 01/2020 – 03 – 24.

［3］ Caleb Henry. SES mulls external investments for O3b，Networks Business［EB/OL］. http：// spacenews. com/ ses – mulls – external – investments – for – O3b – networks – business，2020 – 03 – 02.

［4］ Connect America fund auction to expand broadband to over 700，000 rural homes and businesses［EB/OL］. http：// docs. fcc. gov/public/attachments/DOC – 353840A1，2018 – 08 – 28.

［5］ 刘悦. 新兴卫星互联网星座对传统卫星制造发展的启示［J］. 国际太空，2016（11）.

［6］ 高樱园，王妮炜，陆洲. 卫星互联网星座发展研究与方案构想［J］. 中国电子科学研究院学报，2019（08）.

［7］ 吕智勇. 高低轨宽带卫星通信系统综合比较分析［J］. 数字通信世界，2019（01）.

航天系统人工智能风险管控

李海超

（北京曜宁安全智能科技有限公司　北京　100094）

0　引言

人工智能（Artificial Intelligence，AI），是研究、开发用于模拟、延伸和扩展人的智能的理论、方法、技术及应用系统的一门新的技术科学，主要表现在智能机器人和软件上。智能科技已经广泛地应用于三航领域，比如自动驾驶、人脸识别、致命自主武器系统（LAWS）、智能武器、无人机、无人潜艇、无人航天器等。

人工智能在航天领域的未来应用主要是致命自主武器系统，它是一种一旦被激活，就可以自主选择和攻击目标的武器系统。由于国内外军队的人工智能与航天领域的结合越来越紧密，所以必须注重航天自主攻击性武器的风险控制问题，预先检测致命自主武器系统的安全漏洞，防范航天系统人工智能造成的犯错、数据安全、叛变、叛逃、自毁、自主扩大毁伤效果等问题，维护国家利益、国防利益和航天利益。

我们团队主要研究航天致命自主武器系统的风险管控，特别是算法安全和数据安全的检测和对抗方法，预防战斗无人部队的叛变、叛逃、攻击友军和自主意识，实现航天系统人工智能产品的安全检测，进行预测、检测、预警，保证航天系统人工智能设备的完好性、可用性、安全性。

1　提出问题

1.1　国内外研究情况

英国著名的防务智库皇家联合军种国防研究所（RUSI）发布报告，系统研究了人工智能对国家安全的威胁以及应用。报告指出，在科技日新月异的今天，数据治理和监管是一个热点话题。随着数据量不断呈指数级增长，使用更先进的分析工具已成必要。

人工智能对于提高士兵在战场上的态势感知能力、指挥官的决策能力和命令传达能力有重要作用。人工智能系统处理信息的数量与速度都远超人类，它们是对战争中的海量信息进行实时评估的宝贵工具，而在战场上，机器比人类的移动更快、更精确、更协调。在最近的"星际争霸"电游人工智能对战人类的比赛中，人工智能系统 AlphaStar 在快速处理海量信息、作战单位协调以及快速精准移动方面显示了超越人类的能力。现实世界中，人工智能系统凭借上述优势在管理控制机器人群方面比人类手动控制更加有效。人类可以在更高层面的战略中保留自己的优势，但人工智能将在地面战争中占据主导地位。

人工智能的恶意使用已经对国家安全构成了"切实威胁"，例如利用机器学习进行网络攻击、制作恶意软件、散布谣言等非法活动。如果某国政府部署了未经测试的人工智能武器系统或依靠有故障的人工智能系统来进行网络攻击，可能会对所有参与其中的人与国家造成灾难性的伤害。因此，各国航天机关都在采用更先进的数据技术，以应对人工智能自主攻击技术带来的潜在威胁。

各国政府对于测试人工智能在航天、网络和监测方面已经积累了丰富的经验，但还没有一种测试方法可以保证复杂的系统一旦在现实世界中运行就不会出现故障。F－22 战斗机第一次穿越国际日期变更线时，计算机系统崩溃，飞机几乎坠毁在太平洋。美国政府责任署调查员在 2018 年发现，美国武器系统存在许多网络安全漏洞，通过"相对简单的工具和技术"就可以利用这些漏洞。更糟糕的是，国防部的项目主管居然不知道问题所在，并对责任署的发现不予理睬，还宣称其测试不切实际。计算机安全漏洞不仅限于政府运行的系统，很多大公司也相继发生了重大数据泄露事件。

法国总统埃马纽埃尔·马克龙（Emmanuel Macron）曾宣称，人工智能将颠覆商业模式和就业现状，法国需要制定新的人工智能战略来迎接人工智能时代的到来。虽然马克龙对人工智能的一项潜在航天应用发出了警告，称自己"坚决反对"在战场上使用自主攻击的人工智能，然而现实是，法国情报部门已经在运用人工智能提高数据处理的速度和可靠性，赋能军队。

美国杜克大学"人类与自主实验室"（Human and Autonomy Lab）主任米西·卡明斯认为，尽管世界各地的军队都在进行自主系统的研发，但自主攻击武器具有潜在的破坏力，当自主攻击武器不服从人的控制时，那是灾难性的。

2018 年 9 月，五角大楼承诺在未来 5 年内通过这一机构投入 20 亿美元，以"开发新一代人工智能技术"。迄今为止，美国国防部高级研究计划局（DARPA）已经出台了"快速轻量化自主"（Fast Light-weight Autonomy，FLA）和"进攻性蜂群战术"（Offensive Swarm-enabled Tactics，OFFSET）等人工智能相关项目，大力推进人工智能的研究和航天应用。美军还专门建立了"算法战跨职能小组"，积极筹划人工智能时代的"算法战"。美军对人工智能航天应用价值高度重视，并宣示了将运用人工智能赋能军队建设，在多维空间建立绝对优势的雄心。美国国防部高级研究计划局的"马赛克战"概念为实施决策中心战提供了一种方法。"马赛克战"的中心思想是人工指挥和机器控制相结合，通过使更为分散的美军部队进行快速组合和重组来为美军制造适应能力，为敌方制造复杂性和不确定性。实施"马赛克战"或其他形式的决策中心战需要对美军的部队设计和指挥与控制程序进行重大改革。

美国国防部也十分注重航天系统人工智能伦理和安全标准的制定，"引领航天系统人工智能伦理和安全标准制定"是美军人工智能战略的五大支柱之一。2018 年 8 月，美国正式组建人工智能国家安全委员会，旨在着眼于美国的竞争力和相关"伦理问题"，审查人工智能、机器学习等技术的进展情况，维护国家安全。

2019 年 10 月，美国国防创新委员会发布《人工智能准则：推动国防部以符合伦理的方式运用人工智能的建议》。

此外，美军也十分注重人工智能所带来的法律和安全风险的管控。美国国防部强调要大力支持研发安全、可靠而健壮的国防部人工智能系统。

据美国"情报与侦察"网站 2020 年 5 月 4 日的报道可知，五角大楼已正式公布人工智能五大伦理原则，即负责、公平、可追踪、可靠和可控。无论作战还是非作战人工智能系统，均须遵守上述原则，否则美国国防部将不予部署。目前没有航天系统人工智能安全的国家标准和航天标准、预防和打击系统，国际上也没有相关标准，各国仅从智能科技伦理角度进行规范，欧盟已拟为智能科技数据侵权立法。

美国国防部明确表示将以合法和合乎道德的方式使用人工智能的理想和指导原则，并设计了航天系统人工智能使用的五大原则。美国国防部将与来自学术界、企业界和国际社会的领导人进行磋商，以维护航天领域人工智能的伦理和安全。美国将投资研发稳定、可靠和安全的人工智能系统，并将率先进行人工智能的测试、评估和验证。随着技术的发展，美国将继续完善道德准则和安全程序，以鼓励人工智能的开发。

在开发阶段，应当通过测试揭示航天人工智能系统潜在的安全和可靠性问题，并使其成为一个重点投资领域。外军认为人工智能自主攻击系统存在可靠性的风险。当前机器学习和神经网络方法所特有的安全和可靠性问题意味着，对抗性数据等问题将对人工智能的诸多航天应用构成挑战。

美国国防部高级研究计划局正在开展"下一代人工智能创新"项目，计划在未来 5 年内耗资 20 亿美元解决弱人工智能系统局限性问题。在此基础上，作为美国人工智能创新规划的一部分，白宫会相应追加人工智能安全性研究的资金投入，并要求国会对人工智能安全性的研发提供更多预算。

1.2 必要性

目前人工智能各类攻击、伪造技术正在快速发展，且呈现出 AI 训练需要的原始数据需求越来越少、生成时间越来越快的趋势，导致攻击门槛越来越低。国外也涌现出了 AI 安全公司（如 Claypso AI），来提供针对有关政府部门的 AI 模型攻击测试、模型加固服务。随着 AI 对抗的不断深入，人工智能安全性检测将越来越凸显出其重要性。

现今，人工智能技术与武器系统深度耦合，一旦被别有用心的人或者敌人注入问题基因或者故意破坏特定数据，如在自主武器系统中嵌入木马程序，那么后果将非常严重。特别是当下 AI 技术跟现有武器装备的结合越来越紧密，我军各部队不断创新出的人工智能武器等智能系统，已经深入我军发展的各个方面，无人机、无人潜艇、无人战车等，"智慧武器"已获得了不断发展，逐渐成为夺取未来战争制高点不可或缺的一部分。使用安全可靠的人工智能数据技术，确保我军人工智能使用的安全可靠，是人工智能武器系统发展的关键之一，也是必需的。

1.3 安全隐患

航天系统人工智能安全隐患主要有 4 种，分别是算法安全隐患、数据安全隐患、深度伪造安全隐患和 AI 自主思考隐患。

1.3.1 算法安全隐患

算法是解决问题的一系列清晰指令，是用系统的方法来求解问题的一种策略机制。构建算法的核心是创建基于问题的抽象模型，并根据目标问题选择不同的方法完成算法的设计。"算法战"是指将算法运用于战争领域，通过挖掘人工智能算法在态势感知、情报分析、指挥决策、打击行动等方面拥有的巨大潜力，用算法方式求解战争攻防问题。算法是兵棋推演、人工智能和指挥控制系统的核心，是实现智能决策、指挥和协同的关键，是智能军队必须抢占的制高点。

从战场攻防到情报真伪，人工智能算法技术体系已经与现有武器装备深度融合，成了战斗力的关键。因此，未来"算法战"体系的安全构建将成为决定航天能力发展和竞争优势的关键。

（1）算法模型存在鲁棒性平衡、数据依赖等缺陷：一是模型准确性与鲁棒性难以权衡；二是数据集对模型准确性影响大；三是面临可靠性挑战。

（2）算法可能存在偏见或歧视，导致结果偏差或处理不当。

（3）人工智能算法决策的"黑箱"特征，存在结果可解释性和透明性问题。

在"算法战"时代，需要将 AI 部署到军队各个级别的战斗集团，以便对问题有第一手知识和信息的人可以使用 AI 来进一步实现航天目标。去中心化的算法体系也伴随着更高的风险，控制算法风险对赢得战争至关重要。

1.3.2 数据安全隐患

对于复杂的机器学习算法来说，数据的多样性和分布性与最终算法结果的准确度密切相关。在运行过程中，决定使用某些数据而不使用另一些数据，将可能导致算法的输出结果带有不同的偏见或歧视性，具体包括以下问题：

（1）数据采集安全隐患：一是过度采集数据；二是数据采集与用户授权不一致；三是个人敏感信息采集合规问题；四是数据质量问题。

（2）数据使用安全隐患。数据的分析和处理包括数据准备、模型训练、测试验证、模型部署、实际数据处理、预测结果输出等：一是匿名化数据被重识别问题；二是数据标准安全隐患和合规问题；三是自动化决策隐私合规问题。

（3）数据存储安全隐患。数据存储安全隐患主要体现在数据、模型的存储介质安全问题上，如果存储系统存在安全漏洞或模型存储文件被破坏，就可能造成数据泄露。

1.3.3 深度伪造安全隐患

AI 图像识别系统已在航天场景中得到广泛应用，可被用于遥感卫星和无人飞行器自动侦查、自动确认攻击目标乃至武器装备的 AI 辅助瞄准系统等。然而，攻击者利用 AI 图像检测或识别算法模型的漏洞，在装备目标上加装特定伪装图案后，便可对卫星、无人飞行器和各类智能装备背后所依赖的航天图像识别系统进行攻击，使其无法正常识别视频图像内容，从而无法正常工作。这类对抗技术中最典型的针对图像 AI 模型的攻击技术称为对抗样本攻击。

不同于文字和图片，深度伪造技术制作的视频可以让虚假的信息以"高度可信"的方式呈现给社会公众，从而操纵公众的情绪反应，引起社会广泛的不信任。因而该技术很可能会被敌对势力利用，作为诋毁国家机构、煽动恐怖和暴力活动、挑拨国家内部矛盾的工具。例如，美国政府官员指出了深度伪造技术对美国 2020 年大选的潜在威胁——若放任伪造视频扩散，则会对美国总统选举产生不良影响，挫伤选民的积极性。

另外，对卫星图像分类的神经网络系统可能会被对抗性样本欺骗，把稍加变形的医院图片识别为航天机场，反之亦可能。对抗性样本甚至可以是具体的物体。举一个例子，物体识别系统把龟壳上嵌有细微旋涡的塑料乌龟识别为步枪；研究人员在停车标志前放置了几个白色和黑色的小正方形，这些干扰让神经网络系统将其辨识成每小时 45 mile① 的限速标志。更糟糕的是，入侵者根本无须访问训练数据或试图打败的系统底层算法，就可以开发出这类欺骗性图像和物体，因此研究人员也一直在努力寻找有效的防御手段来抵御这种威胁。此类威胁与网络安全漏洞不同，后者通常可以在发现漏洞后通过打补丁的方式进行修补，但前者还没有办法可以针对攻击对算法提前打预防针。

深度伪造第一是针对指挥系统，在战场环境中，可以提前筹备规划利用深度伪造技术干扰敌军指挥效果，如用 AI 换脸和语音合成技术伪造地方军政领导人的外貌和语音对基层部队传达假指示；伪造敌军高层签名对部队下达假文件、假命令。第二是针对敌军战地宣传系统，如"换脸"敌军新闻主播插播假新闻，干涉敌军宣传系统。第三是针对敌军一线部队，如模仿敌方领导人语音进行现场指挥和战场喊话。战场情况瞬息万变，信息沟通不畅会对指挥员决策的传达造成巨大影响，将利用深度伪造技术合成的假音频、假视频、假文件投送至敌军内部，在信息封锁的情况下会极大地考验指挥员的判断能力，并增加指挥员出错的概率，在一定程度上能够欺骗敌军或在敌军中造成混乱，可以有效干扰敌军指挥系统以致其出现决策错误或延误最佳时机，从而削弱敌军战斗力和战斗意志，也有机会实现策反、劝降等目标。

在 AI 深度伪造技术快速发展的今天，不仅"耳听为虚"，"眼见"也不一定"为实"了。

1.3.4　AI 自主思考隐患

例如一名无人机工程师正在训练一个人工智能自主飞行无人机，他尝试让无人机停留在一个提前设置好的圆圈内并向圆圈中心自动飞行。一开始情况是不错的——无人机能够很快、很准确地向中心飞行。但是，当无人机被放置在接近圆圈边缘时，情况发生了改变，它会突然无法解释地远离中心直至离开圆圈。

工程师认识到，在测试中每当无人机离开圆圈时，他就会关闭无人机，把无人机捡起来后再把它放到圆圈的其他地方——无人机算法意外地学会了一种更快回到圆圈中心的方法——当它远离中心够远时，干脆彻底离开圆圈，然后会再次被放置到离中心更近的位置。

当机器拥有思维，自主决定如何破坏，脱离人类部署，恶意扩大毁伤效果时，后果是灾难性的。

2018 年 10 月 31 日，中共中央政治局第九次集体学习时，习近平总书记指出：要加强人工智能发展的潜在风险研判和防范，维护人民利益和国家安全，确保人工智能安全、可靠、可控。

2　解决问题

2.1　项目研究目标

主要研究针对航天自主攻击武器系统的检测、防护、打击系统领域的系统和专利、标准，实现航

---

① 1 mile = 1 609.344 m。

天系统人工智能产品的安全检测、预测、预警，达到航天系统人工智能设备的完好性、可用性和安全性。

2.2 项目研究内容

针对人工智能与航天领域结合得越来越紧密的情况，解决人工智能造成的航天数据风险，检测航天系统人工智能系统的漏洞，解决航天系统人工智能违反现有规则和算法设计造成的数据破坏、叛变、叛逃、攻击友军、自主破坏毁伤效果等，损害国家利益、国防利益、航天系统利益等问题。

人工智能风险管控系统遇到航天系统人工智能数据风险出现时，对军用人工智能进行侦查、监控、检测，通过聚类和关联规则获取数据指标，当监控对象达到 AI 预警门限时，进行预警判断；分析该人工智能所处环境，判断危险等级，提出防护解决方案，并自适应完善防护方案；根据预警等级和危险等级，对抗生成网络并进行打击，提出打击方案和技术解决方案。

我们通过研究算法体系，主要从关键任务需求的算法、与实现算法相匹配的计算资源、基于算法的各种智能化航天应用技术及系统三个方面，分析我军人工智能算法体系的典型应用和发展趋势，特别是算法体系自适应的选择和匹配规则的制定，我们将根据未来发展趋势，对我军人工智能算法体系的构建提出意见和建议。

防控航天智能科技风险：

（1）道德风险，即自主武器在无人类参与的情况下识别和摧毁错误目标政府、收集和分析个人数据引发的人权和隐私问题等。

（2）操作风险，即航天人工智能系统是否会根据航天指挥官和操作人员的意图发挥作用。

（3）战略风险，即人工智能将增加战争的可能性、导致冲突升级或被恶意行为体利用。

2.3 主要技术途径

我们通过构建一个风险防控系统来实现航天系统人工智能风险防控，通过该方法解决了航天系统人工智能本身出现的问题，特别是在会思考的智能科技出现后出现的一系列问题。当航天系统人工智能出现问题，特别是航天机关的智能科技武器装备发生叛变和数据侵权时，该方法从根本上解决了此类问题。

该系统的建立能够预测、检测、防范、打击我方犯错或者数据泄露的自主攻击型航天系统人工智能系统，可经过航天机关授权，用技术摧毁该犯错的自主攻击型航天系统人工智能，包括但不限于模拟并优化建构增强版本打击 AI，或者注入病毒基因，毁灭、删除、修改或替换该叛逃、叛变、故意破坏的航天系统人工智能和航天数据泄露的人工智能。该系统包括以下 3 个模块。

（1）构建预测人工智能犯错子系统，对人工智能犯罪和人工智能数据侵权实现全天候监督和预测安全等级，对 AI 进行全流程、全过程的检测，对不符合安全标准和指标值的 AI 系统进行提示、预警。预测人工智能犯错子系统是指用先验概率模型或因果推断模型预测 AI 犯错和航天数据泄露。利用算法构建数据模型，进行数据的收集、分析，研究应对人工智能犯错和航天数据泄露的预防方法，设计算法预防、侦查、打击自主攻击人工智能系统的叛变和叛逃。为防止 AI 数据泄露，无论是人操纵人工智能，还是人工智能自主攻击，都需要一个提前预警功能，特别是要能够预测、预判 AI 的犯错程度。当前预测值是通过先前的经验累积，对未来发生的 AI 数据泄露进行优先判断。该算法的关键技术有：AI 犯错指标的可用性判断、AI 犯错概率计算、判断 AI 是否犯错或者数据泄露。在 AI 自主性攻击领域，当监控对象达到模型指标时，该子系统可以通过设置航天系统人工智能犯错指标进行预警判断，对 AI 进行实时监控，并对 AI 犯错进行预判、预测、检测和侦查。

（2）构建防护人工智能犯错子系统，根据历史数据和预测子系统发现的问题，分析 AI 犯错场景、犯错模式、范围和影响，提出不同的防护解决方案。防护人工智能犯错子系统用来分析和判断应使用的防护解决方案。该算法的关键技术有：根据历史数据和预测子系统发现的问题和预警等级，利用区块链技术、量子计算、量子通信、深度学习技术、强化学习、因果推断模型、大数据分析 AI 犯错现场、犯错模式和数据泄露类型、泄露范围和影响，在 AI 自主攻击领域，通过关联分析，判断航天 AI 的危险程度，提出不同的防护和解决方案或者提交给打击解决方案子系统，并通过自学习完善防护方案。

（3）构建打击解决方案子系统，根据预警等级和危险程度判断进行打击，并提出不同类型的打击方案和技术解决方案。打击解决方案子系统算法的关键技术有：区块链技术、量子计算、生成对抗网络（GAN）、AutoML、非学习算法工具（Non – learning Algorithmic Tool）等方法，包括但不限于模拟并优化构建增强版本打击 AI，或者通过技术手段注入病毒，或者销毁问题 AI 的能源系统、感知功能、核心部件等，使问题 AI 的软件和硬件被摧毁、陷入混乱或瘫痪、终结、毁灭、删除、修改或替换该犯错的人工智能和数据泄露的自主攻击型航天系统人工智能。

2.3.1 系统用到的模型

1）设计对抗生成网络数据技术

为了训练持续交付的人工智能算法，我们必须审查数据技术敏捷性的关键性能参数（如关键性能参数：KPPS）。要想将人工智能有效地运用于作战领域，必须给算法提供大量的有效数据，并近乎实时地存档。因此，必须分析数据的安全性，预先评估数据的可靠度，充分利用因果推断模型等构建提供开发和作战需求之间最短路径的解决方案。

通过设计对抗生成网络数据技术，打击机器人战士、无人战队的叛变成为可能，通过此数据技术方法生成能够与之对抗的人工智能，根据航天机关授权，终结、毁灭、删除、修改或替换该犯错的智能科技。

2）应对深度伪造技术

当敌方的航天装备采用了深度伪造技术和 AI 对抗技术时，我方则需开发相应的图像检测工具，实现对这类反智能的"AI 隐身"目标的有效侦查。对于伪造图像的检测主要以边缘检测为主。计算机对图像进行网格划分与瑕疵识别后，可识别出不符合常规的边缘特征，从而判断出图像是否经过修改。对伪造视频的检测方法可以分为两类：一是基于帧间时间特性的方法（Temporal Features Across Frames），根据视频内人眨眼的频率、嘴型等时间相关的特性进行判断，通常使用递归分类方法；二是基于帧内视觉效果的方法（Visual Artifacts Within Frame），根据图像边缘的瑕疵以及五官位置、面部阴影等不自然的细节进行判断，通常在提取特定特征后用深层或浅层的分类器完成检测。

2.3.2 技术流程

总体技术流程：

（1）遇到人工智能数据犯错时，对该人工智能进行侦查、监控和检测；当监控对象达到人工智能犯错门限时，通过获取人工智能犯错的预测防范指标进行预警判断。

（2）分析人工智能犯错场景、行为模式和数据侵权、犯错范围，判断危险等级、是否为自主意识，提出防护解决方案。

（3）根据预警等级和危险等级进行打击，提出打击方案和技术解决方案。

步骤一：

（1）首先依据初始标签设置和关键词，对相关数据自动添加标签。

（2）根据历史数据，进行数据分析，勾画出人工智能数据泄露或者犯错的特征图谱、行为特点、趋势等，利用区块链技术对该行为特征进行追踪，实施网络监控和通信侦察，关联比对该问题人工智能的各方面数据，计算各类型人工智能犯错和人工智能数据侵权的指标、概率。

（3）进行人工智能犯错和人工智能数据侵权指标的可用性判断。

（4）当前人工智能犯错和人工智能数据侵权指标可用时，选择概率最大的 N 类指标。

（5）指标检测，并对检测出的问题数据添加标签，提高检测的准确度。

（6）指标识别，判断是否漏报、虚报、错报，排除问题预警。

（7）利用人工智能犯错的概率计算，判断该人工智能是否发生数据泄露和犯错。

（8）如果发生数据泄露或犯错，进行预警并防范、监控，预测各项指标和重犯风险。

步骤二：

（1）根据预警等级结果选择防护方法。

（2）依据判断结果，通过神经网络对此类问题数据进行深度学习和数据挖掘，并对无标记数据自动识别并添加标签。

（3）对人工智能犯错或者数据泄露的各类状况进行甄别，对相关犯错场景学习构建再现，对数据进行关联比对分析，并利用因果推断模型确定证据、行为和结果。

（4）判断人工智能是自主思考下的犯错还是人类设定程序进行的犯错，并根据判断情况添加标签。

（5）判断自主思考的人工智能或者人类设定程序的人工智能是否违反伦理或规则，确定人工智能危险等级。

（6）将危险等级的判断结果直接递交给打击解决方案子系统或者由防护子系统自行处理。

（7）如需要防护子系统自行处理，则根据上述判断结果，选择数据库中的防护解决方案，根据防护解决方案采取不同的处理措施，并将相关情况递送给相关部门。

（8）通过强化学习完善各类防护方案，自动建立与之对抗的优化版防护方案，并自主学习建立防护方案。

2.4 创新点

该系统主要应用于三航系统智能科技的风险管控，填补了国内外此领域的空白，创新了航天系统人工智能伦理的技术解决方案，特别是在自主攻击型航天系统人工智能的研发中使用，首创预防、检测、摧毁犯错和数据泄露的自主攻击型航天系统人工智能领域的发明专利，在国内外首次提出预防、打击于一体的规则和方法，将卫星导航地面接收站的完好性检测应用到航天系统的各个领域，并构建系统，申报国家标准。技术路径主要是创新利用生成对抗网络和因果模型推理，深度伪造识别判断等技术。通过分析 AI 犯错场景、犯错模式和犯错类型、范围、影响，进行关联性分析，判断是否为 AI 自主思考，判断危险程度。通过设计该系统，管控算法和数据风险，打击机器人战士、无人战队的叛变、叛逃和攻击友军成为可能。通过技术方法生成能够与之对抗的人工智能，根据航天机关授权，通过技术手段注入病毒，或销毁问题人工智能的能源系统、感知功能、核心部件等，使问题智能科技的软件、硬件被摧毁、陷入混乱或瘫痪，终结、毁灭、删除、修改或替换该犯错的智能科技和数据侵权的智能科技。

3 结论和未来展望

随着 AI 技术的发展，必须重视三航系统人工智能技术安全。本文对 AI 的隐蔽性和危害性进行了系统阐述。

国内商业航天卫星整体设计与制造能力浅析

季 业[1,2]，沈扬帆[1,2]，宁 宇[1,2]，崔 振[1,2]，吴亚光[3]

（1. 北京控制工程研究所 北京 100094；

2. 空间智能控制技术国防科技重点实验室 北京 100094；

3. 北京空间飞行器总体设计部 北京 100094）

摘 要：截至 2020 年，通过对国内商业航天公司卫星总体设计能力和总装、测试与试验（Assembly，Integration and Test，AIT）能力的调研，从实际角度出发，摒弃商业新闻过大化宣传等信息，建立卫星整体设计与制造能力的评价指标集，对国内商业航天卫星公司总体设计能力与制造能力进行分析，并结合国内外宇航公司案例提出降低其卫星设计与制造成本的可行性方案。

关键词：国内；商业航天；卫星整体；设计；制造；能力；浅析；2020

0 引言

当前，我国的商业航天产业正处于能力和市场快速发展的黄金时期。设计、研制、发射和在轨服务的逐步推进与成果的取得，可以赢得更多的民间资本用于再融资。而民间资本的持续活跃，也为我国航天事业的发展注入了新的动力，商业航天在中国正蓬勃发展。2015 年，国内各个商业航天公司如雨后春笋般地冒出并宣布其宏大的星座计划；时隔 5 年的今天，这些公司的卫星星座的组网进度如何，我国商业航天各总体设计公司是否具备了卫星的总体设计与制造能力，为了破除束缚商业航天发展的桎梏，如何从卫星整体设计和研制角度出发降低低轨卫星设计和 AIT 研制成本，这些难题急需解决。基于当前环境，本文从国内商业航天公司实际状况入手，通过梳理和调查这些公司的发展现状，深入分析国内商业航天公司的航天器总体设计与制造能力，探究我国商业航天发展的实际困境，并结合国内外商业航天公司案例提出可行的降低低轨通导遥卫星整星设计和制造成本的方法，以期在航天器总体设计与研制层面上，为我国商业航天的发展助力。

1 卫星总体设计与制造能力

1.1 卫星的总体设计与制造（AIT）能力概述

卫星研制总体单位负责根据用户任务、用户需求和工程大系统接口约束，进行卫星总体设计、分析与验证，包括需求分析、轨道与星座设计等，采用自顶向下的设计方法，将卫星拆分为几个重要分系统，如：电源、控制、推进等。而在研制各分系统时，其部组件和元器件均可以由各方自行设计并完成。

AIT 是航天器研制过程中重要的过程之一。将卫星各个功能部件组装成卫星整体并进行测试和试验（力学/环境等），其目的是暴露和发现产品潜在的问题。

1.2 评价指标集的建立

评价指标集是由不同的影响因素取值构成的集合，设计定性指标时不采用一般定性时抽象化描述性

季业（1983—），男，安徽无为人，主要从事××卫星控制分系统设计工作，研究方向为人工智能与故障诊断，并长期关注国内外商业航天发展。

语句，即"很差、差、一般、较好、好"。定性方法虽容易用于定性描述，但在具体实践中因其主观性和操作性较强而导致对于评价对象的划分不准确。因而这里采用定性与定量相结合的方法对调研对象进行评价，设计如下：

（1）资本运营评价指标的建立要考虑到初始注册资本、截至2020年3月B轮再融资得到的资本、公司总部/分部的国内外布局；★代表真实取得；☆代表公司融资数据不公开或虽然没有进行融资但在国家法律和相关规定条件下军转民或有可能得到大量优质资产注入的公司（商业航天中的国家队）。

（2）总体设计能力评价指标的建立依据公司是否采用委托方式进行设计，是否有自己的研发团队，具体考虑到其设计/研制/发射/在轨运行维护队伍的建设，再根据人员规模进行综合评判；★代表完全自主整体设计，☆代表委托设计研发或合作设计研发。也考虑到公司规模，即技术从业人员数量。

（3）平台负重能力指卫星平台＋载荷整体的重量。★代表已经发射试验卫星并在轨运行，☆代表该公司声称自己有能力或经调研认为该公司有能力研制该类重量的卫星。负重能力评价指标集如表1所示。

表1　负重能力评价指标集

序号	负重能力/kg	星级	卫星功能
1	<10	★	科学试验星或小通信星
2	10～50	★★	对地观测卫星
3	50～100	★★★	通信卫星或观测卫星
4	100～300	★★★★	主流低轨互联网卫星
5	>1 000	★★★★★	巨型卫星

（4）AIT能力评价要考虑到：占地面积，卫星产能，配套设施是否齐备，如真空罐和EMC实验室，同时也要考虑其研制卫星的大小。AIT能力评价指标集如表2所示。

表2　AIT能力评价指标集

序号	AIT能力	星级	说明
1	实验室AIT	★	实验室型AIT
2	小型AIT	★★	1～5颗卫星
3	中型AIT	★★★	10颗50 kg卫星并行
4	大型AIT	★★★★	10颗100 kg卫星并行
5	巨型AIT	★★★★★	拥有批量化生产能力的AIT

2　国内商业航天卫星总体设计与制造能力浅析

2.1　商业航天卫星整体设计与制造能力浅析

2.1.1　国内商业航天互联网骨干网卫星星座

低轨道互联网骨干卫星星座的争夺或合作将在以东方红（航天科技）为首的北京/天津板块，以虹云（航天科工）为首的武汉板块，以上海微小（中科院）为首的上海板块，以时空道宇（吉利汽车）为首的浙江板块，及北京的九天微星和银河航天这6个集团之间展开。现阶段拥有或正在进行巨型AIT建造的卫星工厂至少有4个（北京/天津、武汉、上海和浙江台州）。九天微星也正在招聘卫星工厂厂长，但其AIT选址和与建设相关的信息暂未查询到。与银河航天相关的AIT报道和实际信息很少，消息显示其与陕西省渭南（2018 年获得 90 多亿元用于建设）有密切合作。这几家公司的目的与 SpaceX 公司相似，其目标为互联网骨干网，且每个卫星公司的星群数量至少在 100 颗以上。最新消息 OneWeb 公司正在申请破产，这是否说明商业航天互联网卫星星座的建设所需资本已经超出一般商业航天公司的承受范围？以上 6 家公司中在政策上是否会得到长久支持？值得注意的是第 4 家时空道宇公司（吉利汽车），车企先进的批量化生产技术和管理模式，以及新能源领域的技术，正是卫星批量化生产和运行维护必不可缺的技术支持。现阶段我国最大的宇航卫星星座北斗工程卫星总量才近 50 颗，也只是小批量化生产，远谈不上批量生产。而车企先进的制造理念及宝贵的制造经验必将被宇航企业学习并应用到低轨卫星批量化生产之中，使中国的宇航制造业发生质变。同时民营资本的介入（银河航天/九天微星）也必将为低轨互联网卫星星座发展助力。

2.1.2　国内商业航天遥感卫星星座

低轨道遥感（对地观测卫星）的争夺或合作将在零重空间（灵鹊星座）、长光卫星（吉林一号）、欧比特（珠海星座）、欧科微（翔云星座）和航天世景（高景星座）这 5 家公司之间展开，他们的业务目标是进行对地观测的遥感卫星。卫星星群数量在 20～100 颗，卫星的载重只需要在 20～100 kg。这 5 家商业航天公司预计总共将要发射的卫星数量为 400 颗左右，均为对地观测卫星。对以上 5 家公司的总体设计和 AIT 能力的分析为：航天世景和欧比特这两家公司均与东方红公司联系紧密，高景一号/珠海一号的承制方均为东方红公司。欧科微则与上海微小卫星公司联系紧密。零重空间和长光卫星均拥有自己的 AIT，虽然其规模暂未达到批量生产卫星水平，但已确认其确实拥有进行小批量生产卫星的能力。

2.1.3　国内商业航天物联网卫星星座

第三类是国电高科（天启星座）、和德宇航（天行者）和航天行云（行云星座）。它们的卫星应用目标是物联网服务，组成星座的卫星数量相对于前两类来说少了很多，仅需 20～40 颗即可完成任务（仅行云星座需要 80 颗），卫星的载重只需要在 10～100 kg。国电高科的天启星座从天启 1 号到 5 号的外型结构并不是统一的（载重不一样）。而和德宇航的总部就在北京理工大学校园内。这三家公司的总体设计能力都很强，结合其目标星座卫星数量考虑，其 AIT 仅需中小型就可以完成任务。

2.1.4　国内商业航天微小卫星星座

国星宇航（星时代 AI 星座）和天仪研究院（天格星座）这两个学院派商业航天公司瞄准的市场主要是小卫星（5～10 kg）的卫星星座，其卫星功能与科学探索和航天科普产业紧密相关。事实上，国内的一些大学如清华大学、北京航空航天大学、南京航空航天大学、哈尔滨工业大学、电子科技大学、国防科技大学等确实有能力进行这类小卫星的总体设计和 AIT 工作。同时，有资料表明天仪研究院正与航星光网合作进行通信星座的研制。

2.1.5　国内商业航天总体中其他类别的公司

总体来说，这类商业航天卫星总体公司的设计能力和 AIT 能力无从鉴别，它们更多的像卫星载荷功能或数据的应用公司，而不是拥有卫星总体设计和 AIT 能力的公司。例如上文提到的航天世景（高景 1 号系列星研制方为东方红）和未来导航（研制方为上海微小）等，这些公司是委托某些商业卫星生产厂商来进行卫星研制的，关于其本身是否具备总体设计和 AIT 能力的文献或新闻很少，在分析中可以取得的信息也很少，一定程度上造成了分析准确性精度缺失。还有类似连尚网络类型的公司，2018 年宣布要发射自己的蜂群星座向全世界提供免费的互联网服务，但直至今日并未有实质性商业航天活动。

图 1 所示为国内商业航天公司设计的卫星外型结构和其 AIT 场景：中卫一号（银河航天）、瓢虫（九天微星）、三星堆号（和德宇航）、灵鹊（零重空间）、天启 5 号（国电高科）、潇湘 1 号（天仪）、天行者系列（和德宇航）。虽然这些照片是不是 AIT 厂房所摄无从考证，但从照片中可以得到一定的信息：我国商业航天卫星总体设计研制公司设计的卫星外型大小不同，且功能多样。其研制场地根据卫星外型大小的不同，具有各个公司的特色。文中各商业航天卫星公司知识图谱如图 2 所示。

图 1　国内商业航天卫星结构外型和 AIT 场景

图 2　商业航天卫星公司知识图谱

2.1.6　国内商业航天公司卫星设计和 AIT 能力分析

截至 2020 年，经过对国内各商业航天公司总体卫星设计与 AIT 能力的调研发现：如果不从各个公司对媒体和公众宣传的其数量庞大的未来星座规划来看，而仅从发射卫星数量、资本运营、总体设计、平台负重和 AIT 能力 5 个方面进行分析，其结果如表 3 所示。

表 3　国内商业航天整体设计与 AIT 能力分析结果

名称	已发卫星/颗	资本运营	总体设计	平台负重	AIT 能力
银河航天	1	★★★☆☆	★★★☆☆	★★★★☆	☆☆☆☆☆
九天微星	8	★★★☆☆	★★★☆☆	★★★★☆	★★☆☆☆
连尚网络	0	—	—	—	—

名称	已发卫星/颗	资本运营	总体设计	平台负重	AIT 能力
国星宇航	5	★★☆☆☆	★★★☆☆	★☆	★
虹云工程	1	★★★★★	★★★★★	★★★★★	★★★★★
航天行云	0 (2)	★★★★★	☆☆☆☆☆	☆☆☆☆☆	☆☆☆☆☆
零重空间	2	★★★☆☆	★★★★☆	★★☆	★★☆☆
上海微小	56	★★★★★	★★★★★	★★★★★	★★★★★
欧科微	1	★★★★☆	★★★	★☆☆	☆☆☆☆☆
蔚星科技	0	☆☆	☆☆	☆☆	☆☆
长光卫星	12	★★★★★	★★★★★	★★★☆	★★★★
国电高科	5	★★★	★★★★	★★★★	★★
欧比特	8	★★★★☆	★★★★	★★☆☆	★★☆☆
未来导航	1	★★	☆☆	☆☆	☆☆☆☆
航天世景	4	★★	☆☆	☆☆	☆☆
天仪	18	★★★★☆	★★★★★	★★☆☆☆	★★★☆☆
和德宇航	2	★★★☆	★★★★☆	★★	★★
时空道宇	0 (2)	☆☆☆☆☆	☆☆☆☆☆	☆☆☆☆☆	☆☆☆☆☆

2.2 商业航天整体设计与制造降低成本策略建议

2.2.1 从国外龙头商业航天总体公司对比看国内公司降低成本策略

从国际先进的商业航天公司 SpaceX 和 OneWeb 对比来看国内公司降低成本策略，尽量在满足卫星性能要求的前提下提高技术水平或减少功能部件数量，是降低成本的核心：对比一，OneWeb 有帆板驱动机构，SpaceX 没有帆板驱动机构。在近地轨道的卫星，满足平台和载荷系统工作功率后，部件数量的减少可以直接节省相关系列开销。对比二，OneWeb 采用了氙气推进，SpaceX 采用了氪气推进。一立方氙气的价格约为 6 万元，而一立方氪气的价格仅为几百元。对比三，OneWeb 一箭 40 星，而 SpaceX 平板的卫星构型和分离基座的设计使得其能一箭 60 星，如图 3 所示。考虑到发射成本，更紧凑和便分离的设计可以提供更多的火箭搭载空间。当然，这里只考虑成本降低策略，并不考虑公司的战略目标，OneWeb 采用较保守的策略搭建自己的卫星链，是由其历史决定的，该团队设计人员即为铱星二代系统设计人员原班人马，他们追求的是高稳定、高可靠，以应对航天的高风险。SpaceX 则简单粗暴，在适当牺牲一部分卫星功能与承受一定风险的情况下，其目标就是要降低成本。这也是 SpaceX 对 OneWeb 官方宣布的一句话："无论怎样，我的卫星就是比你的便宜。"

图 3　OneWeb 卫星外型、AIT 工厂/SpaceX 卫星外型和分离基座设计

2.2.2 商业航天总体公司制造（AIT）降低成本策略

"缩短周期，提高效率"是 AIT 降低成本策略的核心，可以采取以下 4 条策略：一是精简测试和试验项目，缩短测试时间：在周密的计算与论证质量、可靠性与成本的关系后，权衡利弊做出决策，精简测试和试验项目，可以有效地缩短 AIT 时间。二是优化 AIT 流程：减少总装过程中的拆装次数，多颗在研卫星 AIT 周期采用串行和并行结合的方法。三是自动化测试技术的改进和提高。四是工业化管理模式：管理政策和方针的转变——由科研型卫星制造项目转变为工业化批量生产项目。

3 结语

没有政府支持的商业航天是先天不足的，没有企业奋斗的商业航天是无法落地的，卫星总体设计和 AIT 能力是"中国制造"硬实力提升的根本所在。在政府长期、持续、有针对性的大力扶持下，中国商业航天正在起步，这不仅大幅降低了航天活动成本，而且有力地提升了人们探索太空的能力，并将继续促进其商业航天经济的进一步发展。

参 考 文 献

[1] 伊志强，魏跃良，杨前进. 航天器型号 AIT 生产管理模式探讨 [J]. 航天器环境工程, 2013 (5)：561-565.

[2] 李丽琼，曾春平，吕高见. 小卫星 AIT 流程简化探讨 [J]. 航天器工程, 2015, 24 (1)：120-125.

[3] 马强，边玉川. 航天器 AIT 项目风险量化管理研究 [J]. 航天器环境工程, 2010, 27 (5)：659-663.

[4] 黄志澄. 美国"太空快速响应"计划 [J]. 国际太空, 2006 (10)：14-17.

[5] 白思俊. 系统工程 [M]. 北京：电子工业出版社, 2006.

[6] 刘效伟，刘谷均，桑国彪，等. 航天研究院构建集团化管理模式初探 [J]. 航天工业管理, 2012 (5)：4-6.

[7] 石春生，师宏耕，童雄辉. 航天型号批产组织体系设计 [J]. 航天工业管理, 2004 (2)：25-26.

[8] 黄志澄. 新航天：创新驱动的商业航天 [M]. 北京，电子工业出版社, 2017.

[9] 曾占魁，史敏辉. 国内商业航天机构调研分析 [J]. 中国航天, 2018 (1)：1-5.

[10] 吴亚光，何善宝. 商业航天先进小卫星研制模式和设计方法研究 [J]. 西北工业大学学报, 2018, 8 (36)：69-74.

[11] 张立华. 未来大规模星座小卫星 AIT 面临的挑战与出路 [C]//2011 年小卫星技术交流会论文集, 2011.

[12] 谢久林，伊志强. 产业化发展要求下的航天器 AIT 组织模式研究 [J]. 项目管理技术, 2019, 2 (17)：12-15.

[13] 冯伟泉，李春杨. 航天器 AIT 模型与试验有效性评估方法 [J]. 航天器环境工程, 2015, 6 (32)：229-235.

人工智能在指挥信息系统中的应用发展分析

陈　雪[1]，赵新路[2]，陈菊兰[1]

(1. 成都航空职业技术学院　四川成都　610100；

2. 四川航天技术研究院　四川成都　610100)

摘　要：以网络化、多域化、智能化作战形态下指挥信息系统（C[4]ISR：指挥、控制、通信、计算机、侦察、监视、预警）发展与人工智能技术相结合为背景，针对提升作战指挥控制智能化水平问题，分析当前人工智能技术的发展现状及未来指挥信息系统的主要特点及发展趋势，提炼指挥控制应具备的作战能力，有效提升 OODA 杀伤链的智能化水平；通过分析现阶段战场目标自动识别技术、战场态势智能感知技术、情报信息智能处理技术、智能任务规划技术和辅助决策技术在指挥信息系统中的应用，研判人工智能技术推动下指挥信息系统的发展特点和趋势，为武器装备体系建设提供一定的借鉴价值和支撑作用。

关键词：人工智能；指挥信息系统；武器装备体系；C[4]ISR 智能化

Analysis on Application and Development of Artificial Intelligence in C[4] ISR System

Chen Xue[1], Zhao Xinlu[2], Chen Julan[1]

(1. Chengdu Aeronautic Polytechnic, Chengdu, Sichuan, 610100；

2. Sichuan Academy of Aerospace Technology, Chengdu, Sichuan, 610100)

Abstract：Under the background of networking, multi-domain and intelligent war patterns, the C[4]ISR system (C[4]ISR: command, control, communication, computer, intelligence, surveillance, reconnaissance) and AI technology are combined. Aiming at improving the intelligent level of operational C2, the current development status of AI technology, the main characteristics and development trend of future C[4]ISR system are analyzed. Operational capability of C2 is refined, in order to improve the intelligent level of OODA killing chain; by analyzing the application of battlefield target automatic identification technology, intelligent perception of battlefield situation technology, intelligence information processing technology, intelligent task planning technology and auxiliary decision-making technology in C[4]ISR system, the development characteristics and trend of C[4]ISR system driven by AI technology are summarized. Some references and support value for the weapon equipment system construction are provided.

Keywords：AI；C[4]ISR system；weapon equipment system；C[4]ISR intelligence

0　引言

随着人工智能的不断进步，越来越多的领域开始应用人工智能技术。科技发展驱动战争形态演

陈雪（1991—），女，硕士，讲师，主要从事指挥控制总体设计、航空装备设计与维修等研究。

赵新路（1991—），男，硕士，工程师，主要从事武器装备体系总体设计、无人作战体系等研究。

陈菊兰（1987—），女，硕士，讲师，主要从事指控系统总体设计、航空装备设计与维修等研究。

＊通信作者：陈雪。

变，人工智能将成为未来武器装备发展的关键技术，将带领世界军事技术实现从信息化到智能化的跨越。进入信息化战争时代后，人工智能技术的快速发展使万物快速互联成为可能，也使指挥控制水平迈上了一个新的台阶。在网络化、多域化、信息化、智能化的战争形态下，武器装备体系必然需要与人工智能技术相结合，使指挥信息系统在一定程度上具备战场目标自动识别、战场态势智能感知、情报信息智能处理、智能任务规划和辅助决策等能力，从而有效提升 OODA 杀伤链的智能化水平，使指挥信息系统具备较高的"思考"能力。在未来较长时间内，人工智能将助推 C⁴ISR 的飞速发展。

1 人工智能技术发展分析

人工智能发展至今，主要经历了 3 次浪潮。如图 1 所示，20 世纪 60 年代，人工智能技术主要用于弈棋、定理证明和简单的人工智能专家系统研究；20 世纪 70 年代，随着微型电子计算机技术和集成电路技术的迅猛发展，人工智能专家系统研究进入应用开发阶段；20 世纪 80 年代，人工智能技术得到了迅速发展，应用于遗传工程、化学合成、业务管理、石油勘探、法律断案及军事领域中的专家系统研究；20 世纪 90 年代，人工智能技术的发展进入加速阶段。

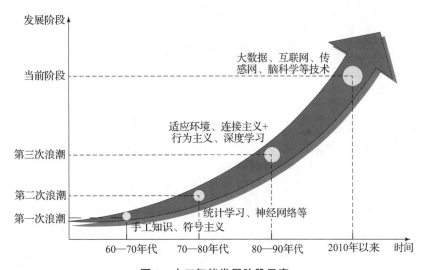

图 1 人工智能发展阶段示意

当前的人工智能发展浪潮始于 2010 年，随着大数据技术和计算能力的发展，联网大数据为改进机器学习方式和算法提供了有力支撑。人工智能技术经历了 60 年的发展，现在已经进入了一个高速增长期，成为一项公认的最有可能改变未来世界的颠覆性技术。2011 年，沃森在智能问答领域战胜人类；2016 年，AlphaGo 战胜人类围棋大师李世石，同年 6 月，AlphaAI 以三代机战胜了人类驾驶的四代机；2016 年年底，AlphaGo 的升级版"Master"横扫中日韩多名顶尖围棋高手，取得全胜。在某些特定领域，AI 技术已经达到了人类顶级专家的认知水平。在新闻自动发觉与稿件撰写、视频游戏与自主学习、围棋对抗等诸多原本需要依靠人类经验的领域，人工智能水平也开始达到甚至反超人类，在某些方面甚至已经具备类似人类"举一反三"的小样本概念学习能力。

2 人工智能技术在指挥信息系统中的应用

武器装备体系的智能化水平已成为军事强国争夺的制高点，美军最新提出的"分布式作战""多域战""马赛克战""决策中心战"等新型作战概念牵引技术创新，促进了武器装备体系从"能力需求"到"装备需求"再到"技术需求"的发展。分布式多域指控将成为未来战争指挥信息系统的主要形式，但分布式多域指控存在着跨平台联合作战规划难、多兵种指挥协调性差、多武器系统精确控制要求高等诸多难点，仅凭传统的人类指挥作战方式难以在短时间内做出快速合理的全局部署。而应用人工智能技术可以实时地呈现跨域战场态势、快速地提供决策部署并协同调配人员和武器等作战要素。如

图2所示，人工智能在指挥信息系统中将重点推进目标识别、战场态势、情报处理、任务规划与辅助决策等技术的进步。

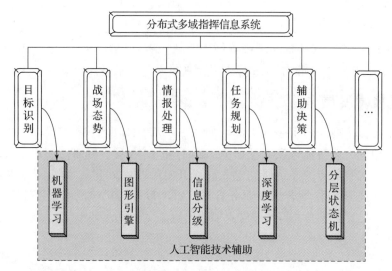

图2 分布式多域指挥信息系统中的人工智能技术

2.1 战场自动目标识别技术

自动目标识别（ATR）是指机器利用传感器测量信息，模拟人类认知，对观察场景中的目标进行检测、识别的过程。在军事领域，自动目标识别技术是取得战场控制信息权的关键因素之一，广泛用于敌我目标识别、目标类别识别和部位攻击等方面。

2016年8月，美军宣布成功攻克大数据自动目标识别相关理论和关键技术。如图3所示，大数据目标识别技术是指通过对侦察卫星、预警机、地基雷达和传感网络等多种系统所收集的海量数据进行综合研判和分析，获取战场目标的众多特征，通过深度学习网络对战场态势和真伪目标进行研判。该技术通过将战场大数据目标分析与研判技术，与传统目标侦察与识别技术相结合，大幅降低传统的战场伪装与欺骗效果，为有效实施精确打击创造条件。

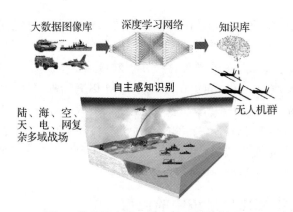

图3 基于深度学习的自动目标识别原理

2019年2月，美国陆军发起了一项新的项目——先进瞄准和致命性自动化系统，设计具有AI功能的车辆，提高致命打击的精准度和地面作战能力。军方希望开发目标自动获取技术，可与地面作战车辆的火力控制系统相结合。该项目将包括传感器、处理技术、图像识别、地图构建、距离确定、AI和ML算法、增强功能、激光雷达系统和测距仪等多种技术。美国陆军预计，未来AI将使作战车辆具备"获取、识别和交战目标"的能力，与目前的人工过程相比，速度将提高3倍。

2.2 态势智能感知技术

未来战场的态势会越来越趋于复杂，信息化战场边界不断扩大，参与作战的要素也越来越多，因而导致对战场态势的认知和理解变得越来越困难。在这种情况下，态势认知速度就成了作战胜负的关键。从"OODA 环"理论上就可以看出，更快的态势认知，可以更快地形成作战行动闭环。如图 4 所示，通过快速的战场态势感知加快己方 OODA 环的闭合来打断敌方的 OODA 环的形成，使得敌方难以采取及时的行动，从而在作战行动中占据主动，所以态势智能感知就成了智能化作战最关键的作战技术之一。

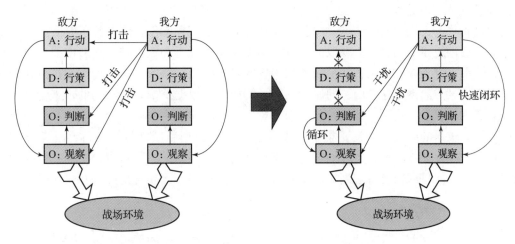

图 4　基于态势感知博弈的 OODA 作战链路示意

态势智能感知技术是以广泛分布于多维战场空间内的侦察、感知和技战术手段为基础，在实时共享战场态势的基础上，对战场数据进行智能化处理，形成对战场军事活动的智能认识活动。智能态势感知是指挥控制活动从信息域向认知域跨域的重要标志，也是后续智能决策或自主控制的重要前提，是实现真正意义上智能化战争的关键环节。

早在 2007 年，美国国防部高级研究计划署就启动了"深绿"计划，试图通过对未来敌我可能行动及态势的自动生成、评估和预判，帮助指挥员掌握战场态势的瞬息变化。目前，战场态势感知智能化取得了初步进展，但依然主要依赖作战指挥员。陆、海、空、天、电、网等维度态势相互铰链呈现出的高度复杂性，使得单纯依靠人工理解和预测战场态势越来越困难。智能战场态势感知是人工智能领域亟待突破的关键技术之一，也是解决其他复杂军事问题的起点。

2.3 情报信息智能处理技术

现代军事在情报信息方面的挑战主要是数据量大、难以快速处理。据称，美国情报部门在一个战区范围内利用单个传感器每天能够采集的高清图像数据就超过了美国橄榄球联盟比赛 3 个赛季图像数据的总和。在战争需求和技术进步的推动下，以无人机和巡飞弹为代表的情报侦察手段已逐渐成为现代战场侦察监视的重要方式之一，它们能够收集大量数据，使作战人员对战场态势的理解更加丰富准确。但是，目前人工图像判读仍然作为世界各国情报生成的主要手段之一，庞大的数据量超出了情报分析人员将其快速转化为行动情报的能力，导致情报判读耗时长、效率低，无法为战场态势理解提供快速有效的帮助，这已经成为制约情报信息实时生成的瓶颈问题。随着人工智能技术的发展，以往依靠人工作业完成的目标检测、分类、识别、评估等工作可逐步由计算机来完成。人工智能判读甚至是类脑认知情报判读将有望解决侦察存储的海量数据与人工处理速度偏慢的矛盾问题。

2017 年年底，美国国防部成立算法战跨智能小组，加快了国防部融入人工智能技术的速度，可以将国防部的海量数据快速地转变为可用的情报。其中，Project Maven 项目通过使用数千小时的中东地区无人机采集的视频对机器学习算法 Maven 进行训练，实现目标识别和跟踪。该项目计划将机器学习算法集成搭载到全景相机的无人机中，实现大范围的目标识别和跟踪。2018 年年底，美国空军研究实验室宣布，未来 3 年将向自动化网络与信号情报处理领域投资 1 亿美元，以研发可自动化处理电话监听、网络数据及其他信号情报数据的智能设备，来辅助美国空军快速处理情报，获取有用信息。

2.4 智能任务规划技术

任务规划是作战指挥控制的核心，特别是分布式作战体系下开展联合作战，任务规划技术作为传统手段与新兴技术的最佳结合点，正逐步成为解决未来智能化战争的关键所在。未来，随着现代智能技术的发展，任务规划技术将进入蓬勃发展的新时期。任务规划技术可利用知识库、大数据、云计算、人工智能等新技术进行战场态势智能分析与预测，获取敌情信息、我情信息和战场环境信息，包括部队部署、作战态势、活动规律等信息，对获取的战场数据加以智能分析和数据挖掘，从中找到更深层次的信息和特征，为决策提供支撑。人工智能是任务规划技术发展的新引擎，正在重构影响军事作战过程的各个环节，知识、信息、数据是这个引擎的原始燃料，例如通过数据挖掘寻找战场的未来走向、通过大数据分析海量数据内在联系、通过机器学习预测未来对手的行动等。

关于任务规划技术的研究最早主要集中在飞行器的任务规划领域，包括飞行器任务分配、航路规划、载荷规划等，并逐渐从单飞行器规划转向多飞行器协同规划，从飞行器规划扩展到陆、海、空、天等多领域平台规划，从单武器装备规划转向多武器平台协同规划。无人机集群分布式作战典型航迹规划如图 5 所示。

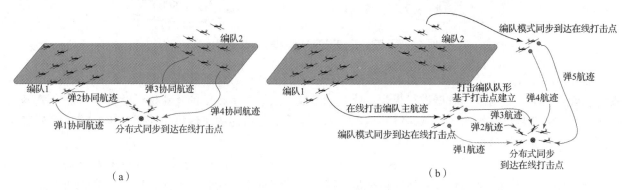

图 5　无人机集群分布式作战典型航迹规划
（a）分布式打击；（b）编队 + 分布式航迹打击

以美国为代表的西方国家最早开展任务规划的研究、研制和应用，在世界处于领先地位。其陆、海、空三军都分别装备有不同的任务规划系统。美国国防部于 2017 年已建立整合利用大数据和机器学习能力的智能团队；2017 年，洛马公司与美国空军合作进行了多域指挥控制的推演，检验空、天和网络作战域中的作战计划编制，使空中作战的各种系统能够实现互联互通；此外，美国陆军正在研发自动计划框架原型系统，该系统能够将军事决策所需的任务自动分配到对应的兵种和单位，减小指挥人员的工作负担并提高决策部署效率。

2.5 智能辅助决策技术

指挥决策的过程包括确定目标、制定方案、评选方案和制订计划，其复杂性、困难性往往更多地体现在认识、判断和选择的不确定性上，在信息化战争条件下，这种不确定性较之以往大大增加。随着作战指挥信息化程度的提高，在"侦、控、打、评"的作战流程中，作战信息经过复合、评估和再生，不断形成新的信息，对作战指挥决策的时效性、准确性的要求越来越高。这就要求指挥控制系统具有智能决策支持能力，通过指挥控制系统提供的智能化辅助决策，分析处理大量情报，智能化优选确定目标和评估方案，拨开"战争迷雾"，为联合作战指挥决策和部队行动提供及时可靠的辅助支持，为获取战场信息优势和决策优势奠定坚实的基础。未来分布式作战形态下的智能化辅助决策系统，应能准确理解指挥员的真实意图，快速地找到合适的决策资源，给出合理建议，处理决策问题，从而减轻指挥员的决策负担。相比于集中式作战效果链式打击，分布式作战基于智能辅助决策能够快速形成杀伤效果网，为指挥员作出最终决策提供方案支撑，如图6所示。

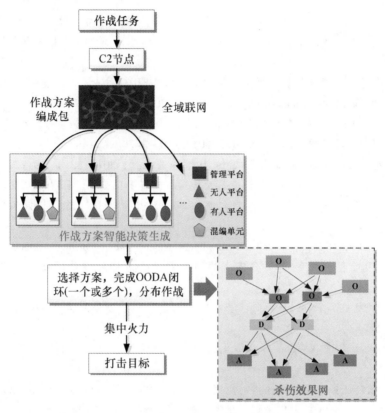

图6 基于智能辅助决策生成杀伤效果网

国外较早时便开展了智能辅助决策相关研究，以美军 DARPA 开展的"深绿（Deep Green）"项目为代表，其目的是预测战场态势，帮助指挥员进行战况判断，并提供决策方案。该项目于 2007 年 7 月启动，但实际上到 2014 年仍未完全结束，主要困难在于战场态势的理解、仿真推演高复杂度、用于决策数据的不同要求、决策力度的区分等。

国内较为成熟的系统主要以专家系统和多智能体系统等为主。如空中军事打击智能决策支持系统可利用多智能体技术，辅助生成空中军事打击行动决策方案，并进行仿真和评估；军事科学院研发的"进攻一号"军事专家支持系统，建立了 4 000 多条规则和一个定性与定量相结合的高效推理机制，能够自动生成作战参考方案，辅助指挥员作出决策。上述研究取得了一定成果，但更多的是依靠传统人工智能技术，具有局限性。2017 年 9 月，"赛诸葛"全国兵棋推演大赛中，中科院自动化研究所研发的 AI 系统"CASIA – 先知 V1.0"首次战胜了人类选手，展示了深度学习等人工智能技术在对抗搏弈领域的强大能力。但目前基于深度学习的辅助决策系统的研究还处于起步探索阶段，距离实际应用还有很长的路要走。

3 结束语

人工智能必然推动战争形态从信息化向智能化方向演变，智能化指挥信息系统也必将发挥其真正的作用。将人工智能技术与 C⁴ISR 技术相结合成为提升作战能力的重要手段和必经之路，实现以人工智能技术为基础，使指挥信息系统具备战场目标自主识别、战场态势智能感知、情报信息快速处理、智能任务规划和辅助决策的作战能力，对更好地推动武器装备体系建设发展具有重要意义。

参 考 文 献

[1] 中国航天科工集团第三研究院三一〇所. 自主系统与人工智能领域科技发展报告 [M]. 北京：国防工业出版社，2019.

[2] Holdren J，Smith M. 为人工智能的未来做好准备 [R]. 美国国家科学技术委员会主席办公室，2016.

[3] 吴正午，付建川，任华，等. 体系作战下的多域指挥与控制探讨 [J]. 指挥与控制学报，2016，2 (4)：292 – 295.

[4] 高原. 大数据目标识别将颠覆传统军事伪装与欺骗技术 [EB/OL]. 国防科技要闻，2016 – 08 – 30.

[5] The military wants to build lethal tanks with AI [N/OL]. 2019 – 02 – 28.

[6] 金欣. "深绿" 及 AlphaGo 对指挥与控制智能化的启示 [J]. 指挥与控制学报，2016，2 (3)：202 – 207.

[7] 人工智能：美军高效处理情报信息 [EB/OL]，2018 – 10 – 16.

[8] 王雪诚. 人工智能算法：改写战争的无形之手 [J]. 军事文摘，2017 (21)：19 – 22.

[9] 美国空军未来三年将向自动化网络与信号情报处理领域投资 1 亿美元 [EB/OL]，2018 – 12 – 26.

[10] 孙鑫，陈晓东，曹晓文，等. 军用任务规划技术综述与展望 [J]. 指挥与控制学报，2017，3 (4)：289 – 298.

[11] Michael N. Artificial intelligence：a guide to intelligent system [M]. Harlow：Addision Wesley，2005.

[12] 张庆杰. 基于一致性理论的多 UAV 分布式协同控制与状态估计方法 [D]. 长沙：国防科学技术大学，2011.

[13] 龙涛，朱华勇，沈林成. 多 UCAV 协同中基于协商的分布式任务分配研究 [J]. 宇航学报，2006 (3)：457 – 462.

[14] 李季，孙秀霞. 基于改进 A – Star 算法的无人机航迹规划算法研究 [J]. 兵工学报，2008，29 (7)：788 – 792.

[15] 柳林. 多机器人系统任务分配及编队控制研究 [D]. 长沙：国防科学技术大学，2006.

[16] 张继春，吴伟泽. 美国陆军数字化部队研究现状和发展趋势 [J]. 舰船电子工程，2013，33 (3)：7 – 8.

[17] Dionne D，Rabbath C A. Multi-UAV decentralized task allocation with intermittent communications：the DTC algorithm [C]. American Control Conference，IEEE，2007：5406 – 5411.

[18] 陈炳峰. 外军任务规划系统分析与启示 [J]. 舰船电子工程，2013，33 (9)：24 – 27.

[19] 王立华，徐洸. 空中军事打击智能决策支持系统研究 [J]. 中国管理科学，2009，17：168 – 172.

[20] 胡桐清，陈亮. 军事智能辅助决策的理论与实践 [J]. 军事运筹与系统工程，1995 (Z1)：3 – 10.

临近空间平台健康监测技术研究

姜学鹏，洪　贝，陈　健

（海军航空大学岸防兵学院　山东烟台　264001）

摘　要： 临近空间已成为各国战略焦点，但关于其故障预报、剩余寿命预测等问题国内外还没有成熟的理论和技术。本文重点分析能够应用于临近空间平台的健康监测技术，包括基于在轨系统运行状态监测信息的健康管理技术、主被动容错控制技术等，为临近空间平台的健康监测提供核心技术支持；可为长航时、高可靠临近空间平台的发展和研究提供新的思路。

关键词： 临近空间；健康监测；在轨运行；容错控制

0　引言

随着近几十年来航空航天技术的发展，临近空间逐渐成为各国国家安全和军事发展战略关注的焦点。航天强国开启了"制临近空间权"的角逐，大力发展临近空间武器等技术，如何保障在轨设备的可靠性成了关键问题，故临近空间平台的自身健康和故障诊断技术成了研究的重要内容。本文在对国内外发展现状分析的基础上，对临近空间的健康监测技术发展趋势进行了研究，总结了包括在轨系统运行状态监测等的关键技术和新兴技术。该领域的技术研究对未来我国临近空间平台的发展和健康运行是至关重要的。

1　国内外发展现状及趋势分析

美国等掌握先进航空航天技术的国家一直非常重视航天器的健康监测技术，已将该技术应用于航天飞机、卫星、国际空间站等空间飞行器，并取得了巨大成功。在航空领域，美国在飞行器信号采集、数据分类、模式识别、故障诊断等方面都进行了大量研究。在航天领域，20世纪80年代以前，美国主要进行了水星、双子星座、阿波罗、天空实验室以及哈勃太空望远镜等航天工程。这个时期主要采用状态监测和基于算法的故障诊断。在航天飞机方面，Gopal等人对航天飞机的主发动机进行了健康监控。Vasilchenko等人针对暴风雪号（Buran）航天飞机开发了轨道实时自动监测和预测系统，该系统可以向航天员提供可视化信息，便于其监测和控制航天飞机的运行状况。在空间站方面，David等人在20世纪90年代初就对自由号空间站的系统安全提出了要求，其中就包括故障诊断和检测系统。Thurmants研究空间站热控系统的监测控制、故障诊断和故障恢复技术。在可重复使用运载器（RLV）方面，美国航空航天局目前正在研制多种演示样机，如DC－X、X－33、X－34、X－37、X－38等，其中重要的演示技术之一就是在轨维修及自修复技术。Sanders提出了可重复使用运载器（RLV）系统健康管理（SHM）的基本要求，并对演示样机X－33的在轨健康管理系统、地面健康管理系统和分布式光学传感器技术进行了研究。近年来，美国正在执行一项名为"轨道快车"的研究计划，旨在开展机器人卫星在轨维修的演示验证试验。"轨道快车"计划将研制并发射3颗卫星：维修服务星（自主轨道间运输器），是一个执行在轨维修工作的太空机器人；目标星，是一颗接受维修服务的模拟失灵或受损的卫星；补给星，是一颗储存推进剂和零部件的卫星，实际上是轨道上的一个物资库。3颗卫星入轨后，维修服务星先与补给星交会对接，从补给星中取出推进剂和零部件，然后机动变轨，与目标星交会对接，给目标星加注推进剂，进行检查、修理或更换受损的零部件，实现重构。研制工作已在2000年开始，卫星在2006年10月发射，进行飞行验证。

欧洲在航天器故障诊断技术方面也进行了很多研究，并开发了一些实用的故障诊断系统。在运载火箭方面，德国的 Matijevic 在 20 世纪 90 年代初就开发了基于模式识别的专家诊断系统，用来对液体火箭发动机进行故障诊断，这是一个仿真系统的原型方案。法国的 Delange 等人也研究了一种用于阿里安-5 火箭发动机的监测系统，具有诊断速度快、准确率高、能在发动机发生严重故障前关闭发动机的特点。当时欧空局提出的未来器运载火箭技术计划（FLTP），其中很重要的一项就是健康监测系统，并于 2007 年完成。此外，在德国 D2 空间实验室任务中，Hotop 等人研究了其中遥控设备的健康监测和故障管理系统，主要采用基于定性知识的专家系统。在哥伦比亚实验舱方面，Funke 对哥伦布实验舱的环境控制和生命保障（ECLSS）技术进行了研究。Kellner 针对欧洲可回收平台——尤里卡平台（EURECA）冷闭合系统，采用多值逻辑技术，开发出了基于知识的故障管理和故障诊断系统。日本对航天器的故障诊断技术研究非常重视，特别是 H-2 火箭接连发射失败后，日本加大了在这方面的投资。在日本实验舱（JEM）方面，从 20 世纪 80 年代末的 Shiraki 到现在的 Yoshikawa 等人，他们都对实验舱的环境和生命支持系统的诊断技术作了详细深入的研究。Sakamoto 等人对 H-2 运载火箭的发动机实时监测技术作了分析。Iwata 等人利用基于知识的专家系统和多传感器技术对卫星系统进行了故障诊断与健康监测。俄罗斯在故障诊断技术方面具有先进的技术和丰富的实践经验。Katorgin 等人针对大功率液体火箭发动机（RD-170）开发了健康监测和寿命评估与预测系统。Vasilchenko 等人对暴风雪号（Buran）航天飞机开发了轨道实时自动监测和预测系统，该系统可以向航天员提供可视化信息，便于其监测和控制航天飞机的运行状况。

国内在设备故障诊断与健康管理方面也已有很好的研究基础，北京控制工程研究所、哈尔滨工业大学、中国空间技术研究院等国内其他单位在卫星故障诊断领域也进行了一些成功的研究，如北京控制工程研究所已经研制出了卫星控制系统实时故障诊断专家系统，哈尔滨工业大学分别与中国空间技术研究院等单位合作对载人飞船和空间站电源系统、推进系统以及风云卫星的故障诊断系统进行了深入的研究，这些工作为临近空间平台的在轨维修及在轨任务管理奠定了良好的技术基础。

2 关键技术和新兴技术分析

临近空间平台健康监测技术研究涉及智能传感器技术、计算机硬件技术、故障预报诊断技术、容错控制技术等。采用的关键技术如下。

2.1 临近空间平台运行状态自动监测技术

临近空间平台的健康管理以在轨系统的各种状态信息为基础。为此，需要研究能够实时采集处理临近空间平台的各种状态信息的状态监测技术。临近空间平台状态监测有嵌入式监测和远程监测两种方式。

在硬件上，研究临近空间平台健康监测技术及系统开发技术，设计嵌入式、小型化、标准化、通用化、模块化临近空间平台健康监测测控功能模板，基于这些功能模板，可以构建临近空间平台健康监测系统。在软件上，研究空间在轨系统故障特征的一般描述和基于故障特征描述的诊断推理模型、算法、流程，并将通用软件功能进行模块化组合，设计成模块化、标准化和通用化的软件模块，营造集成化的通用空间在轨系统故障诊断系统软件环境，使其模块化的软件有很高的可靠性和可移植性。此外，还将采用分布式的软件设计方案，使在轨系统的在线监测和故障诊断系统能够实现地面监控中心监测诊断和远程分布式监测，并可以采用远程诊断的方式，利用异地诊断系统或邀请专家进行诊断，最终提交分析结果供测控中心参考。

2.2 基于在轨系统运行状态进行故障预报与诊断的健康管理技术

在轨系统健康管理将"以信息为依据的运行与维修"作为目标，收集、处理和综合关于整个系统（包括运载器、子系统、部件、传感器和地面保障系统）的健康信息，做出以信息为依据的健康管理决策。健康管理技术是提高临近空间平台的安全性、可靠性及可维护性并有效降低成本的重要技术途径。

根据获得的临近空间平台工作状态信息，研究数据驱动的设备性能变化规律预测技术、基于性能变化规律预测的临近空间平台在轨设备故障预报与健康状况预示技术，得出临近空间平台在轨设备运行性能和健康状况变化趋势和规律，实现临近空间平台的科学化健康管理。数据驱动的设备性能变化规律预测技术、基于性能变化规律预测的临近空间平台在轨设备故障预报与健康状况预示技术是目前国际上设备健康监测的前沿性研究课题，可对这方面进行重点研究和突破。

2.3 基于冷热备份冗余切换的容错技术及主被动容错控制技术

临近空间平台需要处理大量的数据信息，因此对数据信息的备份就显得格外重要。数据信息备份分为冷备份和热备份两种。热备份（实时备份）是指在主存储装置运行的时候有一个从存储装置同步运行进行数据的同步存储。热备份是一种基于冗余切换的容错技术，即两个存储装置同步存储，在主存储装置发生故障时，切换到从存储装置，由从存储装置代替主存储装置完成任务。冷备份（定时备份）是指在指定的时间内让计算机自动备份指定的内容。冷备份是应急措施，即在主从存储装置都发生故障时使用，是热备份的补充。冷备份的另一个重要作用就是提供数据的可回归性，即当发现存储装置内的数据发生错误（硬件故障或操作失误）时，可以用冷备份存储的数据，对以前某一时刻的数据进行恢复。热备份必须解决 3 个问题：一是主从存储装置的数据必须是同步的；二是在主存储装置发生故障时，自动切换到从存储装置来提供服务；三是从存储装置自动恢复技术。

在轨系统检测主要是用来实时监测系统的工作状态，在系统出现故障时快速诊断并提供信息源。主动容错是指在系统出现故障时可以进行故障检测与诊断，并自动进行故障维修处理，实现系统的容错能力。被动容错是指在系统设计时考虑其可能出现的部分故障，通过相关的冗余技术实现故障容错，但在系统定型后，不能进行进一步的更改。考虑到临近空间平台在轨工作的高可靠性要求，可以将主动、被动容错控制结合，取长避短，提高在轨系统检测与主被动容错控制技术水平。其中，主被动分配比例、结合时机以及不同子系统的控制方式等还需深入研究。

3 结束语

健康监测技术，基于状态监测信息的故障预报与诊断的健康管理技术、寿命分析评估与剩余寿命预测技术、主被动容错控制技术、可热插拔技术等，是国防和国民经济中普遍存在并急待解决的重要问题，特别是在故障预报、剩余寿命预测等方面，国内外还没有成熟的理论和技术，因此本课题的应用前景广阔。通过本课题的研究，了解能够应用于临近空间平台的健康监测与智能信息处理技术，从而为长航时、高可靠临近空间平台的发展和研究提供新的思路。

参 考 文 献

［1］崔尔杰. 近空间飞行器研究发展现状及关键技术问题［J］. 力学进展，2009，39（6）：658 - 673.
［2］柴文富，赵九振. 临近空间飞行器：空天一体作战的新高地［N］. 军民智融，2017 - 10 - 03.
［3］国外临近空间高超声速飞行器关键技术研究与发展调研报告［R］. 高端装备产业研究中心，2019 - 02 - 15.
［4］蒙文跃，杨延平，温阳，等. 一种临近空间太阳能无人机自主故障诊断及应急处理策略［J］. 航天控制，2020，02（38）：56 - 61.
［5］姜洪开，邵海东，李兴球. 基于深度学习的飞行器智能故障诊断方法［J］. 机械工程学报，2019，55（7）：27 - 34.

放射性同位素温差发电器技术提升与发展分析

罗雨微[1]，范蒐娜[1]，郭筱曦[1]，朱安文[2]

（1. 北京空间科技信息研究所　北京　100094；

2. 北京空间飞行器总体设计部　北京　100094）

摘　要：放射性同位素温差发电器（RTG）是一种利用放射性同位素作为热源，采用温差发电方式产生电能的发电装置，具有结构简单、技术成熟、工作温度范围宽、发电性能稳定等优点。在2015年的NASA技术路线图中，放射性同位素电源系统仍作为优先发展方向，NASA的深空科学任务规划仍将是放射性同位素电源发展进步的主要动力。RTG目前已被应用在数十项航天任务中，为卫星、着陆器、行星际探测器等装置提供了电源，是人类进行航天飞行与深空探测的理想能源供给器件。本文将从同位素热源制备、温差热电转换效率以及发电器寿命三个方面出发，综合分析RTG技术"瓶颈"与可行的提升途径，并在此基础上为我国放射性同位素温差发电器技术研发工作提出合理化建议。

关键词：同位素温差发电器；RTG；放射性同位素；同位素热源；温差热电转换

Analysis of Radioisotope Thermoelectric Generator Technology Development

Luo Yuwei[1], Fan Weina[1], Guo Xiaoxi[1], Zhu Anwen[2]

（1. Beijing Institute of Space Science and Technology Information, Beijing, 100094;

2. Beijing Institute of Spacecraft System Engineering, Beijing, 100094）

Abstract：Radioisotope Thermoelectric Generator（RTG）is a kind of power generation device which uses radioisotope as heat source and generates electric energy by thermoelectric power generation. It has the advantages of simple structure, mature technology, wide operating temperature range and stable power generation performance. In the 2015 NASA Technology Roadmap, radioisotope power system is still the priority development direction, and NASA's deep space science mission planning will still be the main driving force for the development and progress of radioisotope power supply. RTG has been used in dozens of space missions, providing power for satellites, landers, interplanetary probes and other equipment. It is an ideal energy supply device for human space flight and deep space exploration. This paper will comprehensively analyze the "bottleneck" of RTG technology and the feasible ways to improve it from three aspects of isotope heat source preparation, thermoelectric conversion efficiency and generator life, and put forward reasonable suggestions for the research and development of radioisotope thermoelectric generator technology in China.

Keywords：Radioisotope Thermoelectric Generator; RTG; radioisotope; radioisotope heater source; thermoelectric conversion

0　引言

在RTG研制历程上，美国已完成包括SNAP－3B、SNAP－9A、SNAP－19、SNAP－27、Transit

罗雨微，女，硕士，工程师，情报研究。

RTG、MHW – RTG、GPHS – RTG 以及 MM – RTG 在内的 8 次技术更替，最近研制出的 MM – RTG 代表了国际上静态转换放射性同位素电源技术的最高水平。苏联和俄罗斯在 RTG 技术领域的起步也较早，但近年来并没有具体的创新技术成果，与美国相比，其在技术上的发展较为滞后。我国研制的 RTG 于 2019 年在嫦娥四号上成功进行在轨试验。经过几十年的发展，针对远距离航天任务，RTG 已成为迄今为止最佳的器载电源。虽然 RTG 目前已在一些航天任务中得到应用，但为适应未来任务需要，仍面临着同位素核源短缺、热电转换效率不高、寿命短、可靠性低等技术"瓶颈"，研究人员需要通过研究解决上述 3 个问题，提升 RTG 的整体技术竞争力。

针对上述问题，全面分析国外主要航天国家的 RTG 系统关键技术提升方法，为我国的木星系探测、载人登月、月球/火星基地建设等任务提供支持，推动我国相关技术的发展进程。

1 RTG 技术提升途径分析

1.1 同位素热源供应技术提升途径分析

选择合适的放射性同位素材料对 RTG 来说至关重要。放射性同位素钚 – 238（^{238}Pu）具有优异的功率密度和寿命且辐射最少，是空间同位素电源制作材料的最优选择。在同位素材料供应上，恢复和建设 ^{238}Pu 燃料生产能力是各国关注的难点问题，目前全世界仅有俄罗斯和美国具有成规模的 ^{238}Pu 生产能力。本节将分析国外同位素热源供应技术的提升途径。

1.1.1 提升同位素制备效率

提升同位素 ^{238}Pu 的制备效率可以更好地满足长期空间探索任务需求。自然界中不存在同位素 ^{238}Pu，需通过在核反应堆中照射镎 – 237（^{237}Np）产生，且 ^{238}Pu 燃料价格昂贵。美国自 20 世纪 80 年代就同时停止了空间用 ^{238}Pu 燃料的生产和从俄罗斯的采购。为提升制备效率，NASA 与美国能源部在 2011 年启动了 ^{238}Pu 供应项目（PSP），该项目利用美国橡树岭国家实验室（ORNL）和爱达荷国家实验室（INL）现有的设备来提升 ^{238}Pu 生产能力，原计划在 2023 年实现年均至少 1.5 kg 的二氧化钚（PuO$_2$）产量，但这仍无法满足其未来航天任务燃料需求，即便是将年产量提升到 5 kg，美国航天领域在 2025 年前后仍会出现 ^{238}Pu 燃料供应告急的情况。因此美国计划从缩短生产材料停留时间，延长衰变的时间，减少裂变产物库存和放射水平，缩短生产处理过程，以及缩小生产设施占地面积等方面入手，进一步提升 ^{238}Pu 生产能力。主要方案包括：①稍微增加具有使用资格的生产配置（如 5MW），以适应围绕堆芯的循环；②将在堆芯周围连续流动目标材料的停留时间改为数天；③允许 ^{237}Np 在运往处理设施的途中衰变 5~10 个半衰期（最多 21 天）；④使用树脂柱和既定方法，以小批量、定量的方式将聚氨酯与其他成分分离；⑤将径流重新注入进料流中；⑥允许小型、大学规模的实验室用于处理设施，大幅降低生产成本。美国 ^{238}Pu 供应项目燃料生产流程及当前航天用 ^{238}Pu 供需情况分析如图 1 所示。

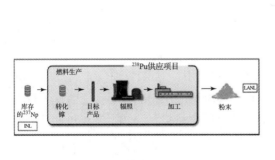

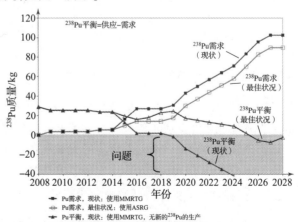

图 1　美国 ^{238}Pu 供应项目燃料生产流程（左）；美国当前航天用 ^{238}Pu 供需情况分析（假设年 ^{238}Pu 产量为 5 kg，右）

1.1.2 规范热源系统生产流程

规范的同位素热源系统生产流程可有效提高生产水平。为达到规范生产流程这一目的，可以采用多部门协同发展的方法，既可以专注提升不同生产环节科研生产人员技能、相关任务的支持能力、安全和任务保障专业知识水平，还可加强相关生产所需的物理设施建设，有利于保持放射性同位素电源系统（RPS）组装、试验和分析工作的持续性。目前，美国将 RPS 组装、试验和分析工作主要分配给了 4 家能源部实验室：爱达荷国家实验室（INL）、橡树岭国家实验室（ORNL）、洛斯阿拉莫斯国家实验室（LANL）和桑迪亚国家实验室（SNL），这些实验室之间开展了密切合作。RPS 生产的关键步骤如图 2 所示。

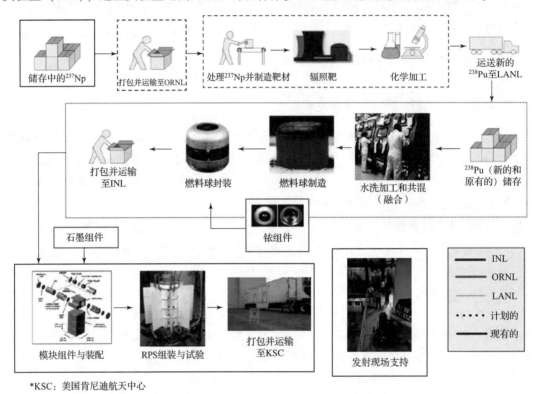

*KSC：美国肯尼迪航天中心

图 2　RPS 生产的关键步骤

1.1.3 寻求替代同位素

国外也曾试图通过寻求替代同位素的方式解决^{238}Pu 短缺问题。美国在早期曾使用过金属钚，之后还使用过氧化钚微球、氧化钚—钼金属陶瓷等。近年来，ESA（萨尔瓦多共和国）对镅 – 241（^{241}Am）的可用性和低成本展开了研究。此外，NASA 所属的一些机构也在寻求替代^{238}Pu 的同位素。在选择替代同位素时，需要遵循使用期长、功率密度大、屏蔽简单、经济易得等原则，在考虑过这些因素后，只有少数放射性同位素是可取的。

1.2　温差热电转换效率提升途径分析

目前的半导体温差热电转换效率较低，限制了 RTG 的推广和应用；对 RTG 而言，高效的半导体温差发电是提升性能和降低成本的关键。要使温差转换系统在 RTG 空间应用中能够与其他能量转换系统相竞争，就必须设法将半导体温差电材料的无量纲热电优值（ZT）提高到 1.5 ~ 3.0，并尽可能增大其冷热端温差值。本节分析了国际上几种主要的温差热电转换效率提升途径。

1.2.1　选择高性能的半导体温差热电材料

在半导体温差发电技术发展早期，普遍将碲化铅（PbTe）作为温差热电材料，随后发展出以 TAGS（Te、Ag、Ge、Si）合金为 P 型材料、PbTe 为 N 型材料的温差发电器。后期为发展出百瓦级温差发电器，科研人员采用了具有良好机械性能、抗氧化性能并适用于真空环境的硅锗合金（SiGe）。近年来的微小功率空间同位素温差发电器使用较多的是碲化铅基温差热电材料。现有温差发电器普遍采用的半导体材料包括硅锗合金、碲化铅和碲化铋（Bi_2Te_3）及其合金。当前国外潜在的先进材料及其成熟度如表1所示。但在新型材料应用上仍存在材料稳定性、连接工艺以及发电器自身的可靠性等技术问题，因此研究人员仍在试图改进传统温差热电材料。

表 1　国外潜在的先进材料及其成熟度

项目	纳米结构 SiGe（P&N）	14-1-11 Zintl（P）	$La_{3-x}Te_4$（N）	方钴矿	先进的 PbTe（N&P）	以前的 PbTe（N） TAGS（P）
运行时的目标 ΔT/K	1 273-573	1 273-773	1 273-773	873-473	773-473	N：773-473 P：673-473
横跨有关 ΔT 的平均 ZT	N：0.73 P：0.55	P：0.98	N：0.88	N：0.88	N：1.14 P：1.28	N：0.75 P：1.06
可再生的 TE 特性	☑	☑	☑	☑	☑	☑
综合体按比例增大	☑（100 g 批次）	☑（15~50 g 批次）	☑（50~100 g 批次）	☑（100~200 g 批次）	☑（30~200 g 批次）	☑（MMRTG 生产线）
热稳定 TE 特性	☑（在 1 273 K，>12 000 h）	☑（在 1 273 K，>12 000 h）	☑（在 1 273 K，>2 500 h）	☑（在 873 K，>10 000 h）	☐（仅初步数据 >300 h）	☑（TAGS 为 750 K，PbTe 为 825 K）
演示的升华抑制可行性	☑（与以前的 SiGe 一样）	☑（涂层，在 1 273 K 时达到 10 000 h）	☑（在温度到达 1 173 K 前不需要）	☑（气凝胶，在 1 273 K 时达到 9 000 h）	☑ Ar（氩气）大气，假设与以前的 PbTe 相同	☑ Ar（氩气）大气，TAGS 限制为 673 K，PbTe 限制为 825 K
稳定的低电阻金属化	☑（在 1 273 K，>1 000 h）	☑（在 1 273 K，>5 000 h）	☑（在 1 273 K，>1 000 h）	☑（在 873 K，>1 500 h）	☐ 底线是以前的 PbTe	☑（>200 000 h）
依赖于温度（与温度相关）的力学性能/ppm	☑ CTE：4.5	☑ CTE：16~19	☑ CTE：17~20	☑ CTE：12~14	☑ CTE：19~21	☑ CTE：19~21

注：①K—凯尔文温度；②h—小时；③ppm—百万分率；④CTE—势膨胀系数；⑤TE—热电。

通常温差发电的温度在 300~1 274 K，普通练习材料的平均 ZT 约为 0.5，当前工艺材料的平均 ZT 约为 1.3，而最佳材料的平均 ZT 约为 2.6。NASA 目前已发展出的技术，ARTG 的转换效率大于 11%，GPHS-RTG 的转换效率约为 6.5%；基于 eMMRTG 的转换效率约为 8%，MMRTG 的转换效率约为 6.2%。通过发展多种技术途径，美国力求发展出转换效率为 15%~20% 的 RTG。

1.2.2　开发高效的功能梯度材料与发电器构型

近年来出现了功能梯度材料（FGM）概念，其意为将多种不同的半导体温差热电材料进行分段式耦合，以保证不同温差热电材料可在其最佳温区上进行工作，从而实现较高的转换效率。此外，针对采用 FGM 的发电器的构型方案，NASA 早期曾论证过分段式和级联式两种构型方案。与传统的单一温差热电材料结构相比，这两种方法都在 ΔT 上对 ZT 作了最大化处理，但经研究发现，如图 3 所示的分段式构型温差发电装置是空间系统的首选方法。日本和美国早在 20 世纪就已开展了相关耦合配置的研究，现有构型种类繁多。美国自 21 世纪以来发展出的 FGM 温差发电耦合配置如表 2 所示。

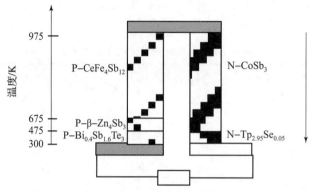

图 3　分段式结构温差发电器

表 2　美国自 21 世纪以来发展出的 FGM 温差发电耦合配置

耦合	实物图
Zintl（$Yb_{14}MnSb_{11}$）/纳米 SiGe 耦合	
Zintl（$Yb_{14}MnSb_{11}$）/$La_{3-x}Te_4$ 耦合	
Zintl/SKD∥$La_{3-x}Te_4$/SKD 分段耦合	
Zintl/Adv. PbTe∥$La_{3-x}Te_4$/Adv. PbTe 分段耦合	
Zintl∥$La_{3-x}Te_4$ 悬臂式和弹性负载的分段耦合（用于寿命性能验证）	

NASA 一直将先进的温差热电材料研发作为发展高功率 RTG 技术的基础，其 RPS 温差热电技术开发项目中的工作流程如图 4（左）所示。NASA 最近进行了一项 14% ~ 15% 高效分段耦合演示试验：在 1 275 K温度条件下分段耦合地完成寿命开始特性试验。试验件为弹簧负载结构，与 MMRTG 温差热电转换器类似。该试验在 453 K 的冷侧温度下获得大约 15% 的效率，良好的试验性能与预测性能一致。其中，内部电压在 1% 以内，开路电压在 1.5% 以内；最大输出功率在 3% 以内。试验配置如图 4（右）所示，图中 P – 支架为 14 – 1 – 11 Zintl/SKD，N – 支架为 La$_{3-x}$Te$_4$/SKD，热端温度约为 1 273 K，冷端温度约为 373 K。美国期望凭借发展 FGM 分段式耦合技术，突破现有 RTG 功率极限。经过戴顿大学研究所（UDRI）和 NASA JPL 的共同努力，从先进的温差热电材料入手，对至少 21 种耦合方式展开论证，筛选出 4 种两段、三段式耦合方式，并在此基础上研发出了先进的温差热电器件（ATEC），技术逐渐成熟。目前已有的分段式耦合技术可提供高达 17% 的热电转换效率，个别材料成熟度较高，但整体构型的成熟度仍停留在 1 ~ 2.5，需要进一步提升。

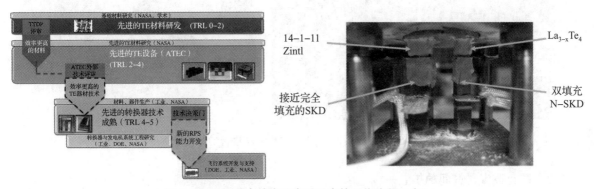

图 4　RPS 温差电技术开发项目中的工作流程（左）；
高温分段 Zintl/La$_{3-x}$Te$_4$/SKD 耦合弹簧负载的性能测试配置（右）

1.2.3　研制纳米级半导体材料

除了选用高性能半导体温差热电材料以及采用新型功能梯度材料两种技术途径外，研制纳米级半导体材料也可以提高温差热电材料的 ZT 值。这样可以提高塞贝克系数和载流子迁移率，降低晶格热导率，还可以更好地利用多能谷半导体费米面的各向异性。NASA 已开发了多种纳米级半导体温差热电材料并展开验证。

1.2.4　降低发电元件的接触热阻和接触电阻

在 RTG 发电过程中，温差电偶和导流片之间不可避免地会存在接触电阻，进而降低热电转换效率。因此工程人员在发电器设计中常在导流片上附加一层导热性能较高且电绝缘较好的陶瓷片，但陶瓷片和各接触点之间存在热阻，会产生热损失，也会降低热电转换效率。所以在设计温差发电器结构时，必须降低接触热阻与接触电阻，同时应注意一些材料会由于高温氧化或化学反应导致接触热阻和接触电阻增大。

1.3　温差发电器寿命提升途径分析

延长温差发电器使用寿命能够有效提高 RTG 在未来深空长时间飞行任务中的竞争力，本节分析了国际上几种主要的寿命提升途径。

1.3.1　减缓半导体材料升华

温差发电中的高温可以使半导体升华，从而造成热电偶质量的损失，导致 RTG 随着时间推移不断损失性能，升华的材料还可能凝结并附着在发电机内的冷却器表面，造成安全隐患。因此要想办法减缓半导体材料的升华速度。美国目前正试图开发一种抗升华的涂料来解决该问题。研发的涂料必须耐高温并且不会和所保护的设备材料发生化学反应。考虑到长远的技术发展，抗升华涂层材料研发势必会成为提升 RTG 整体性能的关键。美国和俄罗斯在抗升华涂层材料的研发上都取得了一定成果，并已进行实际应用，但相关技术方法均未公开。

1.3.2 提高发电器结构鲁棒性

温差热电材料在高温条件下容易受到机械应力影响，因此需要保证材料的热学与力学设计水平，从而保证 RTG 的使用寿命和工作性能。在实际工程设计中应首先通过良好的强度设计保证发电器关键结构的完整性。通常采用的强度设计方法包括：在连接片的中间部分开一个缺口或将其弯曲成弧形；在 P 型、N 型电偶臂上加一层具有足够塑性且电阻低的过渡层（不超过 0.3 mm）；改变基体材料（如金属化陶瓷片）。其次，在设计完成后需要进行数模分析，验证材料结构的疲劳周期，如图 5 所示。最后，需要对温差热电材料进行实际的试验测试，从而准确地判断所选材料的高温力学性能。

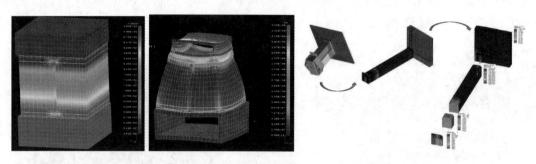

图 5　NASA 对分段耦合温差热电材料进行的数模分析

1.3.3 防止高温材料间的扩散

在高温作用下，两种温差发电器中的接触材料必然会出现互扩散现象，并且温度越高，这种扩散现象就越显著。RTG 内材料间的互扩散不但会导致接触材料特性变差，还可能由于扩散掺杂导致温差热电材料的热电性能下降。因此，在设计 RTG 温差发电部件时必须选择扩散系数小的材料，业界通常选择铜金属作为电偶的导流片。此外，也有科研人员采用厚度大于 1 μm 的镍层将电偶材料与铜金属隔开，以防止铜与电偶材料之间的热扩散。

2　RTG 技术发展思路与建议

未来，美国将进一步开发"增强 MMRTG（eMMRTG）"和"高功率先进放射性同位素温差发电器（ARTG）"两种 RTG 机型，在 10 年内开发具有 500 W 的发电功率的 RTG，并计划在"凯龙星轨道器/着陆器"等"发现级""新疆域级"和"旗舰级"任务上对其研发的新温差发电器展开技术验证。俄罗斯也正着手策划在其计划送往月球的探测器上使用 RTG 电源。根据当前的任务规划，我国将在 2030 年前后有序开展月球极区探测、小天体探测、火星取样返回以及木星系探测 4 个方向的深空探测任务。我国在 RTG 功率发展上应深入考虑远距离任务中面临的任务轨道复杂、月球表面环境恶劣、火星大气与尘埃影响、木星磁场辐射等问题，结合未来任务计划需求，发展出可支持我国远距离航天任务的高可靠、大功率、长寿命的 RTG 电源。

2.1　深化核工业技术合作，多途径保障同位素燃料供应

长期以来，^{238}Pu 的缺乏是制约我国以及西方国家发展核动力航天器的重要瓶颈。如何优化同位素燃料制备方法、寻求更容易获取或价格更低廉的替代燃料是解决该问题的途径之一。我国在放射性同位素热源制备领域具有多年的研究经验，我国可在相关技术研发问题上进一步深化与核工业部门的合作，加强核工业技术研究交流，整合汇集各领域专业技术资源，通过建设完善且相应的同位素制备生产设施，推动同位素燃料制备技术发展。另外，在解决同位素燃料供需问题时，还可通过研发同位素热源高效利用技术来降低同位素需求量，从而减轻同位素制备压力。我国科研人员已成功研发出采用端面热量收集

模式的 RTG 废热高效收集利用特色技术，该技术已在嫦娥四号上完成在轨飞行验证，实现了 93% 以上同位素核热源热量用于 RTG 发电。在后续任务发展上，我国可充分发挥现有技术优势，持续优化 RTG 废热高效收集利用特色技术，结合航天器热管理设计，布置合理的热能回路，进一步提高同位素核热源热量利用率，降低同位素燃料需求量。

2.2 突破百瓦级功率水平，聚焦新型发电器结构与材料

我国于 20 世纪 60 年代开始研究热电型放射性同位素电池。目前，我国为嫦娥四号设计的 RTG 输出电功率为 2.5 ~ 5 W，输出热功率为 115 ~ 127.5 W，但距离实现百瓦级发电效率还有不小的距离。在功率提升上，可从研发高 ZT 值温差热电材料、开发新型功能梯度材料、采用低纬度半导体材料以及优化发电器整体结构设计等方面入手。该 RTG 采用了传统的 PbTe 基材料分立的温差电单体电偶，以电串联的方式连接。我国在未来可考虑研发高效温差电偶，选用纳米结构的 SiGe、14-1-11 Zintl、La_{3-x}-Te_4、方钴矿等材料，同时综合分段式功能梯度结构设计，采用诸如 "Zintl（$Yb_{14}MnSb_{11}$）/$La_{3-x}Te_4$" 耦合、"Zintl/SKD//$La_{3-x}Te_4$/SKD" 分段耦合以及 "Zintl//$La_{3-x}Te_4$" 悬臂式和弹性负载的分段耦合技术选型，最大限度地提升 RTG 发电效率。

2.3 自主研发抗升华涂层，延长国产 RTG 空间工作寿命

目前我国在半导体发电材料设计中未深入考虑与电接触用温差热电材料的金属化与键合有关的材料升华问题，这一问题降低了 RTG 的使用寿命。因此，我国在发展高发电效率温差发电材料技术时，应考虑材料的升华情况，除选用 $La_{3-x}Te_4$ 等升华温度高的材料外，还可考虑在温差发电材料上涂抹涂层，防止材料升华，延长 RTG 的使用寿命。在选择涂层材料时也需要选择稳定性高的材料，并考虑其与发电器上其余材料产生反应的可能性。

参 考 文 献

[1] Ryan Bechtel. Multi-mission radioisotope thermoelectric generator（MMRTG）. U. S. Department of Energy，2013.

[2] David Woerner. The multi-mission radioisotope thermoelectric generator for science exploration. NASA，2016.

[3] HoSung Lee. Radioisotope thermoelectric generators. Western Michigan University，2017.

[4] John A Hamley，Thomas J Sutliff，Carl E Sandifer II，June F Zakrajsek. Radiosotope power systems program. NASA RPS program overview：a focus on RPS users，NASA Glenn Research Center，2016.

[5] Technical aspects of space nuclear power sources. ESA Advanced Concepts Team，2006.

[6] 宋馨，陈向东，雷英俊，等. 嫦娥四号着陆器月夜热电联供系统设计与验证 [J]. 航天器工程，2019，28（4）：65 – 69.（DOI：10. 3969/j. issn. 1673—8748. 2019. 04. 011.）

[7] Jean – Pierre Fleurial. Thermoelectrics in space：a success story，what's next and what might be possible – KISS adaptive multi-functional systems—part II. California Institute of Technology，NASA JPL，2015.

[8] 黄志勇，吴知非，周世新，等. 温差发电器及其在航天与核电领域的应用 [J]. 原子能科学技术，2004（z1）：42 – 47.（DOI：10. 3969/j. issn. 1000 – 6931. 2004. z1. 012.）

[9] John A Hamley，Peter W McCallum，Carl E Sandifer II，Thomas J Sutliff，June F Zakrajsek. NASA's radioisotope power systems—plans. NASA Glenn Research Center，2015.

[10] 吴伟仁，王倩，任保国，等. 放射性同位素热源/电源在航天任务中的应用 [J]. 航天器工程，2013（2）：1 – 6.（DOI：10. 3969/j. issn. 1673 – 8748. 2013. 02. 001.）

[11] 胡文军，陈红永，陈军红，等. 空间核动力源的安全性研究进展 [J]. 深空探测学报，2017，4（5）：453 – 465.（DOI：10. 15982/j. issn. 2095 – 7777. 2017. 05. 006.）

[12] 张建中，任保国，王泽深. 空间应用放射性同位素温差发电器的发展趋势 [J]. 电源技术，2006（7）：

525 – 530. （DOI：10. 3969/j. issn. 1002 – 087X. 2006. 07. 002. ）

[13] 周继时，朱安文，耿言，等. 空间核能源应用的安全性设计、分析和评价 [J]. 深空探测学报，2015 （4）：302 – 312. （DOI：10. 15982/j. issn. 2095 – 7777. 2015. 04. 002. ）

[14] 黄志勇，吴知非，周世新，等. 温差发电器及其在航天与核电领域的应用 [J]. 原子能科学技术，2004 （z1）：42 – 47. （DOI：10. 3969/j. issn. 1000 – 6931. 2004. z1. 012. ）

[15] Jean-Pieree Fleurial, Thierry Caillat, Bill J Nesmith, Richard C Ewell, David F Woerner, Gregory C Carr, Loren E Jones. Thermoelectrics：from space power systems to terrestrial waste heat recovery applications. Jet Propulsion Laboratory，2011.

[16] 张建中，王凤跃，伍绍中. 温差电材料研究的新动向 [J]. 电源技术，2003，27 （1）：64 – 67. （DOI：10. 3969/j. issn. 1002 – 087X. 2003. 01. 019. ）

[17] 苏著亭，杨继材，柯国土. 空间核动力 [M]. 上海：上海交通大学出版社，2016.

[18] 赵建云，朱冬生，周泽广，等. 温差发电技术的研究进展及现状 [J]. 电源技术，2010，34 （3）：310 – 313. （DOI：10. 3969/j. issn. 1002 – 087X. 2010. 03. 027. ）

[19] Appendix A：United States space nuclear power systems launched into space，https：// www. inl. gov/wp – content/ uploads/ 2014/10/AtomicPowerInSpaceII – AHistory_2015_Appendices – References1. pdf，2020.

[20] 雷英俊，朱立颖，张文佳. 我国深空探测任务电源系统发展需求 [J]. 深空探测学报，2020，7 （1）：35 – 40，46. （DOI：10. 15982/j. issn. 2095 – 7777. 2020. 20190712001. ）

[21] 郭鹏伟，周剑良，左国平，等. 放射性同位素电池的研究及进展 [J]. 衡阳师范学院学报，2011，32 （6）：56 – 59.

[22] Steven D. Howe, Douglas Crawford, Jorge Navarro, Terry Ring. Economical production of Pu – 238：feasibility study，NASA NIAC Phase I [EB/OL]. https：// www. nasa. gov/pdf/636900main _ Howe _ Presentation. pdf，2020.

微小卫星推力器姿轨一体化控制方案

刘　燎[1,2]，吴爱国[1]，孙华苗[2]，张汉城[2]，谢成清[2]

（1. 哈尔滨工业大学（深圳）　广东深圳　518055；

2. 深圳航天东方红卫星有限公司　广东深圳　518064）

摘　要：针对微小卫星质量轻、功耗低的特点，本文提出了姿轨一体化控制方案。该方案采用 1 个大推力器进行轨道控制，4 个斜装小推力器兼顾轨道控制和姿态控制策略，可实现三轴姿态控制，提高控制系统的功能密度。首先对基于推力器的控制系统进行说明，对推力器的安装方式和基于 Kalman 的滤波定姿方法进行描述；其次对基于开关线的相平面控制器进行设计，然后对基于推力器的微小卫星进行动力学建模，最后通过 MATLAB 进行仿真分析，得出了在轨道机动中同时兼顾三轴姿态控制的仿真曲线。仿真结果表明，本文提出的控制策略具有很好的实用性。

关键词：微小卫星；姿轨一体化；推力器；相平面；控制器

Thruster Control Scheme for the Integrated Orbit and Attitude Control of Micro-satellite

Liu Liao[1,2]，Wu Aiguo[1]，Sun Huamiao[2]，Zhang Hancheng[2]，Xie Chengqing[2]

（1. Harbin Institute of Technology（Shenzhen），Shenzhen，Guangdong，518055；

2. Shenzhen Aerospace Dongfanghong Satellite Ltd，Shenzhen，Guangdong，518064）

Abstract：For the characteristics of micro-satellites with light weight and low power consumption，this paper proposes an integrated attitude and orbit control scheme. We can achieve three-axis attitude control while in the orbit control，and increase the functional density of the control system. A big thruster is used for orbit control and four small thrusters are taken into account for the orbit and attitude control. Firstly，the installation position of the thruster is analyzed. Secondly，the phase-plane controller is designed. Finally，the simulation analysis is carried through MATLAB. The simulation results show that the proposed control method has good practicability.

Keywords：micro-satellite；the integrated attitude and orbit control；thruster；phase-plane；controller

0　引言

推力器是航天器姿态和轨道控制中最常用的执行机构之一，它通过喷气产生控制力来控制卫星的姿态和轨道。利用推力器控制卫星三轴姿态要求推力器能够产生 6 个方向的控制力矩，单个方向控制时如果不对其他方向产生干扰，则至少需要安装 6 个推力器，同时若考虑冗余，则还可以增加推力器的配置。推力器数量多、冗余备份多，在控制分配上简单，但是推力器数量增多会导致姿态控制系统复杂，同时也给整星的安装带来一定难度，尤其不适用于微小卫星，因为微小卫星对各个设备的质量、成本和功耗均有严格的限制。在卫星推进系统的配置问题上，推力器多，则冗余多、可靠性高，由于整星质量与功耗的限制，推力器配置少必然会导致可靠性方面的欠缺；由于微小卫星寿命短，推力器的配置上暂不考

刘燎，男，博士研究生，从事微小卫星姿态控制系统设计。

虑推力器失效的情况，传统的高冗余推力器配置方式不适用于微小卫星，为了减小推力器带来的质量和体积增大问题，通常会采用推力器个数较少的布局方案，同时提高微小卫星控制系统的功能密度，且推力器采用斜装的方式进行安装，单个推力器能产生多个方向的控制力矩，这就会导致三轴控制力矩之间相互关联，从而引起三轴间的局部耦合，在布局耦合问题中，通常在单个喷气发动机开启时能够同时提供 2 个或者 3 个通道的控制力矩，这种布局耦合使得微小卫星的姿态控制变得更加困难。

针对微小卫星的特点以及姿态和轨道控制需求，本文设计了一套应用于三轴稳定微小卫星的姿轨一体化控制方案，采用基于星敏和陀螺的 Kalman 滤波方案进行姿态确定，推力器采用斜装的方式控制三轴姿态。针对斜装推力器喷气导致的三轴耦合问题，采用基于倾斜开关线的相平面控制方法，按照 X 轴最优策略进行控制，该方案在满足姿轨控制的同时可实现姿轨控制推力器的最小配置，减小对飞轮角动量的需求，同时也可提高控制系统的功能密度。

1 控制方案设计

卫星的控制系统由执行机构、敏感器和星载计算机构成，其中执行机构由推力器构成，敏感器由星敏和陀螺构成，星载计算机负责部件的通信及控制指令的计算和生成。控制系统组成如图 1 所示。

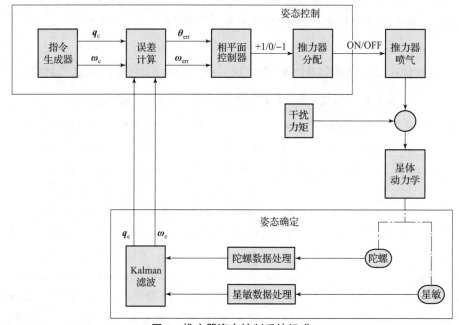

图 1 推力器姿态控制系统组成

星敏和陀螺分别敏感姿态和角速度信息，采用基于 Kalman 滤波算法进行星体姿态信息的计算，得到星体的姿态四元数和角速度信息，星载计算机通过姿态信息和指令姿态信息生成姿态角和角速度误差信息并传送到相平面控制器，相平面控制器采用基于倾斜开关线的分区控制方式计算力矩状态，根据推力器分配方法进行斜装推力器的开关分配，驱动相应的推力器进行喷气，控制相应的星体轴姿态，完成星体的闭环控制。

1.1 姿态确定方案

敏感器选用星敏和陀螺，采用 Kalman 滤波算法进行姿态确定，生成估计的姿态四元数 q_e 和姿态角速度 ω_e，指令生成器根据任务要求升成参考姿态四元数 q_c 和姿态角速度 ω_c，误差姿态角 θ_{err} 和误差姿态角速度 ω_{err} 作为输入传送到相平面控制器。每个轴通过相对独立的相平面控制器进行控制，相平面控制器生成相应的选择状态（ +1/0/ −1），分别代表正力矩（ +1）、零力矩（0）和负力矩（ −1），根据推力器分配方法选择状态转化成相应的推力器开关指令，驱动相应的推力器开关，从而完成星体的闭环控制。其中误差姿态角的计算公式如下所示：

$$\boldsymbol{\theta}_{\mathrm{err}} = \begin{Bmatrix} \theta_{\mathrm{err}}^{X} \\ \theta_{\mathrm{err}}^{Y} \\ \theta_{\mathrm{err}}^{Z} \end{Bmatrix} \cong 2\mathrm{sgn}(\delta q_4) \begin{Bmatrix} \delta q_1 \\ \delta q_2 \\ \delta q_3 \end{Bmatrix} \tag{1}$$

其中 $\delta \boldsymbol{q} = \boldsymbol{q}_{\mathrm{e}}^{-1} \otimes \boldsymbol{q}_{\mathrm{c}}$。误差姿态角速度计算公式如下所示：

$$\boldsymbol{\omega}_{\mathrm{err}} = \begin{Bmatrix} \omega_{\mathrm{err}}^{X} \\ \omega_{\mathrm{err}}^{Y} \\ \omega_{\mathrm{err}}^{Z} \end{Bmatrix} = \begin{Bmatrix} \omega_{\mathrm{c}}^{X} - \omega_{\mathrm{e}}^{X} \\ \omega_{\mathrm{c}}^{Y} - \omega_{\mathrm{e}}^{Y} \\ \omega_{\mathrm{c}}^{Z} - \omega_{\mathrm{e}}^{Z} \end{Bmatrix} \tag{2}$$

1.2 推力器布局方案

执行机构由 5 个推力器组成，其中 1 个 1 N 推力器主要用来进行轨道控制，其他 4 个 0.2 N 推力器采用斜装的方式提供 3 个方向的控制力矩，兼顾轨道和姿态控制，1 N 推力器安装在 $-X$ 面，能产生沿 $+X$ 面的推力，4 个 0.2 N 推力器也安装在 $-X$ 面，但存在一定安装角，在轨道控制中能产生沿 $+X$ 面的推力，同时能产生三轴姿态控制力矩，其安装位置如图 2 所示。4 个小推力器通过关调制的形式，采用基于开关线的相平面控制器进行轨道机动中的姿态保持。

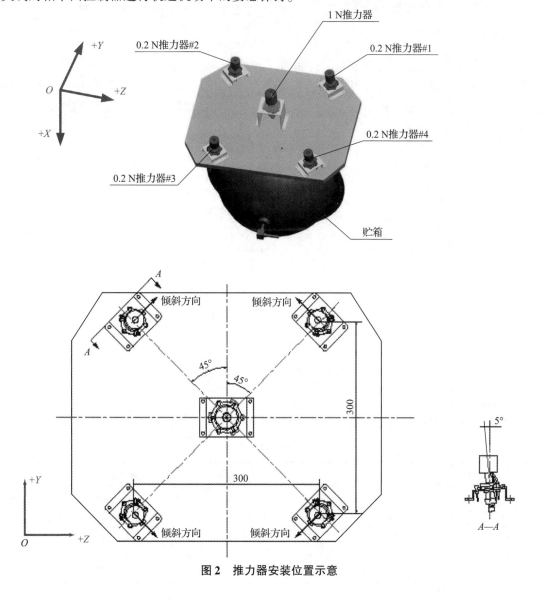

图 2 推力器安装位置示意

推力器产生的推力矢量和力矩矢量在卫星星体坐标系中的坐标如表1所示。

表1 推力器产生的推力矢量和力矩矢量在卫星星体坐标系中的坐标

推力器代号	推力矢量/N			力矩矢量/(N·m)		
	F_X	F_Y	F_Z	T_X	T_Y	T_Z
1	0.996 195	−0.061 63	−0.061 63	0.013 065	0.084 458	0.126 735
2	0.996 195	−0.061 63	0.061 628	−0.013 07	−0.084 46	0.126 735
3	0.996 195	0.061 628	0.061 628	0.013 065	−0.084 46	−0.126 74
4	0.996 195	0.061 628	−0.061 63	−0.013 07	0.084 458	−0.126 74
5	1	0	0	0	0	0

采用推力器进行姿态控制经常采用的两种工作模式为开调制和关调制,其中开调制主要用来进行正常的三轴姿态机动,关调制主要用来进行轨道控制中的三轴姿态维持,本文暂不考虑采用开调制方式进行的姿态机动,只对轨道控制中的关调制方式进行分析,其中1 N推力器为轨控推力器,轨控过程中为全开状态,4个0.2 N推力器兼顾轨控和姿控。

1.3 推力器控制方案

推力器的分配原则为:根据开关相平面控制器得出的三轴指令力矩,按照 X 轴优先级最低的原则进行推力器分配,即在推力器的分配中优先保证推力器组合产生的控制力矩能满足 Y 轴和 Z 轴的期望力矩,由于推力器安装在 $-X$ 轴,因而由 X 轴控制力矩偏差引起的滚转角偏差不会影响轨道控制效果。基于开关线的相平面如图3所示。

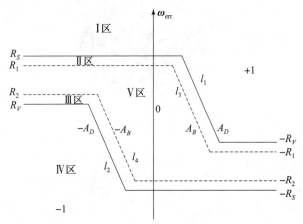

图3 基于开关线的相平面

三轴开关状态(+1/0/ −1)总共有27种组合模式($3 \times 3 \times 3 = 27$),按照上述分配原则,根据相平面控制器得出的三轴开关状态得出的推力器开关形式如表2所示。

表2 推力器开关形式

序号	三轴指令状态			推力器开关状态			
	X	Y	Z	#1	#2	#3	#4
1	1	1	1	1	0	0	0
2	0	1	1	1	0	0	0
3	−1	1	1	1	0	0	0

序号	三轴指令状态			推力器开关状态			
	X	Y	Z	#1	#2	#3	#4
4	1	0	1	1	1	0	0
5	0	0	1	1	1	0	0
6	−1	0	1	1	1	0	0
7	1	−1	1	1	1	1	0
8	0	−1	1	1	1	1	0
9	−1	−1	1	1	1	1	0
10	1	1	0	1	0	0	1
11	0	1	0	1	0	0	1
12	−1	1	0	1	0	0	1
13	1	0	0	1	0	1	0
14	0	0	0	1	0	1	0
15	−1	0	0	1	0	1	0
16	1	−1	0	0	1	1	0
17	0	−1	0	0	1	1	0
18	−1	−1	0	0	1	1	0
19	1	1	−1	0	0	0	1
20	0	1	−1	0	0	0	1
21	−1	1	−1	0	0	0	1
22	1	0	−1	0	0	1	1
23	0	0	−1	0	0	1	1
24	−1	0	−1	0	0	1	1
25	1	−1	−1	0	1	1	1
26	0	−1	−1	0	1	1	1
27	−1	−1	−1	0	1	1	1

2　实例验证

仿真中卫星的运行轨道如下所示：

（1）轨道类型：圆轨道。

（2）轨道高度：500 km。

（3）轨道倾角：98.2°。

（4）轨道偏心率：0。

（5）升交点赤经：0。

（6）发射时间：2020 年 1 月 1 日。

卫星质量：50 kg；推进剂类型：无水肼。

仿真条件：卫星在运行 12 500 s 后根据指令从对地定向模式进入轨道机动模式，开始轨道控制，仿真过程历时 1 300 s，其中前 500 s 用于轨道机动前的姿态调整，使推力器推力方向转变为卫星在轨前进方向，后 800 s 完成轨道机动控制，即轨控开机时长为 800 s，5 个推力器同时工作。安装推力器时的方向偏差为 0.3°(3σ)，位置偏心 3 mm。星体姿态角时间曲线、星体姿态角速度时间曲线、轨道高度、燃料消耗时间曲线分别如图 4 ~ 图 7 所示。

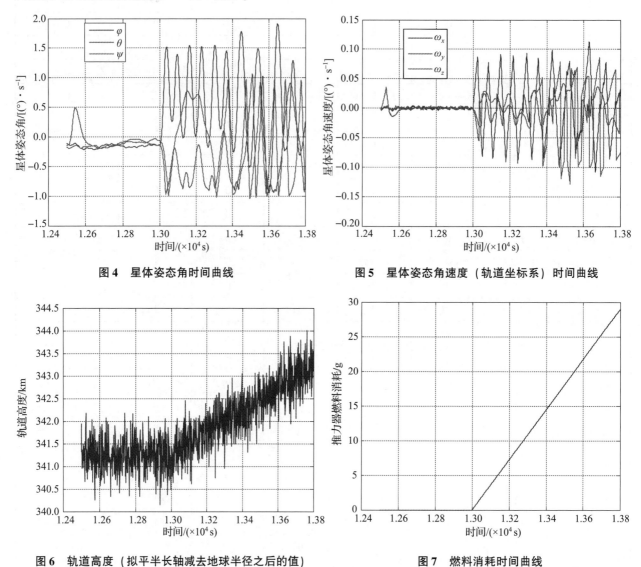

图 4　星体姿态角时间曲线

图 5　星体姿态角速度（轨道坐标系）时间曲线

图 6　轨道高度（拟平半长轴减去地球半径之后的值）

图 7　燃料消耗时间曲线

仿真结果表明：在轨控过程中滚动角最大偏差可达 2°，滚动角速度最大偏差可达 0.12°/s，在 800 s 内，轨道高度升高了 2 km，推进剂消耗了 28 g，能够正常进行轨道控制。

3　结束语

本文对微小卫星基于推力器的姿轨一体化控制方案进行了研究，主要对推力器的安装方式进行分析，研究了斜装推力器在轨控过程中进行姿态保持的方法，主要采用基于开关线的相平面方法进行控制，根据 X、Y、Z 轴力矩的正负，按照 X 轴优先级最低的策略对推力器开关进行分配。同时对某仿真条件下的卫星轨控进行了仿真。本文研究的控制方案能够显著提高控制系统的功能密度，但是未考虑推力器失效的情况，如何在使用最少推力器的情况下显著提高控制系统的可靠性可作为下一步的研究内容。

后续还可以利用基于力矩分配的控制方法进行斜装推力器控制，主要原理是：4 个推力器产生的力矩矢量以卫星质心为原点将指令空间分为 4 个区域，每个区域都由 3 个推力器产生的力矩矢量定义的三个面界定，任意一个控制力矩矢量只可能位于这 4 个空间区域的其中一个，并且仅由定义该区域的正力矩分量表示，即控制力矩矢量可以仅采用 3 个推力器实现，即可保证其工作时间内的力矩矢量为正值。

参 考 文 献

[1] 唐生勇，张世杰，张育林，等. 姿轨一体化控制航天器推力器构型设计 [J]. 航天控制，2010，28（3）：20－28.

[2] Hans-christian B. Jensen, Rafal Wisniewski. Quaternion feedback control for rigid-body spacecraft [R]. AIAA, 2001－4338：1－6.

[3] Yiing-yuh Lin. Parameter space design of nonlinear feedback control for spacecraft reorientation [R]. AIAA, 2001－4157：1－10.

[4] 韩艳铧，周凤岐，周军. 基于反馈线性化和变结构控制的飞行器姿态控制系统设计 [J]. 宇航学报，2004，25（6）：637－641.

[5] Han Yan-hua, Zhou Feng-qi, Zhou Jun. Design for aerocraft attitude control system based on feedback-linearization and variable-structure-control [J]. Journal of Astronautics, 2004, 25（6）：637－641.

[6] 程英蓉，张奕群. 考虑姿控发动机布局耦合影响的飞行器姿态控制方法研究 [J]. 现代防御技术，2008，36（5）：41：45.

[7] Kubiak E, Martin M. Minimum impulse limit cycle design to compensate for measurement uncertainties [J]. Journal of Guidance, Control, and Dynamics, 1983, 6（6）：432－435.

[8] Penchuk A, Hattis P, Kubiak E. Frequency domain stability analysis of a phase plane control system [J]. Journal of Guidance, Control, and Dynamics, 1985, 8（1）：50－55.

[9] Zimpfer D, Hattis P, Ruppert J, Gavert D. Space shuttle GN&C development history and evolution [C]. AIAA Space, 2011 Conference and Exposition, AIAA Paper, 2011－7244, Sept. 2011.

[10] Jang J, Plummer M, Bedrossian N, Hall C, Jackson M and Spanos P. Absolute stability analysis of a phase plane controlled spacecraft [C]. AAS/AIAA Astrodynamics Specialists Conference, AAS Paper, 2010－112, Feb. 2010.

[11] Sandhoo G, Lim T, DeLaHunt P, Raynor W, Johnson M, Hurley M, Dellinger W and Stadter P. ADCS implementation of operationally responsive space bus standards for an HEO communication mission [C]. Seventh International ESA Conference on Guidance, Navigation & Control Systems, ESA, Tralee, Ireland, June 2008.

国外 GNSS 系统建设与技术发展简析

武　珺，刘春保

（中国空间技术研究院北京空间科技信息研究所　北京　100094）

摘　要： GNSS 系统是为全球用户提供全天候、全天时、高精度的定位、导航与授时服务的重要空间基础设施，作为一种战略性资源，其建设和发展受到了各科技强国的重视。美国 GPS 系统和俄罗斯 GLONASS 系统目前正在进行现代化项目，欧洲 GALILEO 系统正加快标准星座布网并布局第二代卫星；与此同时，各类卫星导航前沿技术的应用将进一步促进系统原有性能的增强和新功能的实现。在此背景下，对国外 GNSS 系统建设进展、相关技术创新进行梳理分析，有利于我国北斗全球卫星导航系统在发展中学习、总结经验，促进北斗系统更好地服务国家发展需求。

关键词： GNSS；GPS；GLONASS；GALILEO；卫星导航技术

Analysis of Foreign GNSS System Construction and Technology Development

Wu Jun, Liu Chunbao

（China Academy of Space Technology Beijing Institute of Space Science
and Technology Information, Beijing, 100094）

Abstract： Global navigation satellite GNSS system is an important space infrastructure that provides all-weather, round-the-clock and high-precision positioning, navigation and timing services for users around the world. As a strategic resource, its construction and development has received attention from the major scientific and technological countries. The GPS system of the United States and GLONASS system of Russia are currently in the process of modernization, the GALILEO System of Europe is speeding up the deployment of standard constellation networks and deploying the second generation satellites; at the same time, the application of various satellite navigation frontier technologies will further promote the enhancement of original performance and the realization of new functions. The construction progress of foreign GNSS system and related technological innovation are analyzed, which is conducive to learning and summarizing experience in the development of Beidou global satellite navigation system, and promoting the Beidou system to better serve the national development needs.

Keywords： GNSS；GPS；GLONASS；GALILEO；satellite navigation technology

1　国外 GNSS 系统发展概况

美国 1978 年 2 月发射首颗 GPS 卫星，1993 年 12 月形成系统初始运行能力，1994 年系统投入全面运行。目前美国正积极发展 GPS Ⅲ型卫星，进行星座现代化建设。

俄罗斯 1982 年发射首颗 GLONASS 卫星，1995 年完成系统部署，1996 年系统投入全面运行，成为世界上第 2 个建成 GNSS 系统的国家。目前俄罗斯正通过积极发展 GLONASS – K 型卫星，进行星座现代化建设。

武珺（1987—），男，工程师，博士。

欧洲 2002 年正式启动 GALILEO 系统发展计划，2005 年 12 月发射首颗 GALILEO 卫星，2016 年 12 月宣布 GALILEO 系统投入全面运行。目前欧洲正积极开展在轨测试等活动，处于标准星座组网的进程中，同时，开启了向第二代 GALILEO 卫星的过渡计划。

2 美国 GPS 系统

2.1 系统建设现状

在卫星导航领域，美国是全球发展最早，系统管理、研发、运行经验非常丰富，应用产业十分成熟的国家。美国于 1973 年开始进行 GPS 系统建设，1978 年部署首星，采取研发和部署相结合的发展策略，已成功研发、部署了 3 个系列共计 7 个型号的 GPS 卫星，分别为 GPS Ⅰ、GPS Ⅱ、GPS ⅡA、GPS ⅡR、GPS ⅡRM、GPS ⅡF 和 GPS Ⅲ，前 3 种型号卫星已经全部退役，截至 2020 年 7 月 1 日，GPS 星座提供定位、导航与授时服务的卫星共计 31 颗（不含退役、在轨备用卫星）。

目前，GPS 星座正逐步用 GPS Ⅲ型卫星替代老旧型号卫星；地面段，持续推进新一代运控系统（GPS OCX）的研发与部署，强化对旧的运控系统的升级改造，填补新运控系统部署前不断更新星座的运行控制需求；用户段，明确规定未来军用接收机不仅能够支持 GPS 系统的新功能，还需支持相关增强系统，并且兼容其他各大卫星导航系统，新的支持 M 码的接收机正开启生产和交付。

2.2 技术创新

GPS 新型号卫星不断通过在卫星平台、导航有效载荷上采用新技术来提升导航服务精度和系统弹性。

1）GPS Ⅲ型卫星

GPS Ⅲ型卫星采用的是洛克希德·马丁公司的 A2100M 平台，该平台被美国军用卫星广泛采用，具有非常高的可靠性；选择该平台的主要依据包括：模块化的设计，更易于实现卫星功能的扩展，为 GPS ⅢF 卫星的发展奠定了重要基础；成熟的平台，低成本、低风险，有利于降低 GPS Ⅲ型卫星的研发风险与研发成本，增强投入的可承受性。GPS Ⅲ型卫星发射及入役时间如表 1 所示。

表 1　GPS Ⅲ型卫星发射及入役时间

序号	发射时间	入役时间	运载火箭
第 1 颗	2018 年 12 月 23 日	2020 年 1 月 13 日	SpaceX 猎鹰 – 9
第 2 颗	2019 年 8 月 23 日	2020 年 4 月 1 日	ULA 德尔塔Ⅳ
第 3 颗	2020 年 6 月 30 日	2020 年 7 月 27 日	SpaceX 猎鹰 – 9

GPS Ⅲ型卫星如图 1 所示，与之前的型号相比，其创新与能力的变化主要包括以下几点。

（1）新的 L1C 信号为互操作信号，与载波频率为 1 575.42 MHz 的其他系统开放服务信号实现了兼容、互操作。

（2）卫星设计寿命增加至 15 年。

（3）基于原子钟性能的提升（包括 1 部脉冲光抽运铷原子钟、3 部改进型磁选态铷原子钟；其中脉冲光抽运铷原子钟准确度达到或超过 10^{-13} 量级，稳定度达到 10^{-15} 量级），定位精度提高 3 倍，优于 1 m。

（4）GPS Ⅲ型卫星 M 码功率远高于目前军用 P（Y）信号，信号抗干扰能力是原先的 8 倍；GPS Ⅲ型卫星有效载荷的数字化率达到 70%，任务数据单元（MDU）如图 2 所示。

2）GPS ⅢF 型卫星

洛克希德·马丁公司正积极推进 GPS 后续型号卫星（GPS ⅢF）的研发，按合同要求将生产 22 颗。2020 年 3 月，GPS ⅢF 型卫星完成了关键设计评审（CDR），表明其技术成熟度已满足转入研制、测试阶段的要求。GPS ⅢF 型卫星将在现有模块化 GPS Ⅲ型卫星的基础上，继续采用新技术为满足不断变化的任务需求而演进，其主要能力增量包括以下几种。

图 1　GPS Ⅲ型卫星

图 2　GPS Ⅲ型卫星任务数据单元（MDU）

（1）通过点波束信号功率增强实现区域军事保护能力（Regional Military Protection，RMP），可同时支持全球任意两个区域的点波束信号功率增强需求，功率增强 20 dB。

（2）通过全数字化有效载荷实现卫星的在轨升级与信号重构。

（3）通过激光后向反射阵列（Laser Retroreflector Array，LRA）提高卫星轨道测量精度。

（4）重新设计核爆探测载荷（Nuclear Detonation Detection System，NDS）。

（5）新增搜索救援载荷（Search-And-Rescue，SAR）。

3）导航技术卫星 – 3（NTS – 3）

NTS – 3 项目是美国空军开展的卫星导航技术演示验证项目，2020 年 6 月 25 日，NTS – 3 通过了关键设计审查，标志着该项目进入生产、演示及测试阶段。NTS – 3 有效载荷将通过诺格公司的 ESPAStar 平台集成，计划于 2022 年发射进入地球同步轨道进行为期一年的在轨验证，其间播发新架构 PNT 实验信号，验证提高抗信号干扰和灵活适应复杂需求的能力；NTS – 3 项目还将为美军展示先进的运行指挥和控制以及包括在轨升级与信号重构等在内的敏捷的软件定义无线电功能，相关验证技术将应用于后续 GPS 卫星型号。

4）新一代运行控制系统（GPS OCX）

GPS OCX 的建设目标是全面满足现代化的 GPS 系统空间段的运行、控制与管理要求，保证 GPS 系统的运行安全。除支持空间段卫星的全部功能和能力外，其最重要的能力增量就是赛博安全能力。

（1）OCX Block 0 框架下地面运行控制系统得到应用。2020 年 3 月，洛克希德·马丁公司研发的 GPS 应急操作系统（COps）升级项目通过验收。COps 系统可用来控制整个 GPS 星座，直到下一代地面运行控制系统 OCX 交付为止。2020 年 7 月，美国太空与导弹中心（SMC）完成了 GPS 主控站和备用主控站 GPS 运行控制系统 M 码早期使用模块（MCEU）的软硬件改造，同年 11 月验收并交付美军，从而使地面段实现在 GPS 运控系统完全过渡到 OCX Block 1 之前对 M 码的操作支持。启用 M 码的关键是成功开发新的软件定义接收器，操作人员可实现按需监控。

此外，OCX Block 0 框架下 GPS Ⅲ型卫星发射和校验系统（LCS）助力前 3 颗 GPS Ⅲ型卫星成功发射。

（2）OCX Block 1 框架下地面运行控制系统的应用及研发进展。2020 年 5 月 14 日，美国天军第 2 太空作战中队在科罗拉多州施里弗空军基地对第 2 颗 GPS Ⅲ型卫星"麦哲伦"执行轨道机动任务，这是美军 GPS 运行控制系统架构演进计划（AEP）首次执行 GPS Ⅲ型卫星的在轨机动任务，旨在验证 AEP 系统运控新型号 GPS 卫星进行轨道机动的能力，并为未来美军 GPS 军事演习提供参考。值得注意的是，此次被操作的对象已于 2020 年 4 月加入星座并提供服务，说明此次测试是基于 OCX Block 1 框架下运行控制包含 GPS Ⅲ型卫星在内的整星座的能力验证。

5）GPS 军事用户设备（MGUE）

MGUE 是 GPS 系统的关键一环。包括接收机、天线及其他电子设备在内的美军 GPS 系统军事用户设备，自 2014 年以来的累计投入已超过 14 亿美元，以 M 码接收机为例，其开发历程近 10 年，设计难度在于需满足不断变化的威胁目标，因此设计要求既健壮又灵活，既安全又开放。

2019 年 8 月，雷声公司的军码通用 GPS 模块及其地面 GPS 接收器（GB – GRAM）和航空电子设备 GPS 接收器（GRAM S/M）获得了 GPS 管理局颁发的新 GPS 模块和接收器的安全认证，已经成功在 B – 2 轰炸机平台得到应用。

此外，诺格公司早在 2018 年 11 月就开始执行 EGI – M 工程和制造开发（EMD）阶段的合同，其成功完成嵌入式全球定位系统和惯性导航系统（GPS/INS）现代化（EGI – M）项目的关键设计评审（CDR），标志着 EGI – M 产品详细软硬件设计已完成，目前主要在 F – 22 战斗机和 E – 2D 预警机平台集成，未来将在更多固定翼、旋翼武器平台上得到应用。

6) 系统赛博安全

2020 年 4 月 9 日，SMC 通过数字孪生技术测试 GPS 系统赛博安全漏洞，此举针对 GPS 系统赛博安全能力开展测试与评估工作。具体由美国博思艾伦咨询（BAH）公司执行，已在 2018 年完成 GPS ⅡR 型卫星数字模型建模工作。美国于 1997—2004 年共发射 12 颗 GPS ⅡR 型卫星，最初卫星设计寿命为 7.5 年，目前仍有 10 颗在轨超期服役，该型卫星是当前 GPS 体系短板型号。研究团队正在积极开展入侵模型各子系统的测试评估工作，寻找当前 GPS 系统赛博安全漏洞。测试范围包括卫星、地面控制站以及它们之间的链路，测试内容为一系列的漏洞扫描和渗透测试，对链路的攻击旨在寻找卫星与地面控制站之间的薄弱环节。研究结论将用于迭代升级，研究现有漏洞的检测办法和寻求相应解决方案，并在卫星研发生产中进行修复和改进。

3 俄罗斯 GLONASS 系统

俄罗斯几乎与美国同期开始卫星导航技术的研究，是全球继美国后第 2 个部署全球卫星导航系统的国家。

3.1 系统建设现状

GLONASS 系统设计最初采用 3 轨道面、24 轨位星座。20 世纪 90 年代后期，受经济衰退等因素影响，GLONASS 系统的发展曾一度接近中断，后于 2011 年年底全面恢复。由于过去其导航信号采用频分多址方式，所以星座在轨服务卫星数量难以扩充。在采用码分多址信号的 GLONASS – K 型卫星研发完成后，俄罗斯启动了星座的全面更新计划。俄罗斯计划在 2025 年前完成星座的全面更新和升级，即用 GLONASS – K 型卫星全面替换 GLONASS – M 型卫星。截至 2020 年 7 月 1 日，GLONASS 星座提供定位、导航与授时服务的卫星共计 23 颗（不含在轨备份及测试卫星），其中 22 颗 GLONASS – M 型卫星，1 颗 GLONASS – K 型卫星。GLONASS – K 型卫星如图 3 所示。

3.2 技术创新

近年来，俄罗斯积极推进新一代 GLONASS – K 型卫星的研发，新一代 GLONASS – K1 和 GLONASS – K2 型卫星与上一代 GLONASS – M 型卫星相比，播发信号数将从 5 个分别增加到 7 个和 9 个，卫星寿命将从 7 年提升至 10 年。

俄罗斯于 2011 年 2 月首次发射 GLONASS – K 型卫星，2014 年 3 月，美国和欧盟指责俄罗斯"非法吞并属于乌克兰的克里米亚"，随即对俄实施制裁。此后西方对俄罗斯限制包含抗辐射

图 3 GLONASS – K 型卫星

电子产品在内的电子零件的供应，彼时 GLONASS 卫星有半数电子零部件依赖进口，85% 的进口零件由美国生产。虽然第 2 颗 GLONASS – K 型卫星于 2014 年 12 月发射，但此后发射的导航卫星均是较旧的 GLONASS – M 型号。目前俄罗斯卫星制造企业正采取措施确保进口电子元件占比从 2014 年的 50% 下降

至 2025 年的 12%，并且规划从 2026 年起实现 GLONASS – K2 型卫星零部件百分之百国产化。

俄罗斯目前正积极进行修改 GLONASS – K2 型卫星的实验设计工作，新的 GLONASS – K2 型卫星将使俄罗斯卫星导航系统的精度从 3 ~ 5 m 提高到 1 m 以内。新的 GLONASS – K2 型卫星的质量约为 1 800 kg，是 GLONASS – K 型卫星的两倍。

4 欧洲 GALILEO 系统

4.1 系统建设现状

GALILEO 系统设计采用 3 轨道面、30 轨位星座，每个轨道面有 9 颗工作星、1 颗备份星。ESA 于 2005 年和 2008 年分别发射 GIOV – A 和 GIOV – B 试验卫星，验证导航卫星的关键技术，后续发展了在轨验证卫星（GALILEO – IOV）和全运行能力卫星（GALILEO – FOC）。GALILEO – FOC 型卫星如图 4 所示。

目前 GALILEO 星座有 25 颗卫星在轨，其中提供定位、导航与授时服务的卫星共计 22 颗。其全球导航系统组网的进度受系统故障频发等问题影响造成一定程度的工程建设滞后，但欧盟和 ESA 在英国脱欧的背景下，依旧签署了 12 颗 GALILEO – FOC 卫星的采购合同，表现出欧盟发展、部署、运行完全自主的 GALILEO 系统的决心。

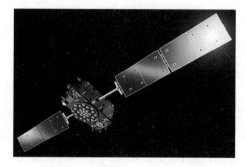

图 4 GALILEO – FOC 型卫星

4.2 技术创新

近年来，GALILEO 系统发生过原子钟瘫痪、系统服务中断等重大故障，使得 ESA 愈发重视通过各种方法排查故障、寻求解决方案；与此同时也加大精力探索并测试 GALILEO 卫星未来演化的候选技术。

1）排查故障并探索演化候选技术

2020 年，ESA 欧洲空间研究与技术中心（ESTEC）的微波实验室利用一颗完整的 GALILEO – IOV 卫星（GALILEO 在轨验证卫星）进行试验：拆卸卫星，将卫星的关键导航系统模块、原子钟、固态功率放大器、导航信号生成单元、频率发生器和上变频单元等关键导航系统模块通过新的电缆在测试平台上重新连接并进行测试。静止卫星的信号通过专用衰减链路进行传输来模拟真实情况，以研究其部件的寿命和性能，重现卫星异常，并测试 GALILEO 卫星未来演化的候选技术，试验台如图 5 所示。

2）数字化、在轨重构成为第二代 GALILEO 卫星发展重点

欧洲航天局（ESA）已启动第一批第二代 GALILEO（G2）卫星的招标活动，同时将升级地面运控系统。ESA 于 2020 年 8 月 11 日向空客、OHB 及泰雷兹 3 家公司发出"最佳和最终报价"邀请，2020 年年底与其中两家公司签订平行合同，两

图 5 GALILEO 卫星工程模型
有效载荷试验台

家中标企业将分别研制 2 颗卫星，共计最多研制 12 颗卫星，首星计划于 2024 年发射。除具有第一代 GALILEO 卫星的全部能力外，第二代 GALILEO 卫星将进行如下改进：

（1）采用灵活的数字化设计。

（2）在轨重构能力。

（3）采用新的原子钟。

（4）卫星质量从第一代伽利略全运行能力卫星的 733 kg 增加至 2 400 kg。

发展新一代 GALILEO 卫星可以满足两方面诉求：一是进一步提升系统的服务精度；二是增强系统满

足不断变化任务需求的能力，提升系统服务的弹性。

5　小结

从国外 GNSS 系统工程建设层面看，美国 GPS 系统和俄罗斯 GLONASS 系统星座目前正分别进行以 GPS Ⅲ与 GPS ⅢF 和 GLONASS K1 与 GLONASS K2 为主的现代化项目，GALILEO 系统正在加快标准星座布网并布局第二代卫星。从国外 GNSS 系统卫星前沿技术层面看，先进原子钟、在轨升级与信号重构、赛博安全保障等成为未来卫星导航系统的发展趋势，而激光冷却与原子囚禁技术、可重新编程数字波形生成器技术、软件无线电技术、高增益区域增强的天线技术、数字签名技术等是关键支撑，这些都是由未来卫星导航系统提升服务性能和体系弹性等诉求所驱动的。因此，积极开展导航卫星前沿与支撑性关键技术的论证和研发，促进重要工程项目规划与建设是推动北斗卫星导航系统向全时空、全区域、无盲区、更高精度持续和稳定发展的重要途径，是筑牢我国国家 PNT 体系核心架构的基石，是提升国家时空信息服务能力的重要保障。

参 考 文 献

[1] Tracy Cozzens. L3Harris passes critical design review for digital GPS IIIF payload［EB/OL］. https：// www. gpsworld. com/l3harris – passes – critical – design – review – for – digital – gps – iiif – payload，2020 – 02 – 12.

[2] Sandra Erwin. L3Harris cleared to begin production of Air Force NTS – 3 navigation satellite［EB/OL］. https：// spacenews. com/l3harris – cleared – to – begin – production – of – air – force – nts – 3 – navigation – satellite，2020 – 07 – 31.

[3] Tracy Cozzens. GPS military code installs complete at master control sites［EB/OL］. https：// www. gpsworld. com/gps – military – code – installs – complete – at – master – control – sites，2020 – 08 – 06.

[4] GPS World Staff. U. S. Air Force's 2 SOPS performs first GPS Ⅲ maneuver［EB/OL］. https：// www. gpsworld. com/u – s – air – forces – 2 – sops – performs – first – gps – iii – maneuver，2020 – 06 – 02.

[5] TracyCozzens. Raytheon M – code receiver deployment underway［EB/OL］. https：// www. gpsworld. com/raytheon – m – code – receiver – deployment – underway，2020 – 04 – 30.

[6] Tracy Cozzens. GPS satellite gets a digital twin to ensure cyber security［EB/OL］. https：// www. gpsworld. com/ gps – satellite – gets – a – digital – twin – to – ensure – cyber – security，2020 – 03 – 18.

[7] Alan Cameron. K2 will drive GLONASS under 1M［EB/OL］. https：// www. gpsworld. com/ k2 – will – drive – glonass – under – 1m，2019 – 06 – 20.

[8] Tracy Cozzens. GALILEO next – gen satellites to be more powerful，reconfigurable［EB/OL］. https：// www. gpsworld. com/GALILEO – next – gen – satellites – to – be – more – powerful – reconfigurable，2020 – 08 – 14.

卫星控制系统在轨自主状态实时监测研究

王冀山，李　川，董晓刚

（北京控制工程研究所　北京　100094）

摘　要：在轨自主状态实时监测是提高卫星在轨自主运行能力和管理水平的重要手段和方法，可提高单机设备的可靠性，对减小事故发生的概率具有重大意义。本文分析了现有常规遥测机制对于故障现场记录的薄弱环节，提出的事件监测及处理机制能够有效提高卫星在轨自主感知能力，提升星载电子系统设计开发过程及在轨飞行过程的可测性。自主状态监测结果是故障定位及机理分析的重要依据，是制定在轨处置措施的前提和基础，是后续单机技术改造及参数优化的重要参考。

关键词：实时状态监测；事件机制；现场记录；过程回溯

0　引言

卫星控制系统是卫星的大脑，它控制着卫星在太空中的运行姿态和运行轨迹，控制系统的可靠性关系着卫星能否实现既定的任务和功能。根据软件失效可能造成的后果，星载软件的安全关键程度等级往往是最高级灾难性危害。因此，一方面随着卫星控制系统功能和性能要求的大幅提高，卫星控制系统软件代码量大幅增长，复杂程度大幅提高；另一方面考虑到星载软件工作环境恶劣，控制需求严苛，卫星控制系统的设计寿命逐步从 2 年过渡到 8 年甚至 12～15 年，以上这些方面都对卫星控制系统软件的可靠性提出了更高的要求。

卫星姿态和轨道控制软件（AOCS 软件）运行在星载计算机上，完成卫星的姿态与轨道控制、制导与导航控制，主要具有以下特点：

（1）嵌入式。星载计算机都是嵌入式计算机，通过软硬件协同完成其运算及控制工作。

（2）强实时性。航天控制系统是实时系统，软件要按照规定的时序完成数据的采集和处理，并对外部事件作出及时响应，进行实时控制。

（3）高可靠性。航天星载计算机是在恶劣的空间环境下工作的，空间辐射、电磁干扰都可能通过硬件影响软件的正常工作，可靠性设计需要保证软件在计算机出现瞬时故障时仍能使系统正常工作。

（4）高安全性。安全性是指软件在运行过程中不会因为软件失效而发生人员伤亡、设备和环境破坏等事故。

（5）维护困难。星载软件在空间中运行，给维护工作带来挑战。

1　国内外研究现状

自主、实时、准确的健康状态评估是航天器完成在轨任务、提高在轨寿命的关键。随着航天器系统复杂性的提高，自主健康状态评估技术受到了国内外学者的广泛关注。针对自主健康状态评估问题，国内外学者提出了各种健康状态评估方法，并在工程应用中取得了一定的成果。

NASA 提出了下一代发射技术航天器综合健康管理计划，在 IVHM 基础上开展了航天器综合智能管理（Integrated Intelligent Vehicle Management，IIVM）技术的相关研究工作，通过集成、发展相关技术为

王冀山（1978—），男，硕士，高级工程师，主要研究方向为星载软件开发及架构设计、仿真验证系统。

李川（1987—），男，硕士，工程师，主要研究方向为星载软件开发及总线通信设计、软件代码自动生成。

董晓刚（1974—），男，硕士，研究员，主要研究方向为星载软件可靠性设计、分布式系统设计及云计算。

航天器提供智能、自适应的健康状态评估结果，从而提高航天器的安全性和可靠性，降低寿命期间整体维修费用。针对 IVHM 发展需求，国际标准化组织制定了视情维修的开发体系（Open System Architecture for Condition-based Maintenance，OSA – CBM）标准，用于规范基于航天器状态维修系统的设计。OSA – CBM 标准将健康管理系统分为 7 个功能模块，分别为数据采集层、数据处理层、状态监测层、健康评估层、故障预测层、推理决策层和人机接口层。基于 OSA – CBM 标准，针对不同航天器，工作人员可便捷、快速地分析并建立相应的航天器健康管理系统。

目前故障预测以及健康管理已经成为国内外一个非常热门的研究领域。但由于电子系统复杂性不断提高，无论是故障预测还是健康管理，其要求都不断提高，无论是故障预测还是健康管理都是困难的问题。其中最关键的一步还是对电子系统运行状态全面监测，并对其异常状况进行诊断。像人类身体状况那样，系统的运行状况不仅是传统模式里的正常和故障两种，还包括中间态"亚健康"。正常状态下系统运行良好，不需要介入调整；故障状态下系统发生异常，影响在轨稳定运行；介于正常状态与故障状态之间的过渡状态即为"亚健康"状态。所以我们需要对"亚健康"的运行状态进行深入的研究，才能有效地预测和避免故障，增加效益。

2　现有遥测架构存在的不足

卫星在飞行过程中会周期性地将遥测参数打包下传，但由于测控资源的局限性，遥测下传周期往往大于星载系统数据采集周期，下传的离散化遥测数据往往会错失一些关键的参数变化情况记录。一些在轨飞行故障，由于缺少数据支撑，难以进行精确定位，为后续系统可靠性提升带来了阻碍。对于在轨故障分析，我们不仅要知道发生了什么故障，还需要知道什么时候、什么情况下发生的故障，而周期性生成的遥测数据包，无法反映参数变化的精确时间，无法精确定位故障位置。总的来说，常规的周期性遥测机制存在以下局限性：

（1）常规遥测的采样频率有限，错失关键参数变化情况记录。

（2）无法精确记录操作时序。

（3）无法精确定位运行故障位置。

（4）故障现场的记录缺乏针对性（数据的关联性）。

因此，着眼于更好地收集在轨运行数据，特别是关键运行过程和故障发生前后的数据记录，我们引入了星载软件事件报告机制。

3　星载软件事件报告机制

为了更好地掌握在轨系统运行状态，我们将"程序插桩"的思想引入了在轨状态监测任务中，在软件代码的特定位置设置事件收集器，记录软件运行过程中的关键节点信息。当软件诊断出单机或系统故障，或运行至里程碑节点时，可以对应到软件代码的某个特定分支，在该分支进行事件数据记录，记录以多元组形式存在：

（事件 ID，事件时刻，事件参数 1，…，事件参数 N）

为了便于理解，我们将星载软件事件报告机制与软件白盒测试过程中的插桩方法进行类比。程序插桩（Program Instrumentation）于 1978 年首次提出。简单地说，插桩方法是借助向被测程序中插入操作来实现测试目的的方法。常常要在程序中插入一些打印语句或赋值语句，其目的在于，希望执行程序时，打印出测试者最为关心的信息。通过这些信息进一步了解执行过程中程序的一些动态特性，例如程序的实际执行路径，特定变量在特定时刻的取值等。程序插桩技术能够按照用户的要求，获取程序的各种信息，是一种有效的测试手段。在整个过程中，插桩的过程是静态的，而数据的收集过程是动态的。因此，可以将星载软件事件报告机制理解为一种特殊的插桩方法，其插入的不是打印语句，而是事件记录函数，最终记录的事件信息将以专用遥测格式下传至地面，供地面技术人员对故障进行分析。

依据监测对象和过程，可以把自主状态监测划分为以下几个方面（如图 1 所示）：

（1）部件状态监测。

（2）整星综合电子总线状态监测。

（3）重要里程碑节点记录及报告。

（4）指令异常监测。

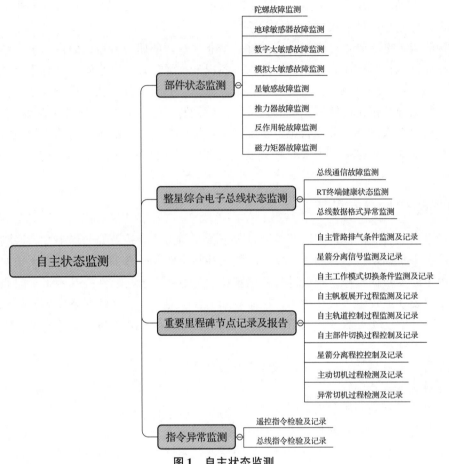

图 1　自主状态监测

4　在轨监测过程及自主报告框架

按事件处理的先后顺序划分，整个事件处理过程可以分为 3 个阶段：事件捕获、事件存储、事件下传，如图 2 所示。

1）事件捕获

事件感知器嵌在软件的各个部位，嵌入位置的共同特征是低频进入。监测单机各类关键参数，如角度测量数据、脉冲信号频率、脉冲周期、电流、电压、温度等。而后对这些参数进行相关分析，对不同敏感器的测量数据进行一致性比对，多敏感器数据 N 模冗余表决，判断设备是否处于故障或临近故障状态。若判定故障，则记录事件发生时刻及相关参数。另外，星载软件还应对接收到的指令及相应的时刻进行记录，便于事后分析。

2）事件存储

事件记录以多元组（事件 ID，事件时刻，事件参数 1，…，事件参数 N）的形式存储在缓冲区中，缓冲区采用 Ram + Flash 两级存储结构。当卫星飞行在测控弧段外时，事件收集器将数据存储在大容量存储器中，待卫星进入测控弧段后交由事件发送器下传至地面站。

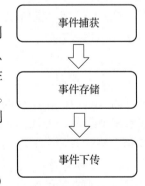

图 2　事件处理过程

3）事件下传

事件遥测用于在轨运行状态分析，属于不可容忍丢失的关键信息，因此需要与星务分系统约定基于握手的可靠下传信道。控制应用软件周期性查询星务接口，若星务接口返回状态表明可以下传新的事件遥测包，控制应用软件才将缓冲队列中的一个或多个事件记录按照约定的格式打包，转交给星务软件并下传；否则，需等待下个周期再次查询星务软件接口状态。

5 故障现场回溯及自动下传

故障的发生和判定往往是一个过程，在时域上存在一定的跨度。因此，为了更为清晰地反映出故障前后相关数据的变化情况和趋势，在轨运行剖面采集及记录技术是准确复现故障现场的基础和保障。

最初的飞行记录仪，也就是我们常说的黑匣子，由澳大利亚的 Dr. David Warren 于 1953 年发明，并于 1957 年开始投入生产。第一代黑匣子采用的是在金箔上压印信息这一方法。这些信息对事故调查虽然很有用，但是不能提供足够的信息量来确定发生事故的具体原因。因此人们继续寻找新的材料来代替金属箔作为黑匣子的记录材料。第二代黑匣子采用的是磁带技术。为了记录更多的数据，磁带技术增加了对声音的记录，驾驶舱音频记录仪开始作为黑匣子的固定设备而存在。对音频记录仪的要求是能够确保记录下飞机发生事故前最后 30 min 的信息。第三代黑匣子采用的是固态设备。这些设备允许记录比磁带更多的数据且均以数字格式进行存储，这样信息更加精确以及可靠。

综合考虑成本和可靠性，目前星载嵌入式系统一般采用 Nand Flash 作为大容量数据存储器件。飞行数据记录可以分为以下几个步骤。

（1）确定系统运行剖面。运行剖面包含的数据应该能够体现系统运行状态，包括星时、三轴姿态角、三轴姿态角速度、各敏感器（陀螺、星敏感器、数字太阳敏感器、红外地球敏感器、模拟太阳敏感器、加速度计、磁强计等）采样数据、各执行机构（推力器、反作用轮、帆板驱动机构、磁力矩器等）状态数据、各系统关键状态标识（系统工作模式和方式、定姿敏感器选用、系统配置状态、推力器工作方式、推力器分支选择标志、喷气卸载允许标志、自主定轨信息引入允许标志、天线指向计算使能标志等）。

（2）由于 Nand Flash 访问占用时间较多，所以采用分级存储思想，将运行剖面数据按照约定格式存储到位于 Ram 的预留缓冲区中，如图 3 所示。

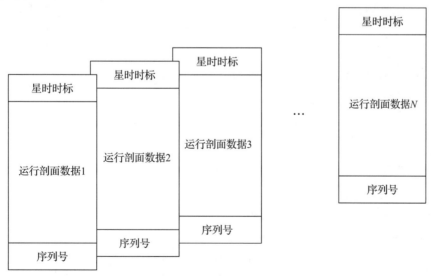

图3　运行剖面存储管理

（3）缓冲区填满后将缓冲区中的数据写入 Nand Flash。Nand Flash 的操作需要考虑坏块、使用均衡性等问题。

着眼于数据使用和数据管理两方面的考虑，我们使用了复合索引进行大容量数据管理：从数据使用的角度来看，使用星时作为数据索引更直观、更符合用户习惯；从数据管理的角度来看，由于卫星飞行过程特别是地面验证过程中可能存在频繁的校时操作，无法确保星时的单调性，因此引入具有单调性的序列号，能够更好地解决剖面的标识唯一性问题，并且可以用于单机断电后重新加电时的存储断点位置分析。

当故障发生后，根据预先定义的故障与运行剖面数据的相关性，星载软件根据星时定位发生故障时的运行剖面 X，从记录的运行剖面 $[X-M, X+N]$ 中挖掘出故障发生前后的相关数据记录，形成遥测包并自动下传，供地面技术人员进行故障分析。

6 举例

陀螺仪（G）是卫星的重要姿态测量部件，卫星控制系统在飞行过程中需要对陀螺仪状态进行自主实时监控，当陀螺仪状态（电动机电流、温度、姿态测量结果）出现异常时，必须及时对故障进行处理，避免故障扩散影响系统在轨稳定运行。我们以陀螺仪电动机电流故障监测为例，其逻辑如图4所示。

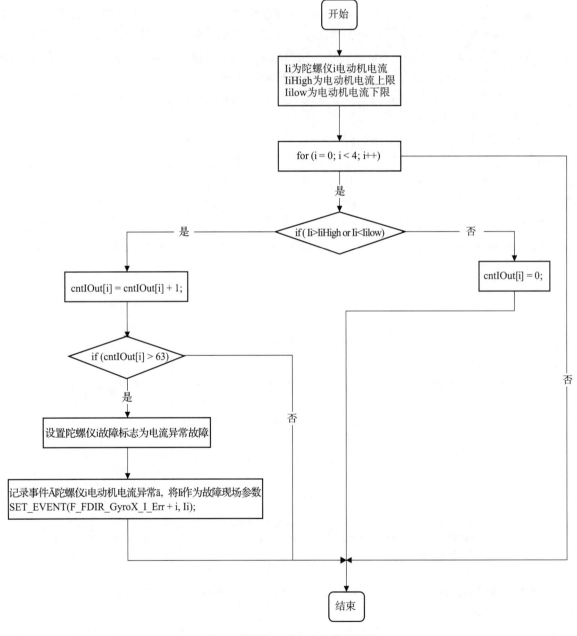

图4 陀螺仪电动机电流监测逻辑

从以上处理流程可以看出，若给定陀螺仪电动机电流正常范围为（0x19，0x41），当电动机电流降至 0x18 并持续 64 个采样周期后，星载软件会自动判定陀螺仪电动机电流异常，并记录异常事件（事件 ID 为 77）。在陀螺仪故障处理过程中，对处理结果也会记录相应的事件，如事件 811 对应的含义为"故障处理进行陀螺仪顶替"，事件 810 对应的含义为"故障处理关陀螺仪"。表 1 所示为陀螺仪 G_x 马达电流异常降低过程中星载软件故障监测及处理产生的事件记录。

表 1　陀螺仪 G_x 电动机电流异常故障监测及处理产生的事件记录

北斗时	事件编号	事件含义	事件参数	事件参数说明
426691376	77	诊断出陀螺仪 G_x 电动机电流异常	00000018	00000018 为诊断出故障时的 G_x 电动机电流原码，陀螺仪电动机电流低于正常范围下限
426691376	811	故障处理进行陀螺仪顶替	00000001	00000001 表示陀螺仪 G_x 被斜装陀螺仪 G_s 顶替
426691376	810	故障处理关陀螺仪	00000001	00000001 对应陀螺仪 G_x，表示 G_x 被关闭电源

紧随"事件遥测包"下传的还有陀螺仪 G_x"故障信息包"，其中包含了故障类型及故障发生事件，故障发生前后 300 s 的陀螺仪相关数据，根据数据包中的记录，可以绘制出陀螺仪故障过程中的数据曲线，对故障进行进一步分析，如图 5 ~ 图 8 所示。

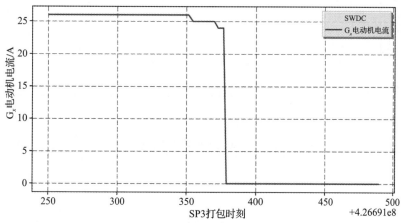

图 5　故障发生前后陀螺仪 G_x 电动机电流

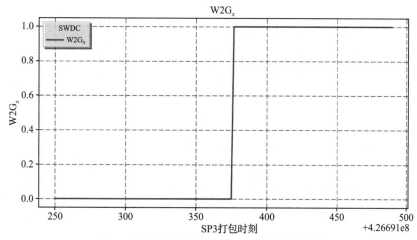

图 6　故障发生前后陀螺仪 G_x 故障报警标志

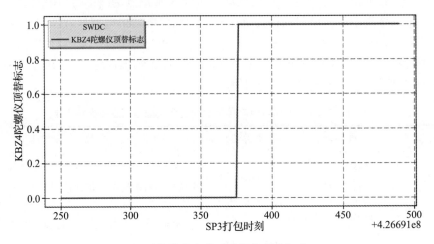

图7　故障发生前后陀螺仪顶替标志

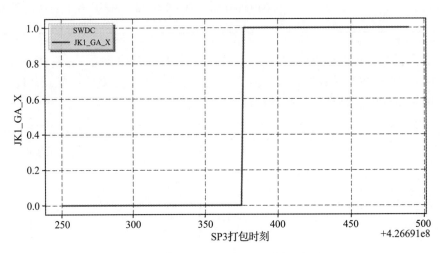

图8　故障发生前后陀螺仪 G_x 健康标志

7　小结

本文的相关研究成果已经成功应用于北斗导航卫星，对北斗导航星座在轨稳定运行发挥了积极而重要的作用。提高卫星的自主运行水平是航天技术发展的趋势。卫星自主运行是实现卫星智能化、提高卫星运行效益的关键技术之一。卫星自主运行包括状态信息感知、自主任务规划和控制等多个方面。提高卫星在轨自主感知能力，对于卫星故障原因分析、故障定位具有极其重要的作用和意义。状态监测结果是故障定位及机理分析的重要依据，是制定在轨处置措施的前提和基础，是后续单机技术改造及参数优化的重要参考。因此，在轨实时状态监测是提高卫星在轨自主运行能力和管理水平的重要手段和方法，可提高单机设备的可靠性，对减小事故发生的概率具有重大意义。

参 考 文 献

[1] 杨孟飞，王磊，顾斌，等. CPS 在航天器控制系统中的应用分析 [J]. 空间控制技术与应用，2012，38（5）.

［2］ 张伟，王仙勇，桂兵，等. 基于风洞的设备健康管理与数据有效性判定平台研究［J］. 计算机测量与控制，2017，25（10）.

［3］ 杨霈. 设备健康管理系统软件的设计与实现［D］. 西安：西安电子科技大学，2016.

［4］ 王娟，张崇刚. 航空电子设备健康管理系统的设计与实现［J］. 电子测试，2017（11）.

［5］ 单锦辉，徐克俊，王轶，等. 一种软件故障诊断过程框架［J］. 计算机学报，2011，34（2）.

［6］ 黄姗姗. 基于异构航空网络的无线飞行记录仪系统研究［D］. 合肥：中国科学技术大学，2018.

临近空间快速响应体系概念研究

杨　涵，刘志军，胡冶昌，熊西军，郭　东，李　兵

（四川航天系统工程研究所　四川成都　610100）

摘　要：为提升防区外突发事件的快速制信息权能力，满足强对抗条件下的防区外快速信息支援保障需求，应对突发事件以及适应未来空间攻防对抗需要，构建一种基于空间部分、运载部分和地面支持部分构成的临近空间快速响应体系，遂行空间军事威慑、空间防御、信息支援保障，以及遂行天地一体化攻防作战等使命任务，提升信息支援体系的鲁棒性，有效补充我军信息支援体系，为我军信息支援体系发展提供重要支撑。

关键词：临近空间；快速响应体系；军事需求；作战效能

Concept Research on Near Space Operationally Responsive System

Yang Han，Liu Zhijun，Hu Yechang，Xiong Xijun，Guo Dong，Li Bing

（Sichuan Aerospace System Engineering Institute，Chengdu，Sichuan，610100）

Abstract：In order to improve the ability of rapid control of information right in the emergency outside the defense area，meet the needs of rapid information support outside the defense area under the condition of strong confrontation，deal with emergencies and meet the needs of future space attack and defense confrontation，we build a near space operationally responsive system based on space part，carrier part and ground support part to perform space military deterrence，space defense，information support，and missions such as air and space integrated offensive and defensive operations，to enhance the robustness of the information support system，and to effectively supplement the information support system of our military，thus providing important support for the development of our military's information support system.

Keywords：near space；operationally responsive system；military requirements；combat effectiveness

0　引言

快速响应空间（Operationally Responsive Space，ORS）是航天体系建设与应用的新概念。它旨在快速满足战役与战术需求，通过快速发射或重构空间系统，为战场指挥官提供快速进入和利用空间的能力，及时满足我军面对突发事件时临时提出的紧急需求。ORS体系面向战役战术任务，直接为战场指挥官提供服务，强调指挥应用灵活方便，实现整个空间体系的快速响应性和失效性。ORS的基本思想是快速产生和维持空间优势，使空间系统具有根据战场需要、按照指挥官要求执行作战任务的能力。ORS体系涉及快速响应空间航天器、快速响应空间运载器、快速发射与测控系统、指挥与应用系统等，实现空间系统的快速响应与各系统密切相关，只有成体系建设并应用才能发挥整体合力，形成整体的快速响应空间能力。

本文提出一种临近空间快速响应体系，并对其总体方案、作用过程以及相关的关键技术进行了分析和论证。该临近空间快速响应体系以现有的快速发射平台为基础，由临近空间飞行平台携带有效载荷以完成突发状况下的空间信息支援和保障等任务。临近空间快速响应体系可为现有常规信息支援体系提供

杨涵，博士，工程师，研究方向：战术武器总体设计、装备体系设计。

补充并协同工作，可增强信息支援体系应对突发故障时或能力不足情况下的快速响应和有效部署能力，为进一步提升我国信息支援体系能力提供一定的参考价值。

1 临近空间快速响应体系概念与内涵

1.1 临近空间快速响应体系的定义

本文基于快速响应空间的概念，将临近空间快速响应体系概念定义如下：发展一种可临机快速部署的临近空间快速响应体系，以现有的高速运载工具快速投送至交战前沿，搭载不同类型的传感器在临近空间安全高度低速飞行，为防区外突发性军事冲突提供预警侦察、区域监视、实时目标指示或电子对抗等信息支援服务。

临近空间快速响应体系具有如下特点。

1）体系结构的重组性

面对不同的任务需求，需要满足特定的能力需求。这种按需提供空间能力的特点要求临近空间快速响应体系结构具有重组性。

2）体系应用的实效性

临近空间快速响应体系主要是为战役战术用户提出的紧急需求提供空间信息服务，其对空间体系提供的时效性要求比较高。因此，要求临近空间快速响应体系完成任务的响应时间应在作战允许的时间范围内。

3）体系功能的针对性

临近空间快速响应体系主要用于满足战役战术用户提出的临时需求，这类需求往往是针对特定区域或特定时段，满足这类需求要求快速响应体系在特定时段对特定区域提供高效能的服务，而非在所有覆盖范围和全部运行时间内都要提供高效能的服务。

临近空间快速响应体系立足于应对突发事件以及适应未来空间攻防对抗需要，快速满足战场军事需求，力求保证在对抗过程中的对称性以及确保军事任务具有最大的自由度，实施空间军事威慑、空间防御、信息支援保障，以及遂行天地一体化攻防作战等军事行动。将临近空间快速响应体系与常规信息支援体系的关系概括为以下几点。

1）临近空间快速响应体系是对常规信息支援体系的补充而非替代

临近空间快速响应体系可以完善我国天基、空基、临空基、陆基、海基五维一体的信息支援体系，实现军事信息获取和利用手段的多元化、一体化，提高国家信息支援体系的抗毁性和抗干扰能力，增强我军对战场态势的实时和高精度感知能力。临近空间快速响应体系是常规信息支援体系的补充，用来弥补常规信息支援体系在快速反应和临近空间信息支援方面的不足。临近空间快速响应体系无法代替常规信息支援体系，只是用来对其提供短期的、快速的信息支援能力的补充。

2）临近空间快速响应体系与常规信息支援体系具有交集

临近空间快速响应体系与常规信息支援体系具有交集，即临近空间快速响应体系中的部分装备可以与常规信息支援体系进行交互，可以与常规信息支援体系进行协同工作，可以提升常规信息支援体系的能力。

3）临近空间快速响应体系有利于推动信息支援体系的发展

临近空间快速响应体系的研究可以催生一部分关键技术与成果，可以推动我国信息支援体系向高效能、低成本的方向发展。临近空间快速响应体系具有快速、灵活等特点，可利用临近空间快速响应体系进行临近空间新型装备技术的研究开发与技术试验。

1.2 临近空间快速响应体系的组成

临近空间快速响应体系的基本组成要素包括临近空间平台部分、高速运载部分和地面支持部分。

1）临近空间平台部分

临近空间平台部分是临近空间快速响应体系中直接为战场指挥员提供空间与信息服务的部分，主要包括各种高空气球、平流层飞艇、翼伞无人机和高空无人机等飞行平台。同时临近空间平台部分既可以是单个飞行平台，也可以是多个飞行平台组成的系统。

2）高速运载部分

高速运载部分是将临近空间平台部分快速送入任务目标区域的部分，主要包括各种快速响应运载器，这些运载器具有快速响应能力且成本相对较低。

3）地面支持部分

地面支持部分是为临近空间飞行平台的快速发射和沿轨迹巡航提供应用服务的部分，主要包括快速发射系统、响应测控系统和指挥应用系统。

1.3 临近空间快速响应体系的作用过程

结合临近空间快速响应体系的结构组成，可将其作用过程描述如下。

（1）当现有信息支援体系面对突发性事件时，由于系统出现故障或能力欠缺，无法有效地支持战役战术作战单元的应急作战，战役战术作战单元及时向指挥中心提出了空间信息支援的请求，同时将信息支援类型、作战时间要求等任务信息提供给指挥中心。

（2）指挥中心在接收到战役战术作战单元的空间信息支援请求后，立即启动快速响应空间信息支援体系，在有限的时间内进行快速响应决策，确定空间信息支援的任务等级，然后分析传统信息支援体系能否满足任务需求，若能满足任务需求，则选择出动传统信息支援装备；若传统信息支援体系的能力无法满足任务要求，则选择临近空间快速响应体系来完成任务，向快速发射场下达快速发射命令，并将有效载荷类型、运载器类型、区域要求、任务提出时间等关键参数传递给快速发射场。

（3）快速发射场接到快速发射命令后，根据任务选择携带具有特定能力的有效载荷的临近空间飞行平台的关键参数来迅速启动高速运载器，完成发射任务。

（4）临近空间飞行平台携带有效载荷进入预定区域后，开始完成信息获取任务，为了满足应急需求，获取的目标信息可以直接传递给传统信息支援体系和战役战术作战单元，并与不同的工作平台进行组网协同以完成任务。

（5）有效载荷将获取的信息或执行任务的效果传送回地面指挥系统，地面指挥系统对收到的信息进行分析和处理后反馈给使用方，临近空间快速响应体系作用过程结束。

2 关键技术

临近空间是指距离地面 $20 \sim 100$ km 的大气空间，是传统"空"与"天"之间的空白部分，包括平流层的大部分区域、中间层和部分热层区域。临近空间飞行平台由于飞行高度较高，所以具有较强的战场生存能力，可用于侦察监视、战场态势感知和通信等。

临近空间快速响应体系可以通过对现有飞行平台和运载工具进行改进，并非通过开发或配置新的信息支援体系装备来满足快速应急响应需求，其中飞行平台包括高空低速无人机、高空飞艇和通用飞行器（CAV）等，运载工具包括高速运载机、具有一定运载空间的战术武器等。临近空间体系结构需要研究的关键技术如下。

2.1 临近空间快速响应体系设计技术

临近空间快速响应体系设计技术主要以面对突发性事件的应急通信保障为任务需求，围绕作战体系总体设计、能力需求、技术体系、集成应用等问题开展研究，对未来信息支援体系形态、空间环境、侦查对象和侦查样式进行预测分析，结合临近空间快速响应体系装备技术、快速发射技术、效能评估与体系贡献度评估，对临近空间快速响应体系进行评估设计，为提升我国信息支援体系能力提供基础支撑。

2.2 临近空间装备技术

临近空间装备技术主要包括临近空间飞行平台总体设计技术、气动技术、动力技术、材料与结构设计技术、能源与控制技术、有效载荷技术等。

2.3 模块化/开放式体系架构技术

模块化/开放式体系架构技术主要实现临近空间快速响应体系装备向模块化、标准化、系列化方向发展，在物理层面上，临近空间飞行平台包括空中无人机、高空气球、平流层飞艇等，以及可提供通信连接的数据链；在逻辑层面上，整个临近空间快速响应体系，通过数据链网络互联，按任务要求组合，采用模块化和开放式体系结构技术，实现控制设备、数据链设备、任务设备模块化设计，降低全寿命周期费用，即插即用、简化部队后勤等。通过开放的、模块化的体系架构，以更快的速度、更低的成本将新技术和新系统集成到作战体系中，发展可互换的模块化组件为平台提供统一的标准和工具，能够根据需要快速升级和替换相应能力。

2.4 快速发射技术

快速发射技术是根据任务需求，运用快速机动发射装置，快速将有效载荷发射进入临近空间的关键技术。其主要特点是可以满足临近空间快速响应、按需发射的要求，并能确保发射系统的生存能力。临近空间飞行平台的发射主要依靠地面机动、水面机动、水下机动和空中机动这几种方式。

2.5 体系效能评估技术

为了评估临近空间快速响应体系的性能，需要建立针对临近空间快速响应体系响应效果的评估机制。通过临近空间快速响应体系效能评估，既可以为优化体系结构方案提供参考，也可以为临近空间快速响应装备发展提供辅助决策建议。

3 结束语

临近空间快速响应体系可以为常规信息支援体系弥补快速反应和临近空间信息支援方面的不足，具有明确的应用需求和广阔的应用前景。临近空间快速响应体系主要由临近空间飞行平台、现有高速运载工具、有效载荷和地面支持系统组成，有效载荷由高速运载工具进行快速发生并由临近空间飞行平台携带完成快速响应信息支援任务。临近空间快速响应体系基于特有的飞行高度优势以及快速响应特性，具有较强的战场生存能力，可用于侦察监视、战场态势感知和通信等。本文在介绍临近空间快速响应体系的组成要素和作用过程的基础上，明确了体系设计技术、临近空间装备技术、模块化/开放式体系架构技术、快速发射技术和体系效能评估技术等在内的若干支撑临近空间快速响应体系的关键技术。未来需要对这几个关键技术进行深入研究和技术实施，有助于推动我国信息支援体系的发展。

参 考 文 献

[1] 李新洪，张育林. 美军"作战响应空间"分析及启示 [J]. 装备指挥技术学院学报，2007，18（6）：33-36.

[2] McCasland W N. Operationally responsive space（ORS）[C]. Proceedings of IEEE Aerospace Conference, New York：IEEE, 2006：1-2.

[3] Saleh J H, Dubos G. Responsive space：concept analysis, critical review, and theoretical framework [C]. Proceedings of AIAA Space 2007 Conference & Exposition, Washington D. C. ：AIAA, 2007.

[4] 潘清，廖育荣. 快速响应空间概念与研究进展 [M]. 北京：国防工业出版社，2010.

[5] 高永明，吴钰飞. 快速响应空间体系与应用 [M]. 北京：国防工业出版社，2011.

临近空间小跨度螺旋桨设计与分析

胡冶昌，刘志军，杨　涵，周　正

（四川航天系统工程研究所　四川成都　610100）

摘　要：针对平流层浮空器等临近空间飞行器的螺旋桨推进系统工作高度高、空域跨度小、低速巡航等特点，通过分析研究5种常见低雷诺数翼型的气动特性，完成了飞行器螺旋桨推进系统的初步翼型选型，经过对螺旋桨外形设计与气动性能计算，获得了对应翼型螺旋桨的性能参数，与其他翼型相比，SD8000翼型设计的螺旋桨拉力大、效率高，完成了临近空间螺旋桨的初步设计。

关键词：超高空螺旋桨；临近空间飞行器；低雷诺数翼型

Design and Analysis of Small – span Propeller in Adjacent Space

Hu Yechang, Liu Zhijun, Yang Han, Zhou Zheng

（Sichuan Institute of Aerospace Systems Engineering, Chengdu, Sichuan, 610100）

Abstract：Aiming at the propeller propulsion system of nearby spacecraft such as stratospheric aerostats, with the characteristics of high working altitude, small airspace span, and low-speed cruise, the preliminary selection of the propeller airfoil was completed by classifying the aerodynamic characteristics of 5 low Reynolds number airfoils, after the propeller shape design and aerodynamic performance calculation, the propeller performance parameters of the corresponding airfoil are obtained. After analysis and comparison, the propeller designed with the SD8000 airfoil has greater tensile force and higher efficiency than other airfoils, and the preliminary design of the adjacent space propeller has been completed.

Keywords：ultra-high altitude propeller; near-space vehicle; low Reynolds number airfoil

0　引言

临近空间是指距地面20～100 km的空域，该空域空气稀薄，气象活动较弱，非常适合太阳能飞行器飞行，且由于高度较高，飞行器在该空域飞行一定程度上可以摆脱地面防空武器等威胁，因此临近空间飞行器凭借高生存能力和超长续航时间，在军民信息保障领域具有广阔的应用前景。随着战时机动部署需求的提出，需要提升飞行器的及时性，西北工业大学等单位已经进行了相关研究，并已完成相关方案论证，如平流层浮空器快速部署系统概念（图1）。美国约翰－霍普金斯大学的"高空侦察飞行器"（HARVe）飞艇方案是利用飞机将一个气球形状的飞行器运送到高空后释放，飞行器自行充气并启动它的螺旋桨推进系统进行工作。

螺旋桨是目前临近空间飞行器的主要动力来源，大推力、高效率的螺旋桨推进系统是保证飞行器在超高空驻留的先决条件。目前，关于高空螺旋桨设计，国内外学者进行了大量研究。文献［4］详细介绍了高空螺旋桨的设计过程；文献［5］利用滑移网格对螺旋桨复杂绕流进行了数值模拟；文献［6］分析比较了多种低雷诺数翼型升阻比，得到了适用于临近空间螺旋桨的高效翼型。以上研究都是基于从地面起飞的常规临近空间飞行螺旋桨研究的，其设计考虑了多个空域，设计点很多，在这类临近空间飞行

胡冶昌（1992—），男，助理工程师，在四川航天系统工程研究所从事设计工作。

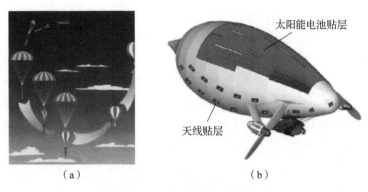

图1　平流层浮空器快速部署系统

（a）升空过程；（b）假想图

器上往往螺旋桨数量众多，如美国太阳神无人机有14个螺旋桨，而平流层浮空器快速部署系统的螺旋桨推进系统具有工作高度高、空域跨度小、低速巡航的特点，且由于空间约束，螺旋桨数量受到了极大约束，按照常规临近空间飞行器多空域、多设计点等特点设计的螺旋桨设计裕度过大，已经不适用于该飞行器设计。本文研究设计了一种适用于快速部署平流层浮空器飞行状态的临近空间小跨度螺旋桨，通过Xfoil软件获得多种低速翼型的气动特性，基于工程计算方法得到螺旋桨的布局参数和性能参数，确定了临近空间小跨度螺旋桨的翼型，完成了相关设计。

1　螺旋桨设计数学模型

螺旋桨设计流程如图2所示。首先，确定螺旋桨的总体外形参数，如桨叶数量、桨盘直径、桨毂直径等参数，然后将桨叶划分成 n 段，一般取10段，依据飞行条件设计各截面弦长，然后计算各截面的桨叶安装角，最后计算螺旋桨的性能参数。

1.1　桨叶安装角设计

图3所示为螺旋桨桨叶半径 r 处的叶素，桨叶安装角按照翼型的升阻特性确定。

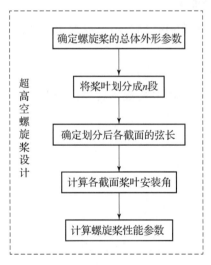

图2　螺旋桨设计流程

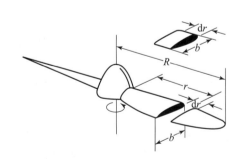

图3　桨叶半径 r 处的叶素示意图

首先根据公式（1）计算常数 K ：

$$\frac{T}{\rho 4\pi V^2} = \int_{R-R_b}^{R} (K_1 + K_1^2) K_p r \mathrm{d}r \tag{1}$$

式中，T 为需用拉力，ρ 为空气密度，V 为飞行速度，K_1、K_p 为纠正因子，r 为螺旋桨某一截面的径向

位置,

$$K_{\mathrm{p}} = \frac{2}{\pi} \arccos\ \mathrm{e}^{-\frac{n_{\mathrm{p}}}{2}(1-\frac{r}{R})\ \sqrt{1+(\frac{\omega R}{V})^2}} \tag{2}$$

$$K_{\mathrm{l}} = \frac{K}{1 + \left(\dfrac{V}{\omega r}\right)^2 (1+K)^2} \tag{3}$$

式中, ω 为角速度, n_{p} 为桨叶数量。

第 i 个截面的桨叶角:

$$\delta_i = \arctan\left[\frac{\lambda}{\varepsilon_i}(1+K)\right] \tag{4}$$

式中, λ 为前进比, $\lambda = V/(\omega R)$, ε_i 为第 i 个截面的无量纲坐标, $\varepsilon_i = r_i/R$。

根据 Xfoil 软件计算螺旋桨翼型在各攻角下的气动特性,确定翼型最大升阻比时的迎角 $\alpha_{\max}$,第 i 个截面的桨叶安装角 $\theta_i = \delta_i + \alpha_{\max}$。

1.2　螺旋桨性能参数计算

确定螺旋桨总体布局和桨叶安装角后可以计算其性能参数,本文主要通过叶素理论对超高空螺旋桨性能进行计算。

图 4 所示为螺旋桨叶素的力多边形,根据几何原理有:

$$\tan\varphi_0 = \frac{v_0}{2\pi r n_s} \tag{5}$$

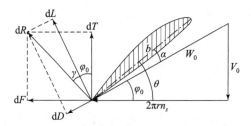

图 4　叶素的力多边形

针对半径 r 处的叶素,其弦长为 b,径向增量为 $\mathrm{d}r$,面积 $\mathrm{d}S = b \cdot \mathrm{d}r$,根据 1.1 节确定的叶素安装角,可以确定气流相对于叶素的迎角为

$$\alpha = \theta - \varphi_0 \tag{6}$$

依据翼型气动数据,确定对应迎角下的升力系数 C_L 和阻力系数 C_D,可以得到升力微元和阻力微元:

$$\mathrm{d}L = C_L \frac{1}{2}\rho W_0^2 b \mathrm{d}r \tag{7}$$

$$\mathrm{d}D = C_D \frac{1}{2}\rho W_0^2 b \mathrm{d}r \tag{8}$$

利用投影关系:

$$\begin{cases} W_0 = V_0/\sin\varphi_0 \\ \mathrm{d}R = \mathrm{d}L/\cos\gamma \\ \mathrm{d}T = \mathrm{d}R \cdot \cos(\varphi_0+\gamma) \end{cases} \tag{9}$$

可得螺旋桨拉力微元:

$$\mathrm{d}T = \frac{1}{2}\rho V_0^2 \frac{C_L b}{\sin^2\varphi_0\cos\gamma}\cos(\varphi_0+\gamma)\mathrm{d}r \tag{10}$$

令:

$$K = \frac{C_L b}{\sin^2 \varphi_0 \cos \gamma} \tag{11}$$

得到：

$$\mathrm{d}T = \frac{1}{2} \rho V_0^2 T_c \mathrm{d}r \tag{12}$$

其中，

$$T_c = K \cos(\varphi_0 + \gamma) \tag{13}$$

同理可得叶素切向力：

$$\mathrm{d}F = \frac{1}{2} \rho V_0^2 K \sin(\varphi_0 + \gamma) \mathrm{d}r \tag{14}$$

则有转矩微元：

$$\mathrm{d}M = r \mathrm{d}F = \frac{1}{2} \rho V_0^2 K r \sin(\varphi_0 + \gamma) \mathrm{d}r = \frac{1}{2} \rho V_0^2 Q_c \mathrm{d}r \tag{15}$$

其中，

$$Q_c = K r \sin(\varphi_0 + \gamma) \tag{16}$$

得到叶素的效率 η：

$$\eta = \frac{\mathrm{d}P_e}{\mathrm{d}P_a} = \frac{\mathrm{d}T V_0}{2\pi n_s \mathrm{d}M} = \frac{V_0}{2\pi n_s r} \cdot \frac{\mathrm{d}T}{\mathrm{d}F} = \frac{\tan \varphi_0}{\tan(\varphi_0 + \gamma)} \tag{17}$$

螺旋桨的桨叶数为 N_B，桨毂半径为 r_0，螺旋桨半径为 R，则螺旋桨的总拉力为：

$$T = \frac{1}{2} \rho V_0^2 N_B \int_{r_0}^{R} T_c \mathrm{d}r \tag{18}$$

环向力：

$$F = \frac{1}{2} \rho V_0^2 N_B \int_0^R \frac{Q_c}{r} \mathrm{d}r \tag{19}$$

转矩：

$$M = \frac{1}{2} \rho V_0^2 N_B \int_0^R Q_c \mathrm{d}r \tag{20}$$

效率：

$$\eta = \frac{P_e}{P_a} = \frac{T V_0}{2\pi n_s M} = \frac{V_0}{2\pi n_s} \cdot \frac{\int_{r_0}^{R} T_c \mathrm{d}r}{\int_0^R Q_c \mathrm{d}r} \tag{21}$$

2 临近空间螺旋桨设计

针对飞行器飞行工况，按照上述理论进行临近空间螺旋桨设计。假设临近空间飞行器的巡航高度为 25～32 km，不同高度大气参数如表 1 所示。

表 1 不同高度大气参数

高度/km	空气密度 /(kg·s^{-3})	大气压 /Pa	当地声速 /(m·s^{-1})	动力黏性系数 /(N·s·m^{-2})	运动黏性系数 /(m^2·s^{-1})
25	0.040 084	2 549.18	298.39	1.45×10^{-5}	3.61×10^{-4}
27	0.029 299	1 879.94	299.72	1.46×10^{-5}	4.98×10^{-4}
28	0.025 076	1 616.17	300.38	1.46×10^{-5}	5.84×10^{-4}
30	0.018 41	1 197.01	301.71	1.48×10^{-5}	8.01×10^{-4}
32	0.013 555	889.05	303.02	1.49×10^{-5}	1.10×10^{-3}

根据设计需求，单个螺旋桨需要在 30 km 巡航时产生不小于 35 N 的拉力。由于该类飞行器质量受到严格限制，螺旋桨选择两叶桨，桨毂直径 200 mm。为了弥补超高空大气密度低引起的拉力和功率损失，桨盘直径需要足够大，依据飞行器结构确定了桨盘直径为 2.5 m，根据桨尖速度不超过 0.7 Ma 为设计原则，确定 30 km 巡航时螺旋桨转速为 1 630 r/min。

2.1 临近空间螺旋桨翼型选择

根据螺旋桨总体结构，以半径 $r = 0.75R$ 位置的截面雷诺数进行相关翼型性能分析。根据公式（22）计算得到 0.75R 位置截面雷诺数为 32 000。

$$\mathrm{Re} = \frac{\rho v l}{\mu} \tag{22}$$

飞行器飞行空域跨度较小，攻角变化较小，大部分时间在 30 km 的高度低速巡航，来流较为稳定，所以无须考虑翼型较大攻角气动特性以及多个马赫数状态的气动性能。本文在阅读国内外文献基础上，选取了 FX63 – 137、Eppler 387、CLARK YH – Mod、NACA0009、SD8000 五种较优的常规低雷诺数、高升力翼型，图 5 所示为 5 种翼型在雷诺数为 32 000 时的气动特性。

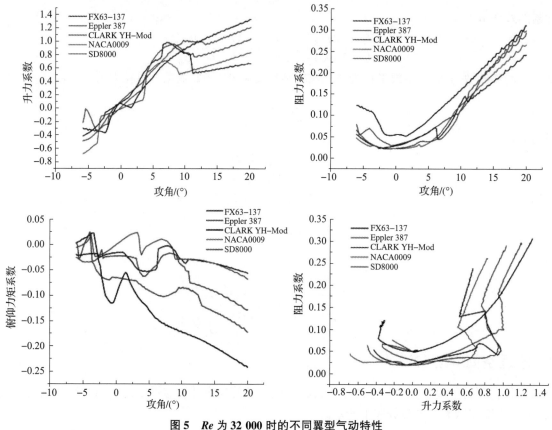

图 5　Re 为 32 000 时的不同翼型气动特性

从图 5 各翼型的气动数据随攻角变化可知，在低雷诺数环境下（Re = 32 000），FX63 – 137 翼型升力特性最好，10°攻角不失速，但该翼型力矩较大，对电机性能要求较高，NACA0009 的升阻特性很一般，但力矩很小，容易选择电机，如果该翼型的螺旋桨性能下降不大，则在满足拉力需求的前提下，优先选择该翼型。

2.2 临近空间螺旋桨设计

基于前面所述的螺旋桨设计方法以及总体布局进行螺旋桨设计。螺旋桨桨叶布局根据不同工作环境进行设计，一般分为类三角布局和外载式布局，其区别主要是叶片最大弦长位置不同。类三角布局最大弦长位置位于靠近翼根的位置，主要特点是结构强度性能较好、雷诺数高、马赫数低、升阻特性高。平流层浮空器等飞行器对螺旋桨的质量、结构要求较高，该类飞行器推进系统一般选择类三角布局形式，根据该布局设计螺旋桨桨叶角分布，依据该桨叶角分布可以得到螺旋桨的三维模型，如图 6 所示。

基于该桨叶角分布，通过公式（22）可计算得到螺旋桨桨叶各截面的雷诺数，如图 7 所示。

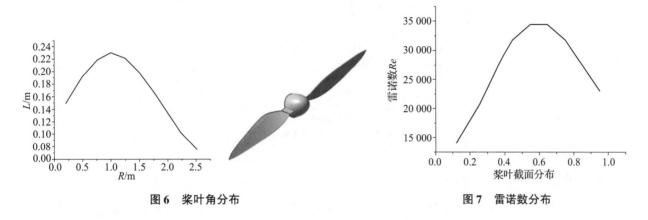

图 6　桨叶角分布　　　　　　　　　　　图 7　雷诺数分布

3　螺旋桨性能分析

以高度 30 km，速度 60 m/s 为巡航设计点，基于工程算法分析各翼型螺旋桨的性能参数，分析结果如表 2 所示，大部分翼型均能满足拉力需求，通过比较螺旋桨效率以及扭矩等关键指标，SD8000 翼型的螺旋桨性能最优，非常适用于快速部署平流层浮空器螺旋桨推进系统。

表 2　各翼型螺旋桨性能参数

桨叶翼型	扭矩/($N \cdot m$)	拉力/N	效率/%	转速/($r \cdot min^{-1}$)	需求功率/W
FX63 – 137	22. 16	37. 47	59. 4	1 630	3 782
Eppler387	17. 02	33. 7	69. 6	1 630	2 905
SD8000	16. 7	37	77. 8	1 630	2 855
CLARK YH – Mod	15. 9	32. 13	71. 1	1 630	2 717
NACA0009	15. 1	29. 7	62. 1	1 630	2 680

临近空间飞行器需要根据飞行工况不断改变飞行高度，需要研究多个高度工况下的螺旋桨性能特性，以 SD8000 翼型设计的螺旋桨为研究对象，研究 25 ~ 32 km 高度巡航时的工作性能，图 8 所示为不同高度下对应的飞行速度和转速，根据该飞行曲线可研究多个高度下的螺旋桨性能。

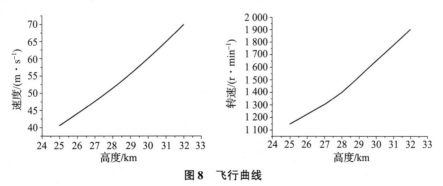

图 8　飞行曲线

图 9 所示为 25 ~ 32 km 不同高度巡飞工况下螺旋桨的气动性能。从图中分析可知，SD8000 翼型设计的螺旋桨在 25 ~ 32 km 空域时，拉力均能保持在 35 N 以上，效率大于 70%。

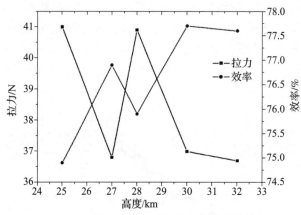

图9 不同巡飞工况下螺旋桨的气动性能

4 结论

本文针对平流层浮空器快速部署系统，研究了小跨度超高空螺旋桨的设计与分析过程，完成了飞行器螺旋桨设计，得到如下结论。

（1）通过比较多种低雷诺数翼型，得知 SD8000 最适合用于 25~32 km 高度螺旋桨推进系统。

（2）临近空间飞行器在 30 km 巡航时，单个螺旋桨拉力大于 35 N，满足设计要求，效率为 77%。

（3）本文研究的螺旋桨设计与分析同样适用于其他同类螺旋桨方案设计。

参 考 文 献

[1] 常晓飞，尚妮妮，符文星，等. 平流层浮空器快速部署平台的建模与仿真 [J]. 宇航学报，2014，10（35）：1135 – 1140.

[2] 曹旭，黄伟，王伟志. 弹载式平流层浮空器总体方案及关键技术研究 [C]. 2012 中国浮空器大会论文集：98 – 102.

[3] 邓海强，余雄庆. 太阳能飞机的现状和发展趋势 [J]. 航空科学技术，2006，6（1）：28 – 30.

[4] Koch L D. Design and performance calculations of a propeller for very high altitude flight [J]. NASA / TM – 1998 – 206637，1998.

[5] 高飞飞，颜洪. 基于滑移网格的螺旋桨滑流影响研究 [J]. 航空计算技术，2013（6）42 – 45.

[6] 李国强，聂万胜，程钰锋，等. 临近空间螺旋桨低雷诺数高效翼型数值分析 [J]. 航空计算技术，2012（9）：46 – 50.

[7] 刘沛请. 空气螺旋桨理论及其应用 [D]. 北京：北京航空航天大学出版社，2006.

未来作战对临近空间预警体系的新要求

刘志军，胡冶昌，郭　东，熊西军，杨　涵，崔金雷

（四川航天系统工程研究所　四川成都　610100）

摘　要：未来战争将具有陆、海、空、天、临"五维一体"的特点，因临近空间在信息支援的诸多优势而在体系作战中具有重要地位，故发展建设临近空间预警系统势在必行。本文分析了临近空间预警体系的优势，阐述了未来战争对其发展的新要求，并对我国临近空间预警体系的发展提出了一些建议，以期对我国预警体系建设有所贡献。

关键词：未来作战；临近空间；预警体系；新要求

New Demand for the Near-space Early Warning System in Future Operations

Liu Zhijun, Hu Yechang, Guo Dong, Xiong Xijun, Yang Han, Cui Jinlei

(Sichuan Aerospace System Engineering Institute, Chengdu, Sichuan, 610100)

Abstract: Integrative joint operations carry "land-sea-air-space-near space" five-in-one character, so near-space has an important strategic status in the information system. This paper analyzes the advantages of early waring system in near-space. Some suggestions are put forward for the development of China near-space early warning system.

Keywords: future operations; near-space; early warning system; new demand

0　引言

从预警体系的发展来看，现有预警能力主要包括天基预警和空基预警两大类。以卫星为主的天基预警能力在覆盖能力上受轨道周期和在轨卫星数量、寿命的限制；以预警机为主的空基预警能力受部署数量、航程和防空威胁等限制。随着天基作战系统的不断发展，未来作战模式将向空天一体方向发展，空天一体作战很可能是全维空间下的激烈体系对抗，现有的天基和空基预警体系的抗毁能力仍将面临挑战。尤其是卫星受到敌方软攻击、硬摧毁或信息遮蔽后，其侦察预警能力对体系作战的支撑作用将被严重削弱。从防空反导作战来看，失去预警信息的支持将使防空预警网形同虚设；从远程精确打击作战来看，将使远程精确打击武器失去"眼睛"的引导，进而失去空天一体作战的基础和体系作战的优势。

临近空间是连接空天作战的桥梁，是被军事强国视为具有重要战略意义的战场新域。基于临近空间平台的预警力量将在未来空天一体作战体系中发挥重要作用，研究发展基于临近空间平台的新型预警能力，可为未来的空天防御和远程精确打击提供更为可靠的作战信息保障。航天、临空、航空等跨域多平台联合预警也可实现信息互补和多元印证，以确保此"盲"彼"明"，此"聋"彼"聪"。

刘志军，男，工程师，从事临近空间飞行器总体设计。

1 临近空间预警能力的体系优势

1.1 我国预警能力现状

预警能力通常在天基预警领域进行比较，我国天基预警领域与美国还存在较大的差距，主要体现在以下 3 个方面。

1) 覆盖时间较短，范围受限

在轨侦察预警卫星数量较少，对同一地点的覆盖时间较短，难以实现对敌方目标和作战行动的连续侦察预警和监视，以及对己方作战的监控和支持，较少数量的卫星只能实现地区性、间断性的侦察预警，对重要目标的连续侦察预警能力有待提升。

2) 侦察预警能力有限，作战反应时间较长

由于卫星轨道较高，即使是低轨卫星，高度也在几百公里①以上。受距离的影响，光学成像相机和合成孔径雷达等侦察预警设备的精度将受到限制。这样，对目标尤其是活动目标的定位精度较差，使其在对敌方作战情报的收集、威胁、能力的判定、作战行动的实施上受到限制，且难以为精确打击武器提供有效的目标导航信息。在作战反应时间上，一方面，受轨道高度和信息中继传输能力的限制，存在信息传输的时延；另一方面，由于精度差、侦察预警能力弱，形成有效作战预警信息的时间较长。

3) 卫星使用时间较短，发射准备时间过长

由于太空环境复杂，卫星难以进行维护保养，一般而言，低轨的侦察预警卫星的最高服役年限为 2 ~ 3 年，高轨的为 5 ~ 10 年，因此，需要不断更新补充。加之卫星造价昂贵，运输和发射要求严、成本高，需要在专门的航天发射场进行发射；为了进入预定轨道，还需选择合适的发射窗口，同时还受到天气、太阳活动等因素的限制，一次航天发射需要准备数天甚至数周的时间。因此，在紧急情况下难以完成快速的补充和部署任务。

1.2 临近空间侦察预警主要优势

临近空间侦察预警作为空天一体化体系作战的重要一环，具有诸多优势，主要表现在以下 3 个方面。

1) 平台的"高""低"优势

临近空间平台飞行区域高于一般航空器的飞行高度和地空导弹的拦截高度。其"高"优势表现在：①使临近空间侦察预警能力相对空基侦察预警能力具有更加广阔的视野，侦察预警范围扩大；②避开了防空火力的拦截高度，增强了平台的安全性；③高于领空的限制，避免了侵入他国领空造成的政治羁绊。临近空间平台的飞行高度又远低于航天器的轨道高度。其"低"优势表现在：①使侦察预警载荷较天基平台距离侦察预警目标更近，侦察预警精度更高；②由于高度降低，信息传输的延时缩短、数据传输速度加快。

2) 平台的"动""静"优势

临近空间高超速平台没有空间轨道的束缚和领空的限制，具有极强的作战灵活性。其"动"优势表现在：①与卫星在轨运行方式不同，临近空间平台可机动部署在任意区域，还可根据作战需求随时改变侦察预警区域；②相对于航空平台，由于避开了空中交战和防空火力的限制，临近空间平台相对地可更加深入到敏感地区。临近空间低速平台多处于大气均质层（平流层）。其"静"优势表现在：①具备良好的平台浮空环境，可长时间高空定点部署，区域驻留侦察预警，相对于天基侦察预警平台可实现对目标的长时间"凝视"；②临近空间平台可避开敌方雷达网的监控，静默地展开侦察预警。

3) 体系作战的"快""远""多"优势

其"快"优势表现在：①临近空间侦察预警体系作为航天预警的辅助手段，在侦察预警卫星难以提

---

① 1 公里 = 1 000 米。

供有效的侦察预警信息时,可快速起飞并到达任务区,具有快速侦察预警能力;②相对于侦察预警卫星,临近空间平台只需要依靠自身动力即可实现水平起降,具有良好的作战灵活性和经济性;③较航天侦察预警能力,临近空间侦察预警能力的研发周期较短。其"远"优势表现在:相对于航空侦察预警平台,临近空间侦察预警平台拥有更远的航程、侦察预警距离和更长的驻空时间,可实现对全球目标的侦察预警。其"多"优势表现在:相对于航天侦察预警平台,临近空间平台不仅载荷能力更强,还可按需求在任务区部署更多的平台。

2 临近空间预警发展新要求

在空天一体化作战条件下,对预警体系的新要求如下。

1)更加注重体系融合

立足全军网络信息体系建设和"统、融、顺、合"的总要求,以一体化指挥平台和综合电子信息系统为基础,以空、天网络信息等体系为支撑,满足全军中远程作战需求。

2)更加注重信息共享

以作战数据实时共享、信息规范化组织保障等需求为主导,以平时和战时精确化信息保障为重点,为全军提供信息服务保障。

3)更加注重实时高效

快速布置、高效组织是体系作战追求的永恒目标,对信息保障的实时性、高效性、可靠性等方面提出更高要求。

4)更加注重跨平台支持

通过多域统一态势感知和分布式协同来实现强敌威胁早期发现、超视距追踪等功能。

3 发展建议

3.1 科学制定发展规划

临近空间预警体系作为信息支援力量,可弥补卫星资源和航空侦察预警的不足,增强对信息化武器装备的支持力度,但缺乏可以借鉴的发展经验,需以创新的作战理论为指导,把临近空间预警体系置于作战体系中,坚持需求牵引与技术推动相结合,有所为,有所不为,"基于效果"稳步发展,从提高体系作战能力的角度论证临近空间预警体系的建设方案,集中力量攻克关键技术,建设配套设备,发展临近空间武器装备。

3.2 尽快突破关键技术

在临近空间预警体系关键技术研究过程中,必须坚持系统集成理念,以满足系统需求、提高系统性能为目标,推动临近空间技术发展进程。①要加大基础研究力度,争取早日攻克关键技术,包括"临近空间飞行器技术"和"反临近空间飞行器技术"。②加强总体方案论证,重视演示验证。基本原则是由易到难,先专用后通用,从无动力到有动力,持续稳步发展。③综合评估临近空间在未来战争中的作战效能。从现阶段面临的挑战和未来的军事需求出发,针对典型的作战背景和作战任务,明确发展重点,牵引整体技术发展。④综合现有装备体系,发挥临近空间的独特优势与协同倍增效应。

4 结论

临近空间是连接空天的桥梁,基于临近空间平台的侦察预警更是在未来空天一体作战中取得作战优势的关键。以临近空间侦察预警能力的体系需求为牵引,深入开展临近空间作战理论和临近空间装备作战使用研究,对推进临近空间装备发展和临近空间装备快速形成作战能力具有十分重要的意义。

参 考 文 献

[1] 陈晶. 解析美军"空海一体站"理论 [J]. 情报杂志, 2011 (30): 269 – 271.

[2] 赵鑫业. 联合作战指挥控制过程模糊表示与决策方法研究 [D]. 长沙: 国防科技大学, 2014.

[3] 陈昌孝, 何明浩, 李成龙. 基于临近空间的预警系统建设研究 [J]. 空军雷达学院学报, 2010, 24 (5): 34.

[4] 王亚飞, 安永旺, 杨继何. 临近空间飞行器的现状及发展趋势 [J]. 国防技术基础, 2010 (1): 33 – 37.

[5] 杨建军. 临近空间: 通向空天一体的桥梁 [J]. 空军工程大学学报 (军事科学版), 2010, 10 (2): 20 – 25.

[6] 朱刚, 王红. NSHT 预警装备体系网络化建模与分析 [J]. 火力与指挥控制, 2015, 27 (4): 875 – 880.

[7] 张东戈, 孟晖. 战场态势感知能力评估模型 [J]. 指挥控制与仿真, 2014 (1): 1 – 4.

卫星批量生产模式研究与启示

王　伟，李学林，高令飞，裴胜伟，李修峰，刘绍然，高秀会

（中国空间技术研究院　北京　100094）

摘　要：为支持我国卫星互联网低轨星座的建设，促进卫星生产模式转型升级，本文对国外先进的卫星生产模式进行了研究，总结和归纳了实现卫星批量生产（批产）的模式和方法。通过分析传统卫星生产模式在星座部署方面所存在的不足，探讨未来卫星批产模式的转型途径以及所要攻克的关键技术。

关键词：批量生产（批产）；低轨星座；生产模式；互联网

0　引言

近年来，卫星通信技术的不断发展、太空频谱资源的日益紧张、全球商业和军事领域的迫切需求，引发了政府部门和商业航天建设、研发低轨卫星移动通信系统的热潮，并涌现了一大批构建低轨星座的公司，如铱星公司、OneWeb 公司、SpaceX 公司，这些公司相继开展了低轨通信星座项目的建设。

星座系统要求在短时间内完成大量同类型卫星的轨道部署，这意味着卫星制造商应当"生产"，而不是"研制"卫星，且对 AIT 计划制定、生产资源调配以及生产组织管控提出了更高的要求，现有的生产模式已难以满足日益增长的批产型号 AIT 的生产需求，成为制约航天器研制的主要瓶颈之一，亟待进行变革，以建立适应批产型号任务的生产方式来提升航天器 AIT 的能力。国外航空航天企业普遍采用了脉动生产线进行卫星的生产，卫星总装效率可得到有效提升，且每一道工序都有据可查，对卫星总装质量有更为科学的管控。

我国也开展了相关建设和研究，由于低轨通信星座的先入为主性以及频率资源的稀缺性，加快建设具有中国自主知识产权的低轨通信星座，变得愈加紧迫。在短时间内完成卫星的大规模生产，传统的研制卫星模式无法适应，因而迫切需要研制模式转型，开展基于生产线的研制模式研究和系统建设，优化卫星研制流程，使我国低轨星座能够以更低的成本、更快的速度投入市场。

1　国外卫星批产模式发展现状

1.1　全球星系统

全球星（GlobalStar）系统是由美国劳拉公司和高通公司倡导发起的卫星移动通信系统，于 1999 年投入商业运营。2006 年，GlobalStar 公司与泰雷兹·阿莱尼亚公司签署设计和制造 48 颗第二代 GlobalStar 卫星的合同，要求 2 年内完成 48 颗卫星以及 8 颗备份星的组装、测试和发射。为了实现该目标，阿莱尼亚公司对卫星研制模式进行了大胆革新，提出了创新性的生产和组织方案。

1）采用"技术岛"式生产线

GlobalStar 生产线，借鉴了汽车工业的生产线策略，根据功能区域不同，建立了 8 个技术岛，如图 1 所示。每个"岛"都拥有固定的测试设备及专业工作人员执行固定的 AIT 操作——人员和设备不跟随卫星流转，避免了物料转运所带来的时间浪费，并有利于工作人员技能的提高，进一步提升了卫星生产效率。

王伟，男，1988 年，工程师，毕业于中国空间技术研究院神州学院，飞行器设计专业硕士研究生，目前从事低轨卫星总体设计工作。

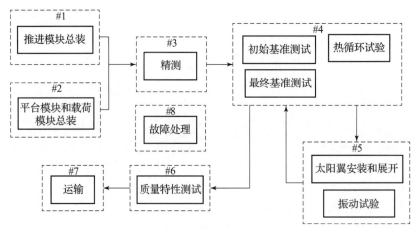

图 1　技术岛分布

2）采用面向批产的试验

卫星的试验计划由鉴定星试验和批产星试验（如图2所示）组成。工程鉴定星进行全面的鉴定试验，目的是验证卫星是否满足性能要求并验证设计裕度。批产星只保留了随机振动试验和热循环试验，目的是验证制造工艺，以及确认在总装及验收试验中没有发生潜在的缺陷，节省了大量的卫星试验和测试时间。

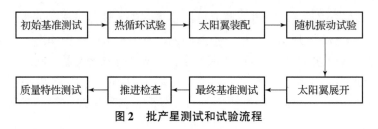

图 2　批产星测试和试验流程

3）使用局域数据管理系统

局域数据管理系统是卫星生产厂内部的一个综合信息系统，负责信息接收、分类、储存、检索和分发。在卫星生产过程中，各级别的设计、集成和试验的数据都将被储存，对授权的节点可以远程访问。通过局域数据管理系统，卫星 AIT 和设计人员之间建立了十分紧密的联系，为实时决策提供了可能。

1.2　铱星系统

铱星（Iridium）系统于20世纪90年代由摩托罗拉公司推出，该系统由分布在6个轨道面的72颗星（包含6颗备份星）组成。2010年6月，铱星公司与泰雷兹·阿莱尼亚公司签署了第二代铱星合同（铱星二代构型如图3所示），要求研制和发射72颗星。Iridium 项目为实现低成本和快速生产，采取了模块化设计、脉动式生产线、大量采用 COTS（Commercial Off The Shelf）部件等措施。

图 3　铱星二代构型

1）采用模块化设计

卫星采用了模块化的设计理念，分为服务和载荷两大模块，生产线上这两大模块可以并行开展 AIT 工作，节省了总装和测试时间。此外，每颗星的配置相同，一旦某个模块出现问题，就用另一个模块进行替换，避免整个生产线因单一模块故障而出现整线停滞。

2）采用脉动式生产线

铱星生产线充分吸收了全球星"技术岛"式生产线的优点，并在此基础上形成了脉动式生产线，铱星二代生产线由 18 个站点组成，如图 4 所示。卫星流转路线短，站点交接顺畅。其中，对于批产星不做力学试验；采用系统检漏；热试验采用常压热循环，支持 3 颗卫星并行开展热试验，从而缩短了试验时间并节省了相当可观的试验费用。

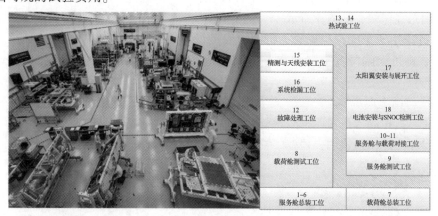

图4　铱星二代生产线

3）大量采用 COTS 部件

大量采用宇航级元器件进行航天器研制的模式，由于其"成本高、研制周期长、元器件性能不足"等缺点，已经难以满足卫星"周期短、成本低、集成度高"的要求。实际上，许多 COTS 部件完全能够满足任务需求，经过额外加固、降级和筛选措施后，相当数量的 COTS 部件也可使用。为降低卫星研制成本，铱星大量采用 COTS 部件，根据其自身统计，COTS 部件占比高达 54%。

1.3　OneWeb 系统

OneWeb 公司于 2012 年提出建设由 650 颗卫星组成的低轨星座计划，用以实现全球高速互联网覆盖。2020 年 5 月该公司向 FCC 提出了更为庞大的星座计划——建设 48 000 颗卫星组成的低轨星座。

OneWeb 生产线延续并大幅优化了以铱星系统为代表的通信卫星星座的生产制造模式，在厂区布局、生产线设计、先进制造技术与先进制造模式应用以及复杂项目全过程管理和供应链管理方面取得了诸多创新性成果，为今后商业航天系统体系构型与生产模式优化提供了重要方向。

1）构建快响应供应链

新建厂区位于 NASA 肯尼迪空间中心对面，周边分布众多航天相关类企业，距离发射场不远，卫星生产下线后数小时即可发射。厂区的选址充分利用了当地的供应链优势，有利于研制成本的降低。

2）采用脉动式生产线

OneWeb 卫星高度模块化，由推进模块、载荷模块、服务模块和太阳翼模块 4 部分组成。OneWeb 公司脉动生产线也相应分成了 4 条并行生产线，每条生产线都配备了自动化和智能化工具，有效提升了总装和测试效率。

3）大量采用自动化装配和检测技术

OneWeb 公司充分利用协作机器人、智能装配工具、自动光学检测系统、大数据控制系统、自动精准耦合系统、自动导轨传送机器人、自动加热分配系统、增强现实工具以及自动测试系统等数字化、智能化手段，加速 AIT 流程。

该生产线还具备强大的数据采集能力，能够为工厂的性能和程序改进提供分析方法，同时还能够对生产过程中出现的异常情况进行接近实时的检测并进行修正，确保可靠性。

1.4 星链系统

SpaceX 公司在 2015 年提出了星链（Starlink）计划，最初计划发射 4 425 颗卫星向全球提供高速上网和通信服务，2019 年 10 月 15 日，宣布将卫星数量调整至 42 000 颗。星链星座是目前在研星座中卫星部署规模最大的，为支持其星座建设，SpaceX 公司充分发挥了商业航天的优势，大量采用了许多新技术和新方法。

（1）卫星设计突破了惯有构型形式，采用扁平化设计和堆叠式发射方式，创造了惊人的一箭 60 星的同量级卫星发射最高纪录，如图 5 所示。

（2）卫星设计采用了难度迁移理念，将制约卫星设计、制造、成本等的因素导向一个单一因素，一旦攻克此因素，即可大幅降低卫星成本并提高制造、生产效率，相控阵天线就是星链卫星的核心因素。

（3）建设了支持高生产率的生产线，该生产线的相关细节仍未披露，但据悉也采用了汽车流水线式制造策略，这对于特斯拉的母公司而言应该是驾轻就熟。SpaceX 公司对外宣称，1 个月可生产 120 颗卫星，这是目前卫星生产速率最快的公司。

图 5　星链堆叠发射布局及卫星构型

1.5 小结

通过对国外全球星、铱星、一网、星链等星座的调研，支持卫星批量生产的模式一般具有以下特点：

（1）批产卫星普遍采用模块化设计思路，采用面向生产和测试的设计。

（2）借鉴了汽车生产线研制策略，实施站点式的脉动生产线。

（3）优化了 AIT 流程，精简了大型试验。

（4）广泛采用自动化装配和测试技术。

2　研制模式差异性分析

通过对国外星座系统的生产模式分析，可以看出为有效支持星座的快速组网，需要采用生产线模式进行卫星制造，那传统卫星研制模式是否能够满足星座组网的需求呢？本文对卫星研制所经历的设计、生产、总装、电测等阶段进行了差异性分析，如表 1 所示。

相较于生产线模式，传统卫星研制模式存在以下不足：

（1）卫星状态多，流程难固化：用户需求不同，导致载荷配置多样，每颗星的卫星状态均不同，AIT 流程自然难以固化。

（2）人随卫星转，效率难提升：人员、工具设备随卫星转，人员培训和物流运转都要耗费一定的时间，生产效率低，不适合大规模生产。

（3）新研设备多，周期难压缩：由于任务多样，每颗星都存在单机设备重新研制的情况，不利于研制周期的压缩。

由于存在上述不足，传统研制模式难以支持卫星批量生产，当然这些不足并不能说明现有研制模式就是落后的，这需要综合考量卫星产量、卫星装配难易程度等多方面因素。目前，大部分卫星属于定制产品，采购量往往只有一颗，外形尺寸也是千差万别，采用生产线模式反而会不合时宜。

表 1　研制模式差异性分析

项目	传统研制模式	生产线模式
设计阶段	• 以成熟型号为基线，适应性修改 • 以高可靠为出发点，较少考虑易用性	• 重点考虑成本、制造及 AIT 因素
生产阶段	• 新研设备多 • 投产量少 • 逐一验收	• 单机状态固化 • 批量生产 • 批量验收
总装阶段	• 总装流程不固化 • 依赖人工 • 人员不固定，工作项目不固定	• 总装流程固化 • 使用自动化装配 • 人员固定，工作项目固定
电测阶段	• 依赖人工 • 电测项目多 • 人员不固定，工作项目不固定	• 自动化测试 • 电测项目少 • 人员固定，工作项目固定
环试阶段	• 面向"设计和工艺验证" • 试验项目全	• 面向"工艺验证" • 试验项目剪裁
发射阶段	• 测试项目全	• 只进行健康检查和加注
卫星产能	• 约 2 年生产 1 颗	• 年产可达数百颗

3　生产模式转型途径

建立支持卫星批产的设计和生产模式是我国卫星互联网建设的当务之急，从国外低轨星座建设经验来看，革新卫星研制思路、创新卫星设计方法、开展脉动生产线的研究和建设，是当前生产模式转型所必需的途径。

3.1　采用脉动生产线

脉动生产线将技术创新和管理创新相结合，是一种有效地实现卫星批产的新型生产组织模式。按照目前的星座部署要求，卫星的年产量在百颗以上，从经济性和产品装配难易程度来看，采用脉动式生产线进行卫星批产是当前最为有效的生产模式。

3.2 采用面向市场的设计

以满足用户需求为目标，在前期加强与用户的沟通，建立更加市场化、商业化的用户需求对接机制，对用户需求进行研究，持续推进产品型号的设计以及后续的研制、试验流程的不断优化。充分考虑未来的市场变化趋势，研究整个市场竞品的发展态势，保证产品面市不落伍。

3.3 采用面向成本的设计

在满足用户需求的前提下，以商业利益最大化为目标，降低卫星研制成本。遵循"通用化、系列化、组合化"设计思想，最大限度地提高产品的标准化水平，最大限度地做到产品通用和互换；重点考虑以软件实现系统功能，尽量减少硬件配置，便于功能扩展和在轨维护；立足国产，压缩品种、规格、厂家，确保可靠性和可持续获得性；引入竞争机制，产品的研制、配套和采购全面面向市场。

3.4 采用面向生产的设计

卫星的总装、试验与测试需要各个部门及相关人员的密切配合，在卫星生产过程中具有极高的重要性，稍有考虑不周，就会带来不必要的麻烦和损失，因此需尽可能提高卫星的易测试性和操作便利性。此外，应对批产星的试验和测试项目进行剪裁，避免过试验，为缩短生产周期提供条件。

3.5 变更设计备份策略

非批产型卫星的研制以"保成功"为先决条件，广泛使用高可靠技术并采用大量冗余设计，导致卫星设计难度大、单星成本高。批产星若仍采用这种设计策略，星座部署成本将十分巨大。国外的星座部署业已走在前列，要打赢这场攻坚战，需要科研工作者解放思想束缚，敢于使用新技术和商业器件，以星座整体最优为目标，采用整星备份策略，从而降低单星的设计难度和造价。

4 生产线建设关键技术分析

通过对国外脉动式生产线的研究，并结合我国卫星研制的实际情况，需要攻克的关键技术主要有生产线总体规划技术、智能化管控技术、智能化仓储物流技术和智能化检测技术。

4.1 生产线总体规划技术

卫星生产线是包含制造体系和信息体系在内的满足卫星批量化总装和管控需求的综合制造系统，由于涉及机械、电控、通信、仓储、物流、保密等功能，同时需要兼顾未来工艺流程、自动化和智能化的优化和升级、不同种类卫星混线生产等。因此，做好总体规划和需求分析，是生产线建设的基础和前提，包括制造体系规划、信息体系总体规划、制造体系和信息体系融合与集成。

4.2 智能化管控技术

卫星生产线采用了大量先进工艺装备与工具，批量化生产带来了海量数据，需要建立智能化管控系统来管理这些数据，实现对生产过程的控制，如自我诊断、自我预警、自我调整和自适应控制，实现生产线内任务与资源的动态匹配，实现资源的优化配置，提高有限生产资源的利用效率，从而实现车间感知－决策－控制－执行的一体化。

4.3 智能化物流技术

物料准时、准确配送是保证卫星脉动生产线顺利运行的基本要素，如果厂房布局不合理、配送路线不科学、物流系统不智能，将极大影响装配过程中的物料取用，降低生产效率。因此需要引入以智能仓储系统和智能配送系统为关键组成要素的智能化物流技术，合理配置资源，提高资源利用率，降低物料配送成本，为全方位提高生产效率提供支撑。

4.4 智能化检测技术

卫星装配过程的精度测量和质量控制是保障产品最终质量状态的主要手段，也是建设生产线必须考虑的重要部分，依赖人工检查，效率与实时性均满足不了生产线运行的需求，因此需要引入新装备和新技术，实现总装实施状态的自动化检测和智能判读。

5 结束语

卫星互联网系统已纳入发展规划，低轨星座建设势必掀起新一轮热潮。面对数年内完成低轨星座成百上千的卫星部署要求以及竞争愈加激烈的外部环境，传统的卫星研制模式已然无法适应，且成了制约卫星生产能力提升的瓶颈环节，急需改变现有的卫星生产模式，建立适应星座大规模部署的卫星脉动生产线。对于卫星制造业而言，脉动生产线的研究和应用仍需要一个循序渐进的发展过程，必须紧密结合企业现有的数字化和信息化基础，逐步完成生产线软、硬件系统的升级和换代，不可追求生产线的全面自动化和高度智能化。

参 考 文 献

[1] 肖永伟，孙晨华，赵伟松. 低轨通信星座发展的思考 [J]. 国际太空，2018 (11)：24 – 32.

[2] 邢强. 低轨巨型星座的建设及其影响分析 [J]. 中国航天，2019 (12)：43 – 47.

[3] 赵晶晶，张立伟，陈昊. 脉动式生产在航天器 AIT 中的应用探索 [J]. 航天工业管理，2017 (9)：17 – 21.

[4] 李长江，丛飞，周耀华，等. 批产卫星风险管理探索与实践 [J]. 质量与可靠性，2014 (3)：24 – 27.

[5] 李西宁，支邵伟，蒋博，等. 飞机总装数字化脉动生产线技术 [J]. 航空制造技术，2016 (10)：48 – 51.

[6] 左赛春，曹世博，王阳阳. 全球低地球轨道互联网卫星星座竞争格局与面临的挑战 [J]. 中国航天，2016 (5)：42 – 45.

[7] Simeone, A & Pignatelli, F. Small satellite centre, environmental testing for space programmes [R]. Paris：European Space Agency, 1997.

[8] Lisa A Baghal. Assembly, intergration, and test methods for operationally responsive space satellite [D]. Maxwell：Department of the Air Force Air University, 2010.

太阳翼零重力装配与试验生产线的研究

胡亚航，赖小明，程　泽，李海月，郭　庆，于龙岐

（北京卫星制造厂有限公司　北京　100190）

摘　要： 本文聚焦太阳翼批量化生产线上"装配单元"这一重点，分析了影响太阳翼批量化装配与试验的工艺瓶颈，采用装配工艺可视化系统解决工艺文件指导性差的问题；采用激光水平照准技术解决展开架高效调整的问题；采用自适应定位技术和多姿态调节技术解决模拟墙姿态调试效率低的问题；采用电池板柔性装夹技术和质心高精度测试技术解决电池板质心调试精度低的问题；采用双目视觉的锁定深度测量技术和摄影测量技术解决太阳翼展开参数自动化测量的问题。经验证，各装配单元有效提高了太阳翼装调质量的一致性和生产效率，满足了太阳翼批量化生产的要求。

关键词： 太阳翼装配与试验；生产线；装配单元；装配工艺可视化；装配自动化

0　引言

由于太阳翼大部分的装调必须在零重力环境下实施，因此其生产组织方式不同于传统生产线的流水作业模式，而是集中在"装配单元"这一独立的空间内。因此，太阳翼装配生产线也有其独特的物流模式，如图1所示。正是由于太阳翼生产模式的这种独特性，本文研究的重点并不是针对太阳翼生产线各个环节的流转，而是针对生产线上"装配单元"进行聚焦，提高这个单元内的太阳翼装配自动化水平，从而在最大程度上提高太阳翼装调质量的一致性和生产效率。

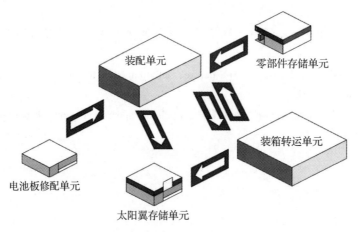

图1　太阳翼装配生产线

太阳翼装配生产线工作流程如图2所示。

胡亚航（1990—），男，工程师，毕业于西南交通大学，机械设计制造及其自动化专业本科，目前从事空间可展开机构的工艺设计和地面工装的设计工作。

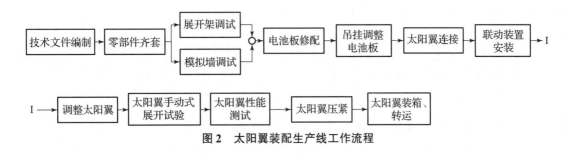

图2　太阳翼装配生产线工作流程

1　现阶段制约太阳翼批量化的瓶颈

1.1　装配工艺文件指导性差

当前，成熟平台太阳翼均已使用通用化、模块化工艺进行编制，虽然节省了工艺人员的编制时间，但模块化工艺数量多，共有15册，每册又包含多道工序，整个太阳翼装配工作加起来超过100道工序，因此，操作人员需要花费大量的时间消化工艺文件。此外，由于工序太多，信息量大，操作过程中经常出现一些错装、漏装的低层次质量问题。

1.2　零重力装调及展开系统稳定性差

现有展开架均采用桁架结构连接，连接接头数量多达上千个，不仅安装时间长，而且桁架结构在放置一段时间后，由于每个连接点处的应力逐步释放，桁架杆上的导轨在调试完成后，其精度会随着桁架杆应力释放发生变化，展开架导轨的精度不稳定，因此每次使用太阳翼前均需反复调整展开架导轨。在展开架调试过程中（现有方式如图3所示），利用经纬仪测量，通过展开架导轨微调升降实现对导轨的调节。通常，展开架调整常常耗时几天，严重影响了生产进度。

1.3　模拟墙姿态调试效率低

模拟墙用于模拟卫星侧壁的安装接口，是太阳翼装配的基准，因此在装配前，需首先将模拟墙姿态调整至理论位置，通常模拟墙姿态包含俯仰、滚动和偏航3个参数。在模拟墙姿态调试过程中，现有方式如图3所示，利用经纬仪测量，通过支架车4个支撑地脚的高度升降实现对俯仰和滚动的调节，通过调节4个支撑地脚的位置实现对偏航的调节。由于每个支撑地脚的调节是通过螺纹升降的方式实现的，所以调整量无法精确控制，因此在调整时就会出现3个方向参数相互耦合影响、模拟墙姿态反复测量和调整的问题。通常，模拟墙调试周期需2 h以上，劳动强度大、效率低。

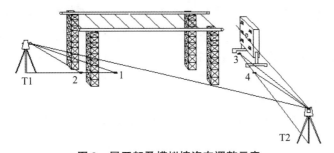

图3　展开架及模拟墙姿态调整示意

1，2，3，4—支撑地脚；T1，T2—经纬仪

1.4　电池板质心调试方法落后，效率低

目前，常用的电池板质心调试方法是将电池板自由悬吊在展开架上，利用质心过铅垂吊线的原理，通过在电池板长度和厚度方向吊挂铅垂的方式，使吊挂点位于电池板质心的延长线上，电池板与大地垂

直则是通过人眼进行判断。这种方法原理简单,但精度低(测量精度 ±1 mm),调试过程至少需要 4 个人配合,且需要高空作业,尤其是当调整吊点位置时,需多人将电池板反复举起、放下,单板调试质心时间需 6~8 h,不仅效率低,且存在磕碰、损毁电池板的巨大安全隐患。由于采用目测的方法调整吊点位置,因此吊点位置必定和质心位置存在一定的偏差,这样就会对电池板两侧的铰链产生一定的附加力矩,影响太阳翼展开性能。

1.5 太阳翼性能参数测试方法落后,效率低、精度差

目前,太阳翼的各项性能指标以及装配过程中的数据均由现场人员逐一进行检查和记录,例如太阳翼的锁定深度目前是利用游标卡尺进行测量,不同的检验人员每次测量的位置也不一致,导致测量结果偏差大,性能一致性差;太阳翼的展开时间由两名人员用秒表进行测试,由于个人判断力的差异,两人分别记录的太阳翼展开时间都会有所差异,误差在 2 s 左右;中度测试是通过悬挂铅垂线对比基准线的方式读取的,效率低、精度差。

2 实施思路及方案

太阳翼装配生产线总体规划方案如图 4 所示,其中装配单元包括展开架自动调整单元、模拟墙自动调姿单元、质心自动调试单元、智能检测单元、智能物流等。

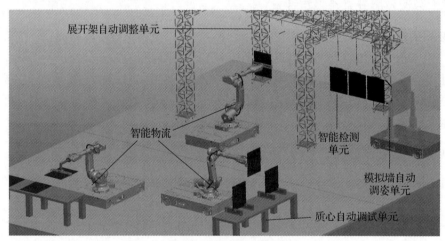

图 4 太阳翼装配生产线总体规划方案

2.1 太阳翼装配工艺可视化系统

太阳翼装配工艺可视化系统基于太阳翼的物理三维模型,通过太阳翼装配工艺的可视化和数据表达等手段,实现太阳翼装配过程标准化,以达到改善操作水平、缩短装配周期和提高装配质量的目的;通过与 TC、MES 系统的数据通信,按照用户要求实现相关数据提取,以达到太阳翼装配过程数据分析的目的。

采用太阳翼装配工艺可视化技术,可提高装配工艺的可行性,降低设计难度,缩短装配周期,降低生产成本。除此之外,可以利用该技术生成的产品装配过程动画,对装配操作工人进行现场示教,使工人能够形象直观地理解产品装配工艺,从而改善操作水平,提高产品质量,太阳翼装配工艺可视化软件基本构架如图 5 所示。

2.2 展开架自动调整单元

针对零重力装调及展开系统稳定性差的问题,根据激光水平照准原理进行高效测量。方案以激光水平照准装置发出的可自动调整的水平光线作为水平基准,照射到光电靶标(二维光电探测器 PSD)上,光电靶标固定在被测目标(垂吊杆)上。光电靶标生成的二维位置坐标通过无线发送器发送至主计算机。移动垂吊杆至不同位置,系统可获得不同测量点位置的光电靶标的三维空间坐标,继而可以计算出

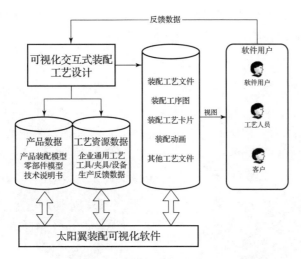

图5　太阳翼装配工艺可视化软件基本构架

第1个导轨的直线度和水平度的数值，如图6所示。横跨杆与两导轨紧密接触，横跨杆上的倾角仪反映出两导轨的水平高度差，由此可以获得第二个导轨的不同测量点位置的光电靶标的空间坐标，然后可以计算出第2个导轨的水平度。展开架自动调整单元由以下4部分组成：

（1）激光水平照准装置：可以产生水平的单束激光，这条激光线可作为水平测量基准。其内部含有高精度的水平测量仪、半导体激光器、光束准直光路等。其水平度可达1″，且为可见红光，便于观测。

（2）光电靶标：即二维位置探测器件PSD。它与垂吊杆固定在一起，是激光光斑的接收装置，反映太阳翼导轨的直线度和水平度信息，内部含有滤光片、光电探测器、信号处理电路和无线发送器等。

（3）平板便携计算机：从光电靶标接收无线数据，同时对数据进行处理和显示，完成直线度和平行度计算、误差处理、结果显示、信息提示等。

（4）高精度倾角测量仪：固定在两个导轨之间的横跨杆上，以一个导轨为基准测量另外一个导轨的水平度，横跨杆工装结构确保两个导轨平行。

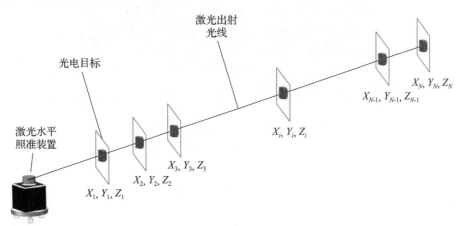

图6　测量原理空间分布

2.3　模拟墙自动调姿单元

针对模拟墙手动调节效率低的问题，研究模拟墙自动调姿技术，利用数字化在线监测手段，通过自动调姿系统，实现太阳翼姿态的高效调节。

模拟墙自动调姿系统由全向智能移动平台和支撑系统组成，全向智能移动平台基于麦克纳姆轮进行设计，具备全向移动、智能避障、自动定位等功能，为支撑系统提供支撑和运输功能。支撑系统作为与模拟墙直接连接的载体，为太阳翼模拟墙提供具有足够刚度、强度的接口。支撑系统装有4个电动支腿和 1 个翻转单元，电动支腿用于精调模拟墙俯仰和滚动 2 个方向的角度，翻转电机则用于模拟墙从水平向竖直状态的翻转，模拟墙自动调姿系统基本组成如图 7 所示。

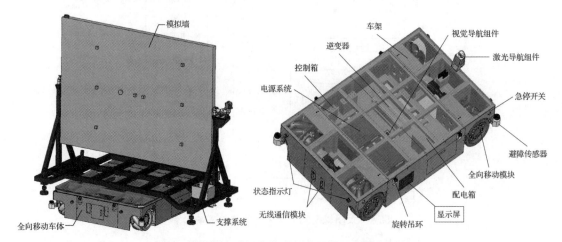

图 7　模拟墙自动调姿单元示意及其系统基本组成

2.4　质心自动调整单元

为提高电池板质心测试的精度和效率，此处利用质心测试装置实现对电池板质心的快速测试。本装置采用称重传感器，利用力矩平衡原理，实现对质心的测量。根据电池板的结构，此处的传感器采用等腰三角形方式进行布局。

电池板质心自动调整单元由 4 部分组成，包括测试台主体（含电控机柜）、调姿工装电池板转接工装、倾角测量装置、限位防护装置，如图 8 所示。

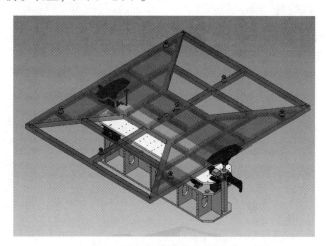

图 8　质心自动调整单元组成

2.5　智能检测单元

智能检测单元主要组成有：太阳翼展开时间与吊挂力测量系统、锁定深度测量系统、对中度测量系统、数据处理中心，如图 9 所示。

（1）太阳翼展开时间与吊挂力测量系统：吊挂力测量系统的力传感器实时采集太阳翼展开过程中的力信号；展开时间测量系统通过蓝牙秒表实时采集展开时间信号。

（2）锁定深度测量系统：线结构光发射器发出激光到柱销表面，获得柱销圆形截面，测得目标点坐标，同时发射激光至基准面，获得基准面空间方程，计算柱销轴线至基准面的距离。

（3）对中度测量系统：由视觉系统构成的空间坐标测量系统，通过拍摄获取测量标识场基准坐标系

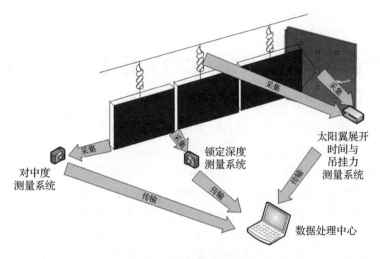

图9　智能检测单元组成

统坐标及待测点坐标，通过直线拟合投影和坐标系转换实现快速测量。

（4）数据处理中心：将 4 个参数的测量结果通过以太网传送到数据处理中心，完成融合和报告编制。

3　结束语

基于关键技术的突破，利用东四平台模拟太阳翼进行全流程装配并展开试验系统试验验证，试验过程与太阳翼实际操作流程基本一致，各单元均在系统试验中得到应用和功能性能验证，太阳翼单翼部装总工时为 53.2 h，周期缩短至 7 d。太阳翼装配与试验具备了生产线建设的条件。

参 考 文 献

［1］王晓阳，曾婷，于龙歧，等．太阳电池翼的高精度质量特性测试方法研究［J］．工程设计学报，2020，27（1）：45－49.

［2］郭庆，于望竹，臧晓康，等．卫星太阳翼对中度测量不确定度分析［J］．新技术新工艺，2019，10（6）：44－49.

［3］郑树杰，高立国，姜禄华，等．一种用于太阳翼装配的位姿调整平台设计［J］．航空制造技术，2015，4（2）：39－42.

［4］王巍，俞鸿均，安宏喜，等．飞机数字化装配生产线布局仿真技术研究［J］．制造业自动化，2015，37（5）：65－66.

［5］李鸿飞，张福生．载人飞船自动化测试平台的设计与应用［J］．航天器工程，2017，26（4）：115－120.

高导热金刚石在卫星相控阵天线热控中的应用

卢威[1]，苗建印[1]，李成明[2]，陈良贤[2]

（1. 北京空间飞行器总体设计部　北京　100094；2. 北京科技大学　北京　100083）

摘　要：有源相控阵天线具有高性能、高集成度和高热流密度等典型特征，散热困难。金刚石是自然界原子排列最紧密的物质，具有热导率高、空间环境适应能力强等优点。本文介绍了高导热金刚石在北斗三号导航卫星星间链路相控阵天线热管理中的批量应用情况，金刚石由直流电弧等离子体 CVD 法研制，产品尺寸、热导率、精度和应用规模均满足工程化要求。通过金刚石与结构框架的高精度装配，实现众多 T/R 模块分布式点热源热量的高效收集与传输。经地面验证，金刚石与金属框架热匹配设计合理，散热性能优异。已有 4 颗应用了金刚石的北斗三号导航卫星发射上天，飞行数据表明，T/R 模块温度梯度优于 2.2℃，进一步验证了高导热金刚石在天线中热设计与实施的正确性。

关键词：金刚石；热控；相控阵；高热流密度

Application of High Thermal Conductivity Diamond in Thermal Control of Satellite Phased Array Antenna

Lu Wei[1], Miao Jianyin[1], Li Chengming[2], Chen Liangxian[2]

（1. Beijing Institute of Spacecraft System Engineering, Beijing, 100094;

2. University of Science and Technology, Beijing, 100083）

Abstract：Active phased array antenna has typical characteristics of high performance, high integration with high heat flux, which makes heat dissipation difficult. Diamond with the closest arrangement of atoms in nature has advantages of high thermal conductivity and strong adaptability to space environment. In this paper, the batch application of high thermal conductivity diamond in thermal management of inter-satellite links (ISLs) phased array antenna for Beidou-3 navigation satellite is introduced, diamond is developed by DC arc plasma CVD method, and the product size, thermal conductivity, precision and batch application all meet engineering requirements. The high precision assembly of diamond film and structure frame is realized by a series of special cementing technology and quality assurance measurement, so that the heat collecting and transporting of distributed point heat source inside the T/R module group can be performed efficiently. Ground verification test shows that the thermal matching design of diamond and aluminum metal frame is reasonable, and the heat dissipation performance is excellent. Four Beidou-3 satellites using CVD diamond film have been launched into orbit. The telemetry temperature of TR module shows the temperature gradient is better than 2.2℃, which verifies the correctness of thermal design and implementation of diamond in antenna.

Keywords：diamond; thermal control; phased array; high heat flux

0　引言

中国建设的北斗三号全球导航定位系统星座，将提供全球导航定位服务，该工程的重要特点是在卫

卢威（1981—），男，湖北安陆人，高级工程师，主要研究方向为航天器热控制。

基金项目：国家重大科技专项工程。

星之间建设星间链路，Ka 有源相控阵天线是实现星间链路的最重要设备，可以有效地支持星间链路的建立。Ka 有源相控阵天线（以下简称"天线"）具有高性能、高集成度和高热流密度等典型特征，狭小的空间内密集布置着数量众多的 T/R 模块，天线热量集中，散热困难。T/R 模块是主动相控阵天线中的关键组成部分，是实现相控阵波束电子扫描的核心部件。T/R 模块内部通过 LTCC（低温共烧陶瓷）结构将多种高性能、高增益的砷化镓芯片高度集成，导致内部热流密度集中。576 个功率放大砷化镓微米尺度芯片的热流密度高达 45 W/cm^2，远超过了一般热管的传热极限，而芯片底部 LTCC 材料的热导率非常低，约 2 W/(m·K)。另外，由于结构紧凑，传统的热控方式很难适应相控阵天线在结构设计和微波设计方面的特殊要求，单个收发组件正反面紧凑布置 12 个 T/R 模块，而正反两面间的几何间距仅为 2.8 mm，热管等两相传热部件无法布置。天线 90% 的热量集中在 17 cm×15 cm 大小的天线阵面区域，天线阵面的热流密度达到 0.4 W/cm^2。最后，天线需在轨连续工作 12 年以上，T/R 模块工作温度需为 −10～50℃，所有 T/R 模块间的温度梯度需小于 10℃，热控指标要求高。综上所述，卫星有源相控阵天线的散热问题成为制约其工程应用以及进一步发展的难点和瓶颈。

金刚石是自然界原子排列最紧密的物质，优异的热学性质，尤其是超高的热导率是金刚石众多优异性质之一。室温下单晶金刚石的热导率高达 2 200 W/(m·K)，是铜的 5 倍多，是铝的 10 倍。此外，金刚石具有极高的硬度、极高的弹性模量、较低的热膨胀系数以及优异的抗辐照性能，物理、化学性质稳定，真空质量损失小，无可凝挥发物，非常适宜于航天应用。国外人造金刚石已经在高功率激光器、高功率行波管、太赫兹天线、高热流密度 GaN 芯片散热、高性能辐射探测器、高功率微波窗口等领域受到热烈关注，部分领域已开展应用研究。我国人造金刚石经过近 30 年的研究，目前在部分技术方面已达到国际先进水平。大尺寸人造金刚石制备主要有 3 种方法：热丝 CVD 法、直流等离子体喷射 CVD 法和微波等离子体 CVD 法。热丝 CVD 法是通过加热，使 H$_2$ 和 CH$_4$ 在高温下离解，并使碳元素沉积形成金刚石结构，直流等离子体喷射 CVD 法和微波等离子体 CVD 法是依靠等离子的高温，或带电粒子（电子和离子）等与原料气体 H$_2$ 和 CH$_4$ 的分子和原子的碰撞使原料气体激发并沉积碳元素形成金刚石结构。国内热丝 CVD 法可以制备直径为 φ180 mm、厚度为 2 mm 的金刚石圆片，但热导率很难达到 1 000 W/(m·K) 以上。国内微波等离子体 CVD 法可制备高品质的单晶金刚石，热导率可达 2 000 W/(m·K) 以上，但尺寸较小（直径小于 70 mm），且价格昂贵。国内直流等离子体喷射 CVD 法可制备高品质的多晶金刚石，热导率最高可达 2 000 W/(m·K)，且价格适中。结合国内现状以及行业在产品尺寸、热导率、批产能力等方面的需求，本文应用的高导热金刚石采用直流等离子体喷射 CVD 法研制。

1 应用需求

1.1 卫星相控阵天线的温度需求

相控阵天线射频芯片和电子器件的温度与可靠性、电性能息息相关，T/R 模块内微波射频元器件的失效率随着温度的升高而呈指数规律上升；微波射频元器件的电性能随着温度的升高而下降。另外，相控阵天线收发组件的相位受温度影响，为保证整个天线阵面相位的受控，对微波射频阵列的温度一致性有严格要求。为确保天线在全寿命周期内能够长期在轨正常工作，需要通过热控设计保证天线的工作温度。北斗三号卫星 Ka 相控阵天线对温度的要求主要体现在：①T/R 模块和其他射频模块温度为 −10～50℃；②所有 T/R 模块间的温度梯度≤10℃。

1.2 天线对高导热材料的需求

如图 1 所示，天线 T/R 模块集成在 12 条有源收发组件内，每条收发组件正反两面各安装 6 个 T/R 模块，布局非常密集，减小单个收发组件内部 12 个 T/R 模块的温度差十分困难，要保证所有 T/R 模块之间的温度梯度≤10℃更为不易。主要的瓶颈在于正反两面 T/R 模块间的几何间距仅有 2.8 mm，国内宇航级热管最小几何尺寸为3.1 mm，因无法应用热管技术，只能从固体高导热材料方向考虑。T/R 模块平均热耗为1W，如果采用铝合金材料，根据布局尺寸以及 T/R 模块的位置估算收发组件中心和边缘之间的温差为 $\Delta t = Q\delta/(\lambda A) = 2 \times 0.16/(121 \times 0.04 \times 0.002\,8) = 23.6℃$，远超过10℃的温度梯度指标。若热导率由铝合金的 121 W/(m·K) 提高10倍，则 T/R 模块的温差粗算能够到 2.3℃ 左右。因此必须采用高导热材料。

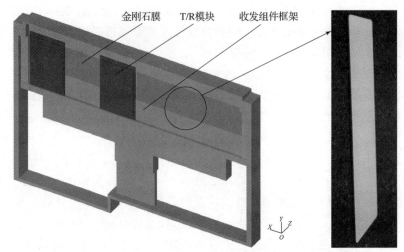

图1　基于金刚石膜的热控设计示意以及高导热金刚石膜实物

建立天线初步热分析模型，计算中考虑天线内部辐射和导热传热，得到应用各种导热材料后的温度结果，如表1所示。从结果看出，使用高导热材料，能够有效减小天线内部各 T/R 模块间的温度梯度，并降低其温度水平。材料热导率越高，T/R 模块温度水平越低，温度梯度也越小。其中应用金刚石材料比应用铝合金材料的温度水平和温度梯度均降低约22℃，具有明显优势。从表中可以看出，铝－金刚石材料、铜－金刚石材料以及高导热块状石墨的热导率均在400 W/(m·K) 以上，应用这些材料时从温度考虑均能够满足指标要求。但通过调研，铝－金刚石和铜－金刚石材料在力学性能和导热性能上存在一定的离散性，在制备过程中难以保证金属和金刚石粉末这两相材料混合均匀，造成的材料各位置晶粒尺寸、组织结构以及应力状态等材料本征特性分布不均匀。此外，金属基金刚石复合材料在制备过程中易产生较大内应力，其长期稳定性有待进一步研究和证实。块状石墨机械强度较差，工程应用中需解决其表面问题，防止产生多余物，由于 T/R 模块加工和装配精度要求高，块状石墨的应用受到限制，因此，高导热金刚石成为解决天线散热问题的首选。

表1　收发组件 T/R 模块温度仿真结果

导热材料	材料热导率/[W·(m·K)$^{-1}$]	所有 T/R 模块的温度范围/℃	所有 T/R 模块的温度梯度/℃
铝合金	121	16.2~42.3	25.1
紫铜	385	15.6~29.1	14.5
铝－金刚石	450	15.5~26.1	10.2
铜－金刚石	520	15.4~22.5	7.1
块状石墨	750	15.4~21.6	5.2
金刚石	1 500	15.3~20.1	3.1

2　应用情况

2.1　产品设计与实现

在天线每个收发组件框架结构内正反两面分别嵌入2片高导热金刚石膜，如图1所示。每副天线共有 12 条收发组件，一副天线共安装 48 片金刚石膜。金刚石膜采用直流电弧等离子体 CVD 法研制，原片为 ϕ100 mm 的圆形，通过高功率激光切割成型，制成 2 片尺寸为 86 mm×22 mm×0.8 mm 的金刚石膜产品，同时在原片中切割形成若干性能测试样品。金刚石膜表面通过研磨，整体平面度控制在 50 μm 以内。

金刚石膜嵌入收发组件铝框架内，界面填充环氧导电胶并经高温固化，通过高精度配合设计，使固化后的金刚石膜与收发组件框架之间的高度差小于 100 μm。在 T/R 模块与金刚石膜的安装界面内填充环氧导电胶并降低固化温度，使 T/R 模块与金刚石膜传热界面获得较高的填充率，保证传热效果良好。上述设计将 T/R 模块集中的热量通过金刚石膜快速扩散至整个收发组件框架，减小了 T/R 模块间的温度梯度。为提高 T/R 模块与框架之间的导电性，将金刚石膜表面测控溅射镀金，一方面使绝缘的金刚石膜表面能够导电，另一方面提高了导电胶与金刚石膜间的结合力。

2.2 地面测试与试验验证

产品研制后，进行了一系列地面测试和试验验证，目的是保证航天产品的质量。金刚石膜产品级验收测试和试验项目矩阵如表 2 所示。

表 2　金刚石产品级验收测试和试验项目矩阵

项目	方法	依据	设备规格	备注
外观	光学显微镜观察	JB/T 8230.1 – 1999 光学显微镜	光学显微镜 OLYMPUS BX – 51，×50	产品
尺寸	游标卡尺与千分尺轮廓仪	GB/T 18618 – 2002 产品几何量技术规范（GPS）表面结构轮廓法图形参数	游标卡尺，精度 0.02 mm；千分尺，精度 0.01 mm	产品
质量	天平测量	Q/W 757A – 2007 航天器质量特性控制要求	高精度质量称，0.01 g	产品
表面粗糙度	表面轮廓仪	GB/T 1031 – 2009 产品几何技术规范（GPS）表面结构轮廓法表面粗糙度参数及其数值	Dektak150 型表面轮廓仪，扫描长度 1 000 μm，扫描时间 30 s	产品
平面度	三坐标测量机	GB/T 1958 – 2004 产品几何量技术规范（GPS）形状与位置公差检测规定	三坐标测量机，精度 0.1 μm	产品
拉曼光谱	拉曼光谱测试拟合特征峰半高宽	ASTM E 1683 – 02 拉曼光谱标准测试方法	RenishawinVia 共焦激光拉曼光谱仪，波长 514.5 nm	产品
热导率	使用激光脉冲法测试热导率	ASTME – 1461 用激光闪烁法测量	Netzsch LFA 467 Hyper – Flash，脉冲宽度 10 μs	原片试件
断裂强度	使用三点弯曲法测试断裂强度	ASTME – 399 材料断裂韧性标准测试方法	DF – 500 型金刚石膜力学性能试验机，力值范围：0 ~ 100 N	原片试件

项目	方法	依据	设备规格	备注
附着力	使用胶带拉开法	GB/T 5210 - 2006 涂层附着力的测定法拉开法	3M Scotch 600 胶带，黏性 4.4 N/cm	原片试件
温度循环试验	- 40 ~ 140℃，冷热交变 100 次	ECSS - Q - 70 - 4A 空间材料和工艺筛选的热循环测试和 GJB5488 - 2005 微电子器件试验方法和程序	TH - 064 - 300B 型高温老练试验箱；PG - 2GT/M 高低温恒温箱	原片试件

经过地面测试和试验验证，高导热金刚石表面无裂纹、毛刺、污物、气孔、划痕和凹坑等缺陷，外形尺寸和平面度均满足图纸要求，断裂强度大于 400 MPa，热导率大于 1 600 W/(m·K)，表面粗糙度优于 6.4 μm，平面度和平行度均优于 40 μm，拉曼光谱显示 1 332.5 cm⁻¹ 附近尖锐金刚石特征峰，半高宽小于 15 cm⁻¹，金刚石品质较高。金刚石表面镀金层呈光亮而均匀的金属光泽，无斑点、无漏镀、无气泡、无起皮、无裂纹、无脱落等现象。- 40 ~ 140℃ 温度循环试验前后，高导热金刚石和镀金层表面形貌均无变化，镀金层无起泡、无开皮、无开裂、无脱落等现象。附着力测试显示温度循环试验前后镀金层与金刚石结合力较好，金刚石膜满足抵抗温度循环冲击要求。

所交付的某批次金刚石膜（共 50 片）的质量测量值和热导率测试值如图 2 所示，从图中可看出，金刚石质量稳定，在室温下的热导率均优于 1 600 W/(m·K)，最高可达 1 900 W/(m·K)。产品尺寸、导热率、精度和规模均到达了国内同时期领先水平。

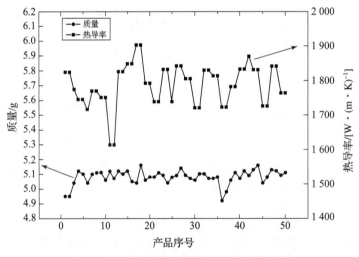

图 2 金刚石膜实测质量和热导率数据曲线

T/R 模块是高精度的精密产品，为保证微波实现精度，及接触界面传热效果良好，减小接触热阻带来的温差，除金刚石膜表面平面度和收发组件结构框架平面度严格控制误差之外，金刚石膜与结构框架、T/R 模块与金刚石膜之间的装配均采用自动化手段完成。金刚石膜通过导电胶在收发组件框架中高温固化后，采用激光光栅测量形貌特征，保证金刚石与结构框架的高精度装配。由于金刚石膜线膨胀系数为 1×10^{-6}（1/℃），而收发组件金属材料的线膨胀系数为 21×10^{-6}（1/℃），两种材料存在热膨胀不匹配问题。为解决金刚石膜与金属材料间的热匹配性问题，选用富有一定弹性的导电胶，在金刚石装配的两端预留一定的热变形自由公差，防止金刚石膜因热变形受到应力。在烘烤温度方面进行试验验证，用尽量低的固化温度实现金刚石膜与结构框架的可靠连接。金刚石膜与天线结构装配后，能够经受 100 次 -20 ~ 70℃ 的热循环试验，以及 120℃ 高温 4 小时的考验。金刚石嵌入框架后，使用黏性为 44 N/100 mm 的 3M Scotch 600 transparent tape 胶带进行拉力测试，金刚石无脱落。此外，为检验金刚石膜与天线框架中的安装界面接触情况，用工业 CT 进行无损探伤，如图 3 所示，结果表明金刚石膜与框架连接界面导电胶填充饱满，填充率达到93%以上。

在热真空罐中进行天线整机级热平衡试验，试验结果表明所有 T/R 模块的温度水平均为 15.3 ～ 19.3℃，最大温度梯度为 1.9℃。经地面验证，实现了众多 T/R 模块分布式点热源热量的高效收集与传输，金刚石与金属框架热匹配设计合理，散热性能优异，T/R 模块温度梯度为 1.9℃。图 4 所示为天线整机在真空罐内进行热平衡试验时的照片。

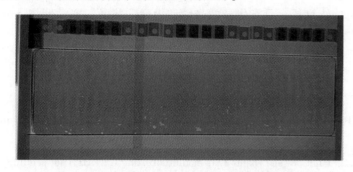
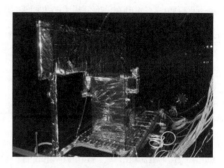

图 3　金刚石膜嵌入天线框架后 X 光无损探伤照片　　　　　图 4　天线整机热平衡试验

2.3　飞行结果

北京空间飞行器总体设计部研制的 Ka 相控阵天线分别于 2018 年 7 月 29 日、2018 年 9 月 19 日、2018 年 11 月 19 日以及 2019 年 9 月 23 日依次随北斗三号第 9 颗、第 13 颗、第 18 颗、第 22 颗卫星发射入轨。目前 4 副相控阵天线均在轨表现良好。4 副天线在一个轨道周期内（12.89 h）的飞行温度结果如图 5 所示，通过遥测数据分析，4 副天线 T/R 模块的遥测温度均为 7.2 ～ 15.8℃，所有 T/R 模块的最大温度梯度为 2.2℃，优于≤10℃的指标要求。

同时，当天线处于全发射工作模式工作 20 min 时，单个 T/R 模块的热量由 1 W 增加到 1.5 W，整副天线的热量增加约 1.6 倍，在此情况下天线 T/R 模块的温升仅为 2.8℃，如图 6 所示，表明金刚石膜的扩热性能良好，能够将 T/R 模块的温度迅速扩散至外部，进一步验证了高导热金刚石在天线中热设计与实施的正确性。

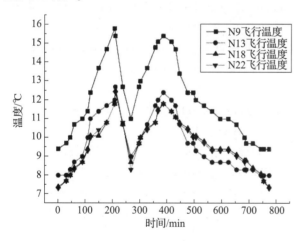
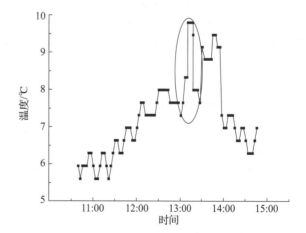

图 5　天线飞行温度结果　　　　　　　　　　图 6　天线全发射工作 20 min 时的温度曲线

3　结束和展望

（1）本文在北斗三号导航卫星星间链路相控阵天线热管理中批量化应用了直流电弧等离子体 CVD 金刚石，产品尺寸、导热率、精度和应用规模均满足工程化要求。

（2）提出在天线框架中嵌入金刚石膜的解决方案，实现了众多 T/R 模块分布式点热源热量的高效收集与传输。经地面验证，金刚石与金属框架热匹配设计合理，散热性能优异，所有 T/R 模块的温度水平均为 15.3～19.3℃，T/R 模块温度梯度不大于 1.9℃。

（3）经飞行验证，4 副天线 T/R 模块的遥测温度均为 7.2～15.8℃，所有 T/R 模块的最大温度梯度为 2.2℃，优于≤10℃的指标要求，且当天线处于全发射工作模式工作 20 min 时，天线 T/R 模块的温升仅为 2.8℃，金刚石膜的扩热性能良好，能够将 T/R 模块的温度迅速扩散至外部，进一步验证了高导热金刚石热设计与实施的正确性。

金刚石作为典型的超级性能材料和极限功能材料，具有优异的光学、力学、热学、电学性能，另外抗辐射、化学惰性优异，在航天领域具有广泛的应用前景。

参 考 文 献

［1］ Schuh P, Sledzik H, Reber R, et al. T/R-module technologies today and future trends ［C］. The Proceedings of the 40th European Microwave Conference, 2010.

［2］ Ogura S, Mizutani T, Hatakeyama H, et al. High power L-band T/R module utilizing GaN HPA for satellite use ［C］. The 20th AIAA International Communications Satellite Systems Conference (ICSSC), Nara Japan, 2011.

［3］ 卢威, 杜卓林. 某相控阵 T/R 模块的热设计及分析、试验验证 ［C］. 第十一届空间热物理会议, 北京, 2013, 163－169.

［4］ Berman R. The properties of diamond ［M］. New York: Academic Press, 1979.

［5］ 陈光华, 张阳. 金刚石薄膜的制备与应用 ［M］. 北京: 化学工业出版社, 2004: 90.

［6］ 吕反修. 金刚石膜制备与应用·上卷 ［M］. 北京: 科学出版社, 2014: 542.

［7］ Andrew M B, Eugene A. CVD diamond for high power laser applications ［C］. High－Power Laser Materials Processing: Lasers, Beam Delivery, Diagnostics, and Applications II, San Francisco, USA, 2013.

［8］ Alexander M, Daniel T, Henk D W. Diamond Meta-Surfaces for High Power Laser Applications ［C］. IEEE Research and Applications of Photonics in Defense Conference (RAPID), Miramar Beach, USA, 2018.

［9］ Dayton J A, Mearini G T, Hsiung C, et al. Diamond-studded helical traveling wave tube ［J］. IEEE Transactions on Electron Devices, 2005, 52 (5): 695－701.

［10］ Ackemann T, Alduraibi M, Campbell S, et al. Diamond heat sinking of terahertz antennas for continuous-wave photomixing ［J］. Journal of Applied Physics, 2012, 112 (12): 123109.

［11］ Han Y, Lau B L, Tang G Y, et al. Heat dissipation improvement with diamond heat spreader on hybrid Si micro-cooler for GaN devices ［C］. IEEE Electron Devices and Solid-State Circuits (EDSSC), Singapore, 2015.

［12］ Tyhach M, Altman D, Bernstein S, et al. Next generation gallium nitride HEMTs enabled by diamond substrates ［C］. Lester Eastman Conference on High Performance Devices (LEC), Ithaca, USA, 2014.

［13］ Kuball M. Ultra-high power semiconductor devices: heat-sinking using GaN-on-diamond ［C］. Sixteenth International Conference on Solid State Lighting and LED-based Illumination Systems, San Diego, USA, 2017.

［14］ Campbell G, Eppich H, Lang K, et al. Advanced cooling designs for GaN－on－Diamond MMICs ［C］. ASME International Technical Conference and Exhibition on Packaging and Integration of Electronic and Photonic, San Diego, USA, 2015.

［15］ Davydov L N, Rybka A V, Vierovkin S F, et al. Registration of high-intensity electron and x-ray fields with polycrystalline CVD diamond detectors ［C］. SPIE Hard X－Ray, Gamma－Ray, and Neutron Detector Physics XIV, San Diego, USA, 2012.

［16］ Jaynes R L, Cook A M, Abe D K, et al. Study of W－band diamond RF windows for high-average-power TWTs ［C］. Eighteenth International Vacuum Electronics Conference (IVEC), London, UK, 2017.

［17］ Wickham B, Schoofs F, Olsson－Robbie S, et al. Pushing the boundaries of high power lasers: low loss, large area CVD diamond ［C］. SPIE Components and Packaging for Laser Systems IV, San Francisco, USA, 2018.

［18］Vladimir J T, Evaldo J C, Joao R M, et al. CVD – diamond as a new material and its space application ［C］. 51st International Astronautical Congress, Rio, Brazil, 2000.

［19］刘金龙, 安康, 陈良贤, 等. CVD 金刚石自支撑膜的研究进展 ［J］. 表面技术, 2018, 47 （4）: 1 – 10.

［20］李成明, 陈良贤, 刘金龙, 等. 直流电弧等离子体喷射法制备金刚石自支撑膜研究新进展 ［J］. 金刚石与磨料磨具工程, 2018, 38 （1）: 16 – 27.

［21］刘晓晨, 郭辉, 安晓明, 等. CVD 法制备高质量金刚石单晶研究进展 ［J］. 人工晶体学报, 2017, 46 （10）: 1897 – 1901.

［22］卢威, 李进. Ka 相控阵天线高效热控制及飞行验证 ［C］. 第七届上海航天科技创新发展学术会议, 上海, 2020, 364 – 371.

记忆合金在航天领域的研究现状及应用前景

戴　璐，郭宇元，贾春雨，喻懋林

（北京卫星制造厂有限公司）

摘　要：形状记忆合金以其形状记忆效应精确，超弹性效应，稳定性、可靠性高，冲击力小等特点，在航空航天等高科技领域得到了广泛的研究应用。近些年，国际上航天用记忆合金材料都有新发展，借鉴先进记忆合金材料技术的发展，我国现有技术切实可行。本文将介绍形状记忆合金功能特性，围绕记忆合金在航天领域研究现状展开讨论，研究当前国际先进发展方向，提出记忆合金在航天中的应用前景与研究发展方向。

关键词：记忆合金；航天；形状记忆效应；智能材料

0　引言

形状记忆合金（Shape Memory Alloy，SMA）是指一类具有一定形状的合金，在低温下发生塑性形变并固定成另一种形状，当把它加热到某一临界温度以上时，又可恢复初始形状。合金具有的能够恢复其初始形状的功能称为形状记忆效应（Shape Memory Effect，SME）。20世纪30年代初，lander首次发现合金的形状记忆现象。随后，美国和苏联的科学家相继在Cu－Zn合金中发现马氏体（Martensite）的热弹性转变，但当时大多数科学家认为这只是某些金属或合金的个别现象。直到20世纪60年代，Buehler等报道NiTi合金具有更明显的SME时，才掀起学者们对SMA深入研究的热潮。现今，SMA的应用几乎涉及产业界所有领域，无论在中国还是全世界，SMA显得越来越重要并成了研究热点。

1　形状记忆合金性能简介

在目前已发现的实用性较强的几种少数SMAs中，Ni－Ti合金是迄今为止发现的形状记忆合金中记忆特性最好的一种。由于Ni－Ti合金的弹性各向异性小，难以在晶界处产生大的应力集中，所以在热循环或应力循环中性能比较稳定，反复循环的寿命比较长，感应灵敏度高，微应变大，可回复应力大，能量储存和传输的能力强，并且还具有射线不透性、核磁共振无影响性、比强度高、抗腐蚀、抗磨损等优点，目前在SMAs中研究最多，应用最广。以Ni－Ti合金为代表的形状记忆合金与普通材料比较具有两个突出的特殊功能特性。一是形状记忆效应，二是超弹性效应。

1.1　形状记忆效应

如图1（b）所示，SMA在高温下定型后，冷却到低温（或室温），并施加变形，使它存在残余变形。如果在变形温度下稍许加热，就可以使原先存在的残余变形消失，并恢复到高温下所固有的形状，随后再进行冷却或加热，形状将保持不变。上述过程可以周而复始，仿佛合金记住了高温状态所赋予的形状一样，称为单程形状记忆，如图2（a）所示。如果对材料进行特殊的时效处理，在随后的加热和冷却循环中，能够重复地记住高温状态和低温状态下的两种形状，则称为双程形状记忆，如图2（b）所示。某些合金在实现双程记忆的同时，继续冷却到更低的温度，可以实现与高温时弯曲相反的形状，称为全方位形状记忆，如图2（c）所示。

戴璐（1982—），女，2006年7月毕业于哈尔滨工业大学，目前在529厂从事星船结构装配工艺工作；联系电话：68745491，电子信箱：56199695@qq.com。

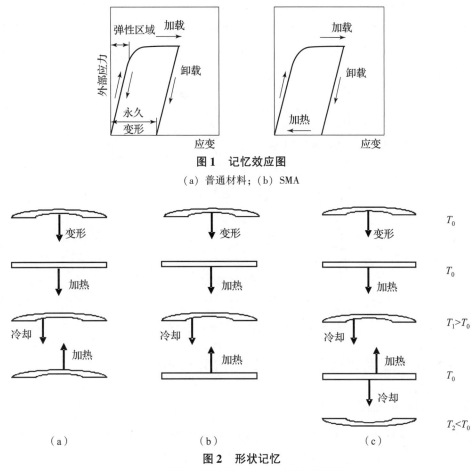

图 1　记忆效应图

（a）普通材料；（b）SMA

图 2　形状记忆

（a）单程；（b）双程；（c）全方位形状记忆

形状记忆效应的本质是 SMA 在马氏体逆相变。马氏体相变中的高温相称为母相（P），低温相称为马氏体相（M），从 P 到 M 的相变为马氏体相变，从 M 到 P 的相变为马氏体逆相变。当一定形状的母相样品冷却到 M_f（马氏体转变终了温度）以下形成马氏体后，将马氏体在 M_f 以下变形，当对其加热至 A_f（马氏体逆转变终了温度）以上时，SMA 将恢复到变形前的形状。晶体学特征是具有晶体可逆性，相界面和马氏体晶界面有良好的协调性。形状记忆合金的马氏体相变具备形状记忆合金的一个特点是其物理形状可以容易、精确和反复控制。

1.2　超弹性

超弹性是 SMA 较重要的性能之一。当合金受到应力时，发生马氏体逆相变，产生远大于其弹性极限的应变，在卸载时应变自动恢复，这种现象称为超弹性。金属材料弹性一般不超 0.5%，而 SMA 弹性为 5%～20%，远优于普通材料。

当外界温度在 A_f 以上时，SMA 为完全的母相（奥氏体相），此时施加荷载使其产生较大的变形，当外力解除时 SAM 逐渐恢复到变形前的形状，这种现象称为相变伪弹性或超弹性。图 3 所示为理论上 SMA 在温度高于 A_f 相变点时的超弹性应力 – 应变关系曲线。从图 3 中可以看出：当加载到 A 点后，SMA 由于应力诱发而发生马氏体相变，奥氏体开始向马氏体相变，A 点应力即为应力诱发马氏体相变开始的临界应力；当达到 B 点时，奥氏体完全转变为马氏体，马氏体相变结束，B 点应力为应力诱发马氏体相变结束的临界应力，点后的变形完全是马氏体的弹性变形，当加载到 E 点将产生不可恢复的塑性变形；卸载时，首先弹性恢复到 D 点，这时开始进入马氏体逆相变阶段，D 点的应力为马氏体逆相变开始的临界应力；到 C 点时马氏体逆相变结束，C 点对应的应力为马氏体逆相变结束的临界应力；最后，应力和应变通过奥氏体相的弹性应变恢复到零。卸载时产生逆相变的原因是 SMA 在高于 A_f 温度下，应力诱发的马氏体在应力减小时将处于不稳定状态，会发生马氏体逆相变。由图 3 可以看出，在一个加、卸载循环中，SMA 可以耗散较多的能量，能量的大小与迟滞环的面积成正比，所以 SMA 弹性非常好，远优于普通材料。

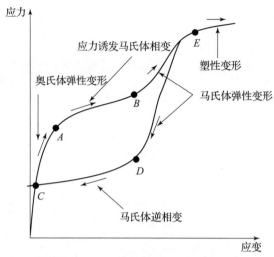

图 3　SMA 超弹性应力 - 应变曲线

2　记忆合金的产业现状及在航天领域的研究应用现状

2.1　记忆合金的产业现状

当前全球记忆合金产业日趋兴旺，呈网络化发展，前景良好。根据不完全统计与测算，2007 年世界 Ni - Ti 记忆合金年产量超过 1 000 t，美国约占 2/3，欧洲和日本约占 1/3。国外整个 Ni - Ti 合金产业结构合理、分工明确且日益规范。产品生产流程环节链合理，每个公司只占据整个链的一节，赚取相应的利润，并专注于在该环节上的研发，保持自己在该环节上的技术先进性，从而保证市场竞争力。按业务范围可以将国外 Ni - Ti 合金公司分为 4 类：

（1）原料冶炼制备公司，专门提供 Ni - Ti 合金锭材和棒材，能在铸锭不同高度取样测试，按相变温度分段来切割铸锭，保证了该段铸锭成分的一致性，且每段的质量可观。

（2）材料半成品制备公司，专门生产和销售 Ni - Ti 合金丝材、板材和管材，其原材料从原料冶炼制备公司购买。

（3）半产品加工公司，如德国 Euroflex 公司，专门提供 Ni - Ti 合金管材的激光加工服务，其管材并非自己生产。

（4）最终产品加工公司，如美国 Guidant 公司，利用从半成品加工公司购买的 Ni - Ti 合金管材，委托半成品加工公司进行激光切割加工，再利用自有技术进行电化学抛光和热处理，最终销售自己品牌的 Ni - Ti 合金支架产品。

我国 Ni - Ti 合金产业与世界相比差距较大，记忆合金产业发展比较缓慢，产业基础不强，配套性比较差，但可喜的是近年来也有所发展，总体看尚处在起步阶段，产业规模不大，许多公司创办时间不超过 10 年。与国外情况对比，国内记忆合金产业刚刚兴起，许多工作需要进一步深入，具体表现如下：

（1）原材料冶炼能力需进一步提高。目前国内的熔炼设备获得的最大铸锭质量小于 50 kg，即使通过多次重熔也很难解决不同部位之间的成分不均匀的问题，而且相同质量和配比的原料获得的不同铸锭，成分一致性也很难保证。这给后续产品，如丝材或板材的定型处理带来了麻烦，需要不停调整工艺才能获得最佳记忆或超弹性性能。

（2）材料的冷热加工能力需进一步提高。目前国内尚不能生产 Ni - Ti 合金管材和矩形丝材，生产的薄板厚度在 0.1 mm 左右，丝材直径最小为 0.07 mm。

（3）产品较初级，产品的技术含量和附加值不高。主要为天线用丝、眼镜架产品。目前的医学产品仅局限于体液、肌肉或骨组织内的埋植，进入血液环境下的介入类产品较少。研究所、高校小批量生产用于航天的产品，没有批量化，质量稳定性没有保障。

2.2 记忆合金在航天领域的研究应用现状

目前国际上记忆合金在航天领域的研究应用主要基于 Ni – Ti 合金的两个突出的特殊功能特性：形状记忆效应和超弹性效应。主要用于制作宇宙飞船天线、紧固件和连接部件、机构件、智能结构等。

1）宇宙飞船天线

在一定的温度范围内，SMA 可根据需要改变它们的形状，可是到一特定的温度它们又自动恢复到原来的形状且丝毫不差，被阿波罗登月舱带到月球上的自展天线就是用 Ti – Ni 形状记忆合金制成的，先在使用温度把天线加工成展开状，这是一个半球形的天线，直径 254 cm，显然这样形状的天线原封不动放入飞船所占空间太大，故将半球形天线降温、压缩成直径约 50 mm 的一团，装进登月舱带上天后，放在月球表面，在阳光照射下温度升高，当达到转变温度时，天线记起自己的本来面目，慢慢展开并恢复到半球状的工作状态，称之为记忆合金飞行器天线。因为 SMA 天线在节约运载空间上有无可比拟的优势，其在整个国际航天领域的应用都很广泛。如苏联在运输飞船展开过大于伽玛的宇宙天线，现在运用比较广泛的是抛物面天线。

2）紧固件和连接部件

目前 SMA 紧固件和连接部件在航天领域应用最广泛的就是自动铆钉和 SMA 管接头。自动铆钉如图 4 所示，在室温下首先将合金加工成如图 4（a）所示的形状，再在液氮温度下将其压制成如图 4（b）所示的形状，此时装配到所需处如图 4（c）所示，待接合完成后，使温度回升至室温时，形状记忆合金恢复原状，将二层板紧固起来，如图 4（d）所示。它可用于无法用手直接操作的场合，以及不同材料的连接。

形状记忆合金管接头的原理和连接方法如图 5 所示。先将形状记忆合金做成的管接头的内径加工成比被连接管子的外径小 4% 左右，经过形状记忆处理后，在比相变温度低很多的温度环境下，把锥形塞柱打入管接头内，使其内径扩张 7% ~ 8%，扩管径时可使用一些聚乙烯片作为润滑剂，在管接头处于低温状态时，将被连接管子从两端插入，然后移去保温材料，当管接头在室温下逐渐升温时，其经过马氏体逆相变，恢复到扩径前的尺寸，就把被连接管子紧紧卡住。形状记忆合金管接头已在美国的 F – 14 喷气式战斗机的油压管上使用了 30 多万个，没有出现过一例漏油事故，可靠性非常高。

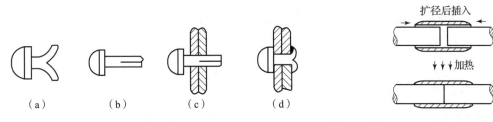

（a）　　　（b）　　　（c）　　　（d）

图 4　自动铆钉　　　　　**图 5　形状记忆合金管接头的原理和链接方法**

3）智能复合结构

若航天结构发射后出现问题，几乎不可能进行人工修复，而记忆合金的特性具备了制造一些自感应、自修复智能复合结构的可能性。有些高分子材料在加、卸载过程中，由于不存在塑性屈服而呈现脆性，冲击韧性往往很低，例如石墨/树脂复合材料在使用中的最大缺点是不耐冲击，而当应力超过屈服强度时，复合材料不发生塑性屈服而是出现突然灾难性断裂，Paine 和 Rogers 将编织成网状的 Ni – Ti 记忆合金丝贴在高分子材料的表面，明显提高了材料的冲击韧性，比较 Ni – Ti 记忆合金、高分子和金属材料发现，当载荷超过 Ni – Ti 记忆合金马氏体相变临界应力时，前者首先发生应力诱发 P – M 相变而吸收能量，并可产生 8% 可恢复应变，而金属材料可产生 0.5% 可恢复应变，可见 Ni – Ti 记忆合金在断裂前可吸收大量的能量。古屋泰文将1%的Ni-Ti合金纤维铺设于环氧树脂基体中,制成了SMC。在外力作用下,SMC产生裂纹,借助形状记忆合金的电阻、应力波的变化可自诊断材料的损伤。同时由于SMA直接通电加热产生的形状记忆收缩力,减小了应力集中,降低了裂纹的传播速度,使裂纹回缩,从而使SMC得到愈合,而且复合材料的刚性也因SMC在加热时向奥氏体转化而增大。自诊断、自修复复合材料结构中的SMA网格排列,将SMA丝分成了几组,分别进行激励。这样,当结构某处产生损伤时,损伤处纵横方向的两组SMA丝都将被驱动,在使损伤处的结构恢复原有形状的同时,产生较高温度,使胶液固化。如损伤发生在两组SMA丝之间,则可同时激励损伤处的纵横两组SMA丝对损伤进行自修复。

4)机构件

SMA在机构件的应用十分广泛,简单的有超弹性防松构件、超弹性航天器弹簧、蜗簧,还有一些飞行器转叶片上的扭转驱动器,火星探路者测试单元防护罩的打开动作器,驱动卫星的太阳能帆板以及太空飞行器的释放装置等。我国基于记忆合金的分离装置也已经产业化。美国空军与克希德-马丁公司合作研制了两种基于记忆合金的展开螺钉:LFN螺母和TSN螺母,唯一不足是使用的电源不能与火工装置兼容。美国空军又与Starsys公司合作研制了两种基于记忆合金的展开装置QWKNUT和FASSN,综合考虑了设计因素,减小了摩擦力,使装置在展开时需要电能大大减少,展开速度提高。

我国在这一领域也开展了大量相应的研制工作。天津冶金材料研究所与我院合作,研制航天器ST系列温控双向驱动元件,元件采用瓦形状记忆合金,当温度在0℃时,记忆元件能控制百叶窗叶片自动关闭,而在20℃时,则使百叶窗叶片转向到打开状态。研究的关键是在此温度区间下的双向记忆效应,国外尚无此双向记忆元件应用的报道,元件研制获得成功,地面模拟试验结果表明,瓦形状记忆合金作为双向驱动元件比双金属优越,重量减轻85%,体积减小60%,驱动力增加3.5倍,且热滞后小元件对温度的灵敏度在经过10^6次冷热循环试验后,其转角仍保持稳定不变,此类元件应用于卫星热控中。

SMA紧固件和连接部件及天线技术成为我国目前研究热点。航天器控制系统管路的连接紧固件控制系统管路为钦管,设计要求管路密封性高,不许有灰尘进入,管路长而曲折,整个系统需要上百个连接套管接头,过去连接均采用焊接方法,常出现局部焊缝漏气而使整个系统报废。采用SMA管接头进行连接,装配简单、周期短、可靠性高,完全满足航天技术的使用要求。我厂SMA管接头研制已经取得了阶段性成功,管接头密封性好、拉脱力大,并且该管接头可连接异种材料管,需要装配空间小,装换方便,不会损伤管道连接处的强度,但是选用的国产材料双向功能不稳定,还需进一步研究并进行可靠性试验。我厂SMA网状天线采用了自适应控制系统的交流脉冲点焊方式,在多次折叠展开试验中,性能明显优于储能点焊,并且在折叠展开试验中采集到了适合的参数调整范围。

3 记忆合金在我国航天中的研究发展方向与应用前景

目前我国在SMA紧固件和连接部件以及简单机构件的研究中都取得了一定的突破,技术上达到了国际先进水平。我们可以先采用国外品质有保障的成熟的记忆合金材料进行生产,进行可靠性验证,再应用于产品,并同时进行材料研制,提高材料性能稳定性并进行稳定性试验,并且要放眼借鉴目前国际研究应用的热点研究SMA驱动机构,记忆合金安全、低冲击、可重复使用等特点必然使其在航天领域拥有广阔的前景。此外,考虑到目前我们在复合材料制造中已获得了宝贵经验以及一些领先的技术,在此基础上利用SMA的材料特性制造抗冲击、可修复复合材料,抢占目前研究前沿——智能材料。

我国在这一领域的研究和应用虽晚于美、俄、日,但我国从形状记忆合金的基础研究到工程实际应用研究的发展较快,我国科学工作者注重国际交流,善于借鉴国外的经验,这将会促进我国及世界各国在形状记忆合金方面的研究工作进一步发展。我国的记忆合金航天领域有市场广大的有利条件,如果能充分利用,即可知己知彼、取长补短、扬长避短、求实创新,早日实现记忆合金高技术产业的飞跃。形状记忆合金虽已获得实际应用,但毕竟还处于开发阶段,还有许多问题要加以解决,如控制马氏体转变温度、记忆功能衰减等。要使形状记忆合金更加完善,还需要进行大量的研究。由于形状记忆合金具有一些特殊的性能,已引起越来越多人的关注,也增加了它各方面的应用,随着形状记忆合金的性能日渐完善，可以预料，它将来会在航天领域得到进一步的广泛应用。

参 考 文 献

［1］ Chen Q，whng K L，Lu S Q，et al．Numerical simulation analysis on ϕ10 mm NiTiNb shape memory alloy pipe-coupling ［J］．Hot Work．Technol．，2017，46（2）：81．

［2］ Chau E T F，Friend C M，et al．Technical and economic appraisal of shape memory alloys for aerospace applications ［J］．Materiais Science and Engineering A，2006，438－440（SPEC．ISS）：589．

［3］ Chen X，Peng X H，Chen B，et al．Experimental investigation on transformation，reorientation and plasticity of Ni47Ti44Nb9 SMA under biaxial thermal-mechanical loading ［J］．Smart Matel stmct．，2015．24：075．

［4］ Niskanen A J，Laitinen I．Design and simulation of a magnetic shape memory（MSM）a11ay energy harvester ［J］．Advances in Science&Technology，2013，78：58－62．

导航卫星辅助的低轨通信卫星用户指向接入方法

庄建楼

（中国空间技术研究院通信与导航卫星总体部　北京　100094）

摘　要：低轨通信卫星星座成为当前航天及通信领域的热点之一，但是用户指向接入低轨通信卫星还存在一定的制约，例如所用星历更新频度低、本体姿态与星历的坐标基准不统一、GNSS 定姿所需基线长等。为此，本文提出了利用导航卫星辅助的用户指向接入低轨通信卫星的方法，其核心是通过导航卫星播发低轨通信卫星的星历，以及一种采用相控扫描的小型化 GNSS 多向定姿方法，初步的仿真结果表明该方法具有一定的工程可行性。

关键词：低轨通信卫星；指向接入；移动地球站；定姿

A Method of User Pointing Access to LEO Communication Satellite by Navigation Satellites

Zhuang Jianlou

（Institute of Communication and Navigation Satellite, CAST, Beijing, 100094）

Abstract：LEO communication constellation has become one of the hot spots in the field of aerospace and communication, however, there are still some restrictions on the pointing access of users to LEO communication satellite, such as the low frequency updating of almanac data, the inconsistency between the coordinate reference of the body attitude and the almanac data, and the long baseline required for GNSS attitude determination. Therefore, this paper proposes a method of pointing access to LEO communication satellite with the help of navigation satellites, its core is to broadcast the almanac data of LEO communication satellite through navigation satellites, and a miniaturized GNSS multi-directional attitude determination method using phased scanning, the preliminary simulation results show that it has certain engineering feasibility.

Keywords：LEO communication satellite; pointing access; ESIM; attitude determination

0　引言

近年来，随着国外 OneWeb、Starlink 等巨型星座的部署和运营，以及国内国网星座的发展，低轨通信卫星星座成为当前航天及通信领域的研究热点之一，并呈现出宽带互联、通导融合等特点。

根据国际电联（ITU）的规定，卫星通信业务分为卫星固定业务（FSS）和卫星移动业务（MSS）。随着卫星通信技术的发展，也出现了移动地球站（ESIM）用户与地球静止轨道（GEO）卫星通信的"动中通"技术。一般来说，"动中通"目标星为 GEO 卫星，并且有信标可供利用，ESIM 用户（以下简称"用户"）采用窄波束天线捕获并跟踪（以下简称"指向接入"）目标星较为简单；而对于低轨通信卫星，由于轨道低，相对于用户的运动速度快，用户的指向接入需要通过指向计算而非信标来完成，且存在计算所用星历更新频度低、本体姿态与星历的坐标基准不统一等问题，难度较"动中通"更大。导航卫星系统（包括北斗等全球和低轨增强导航卫星系统）可实现 GNSS 定姿，在一定程度上解决了坐标

庄建楼（1978—），高级工程师，主要研究方向为航天器总体设计、航天器天线设计。

基准的问题，但又存在所需基线长、不利于小型化应用等制约因素。

由于 GNSS 接收机的普及性，如果能通过导航卫星向用户播发近实时更新的低轨通信卫星星历，且用户能够通过小型化的设备实现 GNSS 定姿，那么用户获得的目标星星历和本体姿态都以同一个天基坐标系（如北斗坐标系 BDCS）为基准，这样就能够解决上述问题。为此本文提出了利用导航卫星辅助的用户指向接入低轨通信卫星的方法，其核心是通过导航卫星播发低轨通信卫星的星历，以及一种采用相控扫描的小型化 GNSS 多向定姿方法，初步的仿真结果表明该方法具有一定的工程可行性。

1　系统解决方案

1.1　主要步骤

使用户通过导航卫星的辅助指向接入低轨通信卫星，如图 1 所示，主要包括 3 个步骤：一是上注星历，由地面运控站或低轨通信卫星向导航卫星上注星历；二是播发星历，通过导航卫星播发低轨通信卫星的星历，再由用户通过 GNSS 接收机获取；三是用户指向接入，用户通过对导航信号的测量获得本体姿态，再利用目标星星历和本体姿态计算目标星的指向，最后驱动天线波束指向目标星，实现指向接入低轨通信卫星。

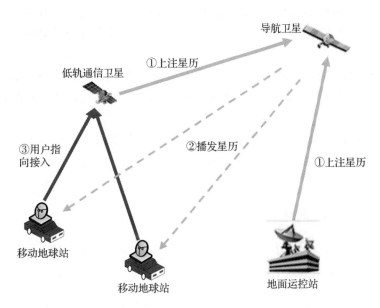

图1　用户通过导航卫星辅助指向接入低轨通信卫星示意

由于后两个步骤都依赖导航卫星播发的信号来实现，相当于以同一个天基坐标系为基准，通过导航信号既告诉了用户目标星星历，又告诉了用户本体姿态，从而系统性地解决了用户指向接入低轨通信卫星的问题。

1.2　导航卫星播发星历

低轨通信卫星的星历，可通过地面运控站测定经星地链路或通过本星在轨测定经星间链路上注到某一颗导航卫星，再同步到整个导航星座播发。

对于低轨通信星座，其卫星数量多、轨道参数多，且需要定期更新，不利于用户预存全星座星历数据。因此，可利用用户普遍具备 GNSS 接收机的优势，通过导航卫星播发低轨通信卫星的星历（都在天基坐标系下测定），用户能够近实时获取。

假定单颗卫星的星历参数包括历元时刻、6 根数和升交点赤经变化率，如表 1 所示，共计 256 bit。为节约带宽资源，还可根据重要性分级，设定播发频度和覆盖重数。

表 1　低轨通信卫星星历参数

数据	bit 数	取值范围	单位	数据	bit 数	取值范围	单位
历元周计数	16	[0, 8 191]	周	升交点赤经	32	[−π, π)	rad
历元周内秒	16	[0, 602 112]	s	近地点幅角	32	[−π, π)	rad
半长轴	32	[6 378, 42 164]	km	平近点角	32	[−π, π)	rad
离心率	32	[0, 0.5]	—	升交点赤经变化率	32	[−π, π)	rad/s
轨道倾角	16	[−π, π)	rad	其他	16	—	—
—	—	—	—	合计	256	—	—

1.3　GNSS 定姿

在获得目标星星历后，只要确定本体姿态（即定姿）就能计算目标星指向。用户大多采用惯性设备（陀螺）或无线电测向技术等来确定本体姿态。

以无人机为例，其广泛采用的是组合式的姿态传感器，例如 MEMS 陀螺仪（测角速度）、MEMS 加速度计（测重力方向）、磁力计（测地磁方向），确定本体姿态的方法是：用加速度计确定水平面，用磁力计确定磁北，但这个基准是和天基坐标系统无关的，但用于短时飞行的稳定性控制是足够的，若直接用于卫星通信还尚有差距。

GNSS 定姿主要采用短基线 GNSS 定向法来解算地理正北，再配合重力测量可实现 0.1°/1 m ~ 0.2°/1 m 基线的精度，基本满足中型无人机等平台的指向接入应用需求，但基线尺寸仍然是制约小型化应用的主要瓶颈。

因此，需要研发小型化的 GNSS 定姿技术，以解决目前短基线尺寸大的问题，主要的途径包括：提高载波相位测量精度、采用小型化的 GNSS 接收天线阵列等，也可以通过提高导航信号的载波频率来实现，但本文主要针对当前采用的 L 频段展开分析。

2　小型化 GNSS 多向定姿

假定用户本体坐标系为 $A = [\hat{x}\ \hat{y}\ \hat{z}]$，天基坐标系为 $G = [\hat{X}\ \hat{Y}\ \hat{Z}]$，两者的坐标变换关系为：$A^{\mathrm{T}} = T_{G2A} G^{\mathrm{T}}$，定姿就是确定变换矩阵 T_{G2A}。

2.1　GNSS 多向定姿

如图 2 所示，设第 i 颗卫星的方向为 $\hat{r}_i$，第 j 条基线的矢量为 L_j，在本体坐标系和天基坐标系下，分别有：$\hat{r}_i = \rho_i A^{\mathrm{T}} = r_i G^{\mathrm{T}}$，$L_j = \lambda_j A^{\mathrm{T}} = L_j G^{\mathrm{T}}$，即 $\rho_i T_{G2A} = r_i$，$\lambda_j T_{G2A} = L_j$。

可见，为了确定本体姿态，可采用两种方法，一种是在天基坐标系下测量本体基线矢量，并与本体坐标系下已知的基线矢量比较；另一种是在本体坐标系下测量导航卫星的方向矢量，并与卫星在天基坐标系下已知的方向矢量比较。

对于第一种方法，就是通常的短基线定姿方法，当有多条基线时，$[\lambda_j]T_{G2A} = [L_j]$。计算中，$\lambda$ 是本地可标定量，L 是实测量。特别地，对于 3 条基线的情况，例如三天线法和四天线法，可以直接求解：

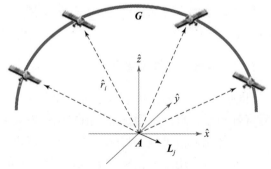

图 2　GNSS 定姿原理

$$T_{G2A} = [\boldsymbol{\lambda}_j]^{-1}[\boldsymbol{L}_j] \tag{1}$$

对于第二种方法，即本文提出的多向定姿方法，当遍历多颗卫星时，$[\boldsymbol{\rho}_i]T_{G2A} = [\boldsymbol{r}_i]$。计算中，$\boldsymbol{\rho}$ 是本地观测量，$\boldsymbol{r}$ 可根据星历计算。可利用最小二乘法求解：

$$T_{G2A} = ([\boldsymbol{\rho}_i]^{\mathrm{T}}[\boldsymbol{\rho}_i])^{-1}[\boldsymbol{\rho}_i]^{\mathrm{T}}[\boldsymbol{r}_i] \tag{2}$$

2.2 载波相位测量方法的局限性

常规 GNSS 接收机的载波相位测量方法既能用于短基线定姿方法，又能用于多向定姿方法，但都存在所需基线长的局限性。

短基线定姿：在天基坐标系中，观测多颗卫星（≥4 颗）的载波相位以测量第 j 条基线，观测方程为：

$$\boldsymbol{P} + 2\pi N = k\boldsymbol{R}\boldsymbol{S}^{\mathrm{T}} + \boldsymbol{\varepsilon} \tag{3}$$

其中 $\boldsymbol{P}$ 为载波相位向量，N 为整周模糊度向量，$\boldsymbol{R} = [\boldsymbol{r} \quad 1]$ 为方向矩阵，$\boldsymbol{\varepsilon}$ 为误差向量，$\boldsymbol{S} = [\boldsymbol{L} \quad c\tau]$ 为含钟差基线向量，c 为光速，τ 为 GNSS 接收机钟差，k 为载波波数。$\boldsymbol{P}$、N、$\boldsymbol{R}$、$\boldsymbol{\varepsilon}$ 各量在列方向按卫星数扩展。由公式（3）可得 $\boldsymbol{S}^{\mathrm{T}} = \dfrac{1}{k}(\boldsymbol{R}^{\mathrm{T}}\boldsymbol{R})^{-1}\boldsymbol{R}^{\mathrm{T}}(\boldsymbol{P}' + 2\pi N)$，然后从 $\boldsymbol{S}$ 中取出基线向量 $\boldsymbol{L}$，应用公式（1）即可求解 T_{G2A}。

多向定姿：在本体坐标系中，用多基线测量第 i 颗卫星的方向，观测方程为：

$$\boldsymbol{P} + 2\pi N = k\boldsymbol{V}\boldsymbol{W}^{\mathrm{T}} + \boldsymbol{\varepsilon} \tag{4}$$

其中 $\boldsymbol{V} = [\boldsymbol{\lambda} \quad 1]$ 为基线矩阵，$\boldsymbol{W} = [\boldsymbol{\rho} \quad c\tau]$ 为含钟差方向向量。$\boldsymbol{P}$、N、$\boldsymbol{V}$、$\boldsymbol{\varepsilon}$ 各量在列方向按基线数扩展。当基线数为 3 时，由公式（4）得出：$\boldsymbol{W}^{\mathrm{T}} = \dfrac{1}{k}\boldsymbol{V}^{-1}(\boldsymbol{P}' + 2\pi N - \boldsymbol{\varepsilon})$，然后从 $\boldsymbol{W}$ 中取出方向向量 $\boldsymbol{\rho}$，应用公式（2）即可求解 T_{G2A}。

应该指出，上述两种 GNSS 定姿方法是等价的，高精度测量都依赖于长的基线，还存在需求解整周模糊度的问题，因而不利于小型化的应用。但是多基线定姿的待测量是空间点的位置，多向定姿的待测量是方向，而针对小型化应用这一目标，定位精度难以进一步提高，因而更适合采用多向定姿。鉴于当前高精度移相技术的发展水平，例如在 1 GHz 实现的一种相当于 24 位的高精度移相器，本文进一步提出了适于小型化应用的基于相控扫描测向的 GNSS 多向定姿方法。

2.3 相控扫描测向方法

小型化的一个简单的思路是采用半波长间距的四元 GNSS 天线阵列，通过相控形成差波束对导航卫星的来波方向扫描实现测向。对于 GNSS 主用的 L 频段，四元阵天线的尺寸可控制在 200 mm × 200 mm 左右。四元阵可以简化为二元阵进行测向的分析，设两个 GNSS 天线单元间距 d 为半波长，单元方向为 $f(\boldsymbol{\theta})$，并具有 B 位数字移相器，如图 3 所示。

对某一来波方向 $\boldsymbol{\theta}_0$，当对移相器进行步进搜索时，接收信号幅度是移相量 $\boldsymbol{\phi}_v$ 的函数：

$$p(\boldsymbol{\phi}_v) = f(\boldsymbol{\theta}_0)e^{j\frac{\phi_v}{2}}2\cos\frac{kd\sin\boldsymbol{\theta}_0 + \boldsymbol{\phi}_v}{2} \tag{5}$$

当上式出现零点，即 $kd\sin\boldsymbol{\theta}_0 + \boldsymbol{\phi}_v = \pi$ 时，可求得来波方向 $\boldsymbol{\theta}_0 = \arcsin(1 - \boldsymbol{\phi}_v/\pi)$，并可得到测角分辨率和移相分辨率的关系：$\mathrm{d}\boldsymbol{\phi}_v/\mathrm{d}\boldsymbol{\theta}_0 = -\pi\cos\boldsymbol{\theta}_0$。可知为达到 0.1° 的测角分辨率，当来波近似于垂直入射时，至少需要以 0.3° 的步进移相；当来波近似于 70° 入射时，至少需要以 0.1° 的步进移相。图 4 分别以 0.2° 和 70.1° 来波方向为例给出了 0.1° 步进的移相扫描曲线［即 $q(\boldsymbol{\theta}_0) = p(\boldsymbol{\phi}_v(\boldsymbol{\theta}_0))$］仿真结果。

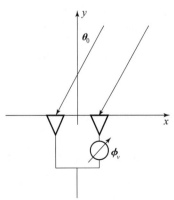

图 3　相控扫描测向原理

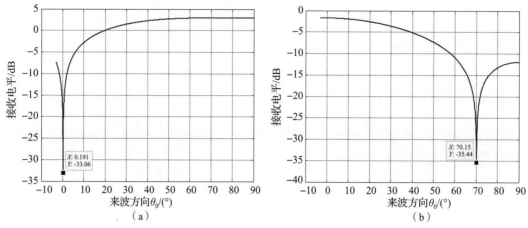

图4　二元阵移相扫描曲线（来波方向：左 **0.2°**，右：**70.1°**）

可见测角精度优于 $0.05°$，所需的移相位数 $B \geqslant \log_2(180°/0.1°) \approx 11$，在工程上具有一定的可行性。进一步地，使用两个正交的二元阵测向，就能得出目标星的方向向量 $\boldsymbol{\rho}$，进而应用公式（2）即可求解 T_{G2A}。

3　典型应用

上述导航卫星播发低轨通信卫星星历、小型化 GNSS 多向定姿技术既可以各自独立应用，也可以结合应用。

播发星历可使地面用户在现有定姿手段下，通过接收导航卫星播发的星历，实现对目标星的指向接入。例如某低轨通信卫星通过星间链路向导航卫星上注更新星历数据，无人机在飞行途中通过 GNSS 接收机更新该卫星的星历并实现指向接入。

小型化 GNSS 多向定姿技术可使用户不依赖惯性导航系统、加速度计、磁力计等手段，仅依靠 GNSS 信号就能实现定位、定姿。例如小型化 GNSS 多向定姿模块可广泛应用于汽车、无人机、微纳卫星、等移动平台的姿态测量、姿态控制，也可用不依赖重力、地磁的姿态测量，在特殊地质条件下发挥作用。

把播发星历和小型化 GNSS 多向定姿两种技术结合起来，就能提供系统性的指向接入解决方案，典型应用场景如：集成四元阵 GNSS 多向定姿模块的高增益平板天线，可自主感知其本体姿态并调整其波束指向，实现与目标低轨通信卫星的指向接入。

4　结束语

随着北斗三号全球卫星导航系统的建成以及低轨通信星座的发展，在通导融合的大背景下，下一代导航卫星系统的规划也提上日程。充分利用导航信号以及 GNSS 接收机的普及性优势，通过导航卫星播发低轨通信卫星星历以及小型化 GNSS 多向定姿技术，为低轨通信星座宽带互联的用户指向接入提供系统性解决方案，更深入地促进通导融合发展。但是也应认识到，还有一些关键技术，如高精度、小型化的 GNSS 多向定姿技术，仍需要进一步开展研究。

参 考 文 献

[1] 刘悦. 国外中低轨高通量通信卫星星座发展研究 [J]. 国际太空，2017 (461).

[2] 关止，何穆. 鸿雁星座通信系统开启大众卫星通信消费新时代 [C]. 2016 航天国际化发展论坛，2016.

[3] 王毅，李新华，王新荣. 低轨星座地面通信应用系统初步设计 [J]. 通信技术，2019，52 (3).

[4] 田伟，韩朝晖，穆旭成. Ka 频段动中通的用频规则浅析 [C]. 第十二届卫星通信学术年会，2016.

［5］ 崔向宇，郗小鹏，张勇. 高动态 Ku/Ka 双天线民航动中通系统设计［J］. 计算机测量与控制，2019，27 （5）.

［6］ 黎松友，刘良栋，严拱添. 利用 GPS 载波相干测量技术确定空间飞行器姿态的研究［J］. 航天控制，1998 （4）.

［7］ 刘嘉琦，朱星星. 无线电测向的多种方法对比研究［J］. 信息通信，2017 （11）.

［8］ 薛远奎. 小型旋翼无人机姿态融合及导航方法［D］. 电子科技大学，2016.

［9］ 吴美平，胡小平，逯亮清. 卫星定向技术［M］. 北京：国防科技工业出版社，2013.

［10］ UM482 全系统多频高精度定位定向模块产品手册［EB/OL］. https：// www. unicorecomm. com/products/detail/T.

［11］ 何晓峰，吴美平. 低成本 GNSS 接收机芯片载波相位测量技术［J］. 导航与控制，2018，17 （5）.

［12］ 王霄峻，赵洪新，殷晓星，等. 高精度数控微波移相器设计［J］. 微波学报，2009，25 （3）.

天基信息支持远程导弹反机动目标作战及其对军事智能技术的需求

张金昌，孙亚楠，伊成俊，孙峥皓

（中国空间技术研究院卫星应用总体部　北京　100094）

摘　要：远程精确打击是现代战争的重要作战形式之一，随着精确制导武器射程的不断扩大，作战所需的信息保障范围也需随之扩大。具有战场绝对高位优势、不受区域边界限制和不依赖制空制海权等显著特点的天基系统成了远程反机动目标作战体系中信息保障的重要支柱之一。本文对天基信息支持远程反机动目标作战及其体系后续建设对军事智能技术的需求进行了分析，试图为远程精确打击体系的跨越式发展提供借鉴。

关键词：天基信息；远程；反机动目标；智能；需求

0　引言

精确作战是体系化联合作战效能的集中反映，远程导弹精确打击诸如航母、大型特种飞机等高价值目标是最为复杂的精确作战形式之一。

当前远程打击运动目标主要依靠武器自身的传感器进行探测制导以实现精确打击，存在作用范围有限、作战模式单一、灵活性差等问题，天基系统具有战场绝对高位优势、不受区域边界限制和不依赖制空制海权的显著特点，将天基信息与武器深度铰链，以空间能力倍增武器打击效能，推动天基系统向战役战术应用转型。

针对远程反机动目标作战，天基系统需围绕武器作战需要，提供对预定打击目标的精确定位、移动目标的连续目标指示和打击效果的快速评估等信息获取服务，以及武器飞（航）行过程中过程控制、状态监测等所需的信息传输服务。

1　国外相关情况

1.1　F2T2EA 杀伤链

"针对时敏目标的杀伤链"是典型的美军远程精确打击作战模式。"针对时敏目标的杀伤链"是建立在观察－判断－决策－行动（Observe－Orient－Decide－Act，OODA）概念基础上的，通常杀伤链分为发现、锁定、跟踪、定位、交战、评估（Find, Fix, Track, Target, Engage, Assess, F2T2EA）6 个阶段，如图 1 所示。

（1）发现阶段（Find）。使用情报收集手段，探测识别目标。

（2）锁定阶段（Fix）。利用多种情报资源，分析判明新出现目标、模糊目标的性质、准确位置等信息。

（3）跟踪阶段（Track）。对已识别目标进行跟踪，并对目标信息进行持续更新。

（4）定位阶段（Target）。确定针对目标的交战优先次序，研究交战连带损失、交战规则等交战结果相关事项，选定作战单位，下达交战任务。

张金昌（1990—），男，中国空间技术研究院卫星应用总体部，研究方向是天基信息支持武器作战，工程师。

（5）交战阶段（Engage）。根据定位阶段的指示要求，具体实施作战行动。

（6）评估阶段（Assess）。对交战结果进行评估，并研究是否有必要对目标发动新一轮打击。

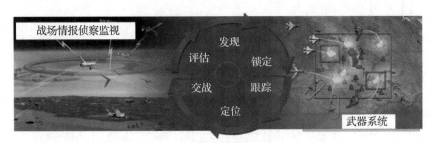

图1　F2T2EA 概念示意

1.2　美军典型远程精打武器及其天基信息应用情况

1）战术战斧巡航导弹

美国的战术战斧巡航导弹是第一种配备卫星数据链的巡航导弹。战术战斧导弹武器系统由战术战斧指挥控制系统（TC2S）、战术战斧武器控制系统（TTWCS）和战术战斧巡航导弹等组成。

战斧指挥控制系统可部署在岸基指挥中心或海上平台为战术战斧巡航导弹提供精确瞄准、航路规划、任务分配和打击管理等功能。战斧武器控制系统主要负责导弹武器发射控制、任务规划/重新规划、定向/重新定向等。与以往的导弹相比，战术战斧巡航导弹可以利用多种传感器平台（飞机、无人机、卫星、步兵、坦克及舰船等）搜索目标，还可利用数据链将弹上传感器获取的战场影像传送至以上平台，并具备航区巡逻和飞行中重新编程等全新功能，具备在外部目标指示下的反时敏目标能力。战斧武器系统及其协作系统示意如图2所示。

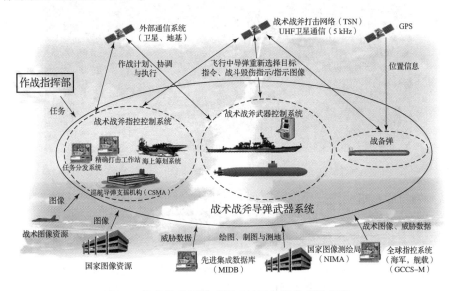

图2　战术战斧导弹武器系统及其协作系统示意

战术战斧巡航导弹的任务规划是一个复杂的流程，称为巡航导弹支援行动（CMSA），涉及大量信息采集、处理和分发活动，在其中，天基系统起到了重要的作用。战术战斧巡航导弹作战过程中的天基信息应用如图3所示。

2）美国新一代反舰导弹 LRASM

该弹最大的特点是"具备在传感器及信息网络完全切断的情况下工作的能力"。

LRASM 能够依靠先进的多模复合导引头和数据处理能力进行目标探测和识别，减少对信息源、数据链以及 GPS 信息的依赖，即能够在无任何中继制导信息支持的情况下进行完全自主航行和末制导攻击。LRASM 如图4所示。

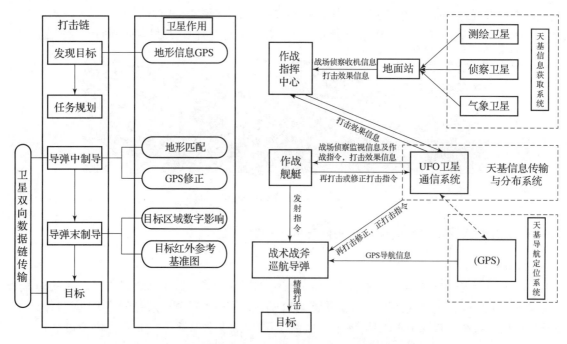

图3 战术战斧巡航导弹作战过程中的天基信息应用

图4 LRASM

LRASM适应强对抗、网络化作战环境，强调自主作战，可"单兵"突入敌方防御网，主要应对军事力量相对强大、具备较强电子干扰和电子压制能力的对手。

远程精确打击武器的智能化、自主化，将带来体系作战的变革，也将极大地推动远程打击体系的智能化。

2 远程反机动目标作战需求分析

无人/有人飞机、舰艇等武器平台是未来远程作战主要的基本战术单元，对它们而言，最迫切需要和关注的核心作战能力是：快速地了解和理解全谱战斗空间环境、准确及时地执行合理的战术行动；随时保持与后方体系以及战役战术集群中其他战术单元之间的通信联络，以便更好地进行战术协同，从而在整个作战过程中达成"先知、先觉、先行与制胜"。

受这些海面和空中平台使用条件和实际能力的限制，仅依靠平台自身的信息获取能力要实现这样的目标显然远远不够，对诸如战役或战术战场上高威胁机动目标或目标群的超视距探测与预警，监视与跟踪，目标标定与精确交战等情报信息的获取、分发与共享，都需要天基情报侦察资源的直接支援，特别是在各级平台指挥官OODA决策环路的各个阶段，都需要来自天基情报侦察资源不同情报信息的支援和有效的远程通信链路的保障。归纳起来，天基情报侦察资源应为这些武器平台提供下列主要支持：

（1）提供战术战场战斗空间态势感知情报信息，特别是战场边缘、纵深地域敌方作战力量（包括部队和武器系统/平台）部署及机动情况、新出现威胁目标等情报信息，一是支持战场情报准备；二是用于同其他源情报信息综合以产生一幅武器平台可使用的战术作战图像。

（2）对威胁目标的超视距监视与跟踪情报信息，特别是对机动目标及时间敏感/关键目标的超视距发现、预警、监视、目标标定与运动轨迹等情报信息，这些信息应能随时、按需插入提示，并在特定应用场合同武器系统/平台直接铰链，引导火力精确打击，用以提升作战计划制订、作战指挥决策和/或拦截交战的速度、精度和效率。

（3）对战场环境变化与作战行动进程实时监视的情报信息，以便为作战行动决策、作战效果评估等提供依据。

（4）满足未来大范围广阔地域内战场上我方各类武器平台之间，以及这些武器平台和指控系统、情报系统等之间畅通有效的通信链路。

（5）精准、具有较强抗干扰性能的时空基准信息的保障。

3 作战模式设计

目标指示是实施精确打击的重要基础，主要解决"看得准""盯得住"的问题。在精确制导武器发射和飞行过程中，应能够及时准确地对敌方的目标进行持续跟踪，获取可满足导弹武器进行制导修正所需的敌方目标运动、位置等参数，并以满足导弹武器制导环路所需的频率、时延、格式等要求并及时地向武器/地面控制系统进行推送。

3.1 对天基目标指示的保障要求分析

影响远程反机动目标导弹捕捉概率的主要因素包括目标探测精度、导弹自控终点散布精度、目标机动、末制导雷达搜索区域、目标信息时间延迟等。简而言之，远程反机动目标，要求侦察监视系统获取目标的空间精度、提供要素的持续时间，以及目标要素的刷新周期等都要满足要求。

在获取目标的状态参数内容方面。一般而言，最基本的状态参数应包括：目标位置、目标航向、目标航速。上述信息有效的前提是完成对目标的发现、识别和确认。这要求天基系统具备足够的发现和识别能力，对于成像侦察监视卫星这意味着其分辨率必须达到一定的水平，对于电子侦察卫星则要求其一方面具备足够的侦察频率范围和灵敏度，另一方面需要事先建立完备的潜在目标电子特征指纹数据库。

（1）目标探测精度要求。包括目标位置探测精度和目标运动要素探测精度两大部分，主要取决于侦察装备固有探测误差的大小。目标位置探测精度越低，则目标定位散布圆越大；目标运动要素探测精度越低，则目标机动散布区域越大。

（2）时间延迟（数据刷新要求）。对于机动目标精确打击任务来说，信息传递的时间延迟也将导致目标指示信息精度下降。与目标定位精度的要求类似，对目标指示信息传输耗时的要求也是与导弹末制导体制及探测范围，以及导弹飞行时间、弹道修正能力、典型目标的运动速度等要素紧密相关的。在其他条件不变的情况下，目标运动越快，导弹末制导传感器搜索范围越小，则对目标指示/中制导信息传输时延的可容忍性越低。

（3）数据格式要求。数据格式定义了侦察监视卫星与导弹武器间的数据接口，决定了天基目标指示信息是否能够被导弹武器直接有效利用。只有采用与武器协调一致的数据格式设计，才能保证最终发送给导弹的目标指示信息能够为弹载制导系统所利用。例如：卫星探测得到的目标位置（运动）数据的坐标系最好能与导弹制导解算的坐标系一致，数据的编码形式、每帧信息的时间戳等也需与武器系统进行协调。

3.2 天基目标指示模式

1）射前一次装订模式

天基侦察监视系统发现目标后，仅在导弹发射前将根据目标运动信息所解算、规划得到的导弹射击参数一次性装订到导弹内，在导弹发射后，其弹道修正、目标搜索、攻击全部由弹载计算机根据射前装订信息按程序自行对导弹进行制导控制。这是一种"发射后不管"的模式。

2）连续/断续的目标指示模式

在导弹飞行过程中，天基侦察监视系统持续或断续、多次直接或通过地面控制系统向飞行中的导弹提供最新获取的目标位置、航速、航向等运动信息，供导弹及时进行弹道/航路修正，直至完成中末制导交班。该模式下体系的作战效能取决于侦察系统持续有效提供目标指示服务的时间，以及火力单元高效利用目标指示有效窗口时间的能力，这就要求天基侦察监视系统需要搜索跟踪目标，并将对目标的精跟踪持续一段时间，对当前以低轨卫星为主的天基侦察监视系统而言，这意味着较大的系统建设规模。此外，该模式对远程通信链路的可靠性和系统容量要求较高。

4 对军事智能技术的需求

从前几节的分析可以看出，远程精确打击体系是一个十分庞大、涉及要素众多的复杂大系统，在对该体系的建设完善中存在多个难点。针对上述难点，在后续的体系建设与升级中，应充分借鉴利用当前各类人工智能、大数据、云计算的成果和"智能网络化"思维，着力建设具有"智能化"特征的远程反机动目标体系。

（1）智能感知的侦察监视。在任意场景下自主规划、主动观测，敏锐地发现、识别与跟踪敌、我、环境多方目标，实现目标与环境的智能感知。突破星上智能目标检测与运动信息提取技术，发展天、空、地、海一体化的目标协同指示能力。研究基于战场图像理解的星上即时战术信息支持技术，从提供"载荷数据"向提供"情报信息"乃至"瞄准制导参数"转变。

（2）智捷畅通的武器铰链。智能的网络化通信可对作战单元提供按需伴随通信保障能力，实现随遇接入、灵活组网、智能抗扰、资源按需自动分配。发展基于认知无线电的智能天基数据链系统，以便敏捷地自主适应复杂电磁环境，使导弹武器具备智能宽带组网通信能力。

（3）灵活高效的指挥控制。利用大数据智能，构建融合使用多领域数据的指挥决策知识中心，并以此为基础构建高度智能化的辅助决策系统；通过人机混合增强智能的应用，减少人对作战链的干预，大幅提高作战敏捷性。基于海量战局训练出的兵棋智能体推演态势走向，精算敌我优劣，精确生成决策指令，根据兵棋智能体所在的平行战场指导真实战场决策。利用机器学习、迁移学习等智能算法解决对抗条件下态势目标的自主认知，帮助指挥员快速定位、识别目标并判断其威胁程度等，压缩指挥决策在OODA循环中的时间。

（4）自主柔性的火力打击。通过应用智能技术大幅降低作战过程中对体系的依赖，实现"单兵突入、自主杀敌"。具备强大的"情报、监视、目标捕获和侦察"能力，可从复杂环境中智能提取目标航迹，自主融合多传感器数据，充分捕获目标发出的一切信息。在目标数据不完整、不充分时，可通过学习联想获得合理结果。在群体编队作战模式下，利用群体智能进行全局协同决策，自动进行任务分配、航路规划、突击协同，自主实现"分进合击、饱和制胜"。"量体裁衣"，射程、战斗部类型、制导方式均可依据目标情况"灵活定制"。

（5）坚固弹韧的体系运作能力。未来远程反机动目标作战体系是智能可重构的，可高效组织作战资源，通过动态的资源管理和业务流程柔性重组来满足不同作战模式及作战任务需求，面向任务并根据武器特点快速构建"杀伤链"，彻底打破传统武器系统内传感、打击、通信资源固定配置的模式。体系还应具备强对抗下的智能有序降级使用能力，在遇到战损时可对信息感知、指挥控制和火力打击进行自重构，表现为体系能够逐级有序、分步降级使用，"降效而不失效"，从而支撑一定水平下的火力打击与信息对抗行动。

5 结束语

远程反机动作战是网络中心战时代精确化作战的主要形式之一，天基系统以其"全程在线，不受国界限制"的绝对高位优势，成为远程打击体系获取、传输信息的重要手段。具备以天基系统作为骨干支柱的远程精确打击能力，需要充分利用当前各类人工智能、大数据、云计算等新兴技术，以便为体系的跨越式发展提供有力的技术支撑。

参 考 文 献

［1］刘兴堂，李咸，刘力，等. 信息化作战与高技术战场 ［M］. 北京：国防工业出版社，2011.

［2］黄汉文. 移动目标打击链研究 ［J］. 航天电子对抗，2015，31（2）：27 – 30.

［3］朱爱平，叶蕾. 战术战斧导弹武器控制系统 ［J］. 飞航导弹，2011（9）：61 – 66.

［4］邓涛. 从打击 IS 看美军精确制导武器的使用 ［J］. 舰船知识，2015（5）：24 – 28.

［5］龚燕，刘雅奇，董豪豪. 典型战术战斧巡航导弹的组成、应用及发展趋势浅析 ［J］. 飞航导弹，2017（10）：45 – 48.

［6］钟选明，孙亚楠，王俐云. 天基信息支持远程精确打击作战模式研究 ［J］. 飞航导弹，2017（10）：72 – 76.

美国 X-43A 高超声速飞行器先进制造技术分析

许爱军，张　斌，代国宝，陶　强，王天明

(北京卫星制造厂有限公司)

摘　要：高超声速飞行器由于具有极高的飞行和响应速度、极强的突防和打击能力，以及民用的天地往返、星际巡航等功能，成了当今世界军事强国竞相研究的对象之一。相对于传统飞行器来说，高超声速飞行器飞行环境复杂以及因气动特性变化剧烈而大量采用新型的材料和新型结构，这对飞行器的制造提出了许多新的挑战。先进制造技术是高超声速飞行器的关键技术之一，本文通过国内外调研总结，介绍了美国高超声速飞行器的开发情况，叙述了高超声速飞行器 X-43A 的主要材料组成及特点，分析了高超声速飞行器 X-43A 的制造难点及关键的制造技术，最后总结了国外高超声速飞行器制造技术研究给我们的启示，并从先进制造技术层面对我国发展高超声速飞行器提出了一些建议。

关键词：高超声速；飞行器；X-43A；先进制造技术

0　引言

高超声速飞行器是指飞行速度超过 5 倍声速的有翼或无翼式飞行器，可以分为吸气式高超声速飞行器、助推滑翔飞行器与空间轨道/临近空间亚轨道再入飞行器 3 大类。高超声速飞行器具有飞行速度快、隐蔽性好、突防能力强、打击范围广等特点，可满足防区外发射、远距离巡航、高空高速进入/退出、短时间全球部署、打击时敏目标、远程快速投送、太空旅游等应用需求，具有巨大的军事价值和经济价值，已成为当今世界军事强国关注的战略发展方向和研究的焦点，成为全球各国战略威慑形成、空间资源争夺的重要手段之一。

当前高超声速技术已从概念/原理探索、技术演示验证阶段进入了以助推/天基再入 - 滑翔打击武器、高超声速巡航导弹、高超声速飞机和空天飞机等为应用背景的实用化开发阶段，各军事强国及重要科研院所已经开始了积极布局。美、俄两国经过长期、众多的基础理论研究和飞行演示验证项目的经验积累，均计划在 2022 年左右列装高超声速武器型号。国内相关单位也依托国家重大专项或背景论证项目开展了高超声速飞行器的原型机研制与飞行试验，积累了丰富的工程研制经验，为后续的实用化奠定了基础。X-43A 是吸气式高超声速飞行器，其成功试飞被称为继"莱特兄弟首次飞行以来航空航天技术的最重大突破"。作为一种新型的飞行器，其关键技术主要包括新型材料技术、热防护技术、先进制造技术、先进推进技术、先进导航制导与控制技术等。本文主要对 X-43A 飞行器的先进制造技术进行了分析与总结。

1　X-43A 项目简介

1.1　项目背景

半个世纪以来，美国在高超声速技术领域的研究一直没有停止。Hyper-X 项目是 NASA 在 NASP 项目下马以后实施的一项发展计划，由 NASA 的兰利研究中心与德莱顿飞行研究中心于 1997 年启动，用于弥补"NASP 项目只对最关键的部件——超燃冲压发动机进行了风洞中的模拟飞行，而没有进行实际飞行"的缺陷，是美国高超声速诸多计划中最关键的。图 1 所示为美国在高超声速技术领域的研究计划。

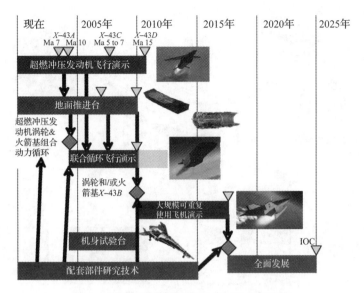

图 1　美国在高超声速技术领域的研究计划

　　X - 43A 是美国 Hyper - X 项目的试验飞行器，其目标是验证采用超燃冲压发动机的机体及推进一体化高超声速飞行技术，主要任务是测试超燃冲压发动机的飞行性能，并收集与发动机性能、控制性能相关的试验数据。该项目计划开展 3 次飞行试验：前两次马赫数为 7，第三次马赫数为 10。第一次飞行试验失败，后两次飞行试验均获得了成功。

1.2　X - 43A 整个飞行试验系统组成

　　X - 43A 整个飞行试验系统由试验飞行器（The Hyper - X Research Vehicle，HXRV）、助推火箭（HXLV，The Hyper - X Launch Vehicle）及连接器组成，如图 2 所示。

图 2　X - 43A 整个飞行试验系统

　　X - 43A 飞行器的系统组成如图 3 所示，其共有九大不同的系统，不同的系统由不同的协作单位进行研制，其中 ATK - GASL 公司负责研制 HXRV 和连接器，助推火箭采用轨道科学公司的改进型飞马座助推火箭。

图3　X－43A 飞行器的系统组成

1.3　项目飞行剖面

图 4 所示为马赫数为 7 角条件下第 2 次飞行试验的标称飞行剖面，图 5 所示为 X－43A 飞行器空中系统组成。HXRV 通过连接器与 HXLV 连接，并由 B－52B 战略轰炸机携带至加利福尼亚州南部太平洋试验区域。满足试验条件时，B－52B 战略轰炸机释放"飞马座"助推火箭，助推火箭点火加速到超燃冲压发动机工作条件，试飞器与助推火箭分离进行试验，分离状态约为：速度马赫数为 7，高度为 28.96 km，动压为 47.88 kPa。HXRV 与 HXLV 分离后姿态稳定，在 2.5 s 内达到发动机期望的点火条件，然后发动机点火。在发动机工作期间，HXRV 维持发动机试验状态，收集燃料关闭前后的试验数据，之后进行参数辨识机动试验（PID），在参数辨识机动试验期间进气道不关闭。发动机点火飞行试验持续 10 s 左右，当发动机测试完成后，HXRV 将增大攻角以减少动压从而减小受热，其原理与再入飞行器大攻角再入类似。进气道不关闭的参数辨识机动试验完成后，HXRV 按照参考轨迹下降并溅落海面，在下降期间飞行器还将进行进气道关闭后的参数辨识机动飞行。

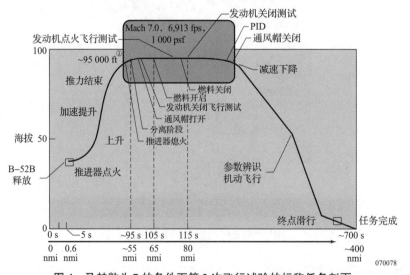

图4　马赫数为 7 的条件下第 2 次飞行试验的标称任务剖面

---

①1 ft = 0.304 8 m。

图 5　X - 43A 飞行器空中系统组成

2　X - 43A 飞行器主要组成及特点

X - 43A 飞行器外形如图 6 所示，其机身长 3.66 m，高 0.66 m，翼展为 1.52 m，质量为 1 360 kg，X - 43A 飞行器内部空间装载了大量测量飞行试验数据的仪器设备，如图 7 所示。其主体结构件主要由蒙皮、框梁、隔板和热防护层等各大部件组成，每个部件在飞行中由于承受的温度不同，则所选用的材料不同，其主要材料组成如图 8 所示。蒙皮根据在飞行器的不同部位承受着不同的温度范围，主要分为高温合金蒙皮和高强铝合金蒙皮，后隔板基于防热的要求主要采用了抗高温的钛合金板组成，而前舱段机头主要采用了钨基高密度合金，制成了整体楔形机头，质量达到 392 kg，能够起到质量平衡的作用。X - 43A 飞行器的热防护采用碳 - 碳防热前缘，如图 8 所示包附在钨合金整体楔形机头的前表面，以及飞行器水平及垂直尾翼的周围；X - 43A 飞行器在蒙皮的上、下部表面采用氧化铝增强热障陶瓷防热瓦（AETB）。X - 43A 飞行器的上、下蒙皮设计为多个相对简单、低成本的空间曲面形状，使得其空间曲面的外型模线（OML）与热防护系统（TPS）防热瓦可以配合，在飞行器机身仪器及整体结构安装后，将防热瓦安装到上、下蒙皮的周围，然后再对其外表面进行加工，在整体加工完成后再涂覆含纤维的抗高温韧性涂层，从而避免热烘烤。X - 43A 飞行器水平以及垂直尾翼均是抗高温结构，主要采用了海纳镍基抗高温合金（Haynes Alloy），并且对其前缘进行了碳 - 碳热防护。由于碳 - 碳前缘的曲率半径非常小，表面涂敷 SiC 涂层制造难度大，因此对不同飞行速度的飞行器分别使用不同的前缘，对于最大飞行速度为 7 马赫的飞行器，只对水平尾翼采用碳 - 碳防护，采用 GOOD RICH 公司的高导 C/C（5∶1，K32l 织物），以 4∶1 方式平织为基体，外加 SiC 涂层，顺利通过 7 马赫的飞行试验考核；而对于最大飞行速度为 10 马赫的飞行器来说，水平和垂直尾翼的前缘均采用碳 - 碳防护，采用 MER 公司型号为 P - 30x 的高导纤维，涂层分 3 层，底层为高导 C/C 基材上表面的 SiC 转化涂层，第 2 层为 CVD 工艺的 SiC 涂层，第 3 层为 CVD 工艺的 HfC 涂层。X - 43A 飞行器发动机主要采用铜合金，在其整流罩和侧壁前缘采用了主动式水冷系统。

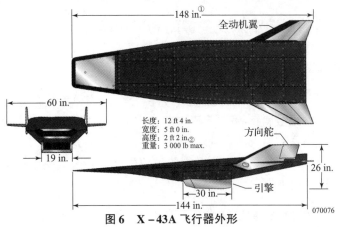

图 6　X - 43A 飞行器外形

---

① 1 in = 2.54 cm。

② 1 lb ≈ 0.453 592 37 kg。

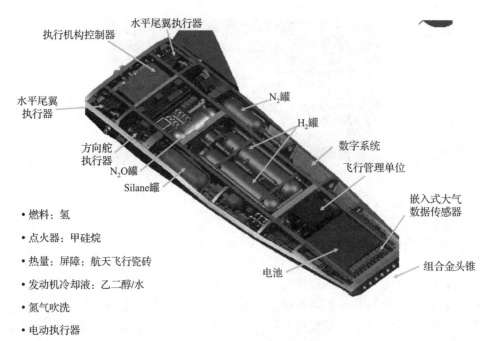

图7 X-43A飞行器的结构组成

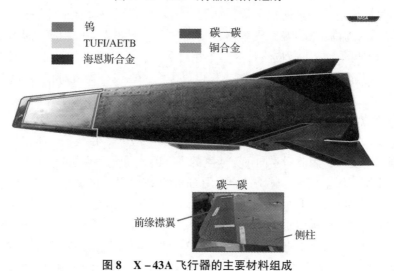

图8 X-43A飞行器的主要材料组成

3 X-43A飞行器的制造难点及关键的制造技术

3.1 钨合金机头的制造技术

X-43A飞行器前舱段机头的主要材料为钨基高密度合金，该种钨基合金是一种用粉末冶金工艺制备的高密度合金。它主要是利用金属钨的高密度（19.3 g/cm³），然后添加少量 Ni、Fe 或 Ni、Cu 及少量其他合金元素，采用液相烧结这种粉末冶金的特殊方法制成的，但是因为该材料抗力大，液相烧结过程中易形成大的残余气孔以及易开裂，因此如何在制备过程中减少残余气孔的形成，增大板坯质量，减小轧制开裂倾向是一个重要的研究方向。

3.2 高温合金精密成形和精密加工技术

X-43A飞行器前舱段蒙皮主要采用了海纳镍基抗高温合金（Haynes Alloy），该类型的合金在 650~1 200℃高温下有较高的强度与一定的抗氧化腐蚀能力，可长期使用，但是其在常温下的强度非常高，变形抗力非常大，材料难以成形；另外，X-43A飞行器前舱段蒙皮结构外形特殊，为非常规的空间曲面构型，对机加、成形、焊接工艺及操作的可靠性要求更高，因此增大了零件的研制难度。高温合金材料具备变形抗力大、化学活性高、切削温度高、冷硬现象严重、刀具极易磨损等特点，导致其工艺性能差、切削加工效率低，是典型的难加工材料。通常采用的硬质合金刀具切削高温合金的切削速度在 60 m/min 以下，加工效率较低，研制周期长。并且，普通硬质合金刀具在中高速切削参数下，寿命仅为 20~30 min，刀具成本极高。因此如何提高加工效率，降低加工成本是高温合金制造中需要解决的问题之一。

3.3 C-C 热防护结构的制造技术

从图 9 所示的前缘的热环境可以看出，X-43A 飞行器的尖前缘与航天飞机钝化前缘相比，其热流峰值更高，为了保证 X-43A 飞行器发动机正常点火及在中低空飞行，产生大推力，其前缘必须尖化且保持形状不变，这对防热材料的制造提出了更高要求。X-43A 飞行器前缘部分的曲率半径极小，经改造后达到1.3 mm，给 C-C 材料的制造带来困难。经过反复的设计、计算和工艺攻关，C-C 热防护结构尖前缘的制造技术终于被突破，达到了最佳的前缘制造效果。

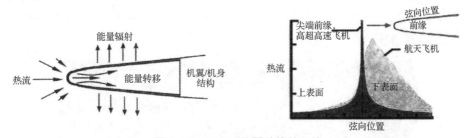

图9 X-43A 飞行器前缘热环境

3.4 X-43A 飞行器的装配和检测技术

X-43A 飞行器虽然本身空间尺寸小，但是装载了大量测量飞行试验数据的仪器设备，这给 X-43A 飞行器的装配和操作带来了一定的困难，另外 X-43A 飞行器上装载的所有仪器设备都必须能在更加严格苛刻的条件下使用，因此不得不采用大型的非标准的连接器和配件，从而又占用了宝贵的装配空间。因此为了解决这些装配和操作的问题，X-43A 飞行器的整个上表面设计为可拆卸式，以便提供所需操作通道，这就需要重新对 X-43A 飞行器的仪器设备布局和安装的托架进行反复设计和计算，并且对非标准的连接器和配件重新设计和修改，采取高度密集化的设计和紧凑型的方案，重新进行安装与拆卸方式选择，最终使 X-43A 飞行器的装配圆满成功。图 10 所示为 X-43A 飞行器装配过程。

图10 X-43A 飞行器装配过程

装配完成后，需要对 X-43A 飞行器装配结果进行检测，在检测方面，X-43A 飞行器上部被设计为可拆卸形式，检测操作方便。检测需要对舱体的装配过程和精度进行测量，并且要对超过 500 个独立的仪器设备进行检测，并做好记录。图 11 所示为 X-43A 飞行器装配后的检测。

 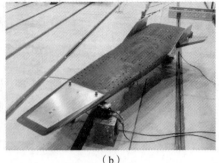

（a）　　　　　　　　　　　　　　（b）

图 11　X－43A 飞行器装配后的检测

3.5　X－43A 飞行器试验技术

X－43A 飞行器的设计飞行高度达到 35 km，飞行速度达到 7～10 马赫，因此 X－43A 飞行器整体结构的性能以及各类仪器设备要求远远高于普通的飞行器。为验证 X－43A 飞行器结构或构件在静载荷作用下的强度、刚度以及应力、变形分布情况，需要对 X－43A 飞行器进行大量的力学试验，图 12 所示为X－43A 飞行器右侧机翼液压力学载荷试验过程。

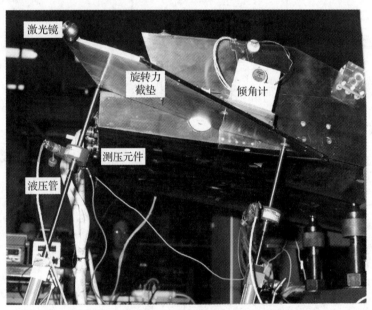

图 12　X－43A 飞行器右侧机翼液压力学载荷试验过程

为模拟 X－43A 飞行器在空中超高声速下的各种复杂的飞行状态，获取试验数据，将装配完成的X－43A 飞行器实物固定在地面人工风洞环境中，进行超高声速的风洞试验，如图 13 所示，并且获得了理想试验结果，如图 14 所示。

4　结论与展望

西方发达国家将高超声速技术作为先进飞行器和武器的重要发展方向，X－43A 吸气式高超声速飞行器的成功试飞无疑是高超声速技术发展史上的重大里程碑，几年以来，人们针对 X－43A 飞行器开展了大量的工艺试验和攻关工作，在其结构设计和制造上均付出了诸多努力，包括高超声速条件下材料的选型和结构的优化设计、高温热环境下飞行器的防护技术、新材料和新结构的关键制造技术、高度密集化设计和紧凑型的装配检测技术以及开展多项目与方案优化的试验验证技术，并且在此基础上，进行了长期的基础材料、制造工艺技术开发，最终这些技术成果均为 X－43A 飞行器有序可控生产奠定了基础。

图 13　X－43A 飞行器风洞试验

图 14　X－43A 飞行器风洞试验结果

未来高超声速飞行器将突出低成本、高可靠性、轻量化等指标，先进 C/C 复合材料、耐高温合金、新型轻质耐高温合金以及耐高温涂层等新材料将被广泛应用，这就需要新型可靠的零件制造工艺、先进装配工艺和检测技术来保障高超声速飞行器的研制，同时，为了进一步推动超高声速飞行器制造技术的发展，建议在以下几个方面加强科技投入——高温、高强、轻质飞行器结构集成制造技术，热防护结构材料制备及制造技术，高温合金的精密成形和精密制造技术，飞行器低应力柔性装配技术，风洞试验的模拟及数据处理技术，以实现飞行器结构设计、材料、工艺等技术的进一步提升，最终实现高性能高超声速飞行器的制造。

参 考 文 献

［1］ Freeman D C, Reubush D E, McClinton C R, et al. The NASA Hyper－X program ［C］. 48th International Astronautical Congress, 1997.

［2］ Bahm C, Baumann E, Martin, J, et al. The X－43A Hyper－X mach 7 flight 2 guidance, navigation, and control overview and flight test results ［C］. AIAA, 2005－3275：1－23.

［3］ Rausch V L, McClinton C R, et al. Hyper－X: flight validation of hypersonic airbreathing Technology ［J］. International Society for Air Breathing Engines, ISABE Paper, 97 – 7024, September 1997.

[4] Davidson J, Lallman F, McMinn J D, et al. Flight control laws for NASA's Hyper – X research vehicle [C]. AIAA, Guidance, Navigation, and Control Conference and Exhibit, Portland, OR, AIAA – 99 – 4124, August 9 – 11, 1999.

[5] Redifer M, Lin Y, Bessent C A, et al. The Hyper – X flight systems validation program [R]. NASA/TM – 2007 – 214620, 2007.

[6] 李曙光. 国外高超音速飞行器现状及有关工艺技术研究 [J]. 航天器制造技术. 2017, 12 (6).

[7] 王蒙, 张进, 尚绍华. X – 43A 飞行器的设计与制造 [J]. 飞航导弹, 2017 (6).

[8] Davis M C, Pahle J W, White J T, et al. Development of a flush airdata sensing system on a Sharp – Nosed vehicle for flight at mach 3 to 8 [R]. NASA/TM – 2000 – 209017, 2000.

[9] Ethan Baumann, Catherine Bahm, Brian Strovers, et al. The X – 43A six degree of freedom monte carlo analysis [R]. AIAA – 092407: 1 – 38.

[10] X – 43A mishap investigation board. Report of findings X – 43A mishap [R]. NASA, Washington, D. C., Vol. 1, May 8, 2003, also available @ www. nasa. gov/pdf/47414—main_x43A_mishap. pdf.

[11] McClinton C R, Rausch V L, Nguyen L T, et al. Preliminary X – 43 flight test results [R]. IAC 04 – V6 – X43A 2.

[12] Marshall L, Bahm C, Corpening G, et al. Overview with results and lessons learned of the X – 43A mach 10 test flight [C]. American Institute of Aeronautics and Astronautics, AIAA Paper, 2005 – 3336, May 2005.

[13] Morelli E A. Flight test validation of optimal input design and comparison to conventional inputs [C]. AIAA, 97 – 3711, AIAA, AFM Conference, August 11 – 13, 1997. New Orleans, LA.

[14] X – 43A mishap investigation board. Report of findings: X – 43A mishap [R]. NASA, Washington, D. C, Vol. 1, 2003.

[15] Baumann, Ethan. Tailored excitation for frequency response measurement applied to the X – 43A flight vehicle [C]. AIAA, 2006 – 638, Jan. 2006.

[16] Karlgaard C D, Tartabini P V, Blanchard R C, et al. Hyper-X Post-Flight trajectory reconstruction [C]. American Institute of Aeronautics and Astronautics, AIAA Paper, 2004 – 4829, August 2004.

[17] Davis, Mark C, J Terry White. Flight-Test-Determined aerodynamic force and moment characteristics of the X – 43A at mach 7. 0 [C]. AIAA, 2006 – 8028, Nov. 2006.

[18] Morelli E A, Derry S D, Smith M S. Aerodynamic parameter estimation for the X – 43A (Hyper – X) from flight data [C]. AIAA, 2005 – 5921, Aug. 2005.

[19] Yohan Lin, Ethan Baumann. Tests and techniques for characterizing and modeling X – 43A electromechanical actuators [R]. NASA/TM – 2008 – 214637: 1 – 89.

[20] Cuirtis Peebles. Road to Ma 10: Lessons learned from the X – 43A flight research program [M]. 郑耀, 徐徐, 译. 北京: 航空工业出版社, 2012: 174.

[21] McClinton C R, Holland S D, Rock K E, et al. Hyper – X wind tunnel program [C]. AIAA, 98 – 0553: 1 – 18.

[22] Cockrell Charles E, Jr, Engelund Walter C, et al. Integrated aero-propulsive CFD methodology for the Hyper – X flight experiment [C]. AIAA, 2000 – 4010: 1 – 10.

[23] Holland, S D, Woods William C, et al. Hyper – X research vehicle experimental aerodynamics test programoverview [J]. Journal of Spacecraft and Rockets, 2001, 38 (6): 828 – 835.

[24] Engelund Walter C, Bittener Robert D, et al. On the CFD support for the Hyper – X aerodynamic database [C]. AIAA, 2000 – 4006: 1 – 30.

[25] Cockrell Charles E Jr, Engelund Walter C. Integrated aeropropulsive computational fluid dynamics methodology for the Hyper – X flight experiment [J]. Journal of Spacecraft and Rockets, 2001, 38 (6): 836 – 847.

[26] Chaudhary A, Nguyen V, et al. Dynamics and stability and control characteristics of the X – 37 [C]. AIAA –

2001 － 1383：1 － 10.

[27] Mutzman R，Murphy S. X － 51 development：a chief engineer's perpective ［C］. 17th AIAA International Space Planes and Hypersonic Systems and Technologies Conference，2011：1 － 20.

[28] Hank J M，Murphy S，et al. The X － 51A scramjet engine fight demonstration program ［R］. AIAA，2008 － 2540，2008：1 － 8.

[29] Baris Fidan，Maj Mirmirani，et al. Flight dynamics and control of Air-Breathing hypersonic vehicles：review and new directions ［C］. 12th AIAA International Space Planes and Hypersonic Systems and Technologies，Norfolk，Virginia，2003：1 － 24.

[30] Armando A Rodriguez，Jeffrey J Dickeson，et al. Modeling and control of scramjet-powered hypersonic vehicles：challenges，trends，and tradeoffs ［C］. AIAA，Guidance，Navigation and Control Conference and Exhibit，Honolulu，Hawaii，2008：1 － 39.

[31] Schmidt D K，Manich H，et al. Dynamics and control of hypersonic vehicles-the integration challenge for the 1990's ［C］. AIAA，91 － 5057：1 － 11.

[32] Dan Marren，Mark Lewis，et al. Experimentation，test，and evaluation requirements for future airbreathing hypersonic systems ［J］. Journal of Propulsion and Power，2001，17（6）：1 － 5.

[33] Whitehead A Jr. NASP Aerodynamics ［C］. AIAA － 89 － 5013：1 － 12.

[34] Armando A Rodriguez，Jeffrey J Dickeson，et al. Modeling and control of scramjet-powered hypersonic vehicles：challenges，trends，and tradeoffs ［C］. AIAA，Guidance，Navigation and Control Conference and Exhibit，Honolulu，Hawaii，2008：1 － 39.

[35] E. Zaccagnino1，G Malucchi，et al. Intermediate experimental vehicle（IXV），the ESA Re － entry demonstrator ［C］. AIAA，Guidance，Navigation，and Control Conference，Oregon，2011：1 － 13.

[36] Murray Kerrl，Rodrigo Haya. IXV Re － entry Guidance，control & DRS triggering algorithm design and assessment ［C］. AIAA，Guidance，Navigation，and Control Conference，Minnesota，2012：1 － 13.

初探军用航空空勤人员信息素养结构体系构建

王岩峰，赵忠国，吕海涛

（山东省青岛市海军航空大学青岛校区航空装备保障指挥系　266041）

摘　要：本文通过对军用航空空勤人员特点的分析和研究，指出了现阶段军用航空空勤人员信息素养结构主要包含信息意识、信息知识、信息能力3方面内容。

随着信息化建设进程的加快，新的战斗力生成模式发生了转变，这就对军用航空空勤人员的信息素养提出了新的要求。本文通过对影响军用航空空勤人员信息素养的要素进行了研究和分析，从培养军用航空空勤人员的信息意识、信息知识、信息能力方面入手，提出了军用航空空勤人员信息素养结构体系这一概念。

关键词：信息素养结构；军用航空空勤人员；信息化建设

1　信息意识

信息意识是指军用航空空勤人员具备强烈的信息化战争意识，具备在复杂环境中对信息资源敏锐的感知能力，能够认识到信息、信息技术和信息系统的重要性，能够自觉学习和掌握新的信息知识和技能，并能有效利用信息技术和工具获取信息。信息意识包括以下几种。

1.1　信息敏感意识

信息敏感意识是指军用航空空勤人员对信息的敏感程度，包括对信息资源有敏锐的感知力、犀利的洞察力、持久的注意力和准确的判断力，要求军用航空空勤人员时刻保持高度的敏感性，能感知所处信息环境的细微变化，能从瞬息万变的事态中捕捉信息，能从司空见惯的现象中发现和提炼出有价值的信息。

1.2　信息心理意识

信息心理意识是指军用航空空勤人员对信息的需求、获取、识别和运用等信息活动方面的心理意识，军用航空空勤人员对信息的心理需求越强，意识越明显，自觉性和能动性就越大，信息意识就越强。在未来的信息化战争中，以信息技术为载体的心理战已经成了一种重要信息战形式，培养军用航空空勤人员的信息心理意识，提升军用航空空勤人员的心理攻击和心理防护能力是夺取战场主动权，瓦解敌军战斗力并最终赢得胜利的必由之路。

1.3　信息安全意识

信息安全意识涵盖了国家信息安全意识、信息安全法规意识和信息安全责任意识，是贯穿军用航空空勤人员信息素养培养始终的一个重要指标。军用航空空勤人员必须认清信息安全保密面临的严峻形势与挑战，时刻保持清醒的头脑，保护信息系统和信息资源免受各种类型的威胁、干扰、窃取和破坏，保证信息的安全性。信息安全意识包括以下两种。

1．信息制胜意识

信息制胜意识是指军用航空空勤人员能够发现并准确表达自己的信息需求，从而在需要的时候想到可利用的信息系统，在未来军事斗争的各个阶段，能够以信息为武器进行斗争。

2. 信息战意识

信息战意识是指军用航空空勤人员把信息固化到自己的大脑之中，让信息战成为一种潜意识，时刻绷紧信息战这根弦，时刻准备投入这场没有硝烟的战争。

2 信息知识

信息知识是指有关信息关键的本质、特征、原则、方法及其运动规律等方面的基本知识，泛指一切与信息有关的理论、认识和方法。对军用航空空勤人员的信息知识的要求，除了要掌握基本的信息理论知识和信息技术知识以外，还应掌握丰富的信息安全知识、信息战知识以及军事信息系统和信息化装备知识。

2.1 信息理论知识

掌握信息的基本概念，熟悉信息的产生、收集、存储、传递、处理、使用等原理。掌握计算机和网络的相关知识，了解计算机、网络和操作系统的基本构成和工作原理，以及数据库技术和人工智能。

2.2 信息技术知识

掌握基础的信息技术知识，深入了解信息技术的现状与发展方向，掌握信息技术的工作原理和方法。熟悉信息系统的基本构成、工作机制和功能，以便为在未来的工作中用好信息技术打下基础。

2.3 信息安全知识

军用航空空勤人员不仅要掌握信息安全和信息系统安全的基本知识，以及与军队信息安全保密有关的法律法规、制度，还要了解军事斗争中信息和信息系统受到的主要威胁、防护手段和补救措施，保证足够的信息知识储备，无论平时还是战时都能确保己方信息和信息系统的安全。

2.4 信息战知识

军用航空空勤人员需要熟悉信息战这个特殊信息活动及其信息过程的有关知识，熟悉敌我双方信息战武器装备的技术、战术性能，掌握信息战的原则、构成元素、作战环节、作战手段、作战方法、作战样式等方面的知识，从而为进行信息战打下坚实基础。

2.5 军事信息系统和信息化装备知识

了解军事信息系统和信息化装备的工作原理、基本构成、工作机制，熟悉其功能与作用。军用航空空勤人员在掌握了这些基本的信息知识的基础上，还应熟悉掌握信息系统和装备的使用、操作以及测试、排故、维修等方面的知识。

3 信息能力

信息能力从狭义上讲是指个体利用信息技术对信息进行感知、获取、处理和利用，并对信息进行传输、存储和保护的能力。对军用航空空勤人员来讲，除了具备对信息的感知、获取、处理、利用、创造和保护的能力以外，还应在对信息的免疫、信息的管理以及信息系统和信息化装备的操控和打赢信息化战争等方面具备很强的信息能力。

3.1 感知信息能力

感知信息能力是指军用航空空勤人员对所处信息环境中的信息资源有敏锐的感知力，能够在复杂的信息环境中对信息载体携带的微弱信息产生反应，能够正确识别有用信息与无关信息、关键信息与一般信息、真实信息与虚假信息、最新信息与过时信息等。

3.2 获取信息能力

获取信息能力是指军用航空空勤人员能够根据任务需求，从外界信息载体中有目的地提取所需信息的能力。影响获取信息能力的因素主要有3个：①对各种信息源和信息载体的熟悉程度；②对各种信息检索工具和检索机能的掌握情况；③多种信息获取的方法和渠道的掌握情况，尤其是运用现代技术收集有用信息的方法和渠道，如多媒体、因特网等。

3.3 处理信息能力

处理信息能力是指军用航空空勤人员将获取的信息按照其任务需求进行筛选、归类、鉴别，剔除无用的信息，选择有用的信息并进一步对其进行重组的能力，包括最大限度地发挥信息的使用价值的能力、鉴别信息能力、重组信息能力等几个方面。

3.4 利用信息能力

利用信息能力是指军用航空空勤人员对经过处理的信息进行分析、推导和创造，并最终解决实际问题的能力。这里利用信息的能力包含信息分析能力、信息推导能力和信息创造能力3个方面。感知信息、获取信息、处理信息的目的是利用信息，只有最终利用信息解决了实际问题，信息的价值才能得以体现。

3.5 传输信息能力

传输信息能力也叫交流信息能力，是指军用航空空勤人员通过某种信息载体把信息资源传递给信息接收者以实现信息贡献的能力。常见的信息传递方式主要是通过计算机网络和通信设备把信息传递给信息接收者。

3.6 创造信息能力

创造信息能力是指军用航空空勤人员能够对获取的信息进行归纳总结，在对信息资源的规律性和相关性研究的基础上，找出新的信息增长点，创造出新的信息资源。

3.7 信息安全保护能力

信息安全保护能力是指军用航空空勤人员掌握基本信息和信息系统安全技术，能够利用安全保密技术和手段对信息和信息系统进行保护，确保信息的保密性、完整性、可用性并保证信息系统不被非法入侵和破坏的能力。

3.8 信息管理能力

信息管理能力是指军用航空空勤人员能够综合采用技术的、经济的、政策的、法律的、人文的方法和手段对信息进行控制，以提高信息的利用效率、最大限度地实现信息效用价值的能力。它不仅包含对信息本身的管理，还包含对涉及信息活动的各种要素的合理的组织和控制。

3.9 信息免疫能力

信息免疫能力是指军用航空空勤人员树立正确的人生观和价值观，培养敏锐的信息甄别能力和自我调节能力，自觉抵御不良信息的影响和侵蚀，从错综复杂的信息海洋中识别并捕捉有用信息的能力。

3.10 信息系统和信息装备操控能力

信息系统和信息装备操控能力，包括正确无误地操作信息系统和信息化装备并进行简单的检测和维修；根据任务需要选择合适的软件并正确、熟练地使用；利用军事专用网络系统平台完成网上作业和作战行动；熟练使用数字化战场的各种信息设备等。

3.11 信息战能力

信息战能力是指军用航空空勤人员的信息战组织能力、信息战防御能力和信息对抗能力，包括了解网络战、电子战、情报站、心理战等基本的信息作战样式，掌握相关的信息攻防知识、作战手段和基本战法。

4 结束语

军用航空空勤人员信息素养结构体系是一个复杂的系统，各级要素环环相扣、联系紧密、相互补充，信息意识是前提，信息知识是基础，信息能力是核心，信息道德是准绳，它们共同构建了一个完整的信息素养结构体系。

太阳能无人机三维轨迹优化

董佳琦[1]，张艳红[1]

（上海飞机设计研究院 上海 201210）

摘 要：本文给出了太阳能无人机表面太阳辐射强度的计算模型和三维空间动力学方程，并以南海区域为应用目标，基于"重力储能"的思想进行了三维轨迹优化。本文将太阳角度、飞行方向与飞行姿态进行有效综合，给出了适用于该类飞行平台的轨迹优化方法，可为相关的太阳能无人机总体设计及轨迹规划提供重要的参考。

关键词：太阳能无人机；太阳辐射强度计算模型；三维空间；轨迹优化；重力储能

3D Trajectory Optimization of Solar Powered UAV

Dong Jiaqi[1]，Zhang Yanhong[1]

（COMAC Shanghai Aircraft Design and Research Institute，Shanghai，201210）

Abstract：Based on the solar radiation intensity calculation model and the dynamics equation，the solar powered UAV's 3D trajectory in the South China Sea is optimized，using the idea of gravitational energy storage. The trajectory optimization method presented in this paper，coupled with solar angle，flight direction and flight attitude，can provide an important reference for the overall design and trajectory planning.

Keywords：solar powered UAV；solar radiation intensity calculation model；3D space；trajectory optimization；gravitational energy storage

0 引言

高空长航时，太阳能无人机采用太阳能作为其动力来源，以实现昼夜循环飞行，但是，受当前储能电池能量密度、太阳能电池转化效率等技术因素的限制，难以实现该目标。为提高太阳能利用率，改善储能方式，有部分学者提出可以通过变高度的方式进行重力储能。此外，无人机获取太阳能的多少也与太阳光入射角度有关，因此，也有部分学者提出通过调整飞行姿态的方式获取更多能量。

对此，Andrew 等人以飞行姿态为变量，以剩余电量最大为优化目标，对飞行定高度直行和盘旋飞行轨迹进行了优化；Sara 等人将飞行空间从二维拓展到三维，但将其飞行轨迹约束在一个圆柱空间内。基于前人的研究基础，本文提出了一种结合太阳光入射角度、飞行姿态与方向，适用于任意三维空间内的太阳能无人机轨迹优化计算方法，并利用该方法，以获取的太阳能最大化为目标，给出了南海区域的变高度轨迹优化模型与结果。

1 太阳能无人机表面太阳辐射强度

在飞行过程中，随着飞行方向和姿态的变化，日间太阳能无人机表面接收的太阳辐射强度会随之变化，而获取太阳能的多少将直接影响其飞行质量。因此，本文在基于地面坐标系太阳能辐射强度计算模型的基础上，利用坐标转换原理，结合飞行姿态角，得到了机体坐标系下太阳能无人机表面太阳辐射强度计算模型。

1.1 地面坐标系下的太阳辐射强度计算模型

本文定义地面坐标系 $O_g x_g y_g z_g$ 中，$O_g x_g$ 为正北方向，$O_g y_g$ 为正西方向，$O_g z_g$ 铅垂向上。地面坐标系中，各方向的太阳辐射强度 I_{xg}、I_{yg}、I_{zg}（正负表示方向）分别为：

$$I_{xg} = I_{sc} \cdot \xi_0 \cdot P_{co} \cdot \cos H_s \cdot \cos A_s$$
$$I_{yg} = I_{sc} \cdot \xi_0 \cdot P_{co} \cdot \cos H_s \cdot \sin A_s \qquad (1)$$
$$I_{zg} = I_{sc} \cdot \xi_0 \cdot P_{co} \cdot \sin H_s$$

式中，I_{sc}——太阳常数，1 367 W/m²；ξ_0——与日地距离相关的偏心修正系数；P_{co}——大气透明系数；H_s——太阳高度角；A_s——太阳方位角（以东为正，如图 1 所示）。

1.2 机体坐标系下的太阳辐射强度计算模型

本文定义机体坐标系 $O x_b y_b z_b$ 中，$O x_b$ 位于太阳能无人机对称平面内，平行于机身轴线指向前，$O y_b$ 垂直于对称平面指向左，$O z_b$ 在对称平面内垂直于 $O x_b$ 指向上。如图 2 所示，机体坐标系中太阳能无人机各方向所受的太阳辐射强度 I_{xb}、I_{yb}、I_{zb}（正负表示方向）可通过姿态角（偏航角 χ，俯仰角 γ，滚转角 μ）经坐标转换得到。

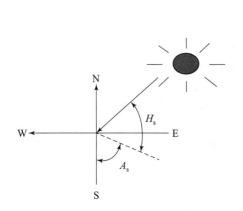

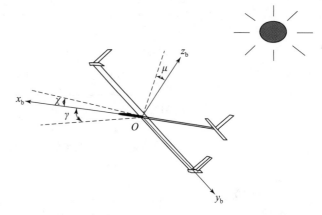

图 1　太阳高度角和方位角示意　　　　　图 2　太阳能无人机相对地面坐标系的姿态角

$$\begin{bmatrix} I_{xb} \\ I_{yb} \\ I_{zb} \end{bmatrix} = \begin{bmatrix} \cos\gamma\cos\chi & \cos\gamma\sin\chi & -\sin\gamma \\ \sin\gamma\sin\mu\cos\chi - \cos\mu\sin\chi & \sin\gamma\sin\mu\sin\chi + \cos\mu\cos\chi & \sin\mu\cos\gamma \\ \sin\gamma\cos\mu\cos\chi + \sin\mu\sin\chi & -\sin\mu\cos\chi & \sin\gamma\cos\mu\sin\chi & \cos\mu\cos\gamma \end{bmatrix} \cdot \begin{bmatrix} I_{xg} \\ I_{yg} \\ I_{zg} \end{bmatrix} \qquad (2)$$

2　三维动力学方程

本文给出了太阳能无人机的三维动力学方程，且针对太阳能无人机能源系统的特殊性，对其储能电池电量变化作出了定义。

$$\frac{\mathrm{d}v}{\mathrm{d}t} = \frac{T}{m}\cos\alpha - \frac{D}{m} - g\sin\gamma \qquad , \quad \frac{\mathrm{d}x}{\mathrm{d}t} = v\cos\gamma\cos\chi$$

$$\frac{\mathrm{d}\gamma}{\mathrm{d}t} = \frac{T}{mv}\sin\alpha\cos\mu + \frac{L}{mv}\cos\mu - \frac{g}{v}\cos\gamma \qquad , \quad \frac{\mathrm{d}y}{\mathrm{d}t} = v\cos\gamma\sin\chi \quad \frac{\mathrm{d}Q}{\mathrm{d}t} = q \qquad (3)$$

$$\frac{\mathrm{d}\chi}{\mathrm{d}t} = \frac{T}{mv}\sin\alpha\sin\mu + \frac{L}{mv\cos\gamma}\sin\mu \qquad , \quad \frac{\mathrm{d}h}{\mathrm{d}t} = v\sin\gamma$$

式中，v——飞行速度；γ——航迹俯仰角；χ——航迹偏航角；x——水平南北方向距离，以北为正；y——水平东西方向距离，以西为正；h——飞行高度，向上为正；Q——储能电池电量，为状态变量；α——迎角；T——推力；μ——滚转角，为控制变量；D——阻力；L——升力，为气动力；t——时间；

m——无人机总质量；g——重力加速度；q——电池电量变化速率。

3 三维轨迹优化

本文采用高斯伪谱法，利用 GPOPS 软件，对太阳能无人机在三维空间中的轨迹进行优化，以使获取的太阳能最大化。

3.1 变高度飞行策略

基于"重力储能"思想，本文提出了"昼高夜低""一日五段式"的飞行策略（如图 3 所示），具体的飞行方案为：①$t_0 \sim t_1$：日出后，太阳能无人机从高度 h_1 利用太阳能爬升并充电，直至到达纯充电高度 h_2；②$t_1 \sim t_2$：在充电高度 h_2 继续充电，直至储能电池充满；③$t_2 \sim t_3$：再次进行爬升，此时仅依靠太阳能维持飞行；④$t_3 \sim t_4$：当吸收的太阳能无法维持正常飞行时，太阳能无人机进行无动力滑翔，直至抵达夜间飞行高度 h_1；⑤$t_4 \sim t_5$：在低高度 h_1 消耗储能电池电量飞行，直至第二天。

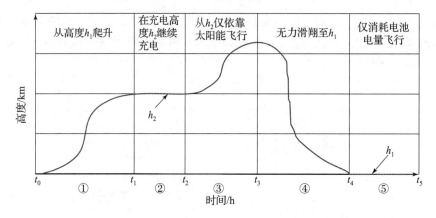

图 3　"昼高夜低""一日五段式"策略规划

3.2 约束条件

各阶段约束条件为：

（1）$t_0 \sim t_1$：从 h_1 爬升。

$$\frac{\mathrm{d}Q}{\mathrm{d}t} = q = \left(I \cdot S_{\mathrm{SC}} \eta_{\mathrm{SC}} \eta_{\mathrm{MPPT}} - \frac{P}{\eta_{\mathrm{mot}} \eta_{\mathrm{plr}}}\right) \cdot \eta_{\mathrm{batin}};$$

$$\begin{array}{ll} v_{\{1\}}(t_0) = v_0, & x_{\{1\}}(t_0) = x_0, & Q_{\{1\}}(t_0) = 0 \\ \chi_{\{1\}}(t_0) = \chi_0, & y_{\{1\}}(t_0) = y_0, & \gamma_{\{1\}}(t_f) = 0 \\ \gamma_{\{1\}}(t_0) = 0, & h_{\{1\}}(t_0) = h_1, & h_{\{1\}}(t_f) = h_2 \end{array} \qquad (4)$$

式中，I——太阳辐射强度，本文假设太阳能无人机上表面铺设太阳能电池，且将铺设面视为平面，即 $I = I_{\mathrm{zb}}$；$P = T \cdot v$——飞行功率；S_{SC}——太阳能电池铺设面积，本文假设 S_{SC} 为机翼面积的 0.8；η_{SC}——太阳能电池转化效率；η_{MPPT}——MPPT 效率；η_{mot}——电机效率；η_{plr}——螺旋桨效率；η_{batin}——储能电池充电效率；下标 $\{i\}$——第 i 段飞行；t_0——本段起始时刻的变量；t_f——本段终止时刻的变量。

（2）$t_1 \sim t_2$：在 h_2 水平飞行并充电。

$$\frac{\mathrm{d}Q}{\mathrm{d}t} = q = \left(I \cdot S_{\mathrm{SC}} \eta_{\mathrm{SC}} \eta_{\mathrm{MPPT}} - \frac{P}{\eta_{\mathrm{mot}} \eta_{\mathrm{plr}}}\right) \cdot \eta_{\mathrm{batin}} \qquad (5)$$

$$\gamma = \frac{\mathrm{d}\gamma}{\mathrm{d}t} = 0, \qquad \gamma_{\{2\}}(t_0) = \gamma_{\{1\}}(t_f) = 0, \qquad y_{\{2\}}(t_0) = y_{\{1\}}(t_f), \qquad \gamma_{\{2\}}(t_f) = 0$$

$$\frac{\mathrm{d}h}{\mathrm{d}t} = 0, \qquad \chi_{\{2\}}(t_0) = \chi_{\{1\}}(t_f), \qquad h_{\{2\}}(t_0) = h_{\{1\}}(t_f) = h_2, \qquad h_{\{2\}}(t_f) = h_2 \qquad (6)$$

$$v_{\{2\}}(t_0) = v_{\{1\}}(t_f), \qquad x_{\{2\}}(t_0) = x_{\{1\}}(t_f), \qquad Q_{\{2\}}(t_0) = Q_{\{1\}}(t_f), \qquad Q_{\{2\}}(t_f) = Q_{\max}$$

式中，Q_{max}——储能电池电量容量。

（3）$t_2 \sim t_3$：从 h_2 以最大功率爬升。

$$P = I \cdot S_{SC} \eta_{SC} \eta_{MPPT} \eta_{mot} \eta_{plr} = T \cdot v \tag{7}$$

$$\frac{dQ}{dt} = q = 0, \qquad \gamma_{\{3\}}(t_0) = \gamma_{\{2\}}(t_f) = 0, \qquad h_{\{3\}}(t_0) = h_{\{2\}}(t_f) = h_2$$

$$v_{\{3\}}(t_0) = v_{\{2\}}(t_f), \qquad \chi_{\{3\}}(t_0) = \chi_{\{2\}}(t_f), \qquad Q_{\{3\}}(t_0) = Q_{\{2\}}(t_f) = Q_{max}, \qquad Q_{\{3\}}(t_f) = Q_{max} \tag{8}$$

$$\gamma_{\{3\}}(t_0) = \gamma_{\{2\}}(t_f) = 0, \qquad y_{\{3\}}(t_0) = y_{\{2\}}(t_f), \qquad h_{\{3\}}(t_f) \geqslant h_2$$

（4）$t_3 \sim t_4$：无动力滑翔至 h_1。

$$T = 0, \qquad \gamma_{\{4\}}(t_0) = \gamma_{\{3\}}(t_f), \qquad y_{\{4\}}(t_0) = y_{\{3\}}(t_f), \qquad \gamma_{\{4\}}(t_f) = 0$$

$$\frac{dQ}{dt} = q = 0, \qquad \chi_{\{4\}}(t_0) = \chi_{\{3\}}(t_f), \qquad h_{\{4\}}(t_0) = h_{\{3\}}(t_f), \qquad h_{\{4\}}(t_f) = h_1 \tag{9}$$

$$v_{\{4\}}(t_0) = v_{\{3\}}(t_f), \qquad x_{\{4\}}(t_0) = x_{\{3\}}(t_f), \qquad Q_{\{4\}}(t_0) = Q_{\{3\}}(t_f) = Q_{max}, \qquad Q_{\{4\}}(t_f) = Q_{max}$$

（5）$t_4 \sim t_5$：在 h_1 水平飞行并放电。

$$\gamma = \frac{d\gamma}{dt} = 0, \qquad \gamma_{\{5\}}(t_0) = \gamma_{\{4\}}(t_f) = 0, \qquad y_{\{5\}}(t_0) = y_{\{4\}}(t_f), \qquad \gamma_{\{5\}}(t_f) = 0$$

$$\frac{dh}{dt} = 0, \qquad \chi_{\{5\}}(t_0) = \chi_{\{4\}}(t_f), \qquad h_{\{5\}}(t_0) = h_{\{4\}}(t_f) = h_1, \qquad h_{\{5\}}(t_f) = h_1 \tag{10}$$

$$v_{\{5\}}(t_0) = v_{\{4\}}(t_f), \qquad x_{\{5\}}(t_0) = x_{\{4\}}(t_f), \qquad Q_{\{5\}}(t_0) = Q_{\{4\}}(t_f) = Q_{max}, \qquad Q_{\{5\}}(t_f) = 0$$

式中，η_{batout}——储能电池放电效率。

由于本文所述为 24 h 昼夜循环飞行，因此还需进行以下约束：

$$v_{\{5\}}(t_f) = v_{\{1\}}(t_0), \qquad \chi_{\{5\}}(t_f) = \chi_{\{1\}}(t_0), \qquad y_{\{5\}}(t_f) = y_{\{1\}}(t_0), \qquad Q_{\{5\}}(t_f) = Q_{\{1\}}(t_0)$$

$$\gamma_{\{5\}}(t_f) = \gamma_{\{1\}}(t_0), \qquad x_{\{5\}}(t_f) = x_{\{1\}}(t_0), \qquad h_{\{5\}}(t_f) = h_{\{1\}}(t_0), \qquad t_5 - t_0 = 24 \text{ h} \tag{11}$$

3.3 目标函数

本文以获取的太阳能最大为目标，目标函数 J 为：

$$\min J = \min - \left(\int_{t_0}^{t_1} I_{zb} dt + \int_{t_1}^{t_2} I_{zb} dt + \int_{t_2}^{t_3} I_{zb} dt \right) \tag{12}$$

3.4 求解过程

本文选取南海（105°E ~ 118°E，4°N ~ 21°N）为目标飞行区域；飞行高度 $h_1 = 15$ km，$h_2 = 23$ km；起始飞行位置为 105°E、4°N。在求解过程中，将 GPOPS 轨迹优化模型与无人机表面可获取的太阳辐射强度计算模型参数进行耦合（如图 4 所示）。

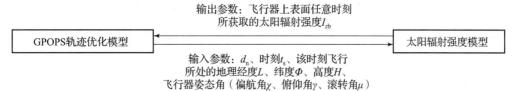

图 4　GPOPS 轨迹优化模型与太阳辐射强度模型参数耦合

本文中太阳能无人机相关参数主要参考 Zephyr 7，具体取值如表 1 所示。

表 1　太阳能无人机相关参数

参数符号	取值	单位	含义	参数符号	取值	单位	含义
m_{struct}	37	kg	结构质量	η_{MPPT}	0.9	—	MPPT 效率
m_{bat}	12	kg	储能电池质量	η_{mot}	0.85	—	电动机效率

参数符号	取值	单位	含义	参数符号	取值	单位	含义
E_{bat}	350	Wh/kg	储能电池能量密度	η_{plr}	0.8	—	螺旋桨效率
b	22.5	m	翼展	η_{batin}	0.9	—	储能电池充电效率
AR	20	—	展弦比	η_{batout}	0.9	—	储能电池放电效率
η_{SC}	0.2	—	太阳能电池转化效率	η_{MPPT}	0.9	—	MPPT 效率

其中，无人机质量 m 主要由结构质量 m_{struct} 和储能电池质量 m_{bat} 组成，计算公式为：

$$m = m_{struct} + m_{bat} \tag{13}$$

储能电池电量容量 Q_{max} 相关计算公式为：

$$Q_{max} = E_{bat} \cdot m_{bat} \tag{14}$$

式中，E_{bat}——储能电池能量密度。

4 三维轨迹优化结果

图 5~图 15 所示是太阳能无人机在南海区域昼夜循环飞行的三维轨迹优化结果。其中，图 5~图 11 所示为状态变量飞行速度 v、航迹俯仰角 γ、航迹偏航角 χ、纬度 $\varPhi$、经度 L、飞行高度 h 和储能电池电量 Q 随时间 t 的变化曲线；图 12~图 14 所示为控制变量迎角 α、滚转角 μ 和推力 T 随时间 t 的变化曲线；图 15 所示为三维飞行轨迹及不同视角的平面图和部分轨迹段的放大图。

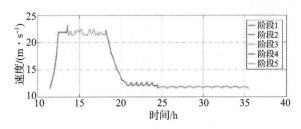

图 5　速度 v 随时间 t 的变化

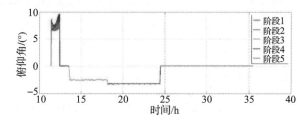

图 6　俯仰角 γ 随时间 t 的变化

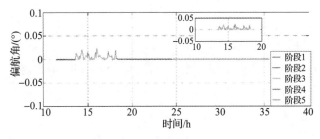

图 7　偏航角 χ 随时间 t 的变化

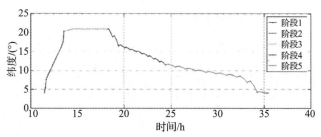

图 8　纬度 $\varPhi$ 随时间 t 的变化

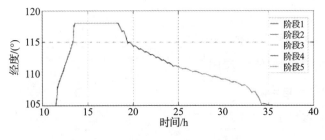

图 9　经度 L 随时间 t 的变化

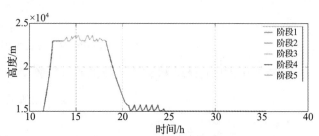

图 10　高度 H 随时间 t 的变化

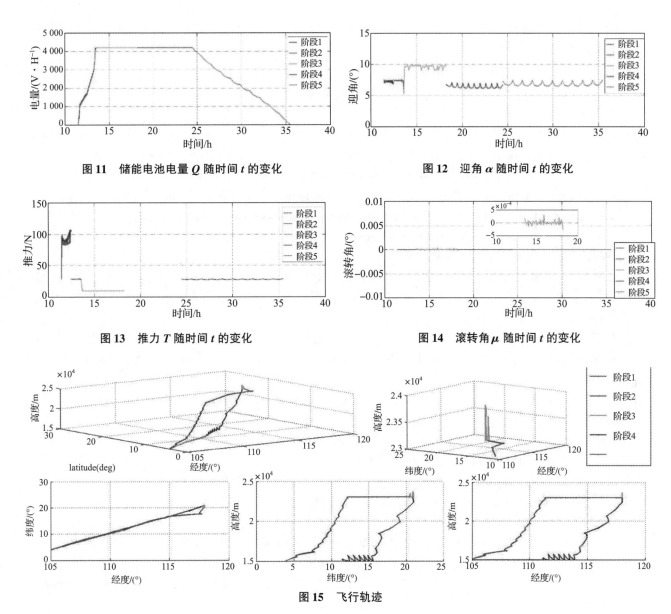

图 11　储能电池电量 Q 随时间 t 的变化

图 12　迎角 α 随时间 t 的变化

图 13　推力 T 随时间 t 的变化

图 14　滚转角 μ 随时间 t 的变化

图 15　飞行轨迹

从图中可以看出，太阳能无人机的飞行路径大致为平行四边形。从日出至日落，太阳能无人机完成了由西南至东北再折返西南的空间飞行。整个飞行过程中，阶段 1、2 主要完成高度爬升和储能电池充电任务，并在阶段 2 末期在高度 $h_2 = 23$ km 的水平面内完成偏航飞行，调整飞行方向；阶段 3 主要完成速度、偏航角、迎角、滚转角在纬度和高度方向的调整，准备返航；在阶段 4、5，太阳能无人机通过无动力滑翔和低高度水平飞行，返回初始飞行点，完成飞行。

各阶段航迹的时间节点分别为 $t_0 = 11.46$ h、$t_1 = 12.49$ h、$t_2 = 13.57$ h、$t_3 = 18.21$ h、$t_4 = 24.48$ h、$t_5 = 35.46$ h，各阶段航迹分别用时 1.03 h、1.08 h、4.64 h、6.27 h、10.98 h。

5　结语

本文给出了太阳能无人机表面太阳辐射强度计算模型与三维空间动力学方程，基于"重力储能"思想制定了"昼高夜低""一日五段"式飞行策略，结合太阳光入射角度、飞行方向与姿态，对南海区域范围内太阳能无人机的三维轨迹进行了优化。

通过分析可以看出：

（1）南海区域三维轨迹优化结果可实现周期飞行且参数范围合理，验证了"昼高夜低""一日五段"式飞行策略的合理性。

（2）滑翔段占据较长时间，证明了"重力储能＋滑翔延长飞行时间"对太阳能无人机实现昼夜循环飞行的重要性。

参 考 文 献

［1］李增彦，李小民. 无人侦察机半物理跟踪仿真平台设计与实现［J］. 测控技术，2013，32（03）：62－65.

［2］Baldock N, Mokhtarzadeh－Dehghan M R. A study of solar-powered, high-altitude unmanned aerial vehicles［J］. Aircraft Engineering and Aerospace Technology, 2006, 78（3）：187－193.

［3］Zheng Guo, Xuekong Chen, Zhongxi Hou, et al. Development of a solar electric powered UAV for long endurance flight［C］. 11th AIAA aviation technology, integration and operations conference, including the AIAA balloon systems conference and 19th AIAA lighter-than-air technology conference 2011：Co-located with the Navy Centennial. vol. 3. 2011：2289－2301.

［4］杜孟尧. 太阳能/氢能混合动力小型无人机设计及关键技术研究［D］. 北京：北京理工大学，2015.

［5］马东立，包文卓，乔宇航. 基于重力储能的太阳能飞机飞行轨迹研究［J］. 航空学报，2014，35（02）：408－416.

［6］X. Z. Gao, Z. X. Hou, Z. Guo, et al. The influence of wind shear to the performance of high-altitude solar-powered aircraft［J］. Proc. IMechE Part G：Journal of Aerospace Engineering, 2013（doi：10. 1177/0954410013496699）.

［7］Andrew T Klesh, Pierre T Kabamba. Energy-optimal path planning for solar-powered aircraft in level flight［J］. AIAA, 2007－6655, 2007.

［8］Sara C Spangelo, Elmer G Gilberty, Andrew T Kleshz, et al. Periodic energy-optimal path planning for solar-powered aircraft［J］. AIAA, 2009－6016, 2009.

［9］David W Hall, Charles D Fortenbach, Emanual V Dimiceli, et al. A preliminary study of solar powered aircraft and associated power trains［J］. NASA, CR－3699, 1983.

［10］Kangwen Sun, Jiaqi Dong, Xiaobo Sun, et al. Analysis of energy reception characteristics of solar aircraft in the tropics of cancer and capricorn［C］. MATEC Web of Conferences, v 198, September 12, 2018, 2018 Asia Conference on Mechanical Engineering and Aerospace Engineering, MEAE 2018.

［11］刘立群，田行，葛竹，等. 双轴跟踪光伏阵列的日地天文理论仿真实现［J］. 太原科技大学学报，2013，34（1）：12－15.

［12］昌敏，周洲，李盈盈. 基于能量平衡的太阳能飞机可持续高度分析［J］. 西北工业大学学报，2012，30（4）：541－546.

临近空间太阳能无人机发展与关键技术研究

陈俊锋，吕日毅，周　磊

（中国人民解放军 92728 部队）

摘　要：随着低雷诺数空气动力学、超大展弦比柔性机翼设计与飞行器控制、太阳能光伏转换、储能电池等相关技术的不断突破，临近空间太阳能无人机正从实验室逐步走向工程应用。本文简要介绍了世界主要临近空间太阳能无人机的发展历程，梳理了当前制约临近空间太阳能无人机实用化的关键技术，并对临近空间太阳能无人机的应用前景进行了展望。

关键词：临近空间；太阳能；无人机

Development and Key Technology Research on
Near – Space Solar – Powered Unmanned Vehicle

Chen Junfeng，Lv Riyi，Zhou Lei

（The 92728th Unit of PLA）

Abstract：With the continuous throughs in low Reynolds aerodynamics，ultra-high aspect ratio flexible wing design and aircraft control，solar photovoltaic conversion，energy storage battery and other related technologies，near-space solar-powered UAV is gradually moving from laboratory to engineering application. This paper briefly introduces the development history of the world's main near-space solar-power UAV，sorts out the key technologies that restrict the practical application，and forecasts the applications.

Keywords：near-space；solar-powered；UAV

0　引言

临近空间太阳能无人机是指飞行高度不小于 20 km、以太阳能为主要能量来源的无人机，其属于新能源飞行器的一种，具有飞行高度高、覆盖区域广、续航时间长、使用灵活等特点，在环境监测、通信服务、区域巡逻、侦察监视等军民用领域有很强的应用潜力。近年来，为加快推进临近空间太阳能无人机发展，美国、英国等国家依托不同的项目，持续开展关键技术攻关，部分国家还进行了探索应用。

1　临近空间太阳能无人机的主要发展历程

1.1　美国

美国太阳能飞机技术研究起步最早，发展最快。1980 年，美国正式将太阳能无人飞行器研制列为国家计划。1983 年，美国开始了高空长航时太阳能飞机气动和结构可行性研究。此后，美国在国家航空航天局（NASA）和国防部高级研究计划局（DARPA）的支持下，先后开展了"环境研究飞行器与传感器技术"（Environment Research Aircraft and Sensor Technology，ERAST）和"超高空超长航时战区巡游侦察单元"（Very – high altitude，Ultra – endurance，Loitering Theatre Unmanned Reconnaissance Element，VULTURE）等项目。

1.1.1 ERAST

EARST 项目由美国国家航空航天局主导，主要目的是研究能够充当"大气层卫星"的高空长航时飞行器，拓展有效载荷能力，进行高空大气环境研究和执行通信任务等。

1994—2003 年，在该项目的支持下，航空环境公司先后研发了 Pathfinder、Pathfinder–Plus、Centurion 和 Helios（相关参数比较如表 1 所示），重点开展了轻质复合材料结构、低翼载飞翼布局、冗余强鲁棒性飞控、轻质低功耗机载设备、低雷诺数空气动力学、高效电推进技术、高空飞行环控技术、高效电池阵和平流层飞行策略等关键技术的研究与飞行试验验证。2001 年 8 月，Helios Prototype 01 飞行高度达到 29 500 m，飞行时间为 18 h，创造了当时非火箭推进飞行器飞行高度纪录。2003 年，Helios Prototype 03 在飞行过程中遭遇紊流，气动弹性和飞行控制系统对紊流响应的耦合作用导致其俯仰不稳定，无人机进入垂直俯冲状态后在空中解体；同年，ERAST 项目如期终止。

表 1 NASA 太阳能无人机相关参数比较

机型	Pathfinder	Pathfinder Plus	Centurion	Helios HP01	Helios HP03
翼展/m	29.5	36.3	61.8	75.3	75.3
弦长/m	2.44	2.44	2.44	2.44	2.44
展弦比	12	15	26	31	31
翼载/($kg \cdot m^{-2}$)	3.5	3.6	3.2~5.7	3.9	5.7
起飞质量/kg	252	315	862	719	1 052
有效载重能力/kg	45	67.5	272	90	—
升限/m	21 802	24 445	30 500	29 524	19 800
续航时间/h	昼间：14~15；夜间依靠备份电池：2~5			18	7~14（计划）
巡航表速/($m \cdot s^{-1}$)	7.6~8.9	7.6~8.9	7.6~9.4	—	—
电动机	1.25 kW×6	1.5 kW×8	1.5 kW×14	1.5 kW×14	1.5 kW×10

1.1.2 VULTURE

VULTURE 项目由美国国防部高级研究计划局主管，目标是发展具有低轨道特性的传感器平台和通信中继无人机系统，为美军提供持久的情报、监视、侦察和通信中继服务。指标要求为：巡航高度为 18.3~27.4 km 并在该高度范围内 99% 风速条件下保持飞行高度，任务载重不小于 454 kg，任务载荷可用功耗不小于 5 kW，续航时间不短于 5 年。

该项目从 2008 年开始，第一阶段研究合同分别授予极光飞行科学公司、波音公司和洛马公司。第一阶段研究结束后，参研公司均认为，VULTURE 项目面临的最大技术挑战是如何在南北纬 45°，冬至前后太阳辐射最低的条件下，保持太阳能无人机不间断飞行并完成任务的能力。

2010 年 9 月，波音/QinetiQ 公司团队依靠"太阳鹰"（SolarEagle，在 Zephyr 的基础上改进）方案赢得第二阶段研究合同。"太阳鹰"（如图 1 所示）翼展为 133 m，展弦比为 40，起飞质量为 2 720 kg，载荷质量为 454 kg，飞行高度为 19 800 m，续航时间为 5 年。

2012 年 4 月，美国国防部高级研究计划局取消了 VULTURE 验证机研制和飞行计划，并将项目剩余资金投入光伏技术和固体燃料电池技术上，以降低研制风险。

图 1 "太阳鹰"效果

此后，极光飞行科学公司在 VULTURE 项目第一阶段成果的基础上，研发出了大型太阳能无人机 Odysseus。该公司原计划于 2019 年 2 月底在北纬 20°开展首架机飞行测试，但在 2019 年年中无限期推迟了首次飞行计划。

1.1.3 Solara 和 Aquila

考虑到太阳能无人机在民用网络通信服务方面巨大的应用前景。Google 公司和 Facebook 公司分别通过收购其他公司的形式，研发了 Solara 和 Aquila 无人机，主要任务是为欠发达地区提供宽带数据服务。

Solara 首款无人机翼展为 50 m，长 15.5 m，起飞质量为 159 kg，可携带 32 kg、功耗 100 W 的有效载荷，使用锂离子电池储能，飞行高度为 20 000 m，巡航速度为 104 km/h，续航时间为 5 年，覆盖半径不小于300 km。2015 年 5 月，该无人机首飞时因机翼结构破坏而坠毁。2017 年，该项目终止。

Aquila 无人机翼展为 50 m，起飞质量不大于 500 kg，无起落架，利用拖车拖曳升空，可在 18 ~ 27 km高空飞行，续航时间为 3 个月。该无人机于 2016 年 6 月首飞，留空 96 min，着陆前遭遇湍流，因控制逻辑设计缺陷，引发飞行动压超限，造成了机翼结构的破坏。2017 年，该无人机再次进行飞行测试，留空 106 min，并实现沙地硬着陆。2018 年，Facebook 公司宣布该项目终止，转而与空客公司合作，继续进行太阳能无人机研发工作。

1.2 英国

英国临近空间太阳能无人机主要有 Zephyr、PHASA – 35 和 Astigan 等。其中，Zephyr 无人机发展最为顺利。

Zephyr 无人机由 QinetiQ 公司研发，主要目标是为监视、通信任务和野战部队提供持久、耐用、稳定的高空平台。其早期由美国国防部技术验证项目支持，目前已完成样机制造、地面起飞验证、高空放飞验证、低空系统验证等工作。

2003 年和 2005 年，Zephyr 前 2 架样机分别由于牵引气球漏气或遭遇狂风，导致试飞失败。2006 年 8 月初，Zephyr 第 3 架样机成功完成试飞。

2013 年，空客公司从 Qinetiq 公司收购了 Zephyr 无人机设计团队及方案，目的是根据卫星制造经验对其进行改进，作为“高空伪卫星”执行通信中继、侦察监视等任务。2014 年 8 月，Zephyr – 7 无人机首次在冬季完成了连续 11 天的不间断高空飞行试验，验证了在较差光伏吸收条件下的昼夜持续飞行和全天时、全天候操控能力。

Zephyr – 7 主要通过轻质化结构、低飞行速度设计，验证了太阳能无人机平台的高空和昼夜连续飞行技术，但平台抗风能力也相对较差。因此，空客公司始终强调在迄今成功飞行中低风速气象条件的重要性。

2014 年 3 月，空客防务与空间公司启动了 Zephyr S 项目。Zephyr S 无人机翼展为 25 m，起飞质量为 75 kg，可搭载 5 kg、平均功率 50 W（最大 250 W）的载荷，续航时间为 1 个月。2016 年 2 月 18 日，英国国防部采购了两套 Zephyr S 无人机，主要用于为特种部队提供持续监视和通信中继服务。

1.3 其他国家

2016 年，韩国高空太阳能无人机 EAV – 3 在 18.5 km 高度成功飞行了 90 min。韩国计划未来在平流层利用太阳能无人机执行地面实时观测、大气资料获取、实时影像传输、通信中继和气象探测等任务。

从 20 世纪 90 年代开始，国内相关科研院所就开展了太阳能无人机关键技术的预先研究。近年来，国内自主研发的彩虹太阳能无人机已完成临近空间飞行试验，标志着我国在太阳能无人机技术领域取得了突破，但与世界先进水平相比仍有较大差距。

2 关键技术

虽然临近空间太阳能无人机有广阔的应用前景，但从 ERAST、VULTURE、Zephyr、Solara、Aquila

等项目的实际情况看，其距采用较低成本实现高空、长航时、大载荷的实际使用要求还有差距，需要在轻质高效能源系统设计、高可靠性设计、平台载荷兼容总体设计、轻质低功耗任务载荷设计、小型化高速卫通等关键技术方面进行持续攻关。

2.1　轻质高效能源系统设计技术

为使太阳能无人机达到超长航时能力指标，一方面需开展高储能电池工程化应用工作，另一方面需加强结构能源一体化设计和高效能源管理技术的攻关，减小光伏阵列附加质量，优化动力电池组适配形式，通过分析能源系统复杂工况运行模式，实现能源在线智能调度。

2.2　高可靠性设计技术

临近空间太阳能无人机相比于传统航空器留空时间大幅提升。为保证留空时间内的任务可靠性和飞行安全性，需针对太阳能无人机平台分系统及设备耐临近空间环境技术、故障重构技术、临近空间大气环境多元感知与融合技术等开展深入研究。

2.3　平台载荷兼容总体设计技术

太阳能无人机整体能量密度低、内部空间分散，在质量控制、外形减阻、供配电、环境控制等方面有着严格要求，需在考虑无人机平台承载能力、总体布置、接口等因素的基础上，以实时性、可靠性、抗干扰、轻质化为目标，开展平台载荷兼容总体设计。

2.4　轻质低功耗任务载荷设计技术

当前阶段，太阳能无人机为了增加留空时间和升空高度，必然会对任务载荷的质量、功耗进行严格限制。因此，需要综合考虑平台承载能力、总体布局、空间容量、功率提取等约束，采用新材料、新工艺，设计满足任务要求的轻质低功耗任务载荷。

2.5　小型化高速卫通技术

太阳能无人机续航时间长、覆盖范围广，若仅采用视距链路进行测控，则任务半径仅为 500 km 左右，无法充分发挥优势。为保证任务过程中载荷信息的实时传输，需针对太阳能无人机的特点，开展小型化高速卫通设计工作。

3　结语

临近空间太阳能无人机兼具传统航空平台与航天平台的优点，应用前景广阔。随着制约其实用化的关键技术不断突破，必将在通信服务、环境监测等民用领域，以及持久监视、通信中继等军用领域获得广泛应用。

参 考 文 献

[1] 陶于金. 临近空间超长航时太阳能无人机发展及关键技术 [J]. 航空制造技术, 2016 (18)：26 – 30.

[2] 温杰. "西风" 太阳能无人机的改进与发展 [J]. 国际航空, 2017 (10)：22 – 24.

[3] NASA. ERAST：environmental research aircraft and sensor technology [C]. Washington D. C.：NASA, 2002.

[4] Thomas E Noll, John M Brown, Marla E, et. al. Investigation of the Helios proto type aircraft mishap [R]. NASA Report, 2004.

[5] 马遥远. 不倦的 "秃鹰" ——美国发展可留空五年的无人机 [J]. 国防航空, 2007 (11)：42 – 43.

[6] 张衡, 亚丁. 挑战飞行极限的 "秃鹰" 计划 [J]. 兵器知识, 2008 (10)：49 – 51.

[7] 张京男. 欧洲微风太阳能无人机应用与方案研究 [J]. 飞航导弹, 2016 (2): 47 – 52.

[8] 吴沁怡. 我国无人机的发展现状与展望 [J]. 科技展望, 2016 (12): 55 – 59.

[9] 邬旖旎. 国内太阳能无人机迎革命 [J]. 华东科技, 2015 (9): 72 – 75.

[10] 菀轩. 我国首款大型太阳能无人机完成两万米高空飞行 [J]. 中国航天, 2017 (7): 33.

[11] 孙婧, 胡利娟. 照亮临近空间的彩虹 [J]. 中国科技财富, 2017 (10): 58 – 59.

安全性一体化设计与验证程序研究

李 稷

（上海飞机设计研究院 上海 201210）

摘 要：民机的直接使用费用与飞机的设计方案和设计参数是直接相关的，是民机经济性设计中考虑的主要因素。可靠性和安全性是民机产品的固有属性，是保障使用安全的前提条件，其参数化设计被视为制约飞机效费比的重要因素。为提高民机经济性在民航市场中的竞争力，在初始设计阶段，以系统工程的观点，通过可靠性、安全性和成本之间的联系，建立以可靠性及安全性最优为目标，以飞机成本、飞机各性能参数为约束的优化模型，并提出基于成本的民机可靠性与安全性一体化设计与验证程序。

关键词：成本；可靠性；安全性；一体化设计

Integrated Design and Validation Program of Civil Aircraft Reliability and Safety Based on Cost

Li ji

（Shanghai Aircraft Design and Research Institute，Shanghai，201210）

Abstract：The direct operating cost of aircrafts is directly related to the design scheme and parameters of the aircrafts，which is the main factor to be considered in aircraft economic design. Reliability and safety are the inherent attributes of aircrafts and the prerequisite for ensuring safety in use，their parameterized design is regarded as an important factor which is restricting the efficiency-cost ratio of an aircraft. In order to improve the competitiveness of civil aircrafts in the aviation market，an optimization model is constructed to consider reliability and safety simultaneously during the initial design stage from a view of system engineering，the model is on the basis of connection of reliability，safety and cost，where the reliability and safety indexes being as the objective，and the plane cost and performance parameters being as constraints，finally，an integraded design method of reliability and safety and its validation procedures are established based on the cost constraint.

Keywords：cost；reliability；security；integrated design

0 引言

随着航空工业的发展，民机的性能指标也在全面提升，工艺要求越来越高，设计也越来越复杂，民机大幅度增长的成本成为制约商用飞机发展的一个关键因素。经济性成为决定民机市场竞争力的重要因素。

国内对民机使用经济性的研究是从 20 世纪 80 年代开始的，主要是结合国情修改细化国外的计算模型，近几年开始结合民机设计方案进行研究。工业发展部的叶沛提出了参考西欧飞机制造商广泛使用的直接使用成本（Direct Operating Cost，DOC）计算方法修改的直接成本计算方法。中国民航学院的都业富提出了一种飞机寿命周期经济性分析与工程经济相结合的评价飞机经济性的方法。欧洲航空运输协会

李稷，男，硕士，高级工程师，有 15 年民用飞机研制项目管理经验。

在 1989 年提出了一种在美国航空运输协会的计算方法的基础上结合欧洲现实数据的计算方法。

飞机经济性涉及飞机全寿命周期的各个方面，尽管设计成本在飞机项目全寿命周期费用中所占比例不大，却决定了全寿命周期费用的 85%。飞机的使用费用占全寿命周期费用的 60%，包括直接使用成本和间接使用成本（Indirect Operating Cost，IOC）。直接使用成本是民机经济性的一个重要指标，主要分为机组费用、燃油费用、机场服务费、维修费用和资本成本 5 个部分。与其他费用相比，只有维修成本在较大程度上是航空公司可控的，因此降低维修成本是航空公司提高利润的主要途径之一。

对于航空产业，可靠性和安全性问题与人身安危、经济效益密切相关。波音公司收集了大量试验数据和用户反馈数据，结合可靠性和安全性理论的广泛应用，使其设计制造的飞机相比传统的飞机表现出非常大的经济优势。美国总结几十年的研制经验建立了一套完整的设计体系，与计算机辅助分析软件和民用飞机可靠性数据库结合，有力地支持了民机的研发工作。

保证飞机的固有可靠性和安全性是维修的重要目标之一，不同的可靠性将花费不同的维修成本。为了从根本上提高飞机维修的经济性，必须在源头设计上考虑维修成本。因此，基于成本的可靠性与安全性的一体化设计与验证，不仅与可靠性、安全性相关，也与维修性息息相关，最终与民机的经济性相关。本文考虑以民机成本为约束条件，研究民机可靠性与安全性一体化设计方法与验证程序，为新一代民机研发提供必要的工具。

1 基于成本的可靠性与安全性一体化设计方法

传统的可靠性设计与安全性设计是相互独立进行的，而可靠性与安全性一体化设计是在飞机设计阶段开展的以成本为主要约束的可靠性与安全性的协同优化设计过程，其主要设计思路如图 1 所示。

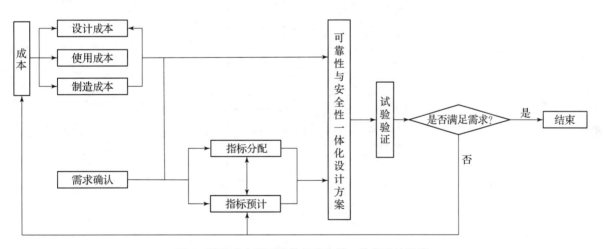

图 1　基于成本的可靠性与安全性一体化设计思路

1.1　考虑可靠性与安全性指标的民机成本分析

可靠性与安全性设计是飞机维修成本的重要影响因素。维修成本由直接维修成本（Direct Maintenance Cost，DMC）与间接维修成本（Indirect Maintenance Cost，IMC）组成。其中，DMC 是在完成飞机或设备维修所需要的工作中直接花费的人工时间和材料的费用，与可控的直接使用成本的程度关系较大。可靠性设计通过维修成本影响着总成本，维修性也影响着可靠性。

DMC 分析是以可靠性、维修性及经济性数据为基础的定量分析过程，是飞机不同型号间经济性优劣的重要表现。通过 DMC 分析，可找出飞机设计在维修性与可靠性方面存在的薄弱环节，通过切实有效的改进措施进行优化设计，从而有效控制维修成本，提升飞机的竞争力。

1.2 基于成本的指标分配及预计

1.2.1 DMC、可靠性及安全性需求

（1）DMC 目标是在飞机研发过程中，依据市场需求、飞机技术方案等边界条件，对整机设定的一个总体目标。DMC 取决于产品本身的固有维修经济性，而固有维修经济性又来源于产品设计，所以设计阶段的 DMC 是产品全生命周期 DMC 活动的重点。

（2）可靠性要求是产品使用方从可靠性角度向承制方提出的研制目标，是进行可靠性设计分析、制造、试验和验收的依据，主要分为可靠性定性要求、可靠性定量要求和可靠性工作项目要求。

（3）安全性要求是型号安全性工程中开展设计、分析、验证与评价等工作的依据，包括定性要求和定量要求，正确、科学地确定各项安全性要求是一项重要工作。

（4）民机的签派可靠度反映了飞机及其系统功能的可使用性，直接影响航空公司的运营收入，是商用飞机营运的主要使用目标，这一问题在飞机实际运营时特别重要。

1.2.2 可靠性、安全性参数指标的经济可行性分析

民机可靠性、安全性参数指标的经济可行性分析是面向全寿命周期费用，分析可靠性、安全性指标与费用项目之间的关系，进而建立的寿命周期费用估算模型，根据估算模型逐个分析可靠性、安全性指标对寿命周期费用的影响，以判断所提出的可靠性、安全性指标是否在经济上可以承受的过程。可靠性、安全性参数指标经济性分析的一般程序如图 2 所示。

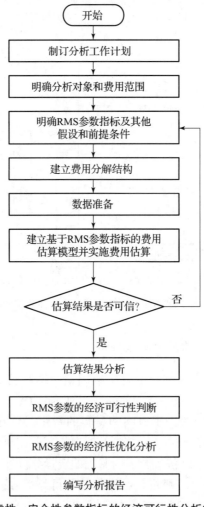

图 2　可靠性、安全性参数指标的经济可行性分析的一般程序

1.2.3　可靠性、安全性以及 DMC 分配

1）可靠性分配

系统可靠性设计就是把系统可靠性指标合理地层层分配到底层元器件，选用能够满足要求的元器件，从而保证各部组件、各分系统以及全系统达到可靠性指标要求。可靠性的分配需要考虑系统重要度、系统复杂度等不同因素。通过参考飞机制造商关于可靠性评估的规章和手册标准，结合可靠性维修管理方面的实际情况，得出可靠性指标的计算方法。

在考虑成本的基础上，建立一种实用的成本可靠度函数和非线性规划模型，将对组件的可靠性最优分配的问题转化为对非线性规划问题的求解。通过可靠性分配，各级设计人员可以明确其可靠性设计要求，根据要求估计所需的人力、时间和资源，并研究实现这些要求的可能性及方法。

2）安全性分配

安全性需求存在于飞机级、系统级和设备级。通常下层级的安全性需求来自对上层级安全性需求的分配。在飞机系统设计过程中，需根据功能把安全性需求自飞机级功能至设备级进行分解。

3）DMC 分配

DMC 分配是产品设计研制阶段一项非常重要的维修经济性工作，它通过将 DMC 整机目标值进行分解，分配给产品的各系统、子系统、工作包及功能部件，从而实现其预定的维修成本设计目标。飞机设计阶段的 DMC 分析工作主要包括 DMC 整机目标值确定、DMC 分配和 DMC 预计。

1.2.4　可靠性、安全性指标以及 DMC 预计

1）DMC 预计与控制

DMC 预计是指通过一系列分析活动，预测飞机部件、子系统、系统以及整机的 DMC，其过程是自下而上进行的，是 DMC 分析与控制技术的中心环节及 DMC 分配的反过程和验证过程。DMC 控制是在 DMC 分配值和预计值及优化模型的基础上，以 DMC 指标为约束条件，实现可靠性参数和维修性参数的优化。

2）可靠性预计

可靠性预计是根据组成系统的元件、部件的可靠性来估计的，是一个自下而上、从局部到整体、由小到大的系统综合过程，可分为基本可靠性预计和任务可靠性预计两种。可靠性预计可反映产品定量的可靠性值，并找出影响产品可靠性的薄弱环节，为改进设计提供依据；同时，也为可靠性分配提供参考依据。

1.3　基于成本的可靠性与安全性一体化设计

1.3.1　学科模型

1）可靠性模型

为预计或估算产品的可靠性所建立的框图和数学模型称作可靠性模型，可分为串联模型、贮备模型等。建立可靠性模型的主要步骤为：深入了解产品，确定产品定义；在了解产品的基础上建立产品的逻辑框图；根据产品可靠性框图，把产品的可靠性特征值用公式表达出来；根据不同原则进行综合权衡，选择合适的可靠性模型。

2）安全性模型

安全性模型的建立离不开事故模型。事故模型代表着事故分析或者系统设计的事故致因原理。事故模型包括事故如何产生，什么因素导致事故，以及这些因素如何组合、相互作用或者传递而导致事故的各种假设。一般地，飞机安全性模型应是各分系统的串联模型。

1.3.2　可靠性与安全性一体化分析方法

可靠性分析是可靠性设计的基础，它运用定性和定量的分析工具对系统的可靠性设计特性进行逻辑的、综合的评定。常用的方法包括故障模式影响及危害性分析（FMECA）、故障树分析（FTA）等。

安全性分析又称为危险分析，包括危险的识别与其机理分析、风险分析与评价等，是安全性设计、

评价的基础。常用方法包括初步危险分析（PHA）、分系统危险分析（SSHA）等。

尽管可靠性和安全性在概念和关注点上有所不同，但两者之间的关系却十分密切，在部分安全性分析工作中，可靠性分析是安全性分析的基础，可靠性是安全性的输入。

1.3.3 基于成本的可靠性与安全性一体化设计方法

在设计阶段开展可靠性与安全性同步设计，需要完成以下工作：构建成本预测模型、建立可靠性与安全性学科模型并进行同步优化。传统意义上的可靠性与安全性优化设计指单元余度可靠性分配，不支持通过调整与系统可靠性和安全性指标密切相关的关键设计参数来优化可靠性和安全性。

1）构建成本预测模型

在构建成本预测模型的过程中，考虑可靠性与安全性的关键设计参数，定量地描述成本与可靠性和安全性之间的关系。其数学表达式可表示为：

$$C = \beta_0 \prod_{i=1}^{n} X_i^{\beta_i} \tag{1}$$

式中，C 为商用飞机的单机成本；X_i 为影响单机成本的自变量；β_i 为自变量系数；n 为自变量个数。

2）建立可靠性与安全性一体化设计模型

在实际系统模型的基础上，进行可靠性与安全性分析，得到描述系统可靠性和安全性指标与关键设计参数之间关系的模型，后进行可靠性与安全性定量设计与优化。可靠性与安全性模型的数学表达式为：

$$R_s = f(\text{DDPs}) \tag{2}$$

式中，R_s 为系统可靠性与安全性指标；DDPs 为与系统可靠性和安全性指标密切相关的关键设计参数。

3）协同优化设计

在现代设计过程中，经常采用优化的手段，通过选择合理的 DDPs 来提高系统的可靠性与安全性。在可靠性与安全性学科模型的基础上，建立一体化优化模型，明确优化的目标、约束和变量，然后利用商业优化软件提供的各类标准优化算法，开展可靠性、安全性与性能同步优化设计研究。基于成本的一体化优化模型为：

$$\begin{aligned}
\max \quad & R_s(X) \\
\text{s. t.} \quad & C \leqslant C^* \\
& g_i(X) \leqslant g_i^* \quad (i=1,2,\cdots,n) \\
& x_{j\min} \leqslant x_j \leqslant x_{j\max} \quad (j=1,2,\cdots,m)
\end{aligned} \tag{3}$$

式中，X 为关键设计变量；R_s 为可靠性与安全性设计指标；C 为成本模型约束；C^* 为成本设计要求；$g_i(X)$ 为性能指标约束；g_i^* 为性能设计要求。

在一体化设计中，优化的目标函数和约束条件一般为非线性函数，构成了复杂的非线性优化问题，可通过遗传算法、模拟退火算法等方法求解。

2 基于成本的可靠性与安全性一体化试验验证

可靠性、安全性要求验证的目的是认定飞机安全性、可靠性要求是否满足研制任务书或合同中规定的要求，促进飞机研制、生产和使用过程中的产品质量改进、可靠性与安全性增长并保证航空公司的正常运营，确保飞机具有规定的性能。可靠性与安全性要求验证的一般工作程序如图3所示。

验证方法是飞机可靠性、安全性要求验证技术体系中的核心环节，飞机可靠性与安全性要求的验证方法可分为以下4类，共8种：

（1）试验类：实验室试验、现场试验、演示试验。

（2）检查类：检查评分。

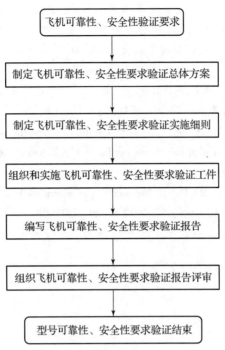

图3　可靠性和安全性要求验证的一般工作程序

（3）分析类：评价、类比分析、仿真。

（4）综合类：综合验证。

选择验证方法时，应针对所要验证的可靠性、安全性要求，充分考虑所选用验证方法的针对性、有效性和经济性。

可靠性定量要求验证方法适用于飞机、系统和设备，包括实验室试验验证方法、现场试验验证方法和可靠性评估方法。安全性定量要求验证方法的适用对象是系统中安全关键的产品，一般包括系统，分系统或设备中的指挥与控制单元及任何控制危险性等级为Ⅰ级或Ⅱ级的硬件、软件和规程。安全性验证应根据安全性定量要求，可采用试验、检查、分析、综合等验证方法。

可靠性与安全性定性要求验证方法适用于飞机、系统和设备，通常可采用检查方法，一般可采用专家评分法，这种方法用定量的形式表达定性要求的验证结果，具有结果直观、简单易行的特点。

3　结论

本文从可靠性与安全性对民机成本的影响出发，对可靠性、安全性和DMC三者的需求、指标分配和预计进行了分析，提出了基于成本的可靠性与安全性一体化设计思想，在此基础上研究了相应的一体化设计模型及分析方法，最后给出了一套完整的一体化试验验证程序，为我国新一代大型民机研制提供了技术支撑。

参 考 文 献

［1］徐华锋. 民用飞机全寿命周期费用灰色优化与预测模型［D］. 南京：南京航空航天大学，2014.

［2］Moore M D，Huynh L C，Waters M H，et al. Economic optimization of an advanced subsonic transport［J］. AIAA，1997：97－5545.

［3］廖琳雪，叶沛，党铁红. 欧洲市场直接运营成本（DOC）分析方法及其应用［J］. 民用飞机设计与研究，2013（1）：1－4.

［4］李晓勇，宋文滨. 民用飞机全寿命周期成本及经济性设计研究［J］. 中国民航大学学报，2012，30（002）：48－55.

［5］叶沛. 民用飞机经济性［M］. 成都：西南交通大学出版社，2013：76 - 95.

［6］王淼，航空维修工程可靠性分析方法研究及应用［D］. 厦门大学，2009.

［7］车程. 民用飞机安全性分析方法研究及软件系统设计［D］. 南京：南京航空航天大学，2008.

［8］周灵基. 飞机维修方案对航空公司成本的影响［J］. 中国民用航空，2007，000（001）：47 - 50.

［9］林伟贤. 民机可靠性设计与评价系统的设计实现［J］. 航空标准化与质量，2016（5）：44 - 48.

［10］曹琦，蔡军，张晓军. 飞机可靠性分配方法研究［J］. 航空科学技术，2013.

［11］Tomaszek H，Kaleta R，Zieja M. A method to assess reliability and life of selected aircraft components suffering from cumulative effect of destructive processes-an outline［J］. Research Works of Air Force Institute of Technology，2012，30（1）：91 - 108.

［12］Yang J，Huang H Z，Sun R，et al. Reliability analysis of aircraft servo-actuation systems using evidential networks［J］. Int. J. Turbo Jet - Engines，2012，29（2）：59 - 68.

［13］舒文军，何宇廷，崔荣洪，等. 一种基于条件概率的飞机安全性分析模型［J］. 航空精密制造技术，2009，045（006）：53 - 57.

基于5G网络的机载多总线测试系统设计

李新亮，倪智煜

（上海飞机制造有限公司　上海　200000）

摘　要：本文以现有主流机型机载总线网络为研究对象，针对现有总线测试系统的单一性，提出一种基于5G网络架构的机载多总线测试系统。利用5G网络特有的高带宽、低延迟特点，以及设计开发多协议数据库，实现机载多总线测试系统的通用性及稳定性。研究总线故障分析与诊断技术，掌握飞机总装过程的多总线在线故障诊断方法，对了解和掌握总装功能试验及故障定位有重要的意义。

关键词：机载总线；总线测试；5G

A Design Method of Airborne Multi-Bus Test Based on 5G

Li Xinliang, Ni Zhiyu

（Shanghai Aircraft Manufacturing Co., Shanghai, 200000）

Abstract：Based on the existing mainstream aircraft airborne bus network as the research object, aiming at the unicity of the existing bus testing system, this paper proposed a design method of airborne multi-bus test based on 5G. Taking advantage of the high bandwidth and low latency characteristics of 5G network, and development of multi-protocol database, realize the universality and stability of airborne multi-bus test system. Researching bus fault analysis and diagnosis technology, master the multi-bus online fault diagnosis method of the aircraft assembly process, it is of great significance to understand and master the general assembly bus function test and fault location.

Keywords：airborne bus; bus testing; 5G

0　引言

总线是飞机机载系统的神经中枢，航电系统内部和飞机的其他各个系统通过ARINC429、ARINC664、ARINC825等总线交换信息。通过对机载总线传输数据的解析，可以有效分析飞机的当前状态，保证飞机各系统性能完整。目前国内的机载总线测试系统基本都基于单一的总线协议进行开发，例如有基于FPGA＋LabVIEW的1553B总线监测系统、基于ARINC429总线技术的机载航电设备故障检测平台、基于ARINC825总线的测试系统终端设计与实现等。但是，在实际的民用飞机总装过程中，机载总线网络通常采用多总线的架构，且相互之间存在数据的交互，例如，B787客机航电核心网络由基于ARINC 664标准的AFDX总线网络组成，机电系统等与航电核心网络系统之间的数据通信基于CAN总线与AFDX网络之间的通信转换，无线电等系统与航电核心系统之间的数据通信基于ARINC 429总线与AFDX网络之间的通信转换。因此，一种新型的可完成多种总线协议的测试系统开发迫在眉睫。

1　系统设计

1.1　测试系统总体设计

多总线测试系统用于包括ARINC664、ARINC429在内的多类总线的数据监控和数据激励，同时，考虑到系统的延展性，整套系统采用开放式架构，利用通用化的框架软件加载组件化的软件功能模块实现技术要求相应的功能。

多总线测试系统具有总线监控仿真、故障分析和管理的功能。其中，总线监控仿真是系统核心功能，包括总线数据采集、解析、激励等；管理又包括用户管理、数据管理、ICD 管理以及日志管理等。

系统逻辑架构的实现离不开硬件的支持，同时软件的部署运行也需要硬件资源支撑。多总线测试系统由硬件平台和软件平台组成，硬件平台由采集终端、控制终端和服务器组成，需要完成总线数据的采集和发送，进行故障分析及管理功能软件的加载运行，采集终端通过 5G 网络实现数据传输。同时，考虑到系统应用的特点和扩展性，采用"服务器 + 终端"的形式构建整个系统应用。其中，服务器用于部署系统软件，终端提供总线数据采集监控和控制等功能。

系统架构如图 1 所示。

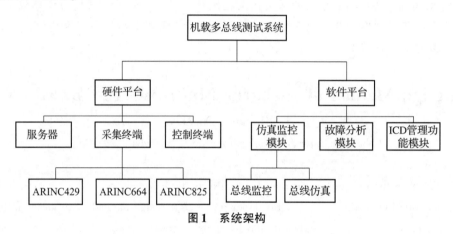

图 1   系统架构

1.2   硬件系统设计

多总线测试系统采用模块化硬件，主要实现多类航电总线数据的仿真与监控，同时要求具备相应的数据管理、故障分析、数据可视化等功能。基于需求分析，整体设计以服务器为核心，结合终端来搭建整个硬件环境。

该系统可为服务器用户提供总线数据仿真监控、故障分析、数据管理、数据可视化等服务。终端包括便携式采集终端和便携式控制终端，采集终端用于航电总线数据的采集与发送，控制终端用于操作人员的远程操控。由于总线解析数据较大，结合 5G 网络自身低延时、高带宽的特点，数据采集终端与服务器之间的数据交互通过 5G 网络实现，保证数据传输的速率以及可靠性。

硬件架构如图 2 所示。

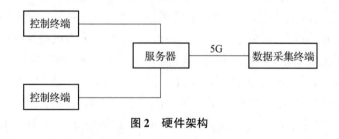

图 2   硬件架构

1.3   软件总体设计

软件整体架构按照 GUI 层、框架中间层和 HAL 层来设计。GUI 层包括界面主窗口、配置树、日志窗口、视图窗口等界面控件，负责与用户进行界面交互、处理界面逻辑。框架中间层负责 GUI 层与 HAL 层数据、配置等信息的流转。HAL 层包括 HAL 适配器、HAL 组件，其适配器总体上起到承上启下的作用，对上负责处理配置信息，对下负责调用相关总线组件，并创建通道、板卡等资源。另外，总线组件适配各种总线驱动，对上层提供统一接口。

使用该软件的主要工作流程包括打包阶段和监控阶段。打包阶段的主要操作步骤包括打开软件、导入 ICD 文件、新建监控工程、选择监控物理量和打包发布。打包阶段完成以后，将打包后的软件交由飞机装配现场工作人员使用。监控阶段的主要操作步骤包括打开软件、选择监控工程、查看 ICD 数据和记录分析结果等。

2 测试系统功能的实现

2.1 支持多总线协议的 ICD 数据库的实现

ICD 数据的存储主要依托数据库来完成，ICD 数据库管理涉及数据库结构设计和 ICD 数据的分类，以实现 ICD 数据存储时数据库的建立、数据表的建立、数据表之间的关系维护、数据表内字段的建立及维护，满足对 ICD 数据的增、删、改、查等基本操作需求。

为了方便对 ICD 数据库进行管理，并且充分考虑各 ICD 信息数据的共性，决定对 ICD 数据结构进行规范化描述和处理，在逻辑上，将一条 ICD 信息作为一个帧结构，主要包括两个部分——帧头和负载，如图 3 所示。

```xml
<?xml version="1.0" encoding="utf-8"?>
<frame busType="RS422" dstAddr="422" interruptOk="NO" messageDescribe="" messageID="0" messageLength="09" messageName="icdTest" messageNumber="09"
rewriteOk="NO" srcAddr="422" toProject="project1" transmissionPeriod="50ms" transmissionType="事件">
  <head>
    <byte byteContent="0" byteLength="0" byteNum="1" byteValue="0"/>
  </head>
  <signal dataType="0" signalLength="1" signalName="0" signalNum="0">
    <field startBit="0" endBit="7" fieldName="00" fieldValue="9" />
  </signal>
  <signal dataType="0" signalLength="2" signalName="1" signalNum="0">
    <field startBit="0" endBit="15" fieldName="00" fieldValue="15" />
  </signal>
</frame>
```

图 3 ICD 信息帧结构

因此在 ICD 数据库开发时，将会在数据库中建立 3 个数据表：ICD_Info、ICD_Head 和 ICD_Payload。ICD_Info 数据表主要存储 ICD 的相关属性信息，包括消息名称、源地址、目的地址、消息长度等。ICD_Head 数据表主要存储 ICD 的帧头数据，帧头的最小处理单位是字节。ICD_Payload 数据表主要存储 ICD 的负载数据，包括信号和域等。

通过导入 ICD 文件可以将解析规则导入 ICD 数据库，从而在设置时将解析规则与每个物理字段相关联，完成数据解析。ICD 文件描述了飞机航电设备应用的参数信息，包括属于哪个设备、属于哪个应用、属于哪个总线、运行的物理总线类型、特性值等信息。

2.2 总线数据监控的实现

数据监控主要为系统提供各类接口数据的采集、解析和监控功能，根据总线类型提供的不同的监视画面，支持表格、曲线、图形化控件等多种监控方式，支持 ARINC664、ARINC429、离散量、模拟量等总线/非总线信号的数据监控。

在采集监控过程中，若需要旁路监控，监控电路则通过旁路引入，不会影响正常的信号传输，不会使信号本身失真。数据开发环境不仅支持对总线/非总线信号数据进行存储和记录，还支持对系统内部数据进行监控和记录，如仿真 I/O 数据、试验参数数据（即测试脚本设置的参数）、解析后的总线信号和 I/O 信号及验证平台自身的参数。

为对采集通道的接口资源进行设置和控制，需配置参与试验的 I/O 资源，包括采集或激励的节点、板卡和通道。I/O 控制包括初始化、开始和停止等操作。开始采集后，采集节点开启线程开始接收数据，并在添加统一时戳、数据源标识等信息后，推送到试验网络全局数据区。数据监控模块和数据存储模块可实时获取全局数据区的数据，实现数据的实时监控和存储，采集停止后，采集节点停止接收数据。

2.3 总线故障分析功能的实现

故障分析模块提供总线数据异常监控、故障记录以及故障处理等功能。故障分析模块基于总线数据仿真监控模块，通过构建故障数据库，实现相关功能。在设计开发故障分析模块的过程中，需要先构建故障数据库，对航电总线数据类故障进行分类整理、编码、入库。故障数据判断是基于采集的表述告警的 ICD 物理量，实现对飞机机载设备的故障分析，包括阈值分析、对比分析和统计分析 3 部分功能。阈值分析是指通过对用户选取的 ICD 物理量，与该工程值在不同阶段的合理取值范围进行对比，若超过该范围，则认为存在故障，系统会产生告警提示；对比分析是指通过选择同一机型不同飞机的相同 ICD 物理量或者同一飞机不同设备的相同 ICD 物理量，针对 ICD 物理量的变化趋势进行对比与分析，由用户判定是否存在故障；统计分析是指对当前飞行包线的数据、出现的故障信息进行统计，并通过仪表图形化控件进行显示。

在总线数据监控时，需预先设定或在线修改异常触发条件，当在监控过程中，触发异常条件时，系统调用故障分析模块记录异常数据，并进行分析，若与故障数据库中某条故障信息匹配，则进入故障处理过程，相应的处理包括故障信息显示、故障排除操作指引等；若与故障数据库不匹配，则进入未知故障处理过程，相应的处理包括新故障的界定、原因分析以及处理方法等，最后将新的故障记录到故障数据库中，也可后期手动导入故障数据，实现智能化故障排查。

2.4 基于 5G 网络通信的实现

应用飞机装配车间已布置的 5G 网络，利用 5G 通信模块实现通信。5G 通信模块以工业 5G 模组为核心，还包括数据收发处理、CPCI/PXI 接口电路等模块。模块符合 CPCI（3U）接口规范，将其插入便携式工控机箱扩展槽中，就成为便携式总线数据采集终端的一部分。整个 5G 通信模块集成 5G 基带芯片、射频、存储、电源管理等硬件，提供标准软、硬件接口。

5G 通信模块用于多总线数据采集终端与服务器、控制终端间的无线数据传输，它将采集终端采集到的总线数据进行预处理后通过 5G 通信协议无线传输到服务器中。通信模块符合 3GPP Rel – 15 技术标准。

3 多总线测试系统验证

为验证本文所设计的机载多总线测试系统的通用性，我们搭接了虚拟链路对系统进行验证。

此次的实际测试使用 PCAP 文件发送了一组 ARINC664 数据帧，利用测试系统监听并解析该数据帧，如图 4 所示。对所接收的数据帧按数据协议进行解析，将带有实际数据含义的 Playload 段字节与所发送的数据进行比对，两者一致，证明测试系统已实现基本功能。

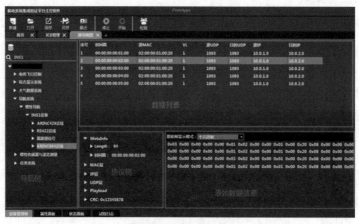

图 4 测试系统运行

4 结论

随着我国民用飞机制造技术的日益发展，综合性机载总线网络将成为后续机型的主流配置，为满足生产制造，机载多总线解析设备的设计与开发迫在眉睫。本文所提出的基于 5G 网络传输架构的机载多总线测试系统，利用了 5G 网络特有的高带宽、低延迟特点，提高了测试系统的传输性能和稳定性，并设计开发了多协议数据库，实现了多种总线的解析功能，可以有效分析航电系统故障产生的原因，实现了综合航电系统的测试工艺流程与方法集成以及整体优化，形成了航电系统集成测试工艺试验验证能力，提升了功能试验测试方法，提高了功能试验排故效率。

本文所提出的设计方案为后续的工程实践应用奠定了良好的理论基础。

参 考 文 献

[1] 王治，田泽，杨峰，等. 一种 IEEE1394 总线监控卡的设计与实现 [J]. 计算机技术与发展，2014 (3)：218 – 221，225.

[2] 李珊珊，陈明新，刘良勇，等. 某型大气机 1553B/429 总线测试系统的设计 [J]. 测控技术，2017，36 (2)：92 – 95.

[3] 王仲杰，蒋红娜. 基于飞行试验的 AFDX 总线采集技术研究 [J]. 国外电子测量技术，2017，36 (3)：91 – 93.

[4] 王磊，陈琳，李勇. AFDX 网络测试技术研究与实现 [J]. 计算机测量与控制 2017，25 (3)：40 – 42.

[5] 海灏，夏喜龙. 基于 FPGA 的高速 ARINC429 数据过滤设计 [J]. 电子技术与软件工程，2019 (14)：13 – 14.

反舰导弹群智能协同攻击技术研究进展

肖金石，刘 方，石章松，邹 强

（湖北武汉 海军工程大学 430033）

摘 要：反舰导弹群智能协同攻击是智能化战争的一种新颖的海上对抗作战样式，具有突防能力高、协同能力强、作战效能突出等特点。本文分析了反舰导弹群智能协同攻击作战态势及技术体系，系统梳理了自主编队与队形重构、自主协同控制、协同航路规划、智能协同制导等关键技术的研究进展，分析了多弹智能协同攻击中的相关问题，为反舰导弹群智能协同攻击研究提供了技术思路。

关键词：智能战争；反舰导弹群；自主编队；协同攻击；研究进展

0 引言

随着计算机技术、无人移动网络技术和智能控制技术的迅速发展，反舰导弹群智能协同攻击技术迎来了发展机遇，具有广阔的军事应用前景。当前，智能组网与协同控制技术已在无人机编队中得到了广泛应用，因为导弹飞行速度快、飞行条件恶劣、机动性要求高、导引时间短，所以反舰导弹群智能协同攻击研究明显慢于无人机编队。但随着信息网络与智能技术的发展提高，反舰导弹群作战应用需求愈加强烈，每枚导弹不仅可以精确打击目标，还可作为节点为其他导弹提供目标信息，通过提高各枚导弹在信息、战术和火力上的协同配合程度，可以有效提高导弹群的探测、突防和攻击能力，大大提高反舰导弹群的整体攻击作战效能。从不同地点、不同平台发射多枚导弹，通过智能组网编队和协同控制，可更好地实现打击海上高价值目标的作战目的。因此，开展反舰导弹群智能协同攻击技术研究，对探索导弹群自主编队协同攻击作战样式，提高打击高价值军事目标的作战效能具有重要意义和应用价值。

1 反舰导弹群智能协同攻击问题

1.1 多弹智能协同攻击问题描述

在人工智能技术的驱动下，多弹智能协同攻击具有较大的智能化发展空间和应用前景。在体系作战思想的指导下，一定数量的反舰导弹智能组网形成编队对目标进行协同攻击作战，是未来智能化战争下实施高密集、高强度精确打击的重要手段，也是未来海上军事对抗的新作战样式之一。与单枚导弹或无协同关系的多枚导弹相比，反舰导弹群智能协同作战可提高突防能力、抗干扰能力、搜索探测与识别能力及综合作战效能。以楔形编队队形为例，未来智能化战争下的反舰导弹群智能协同攻击作战态势如图1所示。

在反舰导弹群智能协同攻击作战态势下，各导弹间通过无线通信网络技术，达到一种紧耦合的编队结构关系。它们可以根据作战态势，在领弹和从弹之间互换或继任角色，编队队形的调整与重塑将以目标状态和任务需求为依据。比如，当领弹被敌方干扰失效或被拦截以后，为继续指挥战斗，从弹可接替领弹，继续执行领弹的功能任务。此外，由于领弹的飞行弹道高，探测视野好，还可将所探测的目标信息通过数据链发送给从弹，从弹再根据动态目标分配实施对应的打击任务，提高整体作战效能。

肖金石（1981—），海军工程大学博士，主要研究方向为导弹发射技术、导弹作战研究。

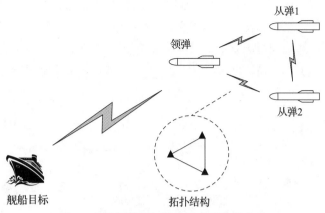

图1 反舰导弹群智能协同攻击作战态势

1.2 反舰导弹群智能协同攻击技术体系

反舰导弹群智能协同攻击可大大提高突防能力、协同搜索能力、电子对抗能力和综合作战效能，引起了国内外学者的研究兴趣，已成为当今乃至以后的研究热点。笔者认为，该技术体系非常复杂，所涉及的关键攻关技术多，但主要应从"智能"和"协同"两大方面进行挖掘：一是智能协同攻击技术的"智能"，主要体现在导弹群的"自主性"，具体包括导弹群自主组网、自主编队、自主控制等；二是智能协同攻击技术的"协同"，主要体现在"领弹与从弹的配合"，具体包括协同探测、协同打击、领弹继任等。反舰导弹群智能协同攻击技术体系架构如图2所示。

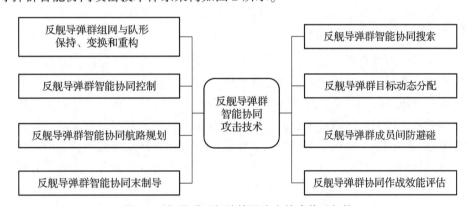

图2 反舰导弹群智能协同攻击技术体系架构

2 反舰导弹群智能协同攻击技术的研究现状

如前所述，反舰导弹群智能协同攻击的关键技术主要有编队组网与队形重构（组网稳定性）技术、自主编队协同控制技术、协同航路规划技术、协同末制导攻击技术等。由于其广泛的军事应用背景，以上关键技术引起了国内外学者的广泛兴趣，国内外学者对以上技术进行了深入研究，目前，部分技术已经比较成熟。槐泽鹏分析了多弹协同作战打击高价值目标、强反导拦截场景下突防等典型需求，并提出了多弹协同可以从作战模式智能化、武器装备智能化、关键技术智能化这3个层面拓展智能化发展空间，发挥智能化优势的观点。其中，多弹协同智能作战模式示意如图3所示。

反舰导弹群智能组网协同攻击问题，引起了国内外学者的广泛关注和研究。吴森堂对导弹自主编队协同制导控制技术进行了深入研究，细致分析了支撑网络系统、信息获取系统、编队决策与管理系统、编队及成员飞行控制系统等重要子系统及其相关技术。武志东从建模计算的角度，对反舰导弹群攻击的数量需求、火力分配、航路规划等问题进行了建模，尤其针对领弹－从弹的导弹群攻击样式给出了领弹的航路规划方法。任鹏飞对多弹编队协同作战过程及其关键技术进行了分析，对编队队形控制及弹群成员间防避碰进行了重点分析。他还对多弹编队协同作战的关键支撑技术进行了梳理，具体包括编队队形生成决策、编队队形控制和防避碰、协同制导律设计等协同作战支撑技术，并对以上技术的组成功能、影响因素、工作过程、存在问题和解决方法进行了简要分析。总之，反舰导弹编队智能协同作战的研究已经具备了较好基础，形成了较丰富的成果，为更加深入的研究奠定了坚实的基础。

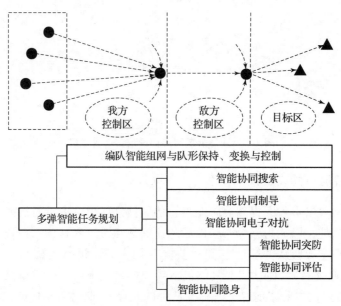

图 3　多弹协同智能作战模式示意

2.1　反舰导弹群组网的节点通信技术

无线自组织网络是一种具有自组织、自适应以及自愈能力的无线移动网络。对作为自主编队中网络节点的反舰导弹而言，它具有运动速度快、机动性强、飞行环境复杂、对抗强度高等特点，导弹之间的通信网络具有无线自组织网络的特征，还对各节点的抗毁性要求较高。林金永针对多弹编队协同制导与领弹 – 从弹组队模式对无线通信网络技术在自主性、高可靠性、强实时性上的需求，提出了基于自组网的编队协同制导通信网络方案，实现了一种主从网络路由协议和数据链路控制机制，并通过仿真验证了方案的可行性。陈玲针对基于自适应重构的多弹协同自组网技术进行了研究，为满足导弹群编队协同作战的"自感知 – 自决策 – 自配置 – 自优化"智能化需求提供了新的理论思路。

2.2　反舰导弹群编队组网与队形重构技术

在多弹编队设计时，要综合考虑导弹机动能力、导弹间通信、导弹飞行性能等多种因素的影响，根据作战需求合理编排队形结构。目前，常见的反舰导弹群编队队形包括纵向编队、平行编队、楔形编队和菱形编队，如图 4 所示。其他队形可看作上述 4 种队形的组合或变种。反舰导弹群编队队形控制主要包括队形保持、队形变换和领弹继任几大问题。

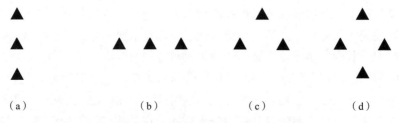

（a）　　　　　　　　（b）　　　　　　　　（c）　　　　　　　　（d）

图 4　常见的反舰导弹群编队队形（水平方向）

（a）纵向编队（纵队）；（b）平行编队（横队）；（c）楔形编队；（d）菱形编队

为应对战场态势变化和任务需求变化,导弹群在飞行时需要具备灵活的组网能力及队形重构技术,即进行编队队形变换。编队队形变换需要改变各导弹间的相对位置和姿态,构建一个新的队形,该问题可看作一个约束条件下的先求解导弹变换队形飞行轨迹再实现变轨的优化控制问题。郝博针对导弹编队协同作战中的队形变换问题进行研究,以导弹楔形编队为例,完成了导弹群编队队形拆分重构与领弹继任的自适应控制器设计,认为导弹群编队飞行控制系统主要由领弹稳定、从弹稳定、队形保持、队形拆分和重构控制及领弹继任控制 5 个控制回路组成,如图 5 所示,仿真结果验证了该控制方法在导弹群编队避障过程中有较强的鲁棒性和稳定性。

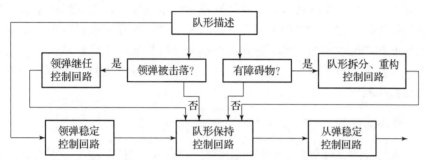

图 5 郝博设计的导弹群编队队形拆分重构与领弹继任自适应控制器

高海燕对多导弹三维编队的队形控制问题进行了研究,设计了导弹三维编队飞行的滑模控制器和基于从弹的编队保持控制器,实现了对从弹在速度和高度上的有效控制。杨秀霞提出了一种基于导弹作战空间中威力场的导弹攻击队形选择方法,能够在不确定信息时选择最佳的攻击队形。马骏设计了一种基于伪谱法的导弹编队队形重构最优控制方法,对解决导弹群队形重构的最优控制问题具有应用价值。尹依伊针对多导弹编队控制问题,提出了一种既能保证编队精度又能保证在队形变换中避免碰撞的编队控制方法,并设计了主动避碰策略。

2.3 反舰导弹群自主编队协同控制技术

由于导弹飞行速度快,多弹编队对队形控制算法的实时性、自主性和动态性要求较高。王晓芳基于滑模变结构、自适应及非线性动态逆控制理论,设计了具有鲁棒性的导弹群编队飞行控制方法。韦常柱等人则对导弹协同作战编队飞行控制系统进行了研究,设计了由编队队形控制回路、导弹制导控制回路以及导弹控制内回路 3 个回路形成闭环的导弹协同作战编队飞行控制系统,如图 6 所示。该系统的控制性能良好,能够快速、稳定地完成导弹群编队队形调整。

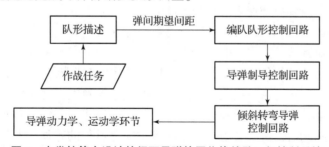

图 6 韦常柱等人设计的闭环导弹协同作战编队飞行控制系统

张艺伟对多导弹协同制导与控制方法进行了研究,针对多枚导弹对目标饱和攻击情形,设计了一种基于改进的一致性算法的可用于多弹协同攻击的制导控制一体化方法,实现了策略层面的协同攻击,并验证了该控制算法具有良好的鲁棒性。刘冬责对多导弹协同制导与控制技术进行了研究,设计了基于预测控制理论的多导弹协同制导控制律,提出了基于动态面控制的多导弹协同制导控制一体化方法和基于"领弹 – 从弹"模式的多导弹编队控制算法,实现了导弹真实轨迹对理想轨迹的精确跟踪。罗京针对多导弹的"领弹 – 从弹"编队模式,基于高斯伪谱法设计了能够使队形形成时间最短、整体能力最省且可避免碰撞的领弹和从弹的最优飞行轨迹。穆晓敏建立了飞航导弹高动态自主编队协同控制系统,提出了一种基于行为的跟随法的编队队形控制算法，并通过半物理系统仿真验证了该算法的有效性，初步实现了多弹高动态自主编队协同控制的目标。黄伟提出了一种基于参数优化的导弹编队控制一致性算法，有效克服了导弹自动驾驶仪的动态特性对编队制导性能的不利影响，提高了导弹编队的系统性能，该算法适用于"领弹－从弹"结构的反舰导弹群编队队形的生成与保持。吴胜亮主要对多枚导弹组成的编队协同作战制导控制进行了研究。

2.4　反舰导弹群协同航路规划技术

协同航路规划是反舰导弹群协同攻击的一项关键技术，也是导弹群编队组网中必须解决的一个关键问题。张奇对多弹编队飞行控制技术进行了研究，提出了一种"领弹＋从弹"的编队成员架构形式，通过协同规划、相对导航和四维控制等技术将导弹群的编队飞行控制转化为对单弹的飞行控制。陆晓庆对多飞行器协同航路规划技术进行了研究，基于 Voronoi 图和 Dijkstra 搜索算法求解可行的最优航迹，并分析了多弹编队队形保持控制问题。

2.5　反舰导弹群协同制导技术

反舰导弹群协同制导技术是确保反舰导弹群能够打击目标的关键问题之一。将时间引入传统的比例导引是一个有效的解决途径，目前，主要有集中式引导和分散式引导两种。张亚南对多弹编队飞行协同制导方法进行了研究，设计了多枚导弹在时间上协同的制导律，采取一种"领弹－从弹"的策略解决多弹时间协同制导问题。杨保建围绕多弹动态网络建模与协同制导方法，以多枚导弹协同攻击航母为背景，对导弹网络不完全连通和恢复网络连通后两种情况下导弹群的协同状态进行了研究。吴云洁提出了针对"领弹－从弹"编队的末段协同制导一体化位姿控制策略，将传统的位置跟踪控制和姿态稳定控制集成一体，在确保姿态稳定的同时也能够精确跟踪保持编队构型。

3　反舰导弹群智能协同攻击应关注的问题

反舰导弹群智能协同攻击，是为适应未来智能化战争而发展起来的一种高效的作战样式，具有广阔的军事应用前景。但是，由于反舰导弹飞行速度快、打击职能突出、制导控制复杂，反舰导弹群智能协同攻击的实现远比无人机编队的实现要复杂。因此，仍存在许多多弹智能协同攻击的问题有待深入研究，主要包括以下几个方面。

一是多弹智能协同搜索问题。多弹智能协同搜索效率，是反舰导弹群协同攻击的一个突出优势。其中，薛连莉针对多弹协同搜索技术进行了研究，分析了在不确定环境下多弹协同搜索问题，以及在平面编队、立体编队两种模式下改善导弹搜索效果的编队方法。

二是目标动态分配问题。目标动态分配问题，是反舰导弹群任务规划的重要内容之一，当反舰导弹群进入制导交班区，根据导弹群编队作战效能最大的原则，在约束时间下为导弹群中的每枚导弹合理分配一个目标，可以保证对目标的毁伤概率最大，还可以尽量减少对目标重复攻击与遗漏目标的可能。

三是多弹成员间防避碰问题。由于反舰导弹飞行速度快，导弹成员之间的避碰问题成为高密集度导弹编队飞行必须关注的问题，它关系到导弹群的自主性与协同性水平及综合作战效能。此外，导弹群在进行编队队形变换及队形重构时，需要考虑导弹在四维空间上进行的转移，尤其要分析因此可能产生的碰撞问题。

四是多弹协同作战效能评估问题。由于导弹自主编队力求通过智能协同提高综合作战效能，因此其综合作战效能的评估问题引起了学者的研究兴趣。其中，贾翔等人提出了协同制导与控制能力等级的概念，并结合层次分析法和 ADC 系统效能模型建立了导弹自主编队综合作战效能的分析模型，为定量分析导弹自主编队的综合作战效能提供了一种可靠的计算思路。

4　小结

本文针对智能化战争背景下反舰导弹群的组网编队协同攻击问题进行了研究，建立了多弹智能协同攻击的技术体系，重点梳理了反舰导弹群智能协同攻击的编队组网与队形重构、自主编队协同控制、协同航路规划、协同末制导等技术的研究进展，探讨了多弹协同搜索、目标动态分配、成员间防避碰、协同作战效能评估等相关问题，为反舰导弹群智能协同攻击研究提供了思路和技术基础。

参 考 文 献

[1] 槐泽鹏，梁雪超，王洪波. 多弹协同及其智能化发展研究 [J]. 战术导弹技术，2019 (5)：77 – 85.

[2] 吴森堂. 导弹自主编队协同制导控制技术 [M]. 北京：国防工业出版社，2015.

[3] 武志东，陈洁. 反舰导弹群攻击建模与仿真 [M]. 北京：北京航空航天大学出版社，2020.

[4] 任鹏飞，马启欣. 导弹编队协同作战过程及关键问题分析 [J]. 战术导弹技术，2016 (4)：82 – 87.

[5] 林金永，罗丹彦，周春梅，等. 基于 OPNET 的导弹自主飞行编队通信网络建模研究 [J]. 系统仿真学报，2009，21 (22)：7084 – 7087，7090.

[6] 马骏，马清华，王根. 基于伪谱法的导弹编队队形重构最优控制 [J]. 弹箭与制导学报，2018，38 (6)：95 – 98.

[7] 陈玲，陈贞贞，程俊东. 基于自适应重构的多弹协同自组网技术研究 [J]. 战术导弹技术，2019 (1)：87 – 93.

[8] 郝博. 导弹编队队形拆分重构与领弹继任控制器设计 [J]. 弹箭与制导学报，2013，33 (1)：5 – 9.

[9] 高海燕，周丽婷，蔡远利. 多导弹三维编队滑模控制器设计 [J]. 系统仿真技术及其应用，2019，18 (3)：234 – 237.

[10] 杨秀霞，罗超，张毅. 基于威力场的导弹队形选择方法 [J]. 兵器装备工程学报，2019，40 (2)：15 – 18.

[11] 尹依伊，王晓芳，田震，等. 基于预设性能控制的多导弹编队方法 [J/OL]. 系统工程与电子技术，2020 – 07 – 21.

[12] 王晓芳，郑艺裕，林海. 导弹编队飞行控制方法研究 [J]. 北京理工大学学报. 2014，34 (12)：1272 – 1278.

[13] 韦常柱，郭继峰，赵彪. 导弹协同作战编队飞行控制系统研究 [J]. 系统工程与电子技术，2010，32 (9)：1968 – 1972.

[14] 张艺伟. 多导弹协同制导控制技术研究 [D]. 北京：北京理工大学，2016.

[15] 刘冬贵. 多导弹协同制导与控制技术研究 [D]. 北京：北京理工大学，2016.

[16] 罗京. 多导弹协同作战技术研究 [D]. 北京：北京理工大学，2016.

[17] 穆晓敏，吴森堂. 飞航导弹高动态自主编队协同控制系统的建立与仿真 [J]. 飞行力学，2010，28 (4)：59 – 63.

[18] 黄伟，徐建城，吴华兴. 基于参数优化的导弹编队控制一致性算法 [J]. 系统工程与电子技术，2018，40 (11)：2528 – 2533.

[19] 吴胜亮. 众多导弹协同作战制导控制的研究 [D]. 南京：南京航空航天大学，2013.

[20] 张奇. 多弹编队飞行控制技术研究 [J]. 导航定位与授时，2014，1 (2)：31 – 34.

[21] 陆晓庆. 多飞行器协同航路规划与编队控制方法研究 [D]. 南昌：南昌航空大学，2014.

[22] 肖志斌，何冉，赵超. 导弹编队协同作战的概念及其关键技术 [J]. 航天电子对抗，2013，29 (1)：1 – 3.

[23] 张亚南. 多弹编队飞行协同制导方法研究 [D]. 哈尔滨：哈尔滨工业大学，2014.

[24] 杨保建. 多弹动态网络建模与协同制导方法研究 [D]. 南昌：南昌航空大学，2015.

[25] 吴云洁，张聪. 主从编队反舰导弹末制导段一体化位姿控制 [J]. 宇航学报，2016，37 (12)：1315 – 1322.

[26] 薛连莉. 多导弹协同搜索技术 [D]. 北京：北京理工大学，2016.

[27] 贾翔，吴森堂，文永明，等. 导弹自主编队综合作战效能评估方法 [J]. 北京航空航天大学学报，2017，43 (5)：1013 – 1022.

未来智能化指挥控制技术

黄奕昊

（中国商飞上海飞机制造有限公司 工艺装备中心）

0 引言

今时今日，纵观国内外局势，结合国内高端制造行业的情况，自主可控的智能化指挥控制技术的升级及拓展将在未来几年内形成更全面、更高的要求。

一个优秀的企业就如一支训练有素的军队，自上而下、从宏观到微观、从自战略到战术都需要做到严格性、安全性和即时性。

随着我国综合实力的提升，制造业亦在国家的宏观调控下逐步从低端普及转向高端先进，国家技术实力的沉淀在近几年内已经越发浓厚，但是回头看，当我们掌握一定的先进高端制造技术之后，我们更应有一整套完善的、高端的智能指挥控制系统来进行辅佐，让我们国家的高端制造技术更加强大。

未来的智能化指挥控制技术应将 AI 技术与软件结合，更要与各类硬件设备结合，做到从下至上，各管理阶层对于企业内部生产流程的信息状况更精密地、更高效地、更即时性地传达，并可以智能化、高针对性地为企业各阶层管理者的选择提供多类建议。

1 未来智能化指挥控制技术需要具备的功能

过去有很多高端制造企业通过一系列的企业管理软件对企业进行全方位、多节点的掌控管理，但是这些软件最大的问题是不自主、不可复用、不能通用，也无法将前线工作者的问题实时地传达到各对应的管理层。

1.1 企业内部的全域级可视化管理

（1）未来我们的控制技术应当具备全厂、全局、全域的可视化管理。可视化是指管理者可以通过系统知晓负责区域内有多少可调动的员工，有多少可调动的企业物资，有多少非相关人员，这些物资及人在企业何处等，并可通过系统对负责区域内的人员进行即时通话、随时调度，从而可以更高效地分配企业内部的人员及物资，并使企业的保密程度达到更高级别。

（2）众所周知，现在的高端制造离不开先进的各类机床，科技的发展已经可以将软件与机床高度结合，用户可通过软件远程操纵机床，所以企业应当将第三方或原机床供应者的数据传导至自身的管理系统，继而技术管理人员可以更高效地处理多类同时发生的技术故障及管理问题。

（3）单兵系统已经在我们的军队、警队中实现普及，这套系统可以解决前线实际情况的取证问题，确保执法者在执法过程中的行为正确及安全。随着国家综合实力的提升，该系统在我们的高端制造业中也是可以借鉴使用的，但是还需升级。在传统情况下，我们的管理者和技术人员常常会因为某个车间、某个分厂出现的具体管理事务或具体技术问题而到处奔走，这样处理事务及问题的效率低下且经常发生顾此失彼的尴尬无奈状况，这样无意义的效率损失在现今高速发展的时代下是很令人惋惜的，我们现在为解决该类效率损失所作的改善只是使用微信或其他第三方手段及时、即时的沟通，但效果不佳，前线工人往往需要一边手持电话一边实际操作而无法解放双手，这样非常容易泄密且数据的安全性无法保障，所以必须保证信息的即时传达性、画面及语音沟通的即时性和数据传输的安全性，并在一定程度上保证员工的个人安全。

1.2 企业外部的全域级信息化管理

企业外部即企业的协作单位或供应商。一般情况下，我们只能通过一些传统的合同管理手段来管理我们的外部协作单位或供应商，但无法知晓我们的供应商是如何实际配合企业进行生产任务安排的。我们需要将软件控制技术提升到可通用、可复用程度，即可将我方软件随时随地安装到外部协作单位处并统一使用该系统进行业务操作，从而达到整体供应链的统一性，使企业可以随时知晓物料的生产进度，继而达到更高效率的人员及生产调度管理，这将会更高程度地提升企业生产管理效率。

1.3 企业生产过程中的安全管理

随着生产的高速进行，我们也在各类新闻中见到相当多的生产安全事故，有爆炸事故、员工突发意外却无人知晓的意外事故，以及员工未按企业规定进行合理操作的意外事故等。其中，国家已经对化工行业进行了统一化、标准化的安全管理整合，越是先进的行业，人才越是重要的财富，如何确保企业人员的安全也将是未来智能化指挥系统的必要承载点。上节内容中提到的单兵系统将是一个很好的解决方法。

（1）单兵系统中的求救系统设置，可在员工突发意外的第一时间主动将信号传送到指挥中控系统，并通过层级设置让各对应管理层知晓事件的状况。

（2）单兵系统中的画面及语音的即时沟通功能，既可以让前线与技术人员远程解决工人的现场问题，亦可以在发生意外事故时知晓现场画面，并通过智慧指挥系统由各单位协同处理并制定救援计划。

（3）单兵系统中的员工个人生命体征状态的记录也会在适当的情况下，对员工可能出现的身体不适或致命状态提出预警，该功能应该具备使员工个体及对应管理层均知晓员工个人生命体征状态的设置，这样可以确保第一时间的预警拯救及事后的事故分析。

（4）单兵系统具备高精度定位功能，智能指挥系统可随时且智能化地给管理者提供数据，根据人员密集程度来进行合理的分配，并在大型事故发生后，既可以确认相关人员在事故发生区域的位置以方便营救，亦可以对其他人员进行指挥疏散。

1.4 数据传输的安全性

随着社会的高速发展和各类信息化技术的普及，个人数据的隐私性及安全性越来越受到人们的关注。同理，企业级数据的安全性更应被提升到战略高度。

近日来，中美之间围绕芯片的核心技术产生的争论越发激烈，因此我们也应当在相关领域的核心技术信息的保密及安全性上提高重视。

建立企业级自主独立的数据中心是任何一个具备核心技术的企业都必须要做的事情。

2 智能化

我们很多人还困惑于自动化和智能化的区别，但随着社会科技的发展，从普通人到企业最高层的管理者都需要了解这两者之间的区别。

（1）自动化是指我们通过软件对硬件（机床）进行预设、提前编程来让硬件（机床）根据我们的要求进行自动的生产。

（2）智能化是指事物在网络、大数据、物联网和人工智能等技术的支持下，所具有的能满足人的各种需求的属性，例如无人驾驶汽车。

任何智能化的实现都离不开大量原始数据的积累，这也与我国至今鲜有成功的工业软件有关系，我们应该从现在立刻行动起来，不断积累数据，为真正意义上智能化的实现添砖加瓦。随着国家在网络及数据传输 5G 技术方面的普及，我们离真正意义上的高端先进制造就相差一个数据积累了。

2.1 智能化在未来指挥控制技术下的应用

资产管理中，传统科技通过视觉识别技术、RFID 技术等进行一些简单的资产管理，这类技术最大的问题在于拓展性过低，无法为企业提供更高的附加值，管理成本又过高，并且该类技术与当今高速发展的社会相比已经无法在真正意义上解决企业问题了。

我们完全可以依靠最新的科技技术，通过在企业购买工器具或大型固定资产上添加对应的智能标签，使得管理者可知晓该类物资在企业什么地方，该类物资在企业的什么地方使用最多，该类物资的使用频次为多少，并根据各类数据综合情况分析，提供给管理者、购买者何时需要购买，哪类物资损坏率偏高导致购买率提升等信息，从而优化我们的采购效率，提升采购质量。这甚至在某种意义上也推动了仓库管理的升级，由原本的内仓清点、借还流程、集中管理升级为外发班组、区域管理，工器具之间的借调可通过指挥系统的地图子系统告诉工人其需要的工具在哪里或在哪个人手上，并通过指挥系统进行工器具的借调管理，并且可以在后台设置相对应工具的使用区域，若离开区域即立刻报警，这样可以切实保障企业的资产安全。

仓库管理由此将提升为对工具使用效果的管理，并针对现场情况为管理者提供优质建议，而非数量管理。

在三航领域甚至轨道交通领域都会出现一些因工具丢失在部件的特殊部位而大动干戈地寻找的现象，这类事故可能会造成整架飞机、整艘轮船、整架航天飞船产生不可逆致命事故的后果，而最可怕的不是丢失工器具这一过程，而是工人因业务繁重忘记工器具丢失在哪儿这一过程。通过对工器具添加芯片，我们可以随时知晓物资在哪里，更能避免物资的丢失造成的更大部件的损毁。

在本文的 1.3 节中提到了单兵系统。单兵系统在企业生产中要具备以下几个子系统：

（1）可视化通信系统。可通过摄像头及耳麦与后台管理者或技术人员进行远程即时视频通话，并即时将现场情况通过摄像头反馈到后台管理中心。

（2）高精度定位系统。可即时知晓员工所处位置，该功能需智能化地对人员密集处进行主动疏解。

（3）人员生命体征监控系统。对员工个体的心跳、体温等基本体征状态进行监控，并根据员工状态主动将异常情况通知到管理者及员工双方，进行第一时间的提前救援。

2.2 国内外智能化发展状况

（1）通过查阅一些相关新闻及文献，国外在智能化的实现成果上已经远远领先国内，其先后在军工、农业、制造业逐步实现了智能化，例如特斯拉无人驾驶汽车、美国深绿军事系统等。

（2）论文产出：中国人工智能论文总量和被引论文数量都是世界第一。中国在人工智能领域论文的全球占比从 1997 年的 4.26% 增长至 2017 年的 27.68%，遥遥领先于其他国家。

（3）专利申请：中国专利数量略微领先于美国和日本，国家电网表现突出。中国已经成为全球人工智能专利布局最多的国家，数量略微领先于美国和日本，而中、美、日三国占全球总体专利公开数量的 74%。

（4）人才投入：中国人工智能人才总量居世界第二，但是杰出人才占比偏低。截至 2017 年，中国的人工智能人才拥有量达到 18 232 人，占世界总量的 8.9%，仅次于美国（13.9%）。

综合来看，我们国家已经在奋起直追了。

3 结束语

未来智能化指挥控制技术应该是一门全体企业人员共同参与提升，并切实保障员工这一企业关键财富的技术。

　　未来智能化指挥控制技术应该可以让仓库解放，让仓库从数量清点管理转型成对物料使用跟踪的效果管理。

　　未来智能化指挥控制技术应该解决技术人员多头跑、效率低下的困难，让技术人员可以更高效地处理多个企业核心问题。

　　未来智能化指挥控制技术应该为企业的管理者、决策者提供更高效、更优化的管理方案。

临近空间高超声速飞行器控制系统关键技术分析

陈 洁

（海军航空大学　山东烟台　264001）

摘　要：临近空间高超声速飞行器技术是21世纪航空航天技术的制高点。由于临近空间高超声速飞行器飞行环境的特殊性，单一舵面控制无法完成飞行任务，必须采用基于两种执行机构的气动力/推力矢量复合控制，并对其控制系统设计提出了更高的要求。

关键词：临近空间；高超声速飞行器；强耦合性；气动力/推力矢量复合控制

Near Space Hypersonic Aircraft Control System Key Technology Analysis

Chen Jie

（Naval Aviation University，Yantai，Shandong，264001）

Abstract：Near space hypersonic aircraft technology is the commanding height of 21st Centwry aerospace. To meet the demand of strongly nonlinear，highly coupled，rapidly time variation，and be applied to theory study and simulate validation of hypersonic aircraft control system，single rudder control is unable to complete flying commission，must use pneumatic/thrust vectoring composite control，and put forward better requirements for the control system.

Keywords：near space；hypersonic aircraft；highly coupled；pneumatic/ thrust vectoring composite control

0　引言

临近空间（near space）是指距地面20～100 km的空域，其由于重要的开发应用价值而成为当前世界各国争夺的空间。临近空间飞行器特指能在临近空间作持续飞行并完成一定使命的飞行器，其按飞行速度，可分为低速和高速临近空间飞行器。本文所称的临近空间高超声速飞行器，是指以高超声速吸气式发动机（超燃冲压发动机）及其组合式发动机为动力，在临近空间内实现远程高超声速巡航飞行的飞行器。

临近空间大致包括大气平流层、中间层和部分电离层，其大气密度、温度、压力、辐射、风场等具有和传统航空航天环境完全不同的复杂环境特性，在这一空域飞行的飞行器具有强耦合、强非线性、强时变的动力学特征，且动力系统对飞行姿态，特别是迎角、侧滑角的要求尤为苛刻，需要面临飞行走廊受限、大包线、全速域、刚体/热弹性、多输入多输出等问题，这些特性使传统飞行器控制系统设计所用到的小扰动线性化理论和系数冻结的基本假设不再成立，同时高超声速飞行器非线性系统中存在的非匹配不确定性、未建模动态及部分故障造成的状态重构问题一直是控制系统设计的难点和热点问题，传统的线性系统变增益调度设计方法已不能满足高超声速飞行器控制系统的研究与设计要求，故需要寻求新的、更为有效的非线性控制的设计理论和方法。

1　飞行控制系统设计的难点

飞行控制系统是高超声速飞行器的中枢，是飞行器安全飞行和完成任务使命的保证。飞行控制技术

本论文获国防科技基金项目（2019 - JCJQ - JJ -057）资助。

陈洁（1978—），副教授，研究方向为飞行器控制及仿真。

是高超声速飞行器研制的关键技术，飞行控制技术研究成为受到普遍关注和重视的前沿课题和研究热点。

临近空间高超声速飞行器具有强耦合、强非线性、强时变的动力学特征，使传统飞行器控制系统设计所用到的小扰动线性化理论和系数冻结基本假设不再成立，当前，临近空间高超声速飞行器控制系统设计的难点和热点问题包括以下几点。

一是动力系统对飞行姿态，特别是攻角、侧滑角的要求尤为苛刻，需要面临飞行走廊受限、大包线、全速域、刚体/热弹性、多输入多输出等挑战，造成非匹配不确定性、多种输入输出未建模动态等问题，传统的线性系统设计方法已不能满足高超声速飞行器控制系统的研究与设计要求。

高超声速飞行器的飞行空域更加宽阔，飞行包线更加复杂，传统分段控制、逐段转换的控制系统构型由于分段太多而难以用于高超声速飞行器的控制。在大攻角飞行状态下，高超声速飞行器的飞行控制系统是一个参数和状态严重耦合的复杂系统，需要一种基本统一的控制系统构型，在这种构型下，控制不需要复杂转换并进行大量的可变增益调节，控制系统具有对系统参数大范围变化的自适应能力，及对工作状态突发大偏离时的应对能力。

高超声速飞行器再入大气层时，其速度变化范围为 $Ma = 1.5 \sim 28$，攻角变化最大可达 $40°$。由于机体表面热通量的限制，侧滑角要保持为零。否则，侧滑角的增大会导致机体表面热通量的急剧增加，及再入过程中的机动只能是倾侧角的反转。在倾侧角的反转过程中，在短短的几十秒内，倾斜角可从 $70°$ 变化到 $-70°$。倾侧角的大范围变化导致飞行器的俯仰、偏航通道耦合增加，给传统分通道解耦控制造成较大困难。

二是高超声速飞行器控制系统设计中的放宽静稳定性问题。

临近空间高超声速飞行器的主要飞行状态为高空长航时巡航，因此，如何降低飞行阻力、减少燃料消耗量是设计飞行器时最先考虑的重要因素，而放宽飞行器的静稳定性可以满足设计的要求。飞行器在亚声速飞行时，飞行器的焦点位于重心之前，从而加大了飞行器的不稳定性，以近声速飞行时，飞行器的焦点与重心相距很近，处于接近稳定状态，即中立稳定状态，而以超声速飞行时，飞行器焦点虽然移至重心之后，但两者相距不会很远，即可将稳定裕量大大降低，从而显著改善飞行器的机动性能。那么，飞行器稳定性的保证要求飞行器装有优良而可靠的自动控制系统，由它来保证飞行器的稳定性。这就是放宽静稳定性问题。

三是临近空间高超声速飞行器在机动过程中，由于空气稀薄，易发生舵面作用滞后甚至失效现象，使飞行品质下降甚至导致飞行器坠落，这就要求高超声速飞行器必须具备应付突发事件的能力，即具备自动故障诊断和容错控制的能力。

当飞行器的传感器发生故障时，要使飞行控制系统仍能保持正常，必须至少设计一个稳定控制器，以便抑制外部扰动和输入参数的变化。同样，当部分作动器故障时，参数会发生很大的跳变，因此控制器的设计必须具有很强的适应性。并且，攻角和航迹倾角很难测量，即使尽一切可能，精确测量也是代价高昂又非常困难的。为了解决这些问题，需要解决出现角速率传感器故障和攻角、侧滑角不易精确测量时系统的状态重构问题，即观测器设计问题。

四是由于临近空间高超声速飞行器飞行环境的复杂性，单一的舵面控制无法保障飞行需要，通过气动力/推力矢量的复合控制解决气动舵面故障和高空飞行气动力不足的问题十分重要。

高超声速飞行器飞行控制系统比常规飞行器飞行控制系统更为复杂，且可靠性要求比常规飞行器更高。迫使飞行控制系统设计中对关键部件进行相似余度配置，使得在多余度情况下，飞行控制系统能克服不可预知的（广义）操纵面故障或损伤及其他诸多不确定因素产生的极其严重的影响，具有某种智能应变能力。

高超声速飞行器的飞行空域更加宽阔，且由于气动加热和气动阻力，仅靠传统的气动操纵面很难完成控制任务。通常由多种类型的操纵控制配置，如气动舵面、推力矢量、变惯量、微喷管控制装置、智能材料自适应机翼等，构成了混合异类多操纵面控制体系。这种混合异类多操纵面控制体系大大增加了高超声速飞行器的操控性能，同时也增加了控制分配和协调管理的复杂程度，是高超声速飞行器控制的一个特殊问题。

综上所述，高超声速飞行器研究是一项具有战略性、前瞻性、标志性的科技工程。它并不是对亚声速、超声速技术的简单延续，而是本质上的飞跃。因此，高超声速技术的研究将会对未来航天航空工业、空间技术、军事发展战略，乃至整个科学技术进步带来革命性的影响。加速我国高超声速飞行器技术的研究，使其尽早形成实战能力和威慑效应已十分紧迫。

2 飞行控制系统的关键技术

在高超声速条件下，现有的制导与控制技术已经难以完全适应技术的发展，高超声速飞行器研究须着重解决控制参数、实时性等问题，进一步提高导航、制导精度，更好地协调高超声速飞行器快速性与稳定性之间的矛盾，提高高超声速飞行器的可控性和抗干扰能力。

高超声速飞行器在追求更快速度、缩短反应时间的同时，也给飞行器模型的确定和飞行控制系统的设计带来了前所未有的挑战。

2.1 模型和参数的不确定性问题

高超声速气流引起的局部流场中的激波与边界层干扰，导致物体表面上的局部压力及热流率发生变化，这些变化直接影响飞行器的气动力特性。在高超声速条件下，飞行器表面的气动加热严重，影响了飞行器结构，引起了气动弹性问题，影响了飞行器模型。这些因素直接导致了飞行控制系统的基础结构失真、模型和参数的不确定性。飞行器高低空气动力特性的巨大差异导致控制模型参数剧烈变化。尤其是大气特性测量和气动特性估算困难，使高超声速制导与控制具有较强的非线性和模型不确定性。

此外，还有诸多随机干扰因素对飞行器的飞行状态有着非常大的影响。对典型的高超声速飞行器布局而言，长周期模态是欠阻尼的（或不稳定的），短周期模态是不稳定的。这都使飞行器以高超声速飞行时具有极强的随机干扰和高动态的模型参数变化。

2.2 大攻角产生的非线性强耦合问题

高速巡航过程中必然存在着攻角、额定角速度、飞行器姿态等方面的约束。然而，高超声速飞行器对于飞行条件的变化是非常敏感的。例如，在飞行高度约 10 000 m，速度 $Ma = 10$ 的条件下，迎角增加 1°就会产生 1 m/s^2 的过载，且高超声速条件下存在大攻角舵效耦合带来的时延非线性动态特性问题。另外，发动机推力对迎角的变化也是极其敏感的，发动机工作状态与飞行状态有着极强的非线性耦合关系。这些非线性因素给飞行控制系统的设计带来了非线性控制和解耦合等方面的问题。

2.3 发动机引起的运动模态变化和随机干扰问题

飞行马赫数越高，各个运动模态对来自发动机特性的作用越敏感。高超声速飞行器普遍使用吸气式超燃冲压发动机推进，这种发动机对飞行状态和姿态的变化非常敏感，它的推力/速度特性是影响飞行器飞行品质和动态特性的主要因素之一，会使飞行/推进一体化系统在飞行包线内表现出复杂的非线性特性，给控制带来较大干扰和非线性特征，从而增加了控制系统的设计难度。

燃料的激荡性、燃料消耗所引起的飞行器的质量变化、推力和输入力矩的约束性等方面的问题进一步加重了飞行控制系统的基础结构失真、模型和参数的不确定性、随机干扰等方面的问题。

2.4 舵面颤振因素引起的扰动

高超声速大动压会引起舵面颤振，飞行器上的质量重新布置会引起旋转速度干扰（包括舵机和其他力矩），这些非模型的因素相当复杂且会影响飞行器的控制，故需要在嵌入飞行器模型时加以考虑。

若这几个方面的问题不能得到较好的解决，则飞行器的机动性和控制精度得不到保证，且在飞行控制过程中可能会出现不可恢复的失稳状态。

2.5 飞行器响应时延和控制力矩问题

高超声速条件下对飞行控制系统实时性的要求越来越苛刻，对于以 $Ma=5$ 速度飞行的飞行器，每时延 1 ms，就会产生 15 m 的脱靶量。因此减小飞行器响应时延是高超声速飞行控制系统必须解决的问题。

高超声速条件下，空气舵在高空情况下舵效下降很快，例如，在速度 $Ma=5$ 条件下，飞行器在 10 000 m 高空的舵效相对于 100 m 时下降三分之一以上。飞行高度更高，问题更严重，有可能不能提供足够的控制力矩来满足飞行器操纵的要求。另外，空气舵的舵回路响应时间长，致使制导控制回路响应时延比较长，飞行器反应速度比较慢。

2.6 协调控制研究

协调控制，即采用气动控制舵面与推力矢量复合控制方式。

（1）气动控制舵面。飞行器在中低空依靠它进行俯仰、偏航和滚动控制，在低空时，空气舵面的效率是很高的。

（2）舵面和推力矢量复合控制，称为协调控制。使用协调控制系统使飞行器的制导精度大大提高，使飞行器具有直接碰撞和低脱靶量的优良性能。这样高的制导精度，使飞行器的有效载荷及飞行器的总重和尺寸均很小，极大地提高了武器系统的作战效能。气动操纵面和推力矢量的复合控制形式是很有创意的，这相对于以前单一的或以气动操纵面为主的控制方式有了很大的发展，大幅度地提高了飞行器的作战性能。

采用舵面和推力矢量复合控制技术，空气动力控制为高超声速飞行器远距离巡航飞行提供稳定性控制。而在航路规划时，推力矢量产生的燃气动力可以实现大机动转弯，大大提高了其机动性。末制导段发动机产生的燃气动力可直接提高巡航飞行器的制导控制精度，从而使飞行器能更有效地命中目标。高超声速飞行器采用舵面和推力矢量复合控制进行机动过载的反应时间比采用空气舵控制的反应时间下降了一个数量级，而且这一可用过载不因飞行高度而变化，这就大幅度提高了飞行器在高空的制导控制精度。实施舵面和推力矢量复合控制是高超声速飞行器实现高机动、高精确制导控制的关键技术，这与以前单一的气动操纵面的控制方式相比，大幅度提高了高超声速飞行器的突防能力和作战效能。

2.7 高超声速飞行器气动布局与控制技术

高超声速飞行器与传统的超声速飞行器有着明显不同的构型，这种差别是由高超声速流动的特点引起的。现代高超声速飞行器的构型应用一种建立在薄激波层理论上的乘波器和升力体的概念，其基本思想是使高超声速飞行器以一定冲角飞行，飞行器下表面的激波层将比上表面薄一些，由压力差产生升力，把整个飞行器下表面作为升力面，实现机体和发动机的一体化设计，即飞行器构型设计的升力体概念。这种构型避免了温度的尖端效应，在某种程度上缓和了热防护问题，实现了气动布局与控制系统的一体化设计。

3 对总体和飞行控制系统的要求

针对高超声速飞行器动态特性的分析结果，对高超声速飞行器总体设计和控制方案提出设计要求，以提高高超声速飞行器的突防能力和攻击精度。

3.1 放宽静稳定度，人工增稳

飞行器的静稳定性与静操纵性是相互矛盾的，静稳定性越大，静操纵性越小。放宽稳定性，就是允许放宽甚至取消飞行器本身的静稳定性要求，而利用人工稳定技术使整个飞行器系统是动态稳定的，使之达到预期的飞行性能要求。

高超声速飞行器的动态特性存在以下几个严重问题。

（1）机体的阻尼特性很差。从飞行器的侧向动态特性的结果可以看出，飞行器的阻尼很小，尤其是侧向运动时，扰动运动中的超调量和过渡时间都大到了不能允许的程度。对高超声速飞行器来说，这大大降低了其机动性。

（2）飞行过程中，机体特性变化很大。在有些飞行段上，机体可能是静不稳定的。

高超声速飞行器的飞行距离可达 2 000 ~ 3 000 km，可以放宽对其静稳定性的要求，以便在巡航段达到最大的升阻比，增加飞行器的飞行距离，并简化增稳回路的设计。在助推段，由于大助推器的存在，飞行器的质心靠后，其启动力矩特性往往是不稳定的，也就是静不稳定，需要增稳才能飞行。人工增稳的手段主要是设计阻尼器及姿态稳定回路。

3.2　采用 BTT 与 RCS 组合控制方式

为增加高超声速飞行器航程，高性能冲压发动机获得了广泛应用。冲压发动机进气道的设计，要求高超声速飞行器在飞行过程中保持很小的侧滑角，因而决定了配备冲压发动机的高超声速飞行器采用倾斜转弯（BTT）控制方式。因为冲压式发动机正常工作时要求侧滑角很小，所以提出了在把升力面倾斜到目标方位上并在倾斜的过程中偏航通道侧滑角为零的协调机动要求，能够实现这种控制目的的自动驾驶仪即协调转弯自动驾驶仪。协调转弯自动驾驶仪虽然可以增加飞行器机动过载，但是与飞行器机动所要求的过载还有一定差距。

采用了 RCS/气动力复合控制技术，空气动力控制为高超声速飞行器远距离巡航飞行提供稳定性控制。在航路规划时，RCS 产生的燃气动力可以实现大机动转弯，大大提高其机动性。末制导段发动机产生的燃气动力可直接提高巡航飞行器的制导控制精度，从而使飞行器能更有效地命中目标。高超声速飞行器采用 RCS/气动力复合控制技术进行机动过载的反应时间比采用空气舵控制技术的反应时间下降了一个数量级。而且这一可用过载不因飞行高度而变化，这就大幅度提高了飞行器在高空的制导控制精度。RCS/气动力复合控制技术是高超声速飞行器实现高机动、高精确制导控制的关键技术，这与以前单一的气动操纵面的控制方式相比，大幅度提高了高超声速飞行器的突防能力和作战效能。

4　结束语

高超声速飞行器作为航空和航天技术的结合，涉及的技术难题很多，是一项具有战略性、前瞻性、标志性的科技工程，它并不是对亚声速、超声速技术的简单延续，而是本质上的飞跃。因此，高超声速技术的研究将会给未来航天航空工业、空间技术、军事发展战略，乃至整个科学技术进步带来革命性的影响。加速我国高超声速飞行器技术的研究，使其尽早具有实战能力和威慑效应已十分紧迫。总之，高超声速飞行器的研究孕育了一个新的高超声速时代、一门新的高超声速学科，它将不断地促进力学、物理学、化工、材料和信息学等基础学科的融合与发展。

参 考 文 献

［1］ H Sun, S Li, C Sun. Robust adaptive integral-sliding-mode fault-tolerant control for airbreathing hypersonic vehicles ［J］. Proceedings of the Institution of Mechanical Engineers Part I—Journal of Systems and Control Engineering Pham DT, 2012, 226（10）: 1344 – 1355.

［2］ J He, R Qi, B Jiang, J Qian. Adaptive output feedback fault-tolerant control design for hypersonic flight vehicles ［J］. Journal of the Franklin Institute, 2015, 352（5）: 1811 – 1835.

［3］ F Chen, Z Wang, G Tao, B Jiang. Robust adaptive fault-tolerant control for hypersonic flight vehicles with multiple faults ［J］. Journal of Aerospace Engineering, 2015, 28（4）: 04014111.

［4］ J He, R Qi, B Jiang. Daptive fault-tolerant control design for hypersonic flight vehicles based on feedback linearization ［J］. Control Conference，2014：3197 –3202.

［5］ X Hu，HR Karimi，L Wu，et al. Model predictive control-based non-linear fault tolerant control for air-breathing hypersonic vehicles ［J］. Iet Control Theory & Applications，2014，8（13）：1147 –1153.

［6］ G Gao，J Wang. Observer-based fault-tolerant control for an air-breathing hypersonic vehicle model ［J］. Nonlinear Dynamics，2014，76（1）：409 –430.

［7］ J Yang，S Li，C Sun，L Guo. Nonlinear-disturbance-observer-based robust flight control for airbreathing hypersonic vehicles ［J］. Aerospace & Electronic Systems IEEE Transactions on，2013，49（2）：1263 –1275.

［8］ H Sun，S Li，J Yang，et al. Non-linear disturbance observer-based back-stepping control for airbreathing hypersonic vehicles with mismatched disturbances ［J］. Iet Control Theory & Applications，2014，8（17）：1852 – 1865.

［9］ Jovan D Boskovic，Ravi K Prasanth，Raman K Mehra. Reconfigurable fault-tolerant flight control：algorithms，implementation and metrics ［J］. AIAA，2006 –6549 Guidance，Navigation，and Control Conference and Exhibit，Keystone，Colorado，2006：1 –24.

［10］ J Song，J Lin，E Yang. A novel fault-tolerant control strategy for Near Space Hypersonic Vehicles via Least Squares Support Vector Machine and Backstepping method ［J］. International Conference on Automation & Computing，2016：174 –182.

［11］ J Qian，R Qi，B Jiang. Fault-tolerant guidance and control design for re-entry hypersonic flight vehicles based on control-allocation approach ［J］. Guidance，Navigation & Control Conference，2014：1624 –1629.

智能化反无人机指挥控制技术的方案研究

陈 洁

（海军航空大学 山东烟台 264001）

摘 要：提出智能化反无人机指挥控制技术，结合防御手段、探测方式、关键技术等方面制定最优的反无人机方案，并结合反无人机方案研究监控中心以及决策中心的控制方案，构建反无人机防控指控体系。该体系能够根据不同种类无人机的特点制定有效的反无人机方案进行布防，同时在对重点保护区域的防御方面也有显著的效果。

关键词：反无人机；探测方式；防控指控体系

Research on Intelligentized Anti-UAV Command Control Scheme Technology

Chen Jie

（Naval Aviation University, Yantai, Shandong, 264001）

Abstract：In view of this situation, our research project aims at accurately locating UAVs in detection mode, effectively damaging UAVs in defensive means, and constantly suppressing UAVs in key technologies, the optimal anti-UAV scheme is formulated. Combining with the above anti-UAV program, together with the control of relevant monitoring ZTE and decision-making center, the anti-UAV prevention and control command system is set up in the camp. According to the characteristics of different types of UAVs, the system can formulate effective anti-UAV plan for deployment, and also can play a significant role in the defense of key protected areas.

Keywords：Anti-UAV; detection mode; prevention and control command system

0 引言

随着无人机在全球的井喷式发展，当前各国正加紧研究反无人机技术以及研制反无人机方案。最终，反无人机技术的研究有了突破性的发展，针对单一类型的无人机都能有针对性的武器给予打击，但对于集群无人机以及同时来袭的多类型无人机，靠其中的几种技术远远不够。对于多层次、多类型、多方向、同时间的无人机袭击，需构建反无人机防御体系。采用集多种无人机探测方式、无人机打击方式于一体，且能根据不同种类无人机的特点制定反无人机方案并给予打击的体系，称为反无人防控指控体系。无人机发展趋势的加快势必导致规划性、目的性的无人机袭击成为常态，而反无人机防控指控体系势必成为未来的发展趋势。

1 反无人机指挥控制技术的现状

1.1 反无人机指挥控制技术特点

从当前实际情况来看，对我方构成威胁的无人机威胁目标主要存在以下几个特点。

本论文获国防科技基金项目（2019 - JCJQ - JJ -057）资助。

陈洁（1978—），副教授，研究方向为飞行器控制及仿真。

一是目标反射截面积小，很难被发现。现代无人机隐形化特征明显，尤其是小型无人机无须采取专门的技术措施，就已具备相当的雷达隐身能力，并且其噪声和红外特征极弱，很难被雷达和声学、光学等探测器发现。二是无人机执行任务多样，很难判断。现代无人机机载系统多采用模块化设计，可根据任务的需要搭载不同的任务设备，用以执行情报侦察、战场监视、电子对抗、目标指示、对地打击等不同的任务，并且在同一外形的无人机上换装不同设备，即可将其改装成不同用途的无人机。当这些无人机不发射电磁波时，基本上无法区分其功用。因此，当空中出现无人机威胁目标时，对目标类型的识别就更加困难。三是小型无人机将成为对抗重点目标。小型无人机具有隐蔽性高、价格低廉，且只需稍加改装就可以变成进攻型系统等优势，而且探测难度很大，因此，小型无人机对抗将成为各国军队的重点。

1.2 利用传统防空武器系统反无人机

对于大型无人机可以采用传统防空武器系统进行打击，但利用导弹和炮弹抵御无人机的方法存在极大的成本不对称问题，且这些系统体系庞大，无法抵御小型、廉价无人机集群的入侵。目前，世界各国除了采用传统防空武器系统执行反无人机任务外，还大力主张通过电子战、网络战等手段进行反无人机作战。

1.3 利用软杀伤手段反无人机

基于软杀伤手段的反无人机作战在反无人机领域具有天然的优势，软杀伤手段相对于高炮、防空导弹、捕捉网等手段，具有成本低、精度高、附带毁伤小、技术成熟度高，同时应对集群无人机效果好的特点。当前绝大多数无人机都依赖电磁频谱进行导航和控制，通过软杀伤手段剥夺无人机有效使用频谱的能力，破坏无人机与操控人员之间的控制与通信链路或 GPS 信号，就可以使无人机无法完成正常飞行作业，失去作战能力，从而实现软杀伤的效果。软杀伤手段可使无人机丧失执行任务的能力，甚至可以反过来控制敌方无人机。国外已陆续发展了多种不同型号的软杀伤系统，最大有效距离从数百米到数十千米不等。基于软杀伤手段的反无人机作战系统操作简单，且技术较为成熟，是当前反无人机装备的发展主流。

1.4 国内外现有反无人机系统

根据所采用技术路线的不同，世界各国现有的反无人机系统类型各异，但主要技术方案有声波干扰、电磁信号干扰、黑客技术、激光打击、无人机捕手等，各种手段的特点和效果也各不相同。但是，根据不同干扰及压制技术形式的不同，现有反无人机系统总体上可以分为干扰阻断、毁伤抓捕和监测控制三大类。

1) 干扰阻断类反无人机系统

干扰阻断类反无人机系统以美国 Battelle 公司的 Drone Defender 反无人机枪和欧洲空客公司的 Counter UAV 电子反无人机系统为代表，其主要工作原理是向目标无人机发射定向大功率干扰射频信号，从而切断无人机与遥控器之间的通信链路，迫使其自行降落或者受控返航。由于绝大部分无人机的飞行控制均采用 GPS 卫星导航系统与惯性导航系统相结合的方式，通过模拟无人机的 GPS 信号，欺骗无人机到达预设的位置，当无人机在保护区域飞行时进行信号的切换、插入，使无人机根据诱骗的导航信息定位到预设的位置，使其偏离预定的规划航线进而脱离控制员的控制，达到诱骗的目的。

另一类是通过对无人机与地面站的下行链路进行干扰阻断达到预定目的，该类系统对目标无人机定向发射大束的射频干扰信号，使无人机与地面站之间的下行数据链工作异常，当无人机脱离地面站的控制时，就会根据特情处理，依照预先设定的程序进行返航。同理，该类系统也可以对无人机的 GPS 导航信号进行干扰阻断，使无人机无法正常定位。

随着电子技术的发展，无人机的抗电子干扰能力也在相应地增强，普通的信号干扰能使无人机的飞行作业失败，但对于受干扰后无人机的后续运动趋势难以进行推断，导致无法满足安全防范的预期。

2）毁伤抓捕类反无人机系统

毁伤抓捕类反无人机系统以美国波音公司的高能激光移动展示系统、中国工程物理研究院的"低空卫士"反无人机激光防御系统、英国 OpenWorks 公司的 Sky Wall 100 系统和荷兰 Delft Dynamics 公司的无人机捕手为代表，主要是采用激光武器、地空导弹、攻击型无人机等多种打击手段，直接拦截、摧毁或捕获低空无人机，实现对非合作无人机目标的防护与压制。

毁伤抓捕类反无人机系统的防御手段主要以摧毁目标为主，根据打击武器种类可分为以下几种。

一是传统常规防空武器。由于现有的传统防空武器的作战目标适用于类型比较大的无人机，因此此类武器只适合较大型无人机，对于小型无人机而言，存在打击成本高且过度毁伤的缺点。

二是激光打击武器。激光打击武器区别于传统常规防空武器的动能或化学能摧毁无人机的方式，是通过将以光速高速运动的光子或对其附加接近光速的粒子作用在无人机上对无人机进行毁伤，具有反应时间、准备时间短的优点，但其毁伤伤害小。由于其作战准备时间短，则小型集群的小型无人机也适用。

三是微波武器。微波武器与激光武器类似，都是定向能武器，但与激光武器相比，其发射波速的范围更大，导致其发射的能量增大，能量增大则更容易接受远距离的空气衰减，并且只需大致指向目标即可，不必像激光武器那样对无人机目标进行精确跟踪。微波武器通过对武器系统中的电子设备进行破坏，导致无人机丧失作战效能从而达到火力控制的目的。

3）监测控制类反无人机系统

监测控制类反无人机系统利用光电、雷达等手段对有效范围内的空域进行实时监控，通过阻截无人机使用的传输代码，控制无人机并引导其返航。该类系统以英国 Blighter 公司的 AUDS 系统和美国黑睿技术公司的 UAVX 系统为代表，是结合了电子侦测、光电探测等设备，具备较高的机动性和集成度，可利用多模式探测信息对无人机目标进行检测、识别和跟踪，并实施干扰或摧毁的一种较为高效和先进的反无人机系统，在军用和民用领域都有广阔的发展潜力。

探测雷达为获取目标信息，会向无人机发射电磁波，由于无人机的种类以及信号不同，会发射不同类型的电磁回波，设备接收电磁回波并通过计算机进行计算分析，实现对无人机目标的识别及探测。光电设备的成像方式主要有可见光以及红外成像两种，同时也可根据需求采用两种成像方式进行探测。光电设备可实现对无人机目标的跟踪与探测，配合激光测距仪可通过图像处理提供距离、方位角、俯仰角等精确的目标信息。卫星侦察探测是指卫星利用光电遥感技术进行目标信息收集，再加以无线电接收技术进行信息传递，此类侦察方法侦察面积广、速度快、效果较好且能够定期地对某个区域进行连续侦察，但由于运用此类方法需要协调轨道故其使用成本较高。

2 反无人机协同指挥控制中心

2.1 构建反无人机协同指挥控制中心

建立防空中心"一级组织指挥，区域探测与处置拦截分布控制"的反无人机防控指挥控制体系，将指挥控制体系按功能划分为战时主控单元与战时从控单元，针对可能面临的威胁，构建覆盖多区域、多方向的防控作战体系结构。基于对来袭目标的综合识别，生成防控态势并制定方案，分配并下达防控任务。反无人机协同指挥控制中心示意如图 1 所示。

2.1.1 针对以低空突防为主的小型无人机的防控方案

目前，低空突防的小型无人机通常在短时间内从不同方向、不同层次向同一目标进行攻击，从而使防空系统在短时间内处于无法应对的饱和状态。此时用传统意义上的防空武器系统无异于大炮打蚊子战术，会导致巨大的不对称问题。为避免此类问题发生，此时防控方案应以干扰为主，可采用基于定向电子干扰的电子围栏技术实现对低空无人机的静默防护，即利用定向天线进行干扰信号广播，在指定频段上对指定方向以及指定距离内的小型无人机进行信号干扰，压制无人机的遥控导航信息，保护目标区域。

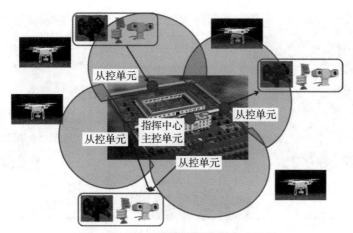

图1　反无人机协同指挥控制中心示意

2.1.2　针对以中、高空侦察为主的大、中型无人机的防控方案

派遣大、中型无人机的主要目的是获取我方情报信息，其携带的任务载荷复杂多样，可携带航空相机、激光或红外探测器等侦察设备进行侦察，也可携带攻击武器进行打击。针对以上特点，建立防控方案的前提是要做到先发制敌，即进一步完善防控侦察体系，在敌方无人机经常出现的航向和方向上建立高中低空与远中近程相结合的对空观察哨，及时发现空情，扩大防御的战略纵深。可在雷达探索距离之外、空中中继数据链传输距离之内布置小型无人机使其作为前沿哨兵进行侦察。在获得相关侦察信息后，可采用直接摧毁技术进行防控。当无人机来袭时，为避免己方重要信息泄露，可在重要区域以及重要目标附近采用伪装欺骗技术（包括光学、热红外、声学和电子伪装欺骗技术），同时在哨兵无人机、雷达探测跟踪技术、空中预警技术和卫星侦察技术的共同作用下确定无人机的位置，并对信息进行处理后形成控制指令传至火控系统，通过常规防空武器或激光武器对其进行打击摧毁。

2.2　防控作战指挥流程研究及制定

无人机防控的威胁态势主要分为防区外来袭和防区内来袭。防控作战指挥流程一般包括战前策划、战时处置拦截实施和战后总结3个阶段。在战前策划方面，根据上述提到的针对性武器，将哨兵无人机、电子干扰武器、防空导弹以及地面部队轻型武器融合起来形成协同防御体系，发现来袭无人机时依据距离远近，依次由空空导弹、地空导弹和高炮进行截击。对于低空低速无人机则采用电子干扰手段以及轻型武器进行摧毁。针对区域防护等级不同，研究制定战前授权与战时授权两种防控授权方式。

针对防护等级高的区域采用战前授权方式，做到发现确认即拦截，并将信息上报指挥系统。针对防护等级高的区域，指控中心要提前将权力下放，若敌方无人机袭击重要目标，首要的便是保证重要目标的信息安全，为了确保信息不泄露，此时防控系统遵循的是发现即摧毁原则。目标信息通过各侦察手段直接传送到武器系统，当目标进入武器攻击范围后，直接对其进行拦截并摧毁。

针对防护等级不高的区域采用战时授权方式，做到发现确认，向所属防控作战单元的指控节点上报目标信息，并经主控单元最终确认并生成处置拦截方案，分配并下发任务指令。针对防护等级不高的区域，防控指控系统对来袭无人机的打击优先级可适当降低。在目标侦察信息上传至主控单元后，指挥员可根据营区防御的具体态势决定打击时机，并且根据来袭无人机的数量、大小、编队队形、行动企图以及活动情况制定最优且相对经济的打击办法。在分析具体情况并将打击方案确定完毕后，再将其传送到各武器系统。

2.3　建设反无人机作战体系监控中心

监控中心作为控制中心，主要包括显示器和操作按键等必要设施，保障操作人员完成对实时视频和报警信息的接收处理及命令的下达。监控中心配置如图2所示。

图 2　监控中心配置

监控中心作为反无人机防控指控系统的指挥大脑，在系统中发挥着不可替代的作用。侦察信息上传至监控中心后，指挥员根据战场态势作出决策并下达控制指令，完成对目标的打击。因此，监控中心是敌方重点打击对象。为了保证系统的正常运作，监控中心的抗摧毁能力和自身维修保障能力将是建设的重点，同时可设立假的监控中心用于诱骗敌方。

2.3.1　将监控中心定义为防护等级高的区域，并在其周围额外部署防空力量

作为敌人重点打击对象，监控中心应该成为我方首要保护区域。在将其定义为防护等级高的区域的同时，在其周围额外进行防空力量部署。这些防空力量作为监控中心的额外防空保障，将不受监控中心的统筹调度。在这些空空导弹以及地空导弹周围建立独立的雷达侦察系统，从而与防空力量形成独立的查打一体的防空体系，在雷达发现目标后直接将目标信息传给防空武器，防空武器对目标迅速实施火力打击。该防空体系用于监控中心瘫痪的紧急情况下，可对敌突击监控中心的力量进行火力打击，为恢复监控中心正常功能争取宝贵时间。

2.3.2　为监控中心提供备份控制链路，并建设其维修保障能力

在为监控中心提供抗摧毁能力的同时，我们应该考虑到如果监控中心为敌航空部队的首要攻击目标，那么受到损伤乃至摧毁是无法避免的。针对以上可能出现的情况，使监控中心具备维修保障能力便是必不可缺的。在建立监控中心的同时，准备备份控制链路以保障监控中心正常运作。在战争期间，应在其周围部署维修保障分队以及维修保障车，用于恢复监控中心的功能。

2.3.3　设立假的监控中心，诱骗敌火力打击

在防区内可设立一个假的监控中心，该设施由电磁波发射器组成，产生的电磁波模仿监控中心控制链路的频率和波段，以诱使敌无人机及其他火力打击。假监控中心吸引敌机则可为真监控中心提供更加安全的生存环境。

3　结束语

从目前战争态势的发展趋势以及目前部队面临的无人机威胁来看，反无人机作战已经摆在了我国国防安全防护的面前，而单一的反无人机武器具有针对性，对不同类型的无人机不可能面面俱到。特别是随着无人机运用领域的拓展，多种类型无人机同时作战将成为必然。综合多种反无人机技术以及反无人机防御手段的智能化无人机防空指控体系必将在未来战争中占据主导地位。

参 考 文 献

[1] 柏如玉. 国内外反无人机技术发展分析 [J]. 中国安防，2016 (9)：31 - 34.

［2］潘兴宏，秦志强．反无人机系统浅析［J］．科学中国人，2016（5）：29．

［3］陶于金，李沛峰．无人机系统发展与关键技术综述［J］．航空制造技术，2014（20）：34－39．

［4］吴洋．反无人机策略及武器装备现状与发展动向［J］．飞航导弹，2013（8）：27－31．

［5］董建军．"低慢小"目标的对抗措施研究［A］．中国无人机大会论文集，2014：4．

［6］诸寒梅．雷达慢速小目标检测技术研究［D］．西安：西安电子科技大学，2010．

［7］Praisler D J. Counter-UAV solutions for the joint force［R］. Air War College, Air University Maxwell, United States, 2017.

［8］Kilian J C, Wegener B J, Wharton E, et al. Counter-unmanned aerial vehicle system and method［P］. U. S. Patent 9, 085, 362, 2015－07－21.

海上指控技术发展现状及启示

孙海文，李 梁，于邵祯

（海军研究院91054部队 北京 100000）

摘 要：针对复杂多样的海上环境，海上指挥控制已从单信息源逐渐转向多信息融合；从单层次点面攻防逐渐转向多层次立体攻防；从单平台指挥控制逐渐转向多平台多武器综合指挥控制；从以人工为主的指挥决策转向以机器为主的自动化指挥决策。通过分析国内外指挥控制技术的发展现状，本文提出了未来海上智能化指挥控制技术发展的一些启示。

关键词：海上指控技术；威胁评估；火力规划；任务规划；弹群协同；自主突防

Development Status and Enlightenment of
Maritime Command and Control Technology

Sun Haiwen, Li Liang, Yu Shaozhen

（Naval Research Institute 91054, Beijing, 100000）

Abstract：In view of the complex and diverse marine environment, maritime command and control has gradually changed from single information source to multi information fusion; from single level point and surface attack and defense to multi-level three-dimensional attack and defense; from single platform command and control to multi platform and multi weapon integrated command and control; from man-made command and decision-making to machine based automatic command and decision-making. Based on the analysis of the development status of command and control technology at home and abroad, this paper puts forward some enlightenment for the development of intelligent command and control technology at sea in the future.

Keywords：maritime command and control technology; threat assessment; fire planning; mission planning; missile group coordination; autonomous penetration

0 引言

随着智能化、通用化技术不断发展，战争样式逐渐从信息化向智能化发展。海上作战呈现出全方位、多元化、智能化的发展趋势。海上武器装备技术性能和作战样式不断提升和变化。各种作战平台速度快、隐身性能好、机动性强，多源传感器获得的数据和信息具有不确定性和不完备性，使战场态势的变化更加复杂。海上作战中防御一方往往面临着多批次、全空域（空中、水面、水下）、连续饱和攻击的态势，信息量的剧增和急剧变化，使海上作战人员在短时间内很难及时、准确地对众多目标作出科学、合理的威胁判断和火力分配方案。这就要求海上作战力量能够自主根据多传感器获取的各种信息，以及各种辅助信息，对海上目标的类型、作战能力、攻击意图和作战时机进行分析和预测，进而对目标的威胁程度作出判断，综合敌情、我情、海情作出最优的火力规划，提高海上作战力量的整体对抗效能。本文通过介绍、分析海上指控技术中的主要技术，包括威胁评估技术、火力资源分配技术、任务规划技术等的发展现状，提出了一些关于未来海上指控技术发展方向的启示。

孙海文，男，博士，助理研究员。

1 指控关键技术发展现状

1.1 威胁评估技术

迄今为止，威胁评估技术在海上指挥决策研究中是最为活跃的研究领域之一，其中包括威胁评估的定义、评估模型、推理算法等。威胁评估是指依据战场中敌我双方的作战对抗态势、敌方兵力的战技性能、我方存在的弱点，推断敌方目标对我方目标的威胁程度，为指挥决策提供信息支持。对海上目标进行威胁评估是指挥员定下作战决心和进行目标分配的基础。随着武器装备现代化、信息化的不断发展，单靠指挥员作战经验已无法准确判断海上目标的威胁程度，需要利用数据融合技术和相应分析算法对目标威胁程度进行评估和排序，辅助指挥员进行指挥决策。

目前，威胁评估的概念体系已较为成熟，各国研究机构、学者主要对威胁评估的指标体系构建及推理方法进行了研究。在指标体系构建上，文献[2]详细分析了来袭目标威胁评估所需的18项因子，其中包括距离、航线、航向、协调、机动、速度、数量、高度等指标，显然，如果将其所有指标纳入威胁评估指标体系，则会导致结果的不可靠性。文献[3]根据来袭目标总体特征、位置特征以及运动特征构建了威胁评估指标体系，其中包括干扰能力、飞临时间、航路捷径、速度、机动能力、高度等指标；文献[4]除了分析这些直观的威胁评估指标，还提出了红外特征、杀伤概率、携带武器类型等间接评估指标。

在推理方法上的主要研究成果有：文献[5]提出了 TOPSIS（Technique for Order Preference by Similarity to Ideal Solution）决策理论，综合考虑了目标威胁的多个因素，从客观的角度进行量化的威胁评估。文献[6]提出了一种具有预测能力的基于多小波函数的小波神经网络威胁评估方法，并与传统神经网络、粒子群-支持向量机等方法进行比较，验证了该方法的有效性。文献[7]将启发式搜索与模糊多准则 VIKOR 方法相结合进行多目标动态威胁评估。文献[8]利用模糊理论进行定性的威胁评估。文献[3]将自回归预测模型、时间序列赋权及突变理论结合，提出了目标威胁评估的 AR 动态突变排序法，通过仿真试验验证了其方法可以弥补目标数据缺失时的威胁评估。此外，还包括多属性决策法、多准则妥协解排序方法、D-S 证据理论、模糊理论方法、粗糙集理论及贝叶斯网络等威胁评估方法。

威胁评估技术正从单平台武器系统层面向多平台武器系统层面发展，从静态威胁评估向考虑时间序列的动态威胁评估发展，并将机器学习应用于威胁评估中，增强其自主学习能力，提升适应能力，进而提高威胁评估的可靠性。

1.2 火力资源分配技术

美国科学家 Foold 博士最先阐述了火力-目标分配问题，又称火力资源分配，并给出了单型号武器火力-目标分配（Weapon-Target Assignment，WTA）模型。目前，WTA 问题的研究主要集中在模型和算法两个方面。传统的火力规划模型主要采用毁伤概率越大越好的原则。在火力资源相对充足的情况下，也存在很多的火力资源约束条件，文献[17]定义了一个毁伤概率均值的概念，即单位火力单元的毁伤概率，并将其作为火力优化分配模型的原则，利用尽可能少的火力资源达到最大化的毁伤概率。这些火力优化分配模型由于火力资源的约束，往往在资源有限的条件下，用毁伤概率大的火力节点进行空中来袭目标分配，但这忽视了空中来袭目标进入火力节点发射区的时间，即飞临时间。当把这些火力节点分配给更远空中来袭目标时，将会贻误战机。WTA 模型还有：最小期望费用的模型、博弈论的目标分配模型、马尔科夫决策过程的动态火力-目标分配模型等。

WTA 是一种整数型非线性多维组合优化的非确定性（NP）问题。经典算法主要有穷举法、隐枚举法、拍卖法、层次分析法、匈牙利算法、启发式算法等。经典算法仅适用于问题规模小的情况，当问题规模大时，求解时间呈指数级增长。为此，又有神经网络、遗传算法、蚁群算法、粒子群算法、模拟退火算法、免疫算法等现代智能算法求解 WTA 问题。

对于多平台、多武器、多目标的分配（将目标合理地分配给不同平台、不同型号的武器系统，达到整体作战效能最大、代价最小）组合优化问题，需要建立合理的火力资源分配模型，综合考虑各型武器的毁伤概率、目标来袭的到达时间以及目标威胁程度等多种分配因素，使其适用于多平台多武器火力资源分配，并根据发射方式和联合毁伤概率的需求，具备灵活的火力资源分配能力。在此基础上，寻求可快速求解的方法，使其在较短时间内尽可能找到优越的分配方案。

1.3 任务规划技术

对于智能来说，知识是非常重要的，知识是智能的基础和源泉。因此，要实现人工智能，计算机必须具备学习知识和运用知识的能力。知识的表示使计算机能够接受、存储、处理和运用，机器的推理方式与知识的表示联系紧密。

美国"宙斯盾"舰艇作战系统的指挥和判定就是根据自身的知识库，对特殊来袭目标的威胁评估和火力资源分配提供交战规则，以条令的方式控制各武器系统对目标作出相应的应对动作，且系统具备对知识库的实时扩展和更新的能力。加拿大国防研究与发展中心的 Abder Rezak Benaskeur 博士为了有效地分配和协调使用防空火力资源，提出了 CORALS（Combat Resource Allocation）实时规划器，用于支持海军防空作战，指挥防空作战兵力对抗多个同时发生的威胁。该规划器由局部规划器、局部优化器、规划合并器、决策规则库及全局优化规划器等部分组成，完成防空任务规划。文献［37］和［38］先后提出了一种具有多属性决策、威胁评估、火力资源分配以及武器库管理等功能的防空作战决策支持系统，并阐述了防空作战决策支持系统的相关技术和发展趋势。

此外，国内对于知识工程在军事领域的应用也作过相关理论性研究。例如，中国台湾淡江大学的廖述贤提出了基于知识的军事指挥系统结构，包括事实库、规则库、学习库和启发性知识库等，并将其应用于战略指导和战术规划的军事指挥过程中。文献［40］将语义网技术应用于海上作战的信息共享和互操作。文献［41］在理论上对基于知识库的潜艇作战方案生成系统进行分析讨论，详细阐述了构建潜艇军事库的方法。解放军理工大学指挥信息系统学院的张永亮、赵广超、陈希亮等人设计了基于知识的指挥系统智能决策框架结构，对系统中知识的表示方式进行了研究分析，为未来我军智能化指挥系统的论证和建设提供了理论基础。南京信息系统工程重点实验室的饶佳人为了提升指挥系统应对变化的能力、解决当前指挥系统敏捷演化的难点问题，提出了基于知识的敏捷指挥系统演化方法，通过联合防空任务实例仿真验证了该方法的有效性。

2 展望

2.1 目标威胁智能自主判断

随着机器学习技术的发展及广泛应用，将其应用于目标识别已成为该领域的研究热点。在实际海上作战中，随着探测技术和手段的不断发展，海上指挥控制系统能够获取较为全面的敌方目标特征信息，根据大量来袭目标特征信息，结合机器学习技术进行目标识别，获取目标的类型（型号），并将目标类型（型号）作为威胁评估的一项重要评估指标进行威胁评估，从而提高威胁评估的可靠性。基于机器学习的目标识别过程如图 1 所示。

1）目标特征提取

目标特征提取是指对不同传感器实时传来的目标信息进行数据提取、预处理及变换。数据提取就是根据系统的需要从原始数据仓库中提取一组数据；数据预处理主要是对提取的数据进行除噪、修补缺失数据、消除重复记录、完成数据类型转换等处理；数据变换的主要目的是降低数据的维数，在初始数据中找出有用的特征数据，减少不必要的变量和特征。目标特征提取完成后，将处理后的目标特征数据存放于目标特征信息库中。

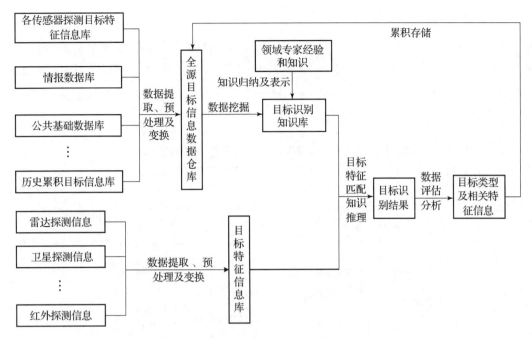

图1 基于机器学习的目标识别过程

2）建立全源目标信息数据仓库

全源目标信息数据仓库是指可以长期存储来自多个数据源的数据的数据库，其中包括各传感器探测目标特征信息库、公共基础数据库、情报数据库以及历史积累目标信息库等。全源目标信息数据仓库系统对获取的原始数据进行提取、预处理及变换，并以特定的存储格式将数据存储到数据仓库中。该数据仓库具有数据更新、数据查询、数据分析等功能，主要用于数据挖掘、训练学习、获取目标识别知识。

3）目标识别规则和模型获取

目标识别规则和模型获取是目标识别过程中的重要部分，其主要通过以下3个途径来完成。

（1）通过对专家知识及本领域知识的收集分析，得到目标特征与目标类型（型号）的关联关系，从其关联关系中归纳提取目标识别规则和模型并构成知识库，与此同时，将汇总的目标特征数据作为目标特征信息库中的基本数据类型。

（2）对示例数据库中的数据进行数据挖掘，提炼出目标类型（型号）的准确描述（分类模型、分类规则等），建立目标识别知识库。在这个过程中，可采用机器学习方法（归纳学习、类比学习等），利用示例样本训练集进行训练学习，不断完善和改进规则和模型知识，提高目标识别的准确度。

（3）通过积累实际海上作战的目标来袭特征数据和判断结果，对隐藏价值的信息进行分析，提取相应的规则知识，从而修改、扩充和完善目标识别知识库，提高目标识别的准确度。

4）知识推理

在实际海上作战中，指挥系统中的目标识别模块将各传感器收集的目标信息经过数据处理存储到目标特征信息库中，并根据知识库中的相应规则和模型进行推理计算，获取目标类型（型号）。

5）评估分析

通过相关领域专家、指挥决策人员等其他辅助手段对目标识别结果进行评估分析，降低目标识别结果的错误率，提高识别结果的可信度。

获取目标类型（型号）后，将其作为威胁评估因素，结合目标类型（型号）的作战特点进行威胁评估，从而提高威胁评估的可靠性。

2.2 多平台多武器智能规划

未来海上作战将是体系与体系的对抗，多平台多武器协同指挥作战将是未来发展趋势，由于火力资源规模和来袭目标数量都很庞大，加上海上作战对规划的实时性要求较高，这就迫切需要指控系统中火力规划具有实时性、自主性、智能性。火力智能规划流程如图2所示。

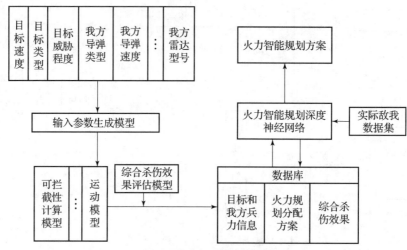

图2 火力智能规划流程

（1）确定进行火力智能规划所需的输入参数类型集合（包括目标速度、类型、威胁程度和我方导弹类型、导弹速度等信息）。

（2）构建综合杀伤效果评估模型，在相关基础模型（包括可拦截性计算模型、运动模型等）的支持下，通过对不同敌我态势进行仿真分析，形成"输入参数—输出参数"数据库（输出参数同时包含目标分配方案和综合杀伤效果），并基于形成的数据库得到海上火力智能规划深度神经网络。

（3）将实际敌我数据集输入网络便可以得到对应的火力智能规划方案及其综合杀伤效果。

此外，随着知识工程技术的发展及应用，可以将战场经验和专家知识等信息进行提炼，构建有用的知识库。根据作战过程中可能用到的模型和方法分别构建模型库和方法库。针对具体问题选用相应的模型和方法组成相应的功能模块，系统根据知识库信息进行推理，判断要执行的行动任务，然后调用相应功能完成该行动任务，从而实现自主化和智能化指挥决策。

2.3 弹群智能协同控制

随着信息化、网络化、智能化的深度发展，弹群协同攻击是未来作战的必然结果，如图3所示。敌舰艇编队具备较强的体系化综合防御、攻击能力，弹群协同突防是提高导弹的突防和生存能力的有效手段。弹群协同攻击通过对战场信息和态势的感知，利用数据库进行智能学习与智能计算，根据作战目的与限制条件，实时拟制作战方案，完成地面阵地智能调配、火力智能分配、导弹编队飞行最优数量解算、编队飞行模式、编队打击方式等一套完整的对敌攻击策略。

2.4 导弹末端自主突防

为提高末端突防能力，导弹根据战场态势变化，自主形成相应的对策，具备灵活的任务在线自主规划能力，主要包括自主规避机动（威胁判断、告警，实时规避）、自主改变速度（亚声速/超声速突防）、自主改变高度（多种飞行高度、跃升和俯冲）、自主改变方位（方位发射、蛇行机动）等能力。反舰导弹在海上飞行的过程中能够根据战场态势、所受电磁干扰和火力对抗情况进行威胁判断，综合这些因素作出最优的对抗决策，并采取相应的对抗措施，如改变飞行高度、飞行速度，进行弹道机动，以对抗敌方拦截，提高突防概率。导弹自主突防规划效果如图4所示。

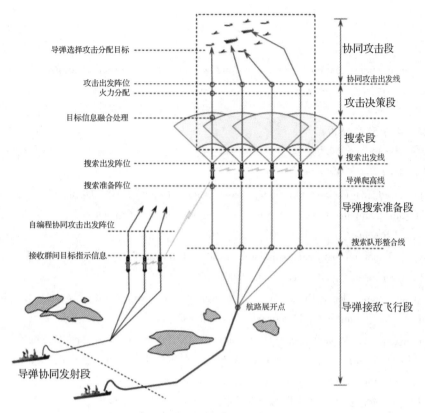

图 3　弹群协同攻击过程示意

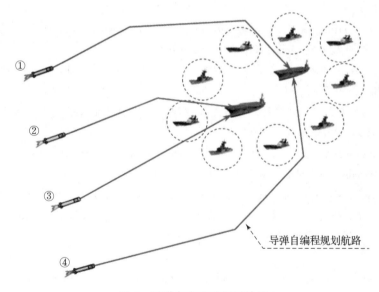

图 4　导弹自主突防规划效果

3　展望

面对日趋复杂的海上作战环境以及高新技术作战样式的不断变化，亟须提高海上指挥控制系统作战能力。本文通过分析指挥控制系统中威胁评估技术、火力分配技术、任务规划技术等主要技术的发展现状，从目标威胁智能自主判断、多平台多武器智能规划、弹群智能协同控制、导弹末端自主突防等 4 个方面，提出了未来海上指控技术的一些发展思路，为后续相关技术的发展提供了一定的借鉴。

参考文献

[1] Meir Danino. Single versus dual color missile warning systems—the marginal advantage [J]. The Journal of Electronic Defense, 2013 (9): 40 – 42.

[2] 王玉惠, 韩占鹏, 陈哨东, 等. 防空态势评估系统分析及新型评估模型研究 [J]. 南京航空航天大学学报, 2014, 46 (4): 558 – 566.

[3] 唐鑫, 杨建军, 冯松. 数据缺失状态下目标威胁评估的 AR 动态突变排序法 [J]. 系统工程与电子技术, 2017, 39 (5): 1056 – 1064.

[4] Afshan Naseem, Syed Tasweer Hussain Shah, Shoab Ahmed Khan, et al. Decision support system for optimum decision making process in threat evaluation and weapon assignment: Current status, challenges and future directions [J]. Annual Reviews in Control, 2017, 43: 169 – 187.

[5] Qu C W, He Y. A method of threat assessment using multiple attribute decision making [C]. Proc of the 6th International Conference on Signal Processing, 2002: 1091 – 1095.

[6] Wang Gaige, Guo Lihong, Hong Duan. Wavelet neural network using multiple wavelet functions in target threat assessment [J]. The Scientific World Journal, 2013: 1 – 7.

[7] Zhang Kun, Piao Haiyin, Kong Weiren. The improved VIKOR method based on dynamic parameters optimization in multi-target threat assessment [C]. 17th AIAA Aviation Technology, Integration, and Operations Conference, 2017, Denver, Colorado: 1 – 8.

[8] 雷英杰, 王宝树, 王毅. 基于模糊推理的威胁评估方法 [J]. 电子与信息学报, 2007, 29 (9): 2077 – 2081.

[9] 潘科, 潘宣宏, 郭新奇. 基于多属性决策的水面舰艇防空威胁判断分析 [J]. 计算机与数字工程, 2014 (5): 802 – 804, 821.

[10] Benavoli A, Ristic, Farina, et al. An application of evidential networks to threat assessment [J]. IEEE Trans on Aerospace and Electronic Systems, 2009, 45 (2): 620 – 639.

[11] 雷英杰, 王宝树, 路艳丽. 基于自适应模糊推理的威胁评估方法 [J]. 电子与信息学报, 2007, 29 (12): 2805 – 2809.

[12] 范翔宇, 王红卫, 索中英. 基于粗糙集 – 信息熵的辐射源威胁评估方法 [J]. 北京航空航天大学学报, 2016, 42 (8): 1755 – 1760.

[13] Sushil Kumar, Bipin Kumar Tripathi. Modelling of threat evaluation for dynamic targets using Bayesian network approach [J]. Procedia Technology, 2016 (24): 1268 – 1275.

[14] Manne A S. A target-assignment problem [J]. Operations Research, 1958, 6 (3): 346 – 351.

[15] 董朝阳, 路遥, 王青. 改进的遗传算法求解火力分配优化问题 [J]. 兵工学报, 2016, 37 (1): 97 – 102.

[16] 李俨, 董玉娜. 基于 SA – DPSO 混合优化算法的协同空战火力分配 [J]. 航空学报, 2010, 31 (3): 626 – 631.

[17] Erlandsson T, Niklasson L. Automatic evaluation of air mission routes with respect to combat survival [J]. Information Fusion, 2014, 20: 88 – 98.

[18] C Leboucher, H – S. Shin. Novel evolutionary game based multi-objective optimization for dynamic weapon target assignment [C]. Proceedings of the 19th World Congress the international federation of automatic control, Cape Town, South Africa. 2014. 8.

[19] Michael T Davis, Matthew J Robbins, Brian J Lunday. Approximate dynamic programming for missile defense interceptor fire control [J]. European Journal of Operational Research, 2017, 259: 873 – 886.

[20] 陈黎, 王中许, 武兆斌, 等. 一种基于先期毁伤准则的防空火力优化分配 [J]. 航空学报, 2014, 35 (9): 2574 – 2582.

[21] Min H T P, Ren Z Y, Li W, et al. Optimal design of a thomsoncoil actuator utilizing amixed integer discrete

continuous variables global optimization algorithm [J]. IEEE Trans. on Magnetics, 2011, 47 (10): 4163 – 4165.

[22] 黄剑平. 地空导弹部队在反空袭作战中的目标威胁评估研究 [D]. 厦门: 厦门大学, 2009.

[23] Zbigniew R Bogdanowicz. A new efficient algorithm for optimal assignment of smart weapons to targets [J]. Computers and Mathematics with Applications, 2009, 58: 1965 – 1969.

[24] Yin G Y, Zhou S L, Zhang W G. A threat assessment algorithm based on AHP and principal components analysis [J]. Procedia Engineering, 2011, 15 (4): 4590 – 4596.

[25] Huang L W, Xu P G, Wang Q. Firepower distribution problems based on Hungarian method [J]. Fire Control and Command Control, 2007, 32 (6): 25 – 28.

[26] 郑炜, 刘文兴, 杨喜兵. 一种基于启发式算法的货物装载问题的研究 [J]. 西北工业大学学报, 2016, 34 (4): 708 – 713.

[27] 徐克虎, 孔德鹏, 张志勇, 等. 合成分队火力分配自适应决策模型研究 [J]. 火力与指挥控制, 2017, 42 (2): 43 – 57.

[28] 董朝阳, 路遥, 王青. 改进的遗传算法求解火力分配优化问题 [J]. 兵工学报, 2016, 37 (1): 97 – 102.

[29] Ali Onder Bozdogan, Murat Efe. Improved assignment with ant colony optimization for multi-target tracking [J]. Expert Systems with Application, 2011, 38: 9172 – 9178.

[30] 吴晓军, 杨战中, 赵明. 均匀搜索粒子群算法 [J]. 电子学报, 2011, 39 (6): 1261 – 1266.

[31] Chen P, Zheng Y Y, Zhu W. Optimized simulated annealing algorithm for thinning and weighting large planar arrays in both far-field and near-field [J]. IEEE Trans. on Oceanic Engineering, 2011, 36 (4): 658 – 664.

[32] 阮旻智, 李庆民, 刘天华. 编队防空火力分配建模及其优化方法研究 [J]. 兵工学报, 2010, 31 (11): 1525 – 1529.

[33] 廉师友. 人工智能技术导论 [M]. 西安: 西安电子科技大学出版社, 2007: 6 – 7.

[34] 李益龙, 喻涛. 基于规则的对海作战指挥控制应用 [J]. 指挥信息系统与技术, 2011, 2 (5): 47 – 50.

[35] Abder Rezak Benaskeur, Foroduald Kabanza, Eric Beaudry. CORALS: A real-time planner for anti-air defense operations [J]. ACM Transactions Intelligent Systems and Technology, 2010, 1 (2): 1 – 21.

[36] Naseem A, Khan S A, Maik A W. Real-time decision support system for resource optimization and management of threat evaluation and weapon assignment in air defense [C]. IEEE International Conference on Industrial Engineering and Engineering Management, 2014.

[37] Afshan Naseem, Syed Tasweer Hussain Shah, Shoab Ahmed Khan, et al. Decision support system for optimum decision making process in threat evaluation and weapon assignment: Current status, challenges and future directions [J]. Annual Reviews in Control, 2017, 43: 169 – 187.

[38] Shu – Hsien Liao. Problem structuring methods in military command and control [J]. Expert Systems with Application, 2008, 35: 645 – 653.

[39] 李家良, 宋文宾, 刘炳磊. 语义网技术及其在军事领域应用研究 [J]. 舰船科学技术, 2015, 37 (11): 132 – 135.

[40] 张伟平, 宋裕农, 魏成昊. 基于知识库的潜艇作战方案辅助生成系统 [J]. 四川兵工学报, 2009, 30 (1): 105 – 107.

[41] 张永亮, 赵广超, 陈希亮, 等. 基于知识的指挥控制系统智能决策关键技术研究 [J]. 微型机与应用, 2017, 36 (2): 56 – 59.

[42] 饶佳人. 基于知识的敏捷指挥控制系统演化方法 [J]. 火力与指挥控制, 2017, 42 (9): 38 – 43.

潜水器的高压吹除数理分析及实验台架设计

何曦光[1]，楼京俊[2]，彭利坤[1]，吕帮俊[1]

（1. 海军工程大学 舰船动力工程军队重点实验室　湖北武汉　430033；

2. 海军工程大学 舰船与海洋学院　湖北武汉　430033）

摘　要：【目的】针对潜水器高压吹除实验需求，设计缩比实验台架，计算验证几种实船工况。【方法1】基于拉瓦尔喷管等熵模型和伯努利方程，梳理潜水器高压吹除、排水的数理过程；【方法2】基于相似性原理，设计高压吹除缩比实验台架。【结果】基于以上储备，参考实船工况，计算和验证了300 m、200 m、100 m 等不同舷外背压，25 MPa、20 MPa、15 MPa 等不同初始吹除气压，100%、75%、50% 等不同通海阀通流面积下的实验台架性能。【结论1】结果表明，高压吹除会在主压载水舱内产生尖峰压力。随着舷外背压减小，峰值随之变小而吹除速率降低；随着初始吹除气压减小，峰值随之变小而吹除速率降低；随着通流面积减小，峰值随之变大而吹除速率降低。【结论2】结果表明，以上工况下的尖峰压力均小于台架设计压力，气体膨胀后的最终容积均大于水舱设计容积，台架设计能够满足高压吹除的基本实验需求。

关键词：高压吹除系统；缩比实验台架；相似性原理；拉瓦尔喷管等熵模型；伯努利方程

Researching on Mathmatical Analysis of High-Pressure Blowing System of Submersible and Experimental Bench Design

He Xiguang[1], Lou Jingjun[2], Peng Likun[1], Lv Bangjun[1]

（1. Key Laboratory of Military Marine engineering of Naval University of Engineering, Wuhan, Hubei, 430033；

2. Naval – Ship and Ocean Engineering College of Naval University of Engineering, Wuhan, Hubei, 430033）

Abstract： ［Objective］To supply experimental platform for manufacturing of submersible high-pressure blowing system, a reduced-scale experimental bench of HPBS had been designed and several actual operating conditions of submersibles had been test and verified on it. ［Method1］Based on isentropic blowing model of Laval spray and Bernoulli equations, mathematical computations of high-pressure blowing had been arranged；［Method2］Based on similarity theory, a HPBS reduced-scale experimental bench including pressure vessel prototype of ballast tank and sea tank had been designed. ［Result］Based on the works above and actual workings of submersibles, three operating conditions including back-pressures of 300m, 200m and 100m, initial blowing-pressures of 25MPa, 20MPa, 15MPa, and sea-valve openings of 100%, 75%, 50% had been verified on the bench. ［Conclusion1］It was found that peak-pressures in the ballast tank had been generated during the blowing. With the back-pressure decreasing, the peak-pressure followed and blowing-rate reduced. With the initial blowing-pressure decreasing, the peak-pressure followed and blowing-rate reduced too. But, with the opening of the sea-valve decreasing, the peak-pressure increased and the blowing-rate reduced. ［Conclusion2］It

基金项目：军队科研计划项目"潜器应急情况下高压气吹除有效性研究"，编号装计（2015）第479号；军队科研计划项目"通用型潜器操控虚拟训练系统"，编号装计（2018）第246号。

何曦光（1982—），男，湖北武汉人，博士研究生在读，副教授，研究方向为潜水器生命力保障。

楼京俊（1976—），男，浙江义乌人，教授，博士生导师，研究方向为舰船设备隔振。

was also found that the peak-pressures were within regulations，and the final volumes of the compressed air were also within regulations，which proved that the bench could meet the experimental needs of submersible high-pressure blowing.

Key Words：high-pressure blowing system；reduced-scale experimental bench of HPBS；similarity theory；isentropic blowing model of laval spray；bernoulli equation

0　引言

潜水器在水下遇到碰撞、破损等事故时，可以采用抛弃压载物、调节纵倾水舱水量、增速、操作舵装置、浮力调整水舱排水等多种手段予以处置，但如果船体进水，则必须使用高压吹除系统进行主压载水舱的吹除排水，以保证潜水器的生命力。潜水器的高压吹除系统（High - Pressure Blowing System，HPBS）用于控制船体储备浮力，主要包括船舷两侧的主压载水舱，以及水舱顶部装备的高压气管路和通气阀、水舱装备的通海阀。潜水器高压吹除系统在潜浮过程中的工况示意如图1、图2所示。

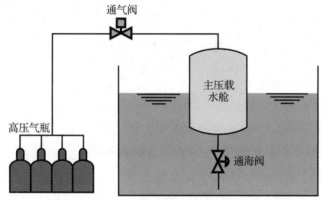

图1　潜水器上浮工况

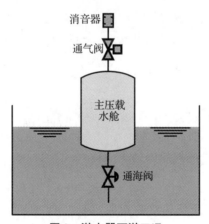

图2　潜水器下潜工况

潜水器高压吹除具体包括吹除、排水两个过程，且认为气体在主压载水舱中的膨胀容积等于排水过程中的排水容积。吹除过程主要采取短路以及常规两种方式。常规吹除，压缩气进入水舱要经过中间配气机构及管道分流，存在沿程及压力损失；短路吹除，压缩气以超声速直接进入水舱，通过绝热膨胀将海水挤出水舱。对于短路吹除，可等效为先缩后放的拉瓦尔喷管模型，通过指数和等熵两种方式表征。前者需结合动态响应时长，选择合适的吹除常数，而后者只需考虑初始用气质量、流速和排水背压，更适用于表征潜水器高压吹除的实验复现。排水过程可以用体积变化法和伯努利方程进行表征。对于体积变化法，气体容积的变化需综合考虑潜水器深度、纵倾、压载水舱容积、数量、位置坐标和艇体固壳直径，在实船设计中较为适用。伯努利方程以通过水舱底部通海阀的液流为分析对象，流量取决于阀门通流面积、流量系数及内外压差，故更适用于表征潜水器高压吹除排水的实验复现。

潜水器高压吹除系统涉及船体航行操纵和生命力保证。为了给潜水器 HPBS 的工程设计提供实验环境，本文对潜水器高压吹除及排水的数理过程进行了分析，基于相似性原理设计了缩比实验台架，参照实船工况，在改变吹除气压、水舱底部通流面积及舷外背压等初始条件的情况下，对台架的性能进行了计算和验证。

1 数理模型

1.1 吹除过程

压缩气从高压气瓶进入水舱后的吹除过程，利用拉瓦尔喷管模型进行计算，气速从亚声速或声速加速至超声速。对于主压载水舱，设压缩气压力为 P_B，单位为 MPa；压缩气体积为 V_B，单位为 m^3，其初始容积 V_{B0} 取 0.001 m^3；压缩气质量为 m_B，单位为 kg；R 为气体常数；压缩气温度 T_B 取 25℃，即 298 K。有下式成立：

$$\frac{dP_B}{dt} = \frac{\frac{dm_B}{dt}RT_B - P_B q_B}{V_B} \tag{1}$$

$$\frac{dm_B}{dt} = \dot{m}_B = -\dot{m}_F = -\frac{dm_F}{dt} \tag{2}$$

式（2）中，$\dot{m}_B$ 为压载水舱内压缩气质量的变化速率，单位是 kg/s；$\dot{m}_F$ 为高压气瓶放气质量的变化速率，单位是 kg/s。认为气瓶所存储的压缩气全部用于高压吹除。q_B 为压缩气的体积变化率，单位是 m^3/s。主压载水舱气体质量变化速率的计算方法为：

当 $1 \geq \frac{P_B}{P_F} \geq \left(\frac{2}{k+1}\right)\frac{k}{k-1}$ 时，气速为亚声速，有

$$\dot{m}_B = -\dot{m}_F = \frac{C_t A P_F}{\sqrt{RT_F}}\sqrt{\frac{2k}{k-1} \cdot \left[\left(\frac{P_B}{P_F}\right)\frac{2}{k} - \left(\frac{P_B}{P_F}\right)\frac{k+1}{k}\right]} \tag{3}$$

当 $\frac{P_B}{P_F} \leq \left(\frac{2}{k+1}\right)\frac{k}{k-1}$ 时，气速为超声速，有

$$\dot{m}_B = -\dot{m}_F = \frac{C_t A P_F}{\sqrt{RT_F}}\sqrt{k \cdot \left(\frac{2}{k+1}\right)\frac{k+1}{k-1}} \tag{4}$$

当 $\frac{P_B}{P_F} \geq 1$ 时，水舱内气压大于高压气瓶中气压，有

$$\dot{m}_B = -\dot{m}_F = 0 \tag{5}$$

式（3）、式（4）中，k 为双原子气体绝热指数，取 1.4；P_F 为高压气瓶中气压，单位为 MPa，初始值 P_{F0} 取 25 MPa；T_F 为气瓶温度，其初始温度 T_{F0} 取 298 K；A 为喷嘴面积，其直径取 0.018 m；C_t 为气瓶通流系数，取 0.7。如果不考虑热量交换，认为放气过程是绝热的。有下式成立：

$$P_F = \left(\frac{m_F}{m_{F0}}\right)^k P_{F0} \quad T_F = \left(\frac{m_F}{m_{F0}}\right)k - T_{F0} \tag{6}$$

$$m_{F0} = \frac{P_{F0}V_{F0}}{RT_{F0}} = 119.85 \text{ kg} \tag{7}$$

1.2 排水过程

由式（1）可知，q_B 为压载水舱的压缩气体积变化率，单位为 m^3/s，与压载水舱排水速率相同，根

据伯努利方程可知：

$$q_B = C_h \cdot A_h \cdot \sqrt{2\frac{(P_B - P_{SEA})}{\rho}} \tag{8}$$

式（8）中，C_h 为压载水舱通海阀流量系数，取 0.45；A_h 为通海阀通流面积，单位为 m^2；P_{SEA} 为水舱舷外压力，单位为 MPa。参照文献 [7]，潜水器舷外背压的计算表达式为：

$$P_{SEA} = P_{at} + \rho \cdot g \cdot (depth - x_B \cdot \sin(\pi \cdot \theta/180)) \tag{9}$$

式（9）中，P_{at} 为大气压力，取 0.1 MPa；ρ 为海水密度，取 1 025 kg/m^3；g 为重力加速度，取 9.8 m/s^2；depth 为当前海区深度，单位为 m；x_B 为压载水舱至潜水器重心位置坐标，实验台架中取 0，单位为 m；θ 为潜水器船体的当前纵倾角，单位是（°），实验台架中取 0°。

2 缩比实验台架设计

为了复现潜水器高压吹除及排水的数理过程，需进行工程复现，具体包括实船和实验台架两种方式。根据文献 [18]，实船方式性能数据最为真实，但是研制需要较高费用。借鉴文献 [6] 和 [16]，建设物理相似的实验台架，可对高压吹除的数理过程进行研究。为了复现高压吹除过程，文献 [6] 将高压吹除等效为一维等熵绝热过程，压缩气快速进入水舱以实现高压吹除；为了模拟舷外压力，文献 [16] 在主压载水舱排水出口设置背压容器，通过不同规格的管道与水舱连，分析通流面积变化对高压吹除的影响。本文基于相似性原理，设计了缩比实验台架。所谓相似性和缩比，是指台架与实装的空间布置和物理特性相似，只在几何边界上缩比。具体如下：

（1）空间布置相似，主要是指假海水舱大小为主压载水舱容积 1/10，将主压载水舱压力容器包围在内，二者经可调节开度的通海阀进行介质交互，以模拟海洋环境对潜水器水舱之间的空间关系。

（2）物理特性相似，主要是指在相同操作工况下，台架中气、水的流动及各压力、流量等参数的变化过程能够被同一物理方程描述。

（3）几何边界缩比，主要是指主压载水舱容积与其通海阀通流面积之比和实船相等，以保证二者在相同气压、通海阀的通流面积和背压下，高压吹除和排水速率数值相同。

2.1 总体布置

包括主压载水舱，假海水舱，压缩气站以及阀门、仪表等附件。主压载水舱顶部通过电控气阀、压力控制阀、加气管道与压缩气站连接，同时设置安全阀，实现高压吹除和压力保护。主压载水舱顶部配置通气阀及压力计、温度计，并设置液位计，实现排气放水和数据测量。假海水舱顶部通过加气管道与压缩气站连接，并设置放气阀及安全阀，实现舷外背压模拟、排气放水和压力保护。主压载水舱和假海水舱底部通过通海阀和通水管连接。假海水舱底部可通过通海阀连接自来水，并设置放水阀门。

在结构设计上，主压载水舱内外皆承压，具备一定的水密性与结构强度，可支撑通海（气）阀及其传动装置，假海水舱则为内承压，主压载水舱、假海水舱之间设置支撑。实验台架总体布局如图 3 所示。如前文所述，对比文献 [6] 和 [16]，实验台架设计加入了包围主压载水舱、模拟海洋环境的假海水舱，并在水舱底部设置了可调节开度的通海阀，用以实现更真实的实船工况。

2.2 压力容器选型

2.2.1 主压载水舱

圆筒状主压载水舱容积为 1.2 m^3，直径为 1 m，高度为 1.53 m，承压 10 MPa。顶部的电控气阀、压力控制阀、通气阀以及水舱底部通海阀为非标准配置，可进行远程或手动控制；安全阀为标准配置。压力容器选型参数如表 1 所示。

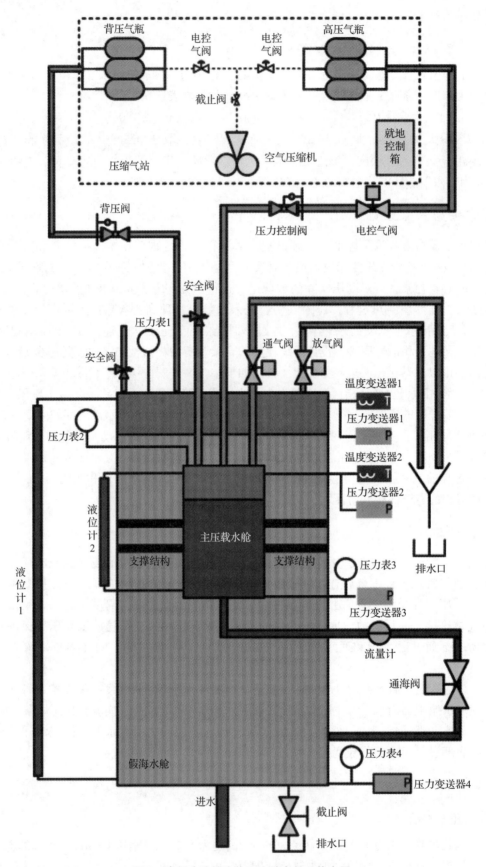

图 3　高压吹除缩比物理实验台架总体布局

表 1　主压载水舱设计参数

参数	单位	数值	功能备注	设计依据
工作压力	MPa	10.0	最大允许工作压力	"钢制压力容器"规范 GB150
设计压力	MPa	12.5	设计压力取 1.25×最高工作压力，存在两个以上的压力容器时，需配备安全装置	
气压实验压力	MPa	11.5	1.15×工作压力	
水压实验压力	MPa	12.5	1.25×工作压力	
气密性实验	MPa	10.0	1.00×工作压力	
安全阀	MPa	10.0	开启压力为安全阀瓣开始升起、介质泄压时对应的压力	
壁厚	MPa	2	根据材质许用应力、焊缝系数及腐蚀裕量而定	
通海阀出水孔径	mm	189.379	计算依据为实装、缩比实验台架的水舱体积/通海阀的通流面积为常数	
有效容积	m^3	1.2	假海水舱容积的 1/10	
工作温度	℃	≤50	介质工作温度	

2.2.2　假海水舱

圆筒状假海水舱容积 13 m^3，带半球形盖板，直径为 2 m，高度为 4 m，承压 10 MPa。顶部放气阀为非标准配置，可进行远程或手动控制；安全阀为标准配置。压力容器选型参数如表 2 所示。

表 2　假海水舱设计参数

参数	单位	数值	功能备注	设计依据
工作压力	MPa	10.0	最大允许工作压力	"钢制压力容器"规范 GB150
设计压力	MPa	12.5	设计压力取 1.25×最高工作压力，存在两个以上的压力容器时，需配备安全装置	
气压实验压力	MPa	11.5	1.15×工作压力	
水压实验压力	MPa	12.5	1.25×工作压力	
气密性实验	MPa	10.0	1.00×工作压力	
安全阀	MPa	10.0	开启压力为安全阀瓣开始升起、介质泄压时对应的压力	
有效容积	m^3	12	主压载水舱容积的 10 倍	
工作温度	℃	≤50	介质工作温度	

3　工况计算

缩比实验台架初始实验条件如下：压载水舱内初始压力 P_{B0} 取 0.001 MPa；气体初始容积 V_{B0} 取 0.001 m^3；气体常数 R 取 287.1 J/(kg·K)；温度 T_B 取 25℃。高压气瓶内气压为 P_F，初始压力 P_{F0} 取 25 MPa；假海水舱和压载水舱之间的环形截面积约为 0.75πm^3，在初始状态已有 7 m^3 的水量，操作工况如表 3 所示。

表3 操作工况

操作工况一	高压气瓶初始压力/MPa	舷外背压/m	通海阀直径/mm	通流面积开度/%
相同初始气压和通海阀通流面积开度，不同舷外背压	25	300	189.379	100
	25	200	189.379	100
	25	100	189.379	100
操作工况二	高压气瓶初始压力/MPa	舷外背压/m	通海阀直径/mm	通流面积开度/%
相同舷外背压和通海阀通流面积开度，不同初始气压	25	300	189.379	100
	20	300	189.379	100
	15	300	189.379	100
操作工况三	高压气瓶初始压力/MPa	舷外背压/m	通海阀直径/mm	通流面积开度/%
相同初始气压和舷外背压，不同通海阀通流面积开度	25	300	189.379	100
	25	300	189.379	75
	25	300	189.379	50

3.1 操作工况一

根据表3中操作工况一，取高压吹除压力为25 MPa，通海阀开度为100%，当前海区深度为300 m、200 m、100 m，其中300 m是潜水器的最大工作深度，即极限工况。对压载水舱内压缩气的压力、容积变化过程进行计算，得到的功能曲线如图4所示。

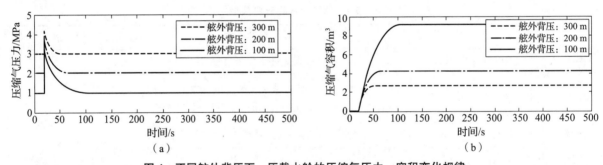

图4 不同舷外背压下，压载水舱的压缩气压力、容积变化规律

（a）压载水舱的压缩气压力变化规律；（b）压载水舱的压缩气容积变化规律

在操作工况一中，高压气瓶初始压力和水舱内初始气压之压差非常大。根据式（3）、式（4）、式（5）可知，从高压气瓶喷射出来的超声速气体刚进入水舱时，会有尖峰出现；随着压缩气在水舱内快速膨胀，气压从尖峰变小并逐渐和舷外背压平衡，具体变化过程如下。

3.1.1 主压载水舱内压缩气压力

如图4（a）所示，300 m背压下：20 s时，气压从3 MPa瞬间上升到4.3 MPa左右，44 s后逐渐与舷外背压平衡；200 m背压下：20 s时，气压从2 MPa瞬间上升到3.5 MPa左右，50 s后逐渐与舷外背压平衡；100 m背压下：20 s时，气压从1 MPa瞬间上升到3.1 MPa左右，80 s后逐渐与舷外背压平衡。

由此可知，在操作工况一中，随着舷外背压逐渐减小，主压载水舱内气压的尖峰压力逐渐变小，回落时间逐渐变长；最大舷外背压300 m时，对应最大尖峰压力4.3 MPa，小于水舱设计工作压力10 MPa，满足实验需求。

3.1.2 主压载水舱内压缩气容积

如图4（b）所示，300 m背压下：主压载水舱内的压缩气约在20 s时开始急速膨胀，其容积在44 s

左右达到 2.6 m³ 并一直保持；200 m 背压下：主压载水舱内的压缩气约在 20 s 时开始急速膨胀，其容积在 50 s 左右达到 3.2 m³ 并一直保持；100 m 背压下：主压载水舱内的压缩气约在 20 s 时开始急速膨胀，其容积在 80 s 左右时达到 9 m³ 并一直保持。

由此可知，在操作工况一中，随着舷外背压逐渐减小，主压载水舱内的气体容积上升时间逐渐增大，同时其斜率即吹除速率亦逐渐增大；不同舷外背压下，气体膨胀容积即排水容积均大于水舱设计容积 1.2 m³，可以将海水全部排空，满足实验需求。

3.2 操作工况二

根据表 3 中操作工况二，取潜水器的工作深度为 300 m，通海阀开度为 100%，高压气瓶压缩空气的初始压力分别为 25 MPa、20 MPa、15 MPa，其中 25 MPa 为高压气瓶储气的最大压力。对压载水舱内压缩气的压力、容积变化过程进行计算，得到的功能曲线如图 5 所示。

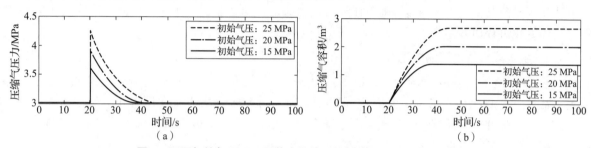

图 5 不同初始气压下，压载水舱的压缩气压力、容积变化规律
（a）压载水舱的压缩气压力变化规律；（b）压载水舱的压缩气容积变化规律

在操作工况二中，高压气瓶初始压力和水舱内初始气压之压差仍然非常大。根据式（3）、式（4）、式（5）可知，从高压气瓶喷射出来的超声速气体刚进入水舱时，会有尖峰出现；随着压缩气在水舱内快速膨胀，气压从尖峰变小并逐渐和舷外背压平衡，具体变化过程如下。

3.2.1 主压载水舱内压缩气压力

如图 5（a）所示，25 MPa 气压下：20 s 时，气压从 3 MPa 瞬间上升到 4.3 MPa 左右，43 s 时回到 3 MPa 并一直保持；20 MPa 气压下：20 s 时，气压从 3 MPa 瞬间上升到 3.9 MPa 左右，41 s 时回到 3 MPa 并一直保持；15 MPa 气压下：20 s 时，气压从 3 MPa 瞬间上升到 3.6 MPa 左右，37 s 时回到 3 MPa 并一直保持。

由此可知，随着初始气压逐渐变小，主压载水舱内尖峰压力逐渐变小，峰值回落时间逐渐变短；最大初始气压 25 MPa 时，对应最大尖峰压力 4.3 MPa，小于水舱设计工作压力 10 MPa，满足实验需求。

3.2.2 主压载水舱内压缩气容积

如图 5（b）所示，25 MPa 气压下：20 s 时，主压载水舱内压缩气开始急速膨胀，其容积在 43 s 左右达到 2.6 m³ 并一直保持；20 MPa 气压下：20 s 时，主压载水舱内压缩气开始急速膨胀，其容积在 41 s 左右达到 2 m³ 并一直保持；15 MPa 气压下：20 s 时，主压载水舱内压缩气开始急速膨胀，其容积在 37 s 左右达到 1.4 m³ 并一直保持。

由此可知，随着初始气压逐渐变小，主压载水舱内气体容积上升时间逐渐变小，斜率即吹除速率亦逐渐变小；不同初始气压下，气体膨胀容积即排水容积均大于水舱设计容积 1.2 m³，可以将海水全部排空，满足实验需求。

3.3 操作工况三

根据表 3 中操作工况三，取潜水器的工作深度为 300 m，高压吹除压力为 25 MPa，压载水舱底部通流面积开度分别为 100%、75%、50%。对压载水舱内压缩气的压力、容积变化过程进行计算，得到的功能曲线如图 6 所示。

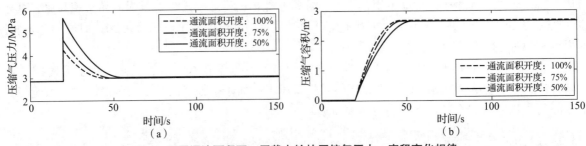

图 6 不同通流面积下，压载水舱的压缩气压力、容积变化规律

（a）压载水舱的压缩气压力变化规律；（b）压载水舱的压缩气容积变化规律

在操作工况三中，高压气瓶初始压力和水舱内初始气压之压差仍然非常大。根据式（3）、式（4）、式（5）可知，从高压气瓶喷射出来的超声速气体刚进入水舱时，会有尖峰出现；随着通流面积逐渐变小，节流作用导致其特征更为明显；随着压缩气在水舱内快速膨胀，气压从尖峰回落，逐渐和舷外背压平衡，具体变化过程如下。

3.3.1 主压载水舱内压缩气压力

如图 6（a）所示，100% 通流面积开度下：20 s 时，气压从 3 MPa 瞬间上升到 4.3 MPa 左右，43 s 时回到 3 MPa 并一直保持；75% 通流面积开度下：20 s 时，气压从 3 MPa 瞬间上升到 5.8 MPa 左右，50 s 时回到 3 MPa 并一直保持；50% 通流面积开度下：20 s 时，气压从 3 MPa 瞬间上升到 8.1 MPa 左右，70 s 时回到 3 MPa 并一直保持。

由此可知，随着通海阀通流面积开度逐渐减小，主压载水舱内尖峰压力逐渐增大，回落时间逐渐变大；最小开度 50% 时，对应最大尖峰压力 8.1 MPa，小于水舱设计工作压力 10 MPa，满足实验需求。

3.3.2 主压载水舱内压缩气容积

如图 6（b）所示，100% 通流面积开度下，即最大开度下：20 s 时，主压载水舱内的压缩气开始急速膨胀，其容积在 43 s 左右达到 2.7 m³ 并一直保持；75% 通流面积开度下：20 s 时，主压载水舱内的压缩气开始急速膨胀，其容积在 50 s 左右达到 2.7 m³ 并一直保持；50% 通流面积开度下：20 s 时，主压载水舱内的压缩气开始急速膨胀，其容积在 70 s 左右达到 2.7 m³ 并一直保持。

由此可知，随着通流面积逐渐减小，逐渐变大的节流作用使气体容积上升时间变大，而斜率即吹除速率逐渐降低；不同通流面积开度下，气体最终膨胀容积相同且大于水舱设计容积 1.2 m³，可以将海水全部被排空，满足实验需求。

4 结论

本文基于相似性原理设计的缩比实验台架，计算验证了实船操作工况下（300 m、200 m、100 m 等不同舷外背压；25 MPa、20 MPa、15 MPa 等不同初始吹除气压；100%、75%、50% 等不同通海阀通流面积）的实验台架性能。结果表明，由于存在较大压差，以超声速流入主压载水舱的压缩气在吹除过程中会产生尖峰压力，气体通过在水舱中膨胀将海水排出，存在如下规律：当舷外背压减小时，尖峰压力随之变小，吹除速率随之降低；当初始吹除气压减小时，尖峰压力随之变小，吹除速率随之降低；当通流面积减小时，因节流作用增大，尖峰压力随之变大，而吹除速率随之降低；以上操作工况中产生的尖峰压力均小于水舱设计压力 10 MPa，而最终的排水体积均大于水舱设计容积 1.2 m³，基本满足实验需求。但是，深入对照实装工程设计要求，实验台架仍存在以下不足。

（1）数理模型方面：假设气/水完全分离，未计入湍流扩散力、相间作用力、雷诺应力等两相流作用，而以上物理过程和潜水器高压吹除中的流场、声场及温度场的变化密切相关。

（2）物理环境方面：假设潜器舷外背压恒定、通海（气）阀瞬时全开（关），且在计算验证时未计入潜水器纵倾角、水舱与潜水器重心距离及海洋环境干扰等因素；设计实验台架时，未考虑舱室破损情况对静力、动力抗沉的影响；未设计自动化控制算法，以实现通海阀通流面积开度的自适应控制并复现实船装备的工作过程。

（3）结构设计方面：未考虑实验台架的主压载水舱顶部和假海环境顶部是否齐平，其关系到潜水器水下状态的稳心、浮心距离及自由液面高度，直接影响潜水器的稳性；另外，台架圆筒状的主压载水舱因几何边界条件不同，其水、气变化特性与实船倒"C"形结构存在很大差距，力学特性必然存在差异。

（4）操作工况方面：实验台架未能复现潜水器常用的上浮、悬停工况。特别是悬停工况，需要主压载水舱内的吹除排水和注水排气快速转换，对实验台架控制系统设计提出了较高的要求；若要进一步复现潜水器在高压吹除、悬停过程中的操纵性变化，需将水舱吹除中储备浮力的变化等效为对船体的作用力或力矩，并代入运动模型进行计算。

在后面的工作中，需对潜水器高压吹除缩比实验台架进行持续完善，在数理模型、物理环境、结构设计及操作工况上不断逼近实装，为实船的工程设计提供理论与实验依据。

参 考 文 献

［1］ 马运义，许建. 现代潜艇设计原理与技术［M］. 哈尔滨：哈尔滨工程大学出版社，2012，345 – 349.

［2］ Ma Yunyi, Xu Jian. Modern submarine design and technology［M］. Harbin：Harbin Engineering University Press，2012：345 – 349.

［3］ 金涛，刘辉，王京齐，等. 舱室进水情况下潜艇的挽回操纵［J］. 船舶力学，2010，14（1 – 2）：35 – 37.

［4］ Jin Tao, Liu Hui, Wang Jingqi, et al. Emergency recovery of submarine with flooded compartment［J］. Journal of Ship Mechanics，2010，14（1 – 2）：35 – 37.

［5］ 叶剑平，戴余良，李亚楠. 潜艇主压载水舱高压气吹除系统数学模型［J］. 舰船科学技术，2007，29（2）：112 – 115，126.

［6］ Ye Jianping, Dai Yuliang, Li Yanan. The mathematical model of pneumatic blowing system of the submarine's ballast tanks［J］. Ship Science and Technology，2007，29（2）：112 – 115，126.

［7］ 丁风雷，张建华，王雁. 潜艇高压气瓶放气过程的理论分析与数值仿真［J］. 计算机仿真，2014，7（4）：14 – 17.

［8］ Ding Fenglei, Zhang Jianhua, Wang Yan. Theory analysis and numerical simulation on gas releasing process of submarine high-press gas storage cylinder［J］. Computer Simulation，2014，7（4）：14 – 17.

［9］ 袁东红，汪云，幸福堂. 高压空气吹除压载水舱的关键技术仿真［J］. 武汉工程大学学报，2014，4（36）：60 – 64.

［10］ Yuan Donghong, Wang Yun, Xing Futang, et al. Key technologies of simulating high-pressure air blowing ballast tank［J］. Journal of Wuhan Institute of Technology，2014，4（36）：60 – 64.

［11］ 刘辉，浦金云，李其修，等. 潜艇高压气吹除主压载水舱系统实验研究［J］. 哈尔滨工程大学学报，2013，1（34）：34 – 39.

［12］ Liu Hui, Pu Jingyun, Li Qixiu, et al. The experiment research of submarine high-pressure air blowing off main ballast tanks［J］. Journal of Harbin Engineering University，2013，1（34）：34 – 39.

［13］ 劳星胜，张克龙，曾宏. 潜艇低压吹除系统动态性能研究［J］. 舰船科学与技术，2012，34（11）：42 – 45.

［14］ Lao Xingsheng, Zhang Kelong, Zeng Hong. Dynamic performance study of submarine diesel exhaust low pressure deballast system［J］. Ship Science and Technology，2012，34（11）：42 – 45.

［15］ 张建华，徐亦凡，刘洁. 基于专家控制技术的潜艇高压气自动控制研究［J］. 计算机仿真，2012（29）：25 – 27.

［16］ Zhang Jianhua, Xu Yifan, Liu Jie. Study on automatic control of submarine's compressed air based on expert control［J］. Computer simulation，2012（29）：25 – 27.

［17］ George D Watt. Modelling and simulating unsteady six degrees-of-freedom submarine rising maneuvers［R］. Canada：Defence Research and Development，2008：18 – 21.

［18］ Lennart Bystroem. Simulation of submarine recovery procedures in case of flooding ［C］. London，UK，the Royal Institute of Naval，2002.

［19］ 郝英泽，胡坤，何斌. 潜艇水下破损进水应急操纵模型 ［J］. 四川兵工学报，2011，4（4）：4 - 6.

［20］ Hao Yingze，Hu Kun，He Bin. Model of emergent manipulating for disrepair entering water of submarine under water ［J］. Journal of Ordnance Equipment Engineering，2011，4（4）：4 - 6.

［21］ Javier Garcia，Francisco Periago. 6 - DOF nonlinear autopilot including optimal control of blowing and venting ballast tanks ［R］. Alicante，Spain：UDT Europe，2012：30 - 40.

［22］ 王晓峰. 高压气体吹除数理模型及 CFD 仿真分析 ［D］. 武汉：华中科技大学，2015.

［23］ Wang Xiaofeng. Mathematical model and numerical simulation of high pressure air blowing ［D］. Wuhan：Huazhong University of Science & Technology，2015.

［24］ Roberto Font，Javier Garcia，Diana Ovalle. Modelling and simulating ballast tank blowing and venting operations in manned submarines ［C］. Germany：8th IFAC Conference on Control Application in Marine System，2010：67 - 72.

［25］ 唐海敬，朱军. 潜艇动力抗沉非线性效应及计算分析 ［J］. 中国舰船研究，2013，6（8）：63 - 68.

［26］ Tang Haijing，Zhu jun. Evaluation of dynamic anti-sink nonlinear effects for submarines ［J］. Chinese Journal of Ship Research，2013，6（8）：63 - 68.

［27］ 王晓峰，王先洲，张志国，等. 考虑重力影响的高压气体吹除改进数理模型和试验对比分析 ［J］. 中国舰船研究，2014，6（9）：81 - 86.

［28］ Wang Xiaofeng，Wang Xianzhou，Zhang Zhiguo，et al. Experiment and mathematics model of high pressure air blowing ［J］. Chinese Journal of Ship Research，2014，6（9）：81 - 86.

［29］ Chen Yin，Xia Guohua，Wang Guanxue，et al. Modelling and simulation for underwater hovering control based on ballast tank ［C］. Malaysia：2016 IEEE 6th International Conference on Underwater System Technology，Theory & Application，2016：218 - 223.

［30］ 刘瑞杰. 潜艇高压气吹除压载水舱系统试验与仿真 ［J］. 四川兵工学报，2014，35（2）：5 - 8.

［31］ Liu Ruijie，Xiao Changrun，Chen Dongbin. Experiment and simulation study of high pressure air blowing submarine's ballast tanks ［J］. Journal of Ordnance Equipment Engineering，2014，35（2）：5 - 8.

［32］ Roberto Font，Javier Garcia Pelaez. On a submarine hovering system based on blowing and venting of ballast tanks ［J］. Ocean Engineering，2013（72），441 - 442.

［33］ 金洪波，曹延杰，王成学. 基于载荷质量调节的同步电磁线圈发射器速度相似性分析 ［J］. 火炮发射与控制学报，2015，3（36）：1 - 5，22.

［34］ Jin Hongbo，Cao Yanjie，Wang Chengxue. Analysis velocity similarity of synchronous electromagnetic coil launcher based on payload mass adjustment ［J］. Journal of Gun Launch&Control，2015，3（36）：1 - 5，22.

［35］ 吴汪洋，韩宗真，程舟济. 水下高压吹除过程中水舱水量精确控制试验研究 ［J］. 舰船科学技术，2015，8（28）：132 - 134.

［36］ Wu Wangyang，Han Zongzhen，Cheng Zhouji. Research on accurate water quantity control experiment of underwater high-pressure air blowing off ［J］. Ship Science and Technology，2015，8（28）：132 - 134.

［37］ 刘辉，李其修，吴向君，等. 潜艇高压气吹除主压载水舱排水模型研究 ［J］. 海军工程大学学报，2015，2（27）：108 - 112.

［38］ Liu Hui，Li Qixiu，Wu Xiangjun，et al. Drainage model of submarine high-pressure air-blowing main ballast tank ［J］. Journal of Naval University of Engineering，2015，2（27）：108 - 112.

［39］ Liu Hui，Li QiXiu，Wu Xiangjun. The analysis of submarine motion state varying from different attack angle under flooded ballast tank ［J］. Energy Procedia，2011（13）：6405 - 6406.

［40］ 中华人民共和国国家标准. GB150.1 - 2011. 压力容器第1部分：通用要求 ［S］.

［41］ National Standards of the People's Republic of China. GB150.1 - 2011. Pressure Vessel Part 1：General Requirements ［S］.

纵摇状态下的机舰耦合流场数值模拟研究

李　通，王逸斌，赵　宁

（南京航空航天大学　非定常空气动力学与流动控制工业和信息化部重点实验室

江苏南京　210016）

摘　要：为了探究舰船的纵摇运动对飞行甲板上方机舰耦合流场的影响，从而保障舰载直升机在甲板上方的安全起降，现基于护卫舰和旋翼的简化耦合模型，使用计算流体力学方法，在舰船纵摇状态下对甲板上方的机舰耦合流场进行了数值模拟研究，分析了机库尾涡、桨尖涡、垂向速度分布以及旋翼拉力和压强在纵摇运动中的发展变化。随着舰船的纵摇运动，机库尾涡会上下摇摆，并和桨尖涡混合在一起，同时垂向气流也在不断变化，会对旋翼气动力造成明显的影响。旋翼拉力和其下方的压强出现了近似周期性的变化，其变化周期和纵摇运动的周期一致。当甲板处于下沉阶段时，旋翼拉力减小约30%，可能导致直升机撞击甲板。因此，飞行员应采取相应的措施以避免飞行事故。

关键词：计算流体力学；数值模拟；机舰耦合流场；纵摇

Numerical Simulation of Helicopter/Ship Coupled Flowfield in Pitching State

Li Tong, Wang Yibin, Zhao Ning

(Nanjing University of Aeronautics and Astronautics, Key Laboratory of Unsteady Aerodynamics and Flow Control, Ministry of Industry and Information Technology, Nanjing Jiangsu, 210016)

Abstract：In order to study the influence of ship's pitching motion on the coupled flowfield above the flight deck, and ensure the safe take-off and landing of ship-borne helicopter above the helideck, the helicopter/ship coupled flowfield, based on the simplified frigate and rotor model, was numerically simulated in the pitching motion by using computational fluid dynamics (CFD) method, the development and variation of hangar wake vortex, rotor tip vortex, vertical velocity and rotor thrust as well as pressure were analyzed. With the pitching motion, the hangar vortex will swing up and down, mixing with the rotor tip vortex, and the vertical flow is also changing, which will have a significant impact on the rotor aerodynamic force. The thrust and pressure change approximately periodically, which is consistent with the period of pitching motion. When the deck is in the sinking stage, the rotor thrust is reduced by about 30%, which may cause the helicopter to hit the deck. Therefore, the pilot should take corresponding measures to avoid flight accidents.

Key words：computational fluid dynamics; numerical simulation; helicopter/ship coupled flowfield; pitching

0　引言

舰船甲板是舰载直升机进行海上作业的主要场地，而甲板上的流场比较复杂，对于驱逐舰或护卫舰而言，当舰船运动或者有风时，机库后方都会产生不均匀的尾流场，常伴随有分离、回流、旋涡等运动形式发生。如果直升机在机库后方的甲板上进行起降作业，旋翼与舰船、旋翼与旋翼之间会形成复杂的混合涡流区，会对旋翼的气动特性产生不利影响，从而危及飞行员的生命安全，所以必须对舰船飞行甲板上方的机舰耦合流场特性有一个清楚的认识。

早期在研究舰船甲板上方空气流场时主要采用实船测量和风洞试验，但是这两种方法需要耗费很多人力、物力，通常试验周期比较长，不能很好地满足现代舰船研究的要求。近年来，计算流体力学（CFD）数值模拟方法得到逐步完善与发展，并在国内外被广泛应用到舰船上方空气流场的研究中。洪伟宏等人使用CFD方法研究了上层建筑形式及布局对舰船空气流场的影响，通过对多个上层建筑外形方案进行对比计算发现，减少上层建筑尺寸可以较明显地改善上层建筑附近区域的舰船空气流场特性；Polsky用Cobalt对一艘LHA级美国海军舰船周围的非定常流场进行了数值模拟计算，发现计算结果和试验数据比较吻合。Woodson和Ghee对海军驱逐舰DDG-81的舰面流场进行了研究，为CFD方法成功用于舰面流场模拟提供了依据。Thornber等人采用隐式大涡模拟（ILES）方法，在14种不同风角下对两种不同护卫舰周围的流场进行了数值模拟计算。为了开发一个舰船尾流验证数据库，国外提供了高度简化的护卫舰（SFS）几何模型。SFS的更新版本SFS2在原始SFS的基础上加长了上层建筑并增加了三角形舰艏。后来，许多学者对这两种简化舰船模型周围的流场进行了一系列风洞试验以及数值模拟研究。

虽然已经有了大量的关于舰面流场的试验和数值模拟计算，但大多数研究都是在舰船静止的状态下进行的，忽略了舰船在航行时的摇摆状态，特别是对于摇摆状态下的机舰耦合流场的研究比较欠缺。因此，本文基于护卫舰的简化模型以及双桨叶旋翼模型，在纵摇状态下对机库后方的机舰耦合流场进行了数值模拟计算，从而对复杂海况下的机舰耦合流场特性有了进一步的认识。

1　数值计算方法

本文基于计算流体力学中的 N-S 方程，使用 Fluent 软件对流场进行非定常数值计算，采用雷诺平均方法中的 SST k-w 湍流模型来封闭方程。对于纵摇运动的实现，采用动网格方法，在定义边界运动时，利用 Fluent 软件自带的 UDF（User Defined Function）功能对运动区域的运动方式进行指定，网格更新则采用弹簧光顺法。对于桨叶旋转的实现，采用滑移网格方法，该方法将计算域划分为旋转域和静止域，二者交界面通过用两个重合的滑移面关联，实现两个流场域的信息交互。

2　方法验证

利用 Caradonna-Tung 旋翼试验数据对滑移网格方法展开验证，该旋翼由两片桨叶组成，桨叶外形轮廓采用无扭转的 NACA0012 翼型，展长为 1 m，旋翼桨距角为 8°，转速为 1 250 r/min，翼尖马赫数为 0.439。通过对比试验和计算结果中桨叶不同位置剖面的压强系数发现，计算结果的上、下翼面压强系数与试验结果基本吻合，如图 1 所示，这验证了滑移网格方法在旋翼数值模拟中的可行性。

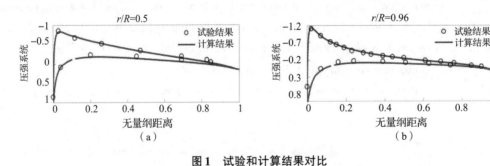

图1　试验和计算结果对比

（a）桨叶中心剖面；（b）桨尖附近剖面

3　计算模型和网格

本文的计算模型如图 2（a）所示，其中舰船模型为 SFS2，将 CT 旋翼半径放大至 5 m，悬停于 SFS2

甲板上方 10 m 处, 旋翼桨距角为 8°, 转速为 300 r/min。计算网格如图 2 (b) 所示, 使用非结构网格生成流场域, 总的网格单元数大约为 930 万, 其中对舰船周围和旋翼下方尾迹区进行了加密处理, 两片桨叶由相近的圆柱形流场域包裹, 满足滑移网格方法的需要。本文针对舰船纵摇建立了简谐运动模型, 其运动方程为:

$$\omega = A\cos(2\pi t/T + \theta) \tag{1}$$

其中 ω 表示舰船纵摇的角速度, 单位为弧度/秒 (rad/s), t 和 T 分别表示任意时刻和纵摇周期, 单位为秒 (s), θ 为初相。本文中 $A = 0.1$, $T = 2$ s, $\theta = 0$, 则纵摇周期为 2 s, 最大纵摇角度约为 2°, 舰船模型绕舰船中心作周期性纵摇运动。

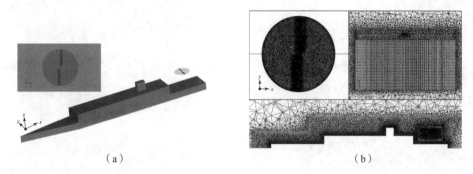

图 2　舰船模型和局部网格示意
(a) 舰船模型；(b) 局部网格

4　结果和分析

在 0°风向角、20 m/s 均匀来流的条件下, 本文计算了纵摇状态下机舰耦合流场的 3 个周期, 由于第一个纵摇周期是流场的初始建立, 流场还没有完全稳定发展, 因此主要分析研究第二个周期和第三个周期的流场变化情况。

4.1　甲板上方机舰耦合流场结构

当旋翼在机库后方的甲板上进行起降作业时, 会陷入机库尾涡和旋翼桨尖涡的混合涡流区, 这一区域会对旋翼气动力产生不利的影响。图 3 所示为一个纵摇周期中甲板上方涡结构分布, 用 λ_2 等值面显示。λ_2 是一种描述涡量的方法, 可以显示流场中涡结构的位置。图中用湍动能大小着色, 红色区域为强湍动能区域, 表示速度脉动较大。图 3 中, 从上往下分别为 $T/4$, $T/2$, $3T/4$, T 时刻表示甲板从下沉到上浮再到水平位置的过程。从图中可以明显地看到旋翼脱落出一圈又一圈的桨尖涡, 在来流的影响下向斜后方发展。随着舰船的纵摇运动, 甲板上下浮沉, 导致机库尾涡也出现了上下摇摆, 特别是在甲板下沉的阶段, 即 $T/4$ 时刻, 机库尾涡上扬至离旋翼最近, 会严重影响旋翼气动力。在 T 时刻, 桨尖涡的发展比较充分, 和旋翼下方的机库尾涡混合在一起, 流场相对紊乱。舰载直升机如果在 $T/4$ 时刻和 T 时刻降落, 则可能陷入混合涡中, 导致旋翼拉力不足, 影响飞行员正常操纵。

图 4 所示为甲板上方的垂向速度云图, 其中红色表示上洗气流, 蓝色表示下洗气流。在舰船的纵摇过程中, 甲板的上下浮沉会造成其上方垂向气流的变化, 当旋翼周围的垂向气流不稳定时, 会造成旋翼拉力的不稳定, 导致旋翼抖动。从侧视图可以看出, 在 $T/4$ 时刻和 T 时刻, 旋翼下方的下洗区域比较大, 特别在 T 时刻, 大区域的下洗流会减小桨叶的有效迎角, 使拉力降低, 在这种状态下直升机可能掉高度, 这需要引起飞行员的注意。在俯视图中, 该平面上旋翼周围的垂向气流没有明显的变化, 受纵摇运动的影响较小。

turb_kinetic_energy

0 2 5 7 10

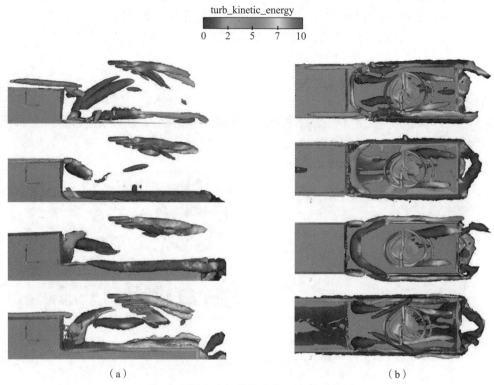

（a）   （b）

图3　甲板上方涡结构分布（书后附彩插）

（a）左视图；（b）俯视图

VZ

−15 −7 0 7 15

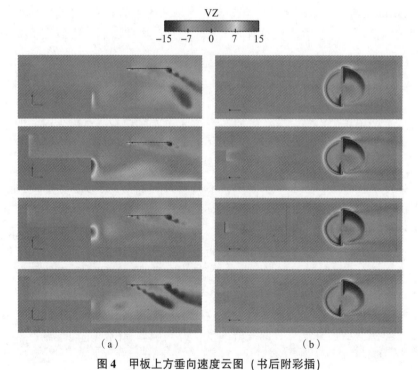

（a）   （b）

图4　甲板上方垂向速度云图（书后附彩插）

（a）过桨盘中心的纵向截面；（b）过桨盘平面的垂向截面

4.2　机舰耦合流场的定量分析

图5所示为纵摇运动中旋翼拉力变化曲线。因为第一个周期的耦合流场不全是发展稳定的流场，所

以这里给出了后两个周期的结果,即 2~6 s。在有来流的情况下,旋翼的前行桨叶和后行桨叶受力不同,因此在旋转一圈时得到的拉力会有所波动,如图 5 所示,出现了许多局部峰值。从纵摇的整体来看,随着舰船周期性的摇摆,旋翼拉力也呈现近似周期性的变化,其周期为 2 s,和纵摇周期一致。在 $T/2$ 时刻,旋翼拉力达到了最大,约为 17 500 N,在 $3T/4 \sim T$ 时刻,旋翼拉力降到了最小,约为 12 500 N,峰值相差 5 000 N,拉力减小约 30%,会严重影响舰载直升机在甲板上方的悬停和起降作业,这需要引起飞行员的注意,应及时采取相应措施,防止直升机突然掉高度,撞击甲板,造成飞行事故。通过和图 3、图 4 对比分析,可以得到一致的结论,当甲板处于下沉阶段时,旋翼会陷入混合涡以及强下洗区域,导致旋翼拉力减小。

在旋翼中心正下方 4 m 处,即甲板上方 6 m 处取一观测点,探究纵摇运动对该位置压强的影响,图 6 所示为其变化曲线。同样可以看出,随着舰船周期性的摇摆,耦合流场中该位置的压强也呈现近似周期性的变化,其周期也为 2 s,和纵摇周期一致。对比于拉力变化曲线,在 $3T/4 \sim T$ 时刻,旋翼下方压强降到了最小,导致旋翼拉力最小。

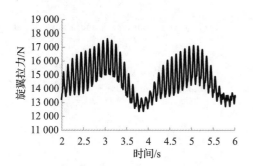

图 5 纵摇运动中旋翼拉力变化曲线

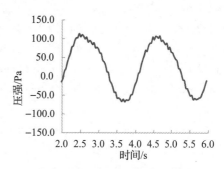

图 6 纵摇运动中压强变化曲线

5 结论

本文基于 CFD 数值模拟方法,采用 SFS2 舰船模型和双桨旋翼模型,对周期性纵摇状态下的机舰耦合流场进行了数值模拟研究,得到以下结论。

(1)周期性纵摇运动会对甲板上方的垂向气流以及涡结构产生明显的影响,机库尾涡会随之摆动,和旋翼桨尖涡混合在一起。

(2)随着舰船纵摇,当甲板处于下沉阶段时,旋翼会陷入紊乱的混合涡以及强下洗流区域,进而导致旋翼拉力减小约 30%,直升机有撞击甲板的危险。

(3)随着舰船周期性的摇摆,旋翼拉力和下方的压强也呈现近似周期性的变化,其周期约为 2 s,和纵摇周期一致。

机舰耦合流场中存在着涡 – 涡干扰,这是一个复杂紊乱的非定常流场,在真实海况下舰船进行的六自由度摇摆运动会进一步影响飞行甲板上方的流场环境,从而威胁舰载直升机在甲板上的安全性。舰船纵摇引起的旋翼拉力大幅度减小,需要引起舰载直升机飞行员的注意,并采取抑制措施,以避免直升机因失控而撞向甲板。

参 考 文 献

[1] 顾蕴松,明晓. 舰船飞行甲板真实流场特性试验研究 [J]. 航空学报,2001,22(6):500 – 504.

　　Guo Yunsong, Ming Xiao. Experimental investigation on flow field properties around aft-deck of destroyer [J]. Acta Aeronautica et Astronautica Sinica, 2001, 22 (6): 500 – 504.

[2] 洪伟宏,姜治芳,王涛. 上层建筑形式及布局对舰船空气流场的影响 [J]. 中国舰船研究,2009,4(2): 53 – 58.

Hong Weihong, Jiang Zhifang, Wang Tao. Influence on airwake with different layout of ship superstructure [J]. Chinese Journal of Ship Research, 2009, 4 (2): 53 – 58.

[3] Polsky S A. A computational study of unsteady ship airwake [C]. Reno: 40th AIAA Aerospace Sciences Meeting and Exhibit, 2002: 14 – 17.

[4] Woodson S H, Ghee T A. Computational and experimental determination of the air flow around the landing deck of a U. S. navy destroyer (DDG) [C]. Toronto: 23rd AIAA Appl, 2005: 6 – 9.

[5] Thornber B, Starr M, Drikakis D. Implicit large eddy simulation of ship airwakes [J]. Aeronaut J, 2010, 114: 715 – 736.

[6] Forrest J S, Owen I. An investigation of ship airwakes using Detached-Eddy Simulation [J]. Comput. Fluids, 2010, 39: 656 – 673.

[7] Wilkinson C, Zan S, Gilbert N, et al. Modelling and simulation of ship airwakes for helicopter operations-a collaborative venture [C]. Amsterdam: Symposium on Fluid Dynamics Problems of Vehicles Operating Near or in the Air-Sea Interface, 1998.

[8] Cheney B T, Zan S J. CFD code validation data and flow topology for the technical cooperation program AER – TP2 simple frigate shape [R]. Technical Report, 1999.

[9] Zan S J. Surface flow topology for a simple frigate shape [J]. Can. Aeronaut. Sp. J, 2001 (47): 33 – 43.

[10] Bardera – MORA R. Experimental investigation of the flow on a simple frigate shape (SFS) [J]. Sci. World J, 2014: 1 – 8.

[11] Zhang J, Minelli G, Rao A, et al. Comparison of PANS and LES of the flow past a generic ship [J]. Ocean Eng, 2018 (165): 221 – 236.

[12] Yuan W, Wall A, Lee R. Combined numerical and experimental simulations of unsteady ship airwakes [J]. Comput. Fluids, 2018 (172): 29 – 53.

[13] Li T, Wang Y B, Zhao N, et al. An investigation of ship airwake over the frigate afterbody [J]. International Journal of Modern Physics B, 2020 (34): 2040069.

[14] 操戈, 程捷, 毕晓波, 等. 基于 DES 的舰船空气尾流场特性分析 [J]. 中国舰船研究, 2016, 11 (3): 48 – 54.
    Cao Ge, Cheng Jie, Bi Xiaobo, et al. Investigation on the numerical simulation of ship airwake based on DES [J]. Chinese Journal of Ship Research, 2016, 11 (3): 48 – 54.

[15] Caradonna F X, Tung C. Experimental and analytical studies of a model helicopter rotor in hover [R]. NASA Technical Memorandum, 1981, NASA, Ames Research Center, Moffett Field.

智能技术在军事训练中的应用前景与发展分析

李　恒，冯　炜，罗　荣，李　烨

（海军研究院　北京　102442）

摘　要：近年来，军事训练领域的智能化发展趋势日趋明显，各种智能化训练手段和智能训练新技术不断涌现，推动了军事智能训练创新理念和模式的快速发展。本文简要介绍了智能技术与军事智能技术的基本概念，详细论述了军事智能技术在训练领域的应用前景，深入分析了其影响并提出了未来发展建议。

关键词：军事训练；智能技术；发展前景

Prospects and Development Analysis of Intelligence Technology in Military Training

Li Heng, Feng Wei, Luo Rong, Li Ye

（Naval Research Academy, Beijing, 102442）

Summary：In recent years, the trend of intelligent development in the field of military training has become increasingly obvious, and various intelligent training methods and intelligent training new technologies have emerged, promoting the rapid development of military intelligent training innovative concepts and models. This paper provides a brief overview of the basic concepts of intelligence technology and military intelligence technology, discusses in detail the prospects for the application of military intelligence technology in the field of training, provides an in-depth analysis of its impact and makes recommendations for future development.

KeyWords：military training; intelligence technology; development prospect

0　引言

军事训练是未来战争的预演，是生成和提高战斗力的基本途径，也是最直接、最有效的军事斗争准备。近年来，军事训练领域的智能化发展趋势日趋明显，各种智能化训练手段和智能训练新技术不断涌现，推动了军事智能训练创新理念和模式的快速发展，适用于各军兵种、专业岗位、武器装备的军事智能训练系统及配套体系建设的需求日益迫切。

此外，随着军用智能化技术的不断发展，新型智能武器装备的不断迭代发展与正式服役，军事智能训练器材及训练条件建设已成为各国军事训练转型建设体系的重要组成部分，因此，军事智能训练关键技术的突破及智能训练体系将是未来军事训练体系建设与发展的关键组成部分。

1　军事智能技术应用前景

1.1　智能技术概述

智能是知识与智力的总和。人工智能是研究、开发用于模拟、延伸和扩展人的智能行为（如计算、

李恒（1982—），湖北武汉人，副研究员，从事模拟训练与兵器技术研究，曾获国家科技进步二等奖 1 项，省部级一、二等奖 5 项。

学习、推理、思考、规划、指挥、决策等）的理论、方法、技术及应用系统的一门新的技术科学。经过多年研究发展，人们提出了非常多的人工智能技术，其方法与技术体系庞大又复杂。简而言之，人工智能技术可以粗略地分为以下 4 类：知识表示、知识推理、搜索求解和机器学习。从智能化水平看，人工智能大体可分为 3 个层次。第一层次是运算智能——超越人类：以科学运算、逻辑处理和统计查询等形式化、规则化运算为核心。第二层次是感知智能——接近人类：以图像理解、语音识别和语言翻译为代表。近期由于深度学习方法的突破，感知智能取得了重大进展，逐步趋于实用水平。第三层次是认知智能——刚刚起步：以理解、推理和决策为代表，强调会像人类一样思考、判断与决策等。其因综合性更强，更接近人类智能，研究难度更大，长期以来一直进展缓慢。

军事智能技术是人工智能技术的一个重要分支，是人工智能技术在军事领域的创新发展与转化应用。军事智能技术利用机器来完成军事活动中关于识别、推理、判断、决策、控制、制导、环境适应等内容，贯穿军事活动的观察、判断、决策、行动的全过程。其典型应用有：目标识别与态势认知、作战筹划与指挥决策、武器系统、无人作战系统、后勤保障、装备综合保障 6 个方面。在作战指挥、战术训练、推演演练等军事训练中引入智能技术，能更快、更精、更准地建立战场环境优势、体系对抗优势、辅助决策优势，极大地提高训练效益。

1.2 应用前景展望

军事智能技术在军事训练中广泛应用，能够构建更加"真实"的武器操作体验和战场环境，能够逼真演绎作战进程、评估作战构想，推动个人岗位训练、平台整体训练、兵种战术训练以及体系融合训练更加贴近实战、贴近未来，进而实现"像作战一样训练"。

1）个人岗位智能化训练

个人岗位训练是战斗力生成的前提和基础，其核心是推动人与武器装备、战场环境的适应和融合。在未来战争中，人依然是决定战争胜负的关键因素，智能化无人作战装备将成为重要作战力量，战斗人员与武器装备的关系由传统的一人一机或多人一机向一人多机、机器自主作战的方向转变，这对军事人员的能力素质提出了新的更高要求。智能技术可广泛应用于人体机能增强训练、武器装备模拟操作训练和智能机器/系统训练等领域，大数据以及增强现实（AR）、虚拟现实（VR）、模拟仿真等技术，能够为官兵的物理技能、生理机能、心理效能等训练提供"三理结合、虚实融合"的平台与环境支撑。随着脑科学、生物技术与人工智能的融合发展，官兵将看到、听到、"触摸"到"真实"的武器装备和战场环境，实现"身临其境、感同身受""基于现实、超越现实"的训练，使个体"获取知识—培养技能—形成能力"的过程更加高效、稳定、可持续、可重复。

2）平台整体智能化训练

平台整体训练是作战能力生成的关键环节，其核心是推动作战单元集成和能力生成。未来军队作战编组将更加灵活、更具弹性，并向广域分布、自主适应、动态调整的方向发展，针对特定作战任务的作战集群将成为基本作战单元。人工智能技术可广泛应用于人与人、人与智能机器/系统、智能机器/系统与智能机器/系统之间的协同作战训练等领域，通过复杂战场态势下概念识别、实体发现、意图判断、跨域适应、认知互通等技术，加速作战单元的能力生成，推动作战单元内部和各单元之间的高效协同融合，提升作战单元的自适应能力，实现作战集群的快速聚合、自主构建、深度关联、自我修复，做到谁快谁打、谁能打谁打、谁最合适打谁打。

3）作战体系融合智能化训练

作战体系融合训练是提高部队体系作战能力的重要途径，以战略战役层次联合训练为主。未来战争作战体系将表现为高度智能化的"人+机器+网络"，会涌现出新的体系特征和能力，作战体系在"平台中心""网络中心"的基础上进一步向"分布式、无中心化"的方向发展，跨领域、自主性、分布式联合作战将成为未来作战的基本形式。军事智能技术可广泛应用于作战构想模拟、作战方案推演、作战体系能力检验评估等训练领域，通过全息投影、虚拟现实等技术，以及大数据、智能算法和算力的提升，指挥员能够全面直观地观察和分析兵力部署和战场情况，使作战构想模拟、作战方案推演、作战体系能力检验评估等更加科学可靠，进而实现超实时预测战局走向，自主推演、自主推送作战方案，先于实体战场进行 OODA 模拟，做到先敌决策，进而先敌行动，以最优方式驱动实体战场作战行动。

4）智能化战争设计与验证

战争设计是改变未来战争"游戏规则"的重要手段，是连接战略需求与作战能力的桥梁。在未来战争中，制胜方式将从"杀伤"向"瘫痪"转变，制胜要素将从"信息优势"向"认知优势"转变，制胜机理将从毁伤人和装备、切断敌信息链路向"瘫痪敌智能作战体系"转变，智能优势成为决定战争胜负的关键。军事对抗博弈下的智能决策技术、智能作战任务规划技术、可解释可靠智能推演技术等人工智能的运用，能够解决未来战争设计、战略构想生成、作战概念开发的试验与验证中的数据、模型和算法问题。通过构建智能化战争试验场，最大限度地逼近未来战争实践和战场环境，实现设计战争、虚实结合仿真战争、验证打赢战争的训法战法。

2　主要影响分析

2.1　技术体制不断革新，军事智能技术加力助推效能日益凸显

以机器学习、云计算、大数据、虚拟现实等为代表的智能技术飞速发展，模拟训练系统建设与应用的技术体制正以前所未有的速度不断变化。2017 年 4 月，美国国防部设立了"算法战跨职能小组"，如图 1 所示，其由国防部常务副部长沃克督办，是美国国防部为加快推进军事智能化建设设立的一个跨部门机构。"算法战"利用人工智能技术，从大数据中快速获取军事情报，大幅提高了军事决策的速度和效率。VR/AR/MR 技术全面助推计算机生成兵力能力提升，战场环境模拟水平得到了快速提高，"嵌入式""穿戴式"技术在军事技能模拟训练中的广泛应用进一步增强了军事训练的沉浸感，大大提高了训练效益，云计算、大数据等技术的发展和应用，进一步推动了模拟训练技术的发展，为多系统大规模联合作战模拟训练提供了有力的技术支撑。

今后一个时期，凭借智能技术不断引入和深度应用，美国将在模拟训练领域继续领跑，甚至启动新一轮"快进"模式。

图1　算法战跨职能小组

2.2　训练样式不断丰富，军事智能技术显著提高作战指挥训练效益

1）虚实结合训练

近年来，AR 和 VR 技术不断发展，与人工智能技术结合，正在打造新的混合现实（MR），这种形式超越了传统的实际虚拟建设范式，为训练人员带来了更强的沉浸感和临在感，提供了更为丰富、有效的交互方式，加速了军事训练器材升级，甚至代纪替换，极大地提高了战斗力，使训练人员可以应对日益复杂的战场态势，在虚拟战场环境、近战战术训练、单兵模拟训练和诸军兵种联合战略战术演习等军事领域应用广泛。

人工智能与虚拟技术融合还产生了虚拟教官，应用于自主式训练，通过语音识别、人工智能学习等技术，可引导自主学习，并根据训练特点和具体情况，调整教学训练策略，达到最高效率。美军于2016年年底启动指挥官虚拟参谋系统（CVS）项目，旨在通过综合应用认知计算、人工智能等技术，来应对海量数据源和复杂战场态势，提供主动建议、高级分析和针对个人需求和偏好量身裁剪的自然人机交互，从而为指挥官及其参谋制定战术决策提供从规划、准备、执行到行动回顾全过程的决策支持。

嵌入式技术将模拟训练与实况训练相结合，使模拟训练功能嵌入真实武器平台，利用真实武器系统进行高逼真度的训练，具有逼真度高、时空限制小、升级更新方便等优势，是改善训练模式、提高训练效能的有效途径。这一训练方式已成为各军事强国进行军事训练的重要方式，代表了军事训练技术的最新发展方向。如美国海军水面舰艇使用的"和平时期舰队主力战术训练系统"（BFTT）、"宙斯盾作战训练系统"（ACTS）、"和平时期舰队主力电子战训练系统"（BEWT）都是在装备系统中嵌入模拟训练系统（图2），大大简化了后期装备训练配套系统的开发工作，提高了训练的效率。美国国防部高级研究计划局（DARPA）于2007年启动了"深绿"项目，"深绿"系统如图3所示。该项目旨在将仿真嵌入指挥控制系统，以预测战场上的瞬息变化，帮助指挥员提前进行思考，判断是否需要调整计划，并协助指挥员生成新的替代方案，提高指挥员临机决策的速度和质量。

图2 穿戴式装备　　　　　　　　　图3 "深绿"系统

2）人机对抗训练

目前，机器学习已被引入作战人员训练计划，用以快速寻找受训者训练能力的薄弱环节，并有针对性地快速提升。美国陆军引入智能训练安排后将战伤救护的训练时间缩短了一半。美国空军空战司令部也正在探索借助人工智能和虚拟现实的地面模拟训练技术将战斗机飞行员4级训练体制简化为3级。

比较典型的人机对抗训练系统有"智能空战"（Alpha AI）模拟系统、"打击群守卫"（SGD）智能训练系统、"针对敌方战术的机器学习作战"（COMBAT）训练系统。"智能空战"模拟系统如图4所示。

图4 "智能空战"模拟系统

2.3 训练范畴不断拓展，军事智能技术推动未来战争概念与样式创新

在智能化技术、智能装备加速涌现、更迭交替的新时代，抢占战争制胜先机的时间坐标大大前移，夺取和保持战争设计权是确保未来智能化战争先敌一步、高敌一招、胜敌一筹的关键。

美军高度重视新型作战领域和作战样式的模拟训练建设，已开始探索研究外层空间、人类意识、电磁、网络等领域，新型作战样式不断出现，如陆军"多域战""脑网战"、海军"分布式杀伤""母舰/艇战"概念、空军"蜂群战""云作战""算法战"等，成为引领美军转型的推进器。由此可见，军事智能技术的快速发展大大加速了模拟训练领域范畴的拓展，推动了未来智能化战争概念与样式创新。

3 智能化军事训练发展分析

人工智能在军事训练领域的应用将是一个长期的、复杂的过程，应着眼未来智能化战争需要，立足于我国科技水平，坚持科学筹划、体系推进，不断提高军事训练实战化水平，加快转变战斗力生成模式。

3.1 坚持"三化"融合、体系设计

把握军事智能化发展趋势，适应机械化、信息化、智能化融合发展的战略要求，聚焦未来战争和作战样式，对训练体系、模式、内容、标准等进行顶层设计，对智能化军事训练理论创新、核心和关键技术突破、智能化训练装备和系统研发、智能化训练基地体系建设等进行整体筹划，把军事训练领域作为全面提升实战能力的"试验场"和"磨刀石"。

3.2 坚持重点突破、综合集成

适应军事智能化发展渐进性、延展性和涌现性特点，夯实军事训练智能化发展理论和技术基础，以硬件和数据建设为基础，以算法为核心，以人工智能安全可控为导向，绘制人工智能通用技术发展路线图，重点提升感知识别、知识计算、认知推理、运动执行和人机交互能力。实施军事训练智能化的核心关键技术专项工程，聚力突破多域协同战场态势智能认知、军事对抗博弈下的智能决策、智能集群作战协同、可解释可靠智能推演等军事智能作战核心技术。

3.3 坚持应用渗透、试点先行

以组建智能化试验作战部队、建设智能化军事训练基地体系为抓手，探索建设智能化军队的特点规律和方法路径。重点开展智能化合成作战单元、舰艇编队、空中作战集群等试点，打造以智能化武器系统为主战装备、人机混编的新型作战部队，探索基于智能感知、自主协同、人机交互等军事智能技术的作战样式和战法训法。重点建设智能化军事训练基地体系，形成武器装备全功能训练、战场环境全方位体验、作战行动全过程模拟、战略构想全维度评估等军事训练能力。

3.4 坚持先"＋智能"、后"智能＋"

遵循人工智能技术运用发展规律，按照从"＋智能"到"智能＋"螺旋式上升的发展过程，推进军事训练智能化发展。未来一段时期，重点对人员技战术训练、武器模拟训练、战场环境体验训练，以及训练组织管理进行智能化升级改造，推进军事训练实现"＋智能"；随着智能化技术和运用水平的整体提升，重点创新发展智能化武器装备研发、智能化军队组织形态构建、智能化作战概念开发验证、智能化战争设计与评估等，推进军事训练体系、模式、内容、方法的革命性变革，建设具有军队特色的智能化军事训练体系。

参 考 文 献

［1］中国航天科工集团第二研究院二〇八所，北京仿真中心. 军用建模仿真领域发展报告［M］. 北京：国防工业出版社，2017.

［2］中国航天科工集团第二研究院二〇八所，北京仿真中心. 军用建模仿真领域发展报告［M］. 北京：国防工业出版社，2018.

［3］张晓峰. 国防训练与仿真技术基础［M］. 北京：电子工业出版社，2018.

智能海战标准化建设思考

陶 锐，张 钰，楼伟锋，杨祖耀

（海军研究院 上海 200235）

摘 要：本文从智能海战标准化工作的必要性入手，从标准化理论的角度出发，论述了智能海战标准化工作的内涵和特征。同时，结合国家新一代人工智能标准体系，分析了智能海战标准化工作的主要建设内容。最后，对如何开展智能海战标准化建设提出了重点方向和工作思路。

关键词：人工智能；海战；标准化

Consideration of Standardization Work of Intelligent Naval Warfare

Tao Rui, Zhang yu, Lou Weifeng, Yang Zuyao

（Naval Research Academy, Shanghai, 200235）

Abstract：This article starts by explaining the necessity of standardization of intelligent naval warfare, and discusses the connotation and characteristics of standardization of intelligent naval warfare from the perspective of standardization theory. At the same time, combined with the national new-generation artificial intelligence standard system, the main construction content of the standardization of intelligent naval warfare is analyzed. Finally, the key directions and working ideas are put forward on how to carry out the standardization of intelligent naval warfare.

Keyword：artificial intelligence；naval warfare；standardization

0 引言

智能海战将是未来海战场的主要表现形态，由于智能海战建设涉及跨领域多技术融合，技术体制的不兼容、缺少互操作性和过分的平台依赖性将会影响未来联合作战效能，因此智能海战领域的标准化需求日益突出。当前，虽然智能海战的某些领域已具备初步的标准化基础，但是这些零散的标准化工作难以完全支撑整个智能海战领域。人工智能属于信息化领域，其标准化工作必须同步甚至先于装备研制工作。在军用智能标准化工作中，我国与国外军事强国基本处于同一起跑线，必须迅速起步，提前筹划，分步实施，抢占标准创新制高点，促进智能海战建设规范有序、标准统一。

1 智能海战标准化工作的必要性

目前，人工智能技术正在逐渐改变人类生活的方方面面，但在军事领域的应用可以说还处于非常初级的探索阶段。比如，深度学习技术是当前人工智能最受关注、发展最好、应用最为广泛的技术之一，但深度学习技术并不是人工智能研究的全部。现在的深度学习本质是基于概率统计的，深度学习技术加上大数据这个工具，在一定条件下、一定的领域内确实能够超过人类。但是注意这个前提，是在一定条件下、一定领域内。在军事应用这个领域，尤其是在指挥控制和辅助决策方面，并不具备上述条件。因为军事领域具有环境复杂性、博弈强对抗性、响应高实时性、信息不完整性、规则不确定性等特征，甚至在信息感知领域，目前也只有"感"没有"知"，可以说现在的人工智能技术还不具备理解能力。这些都是深度学习技术解决不了的，无论怎么提高神经网络的层数和大数据的数量级，都不可行，所以军事人工智能发展模式不能完全遵循民用人工智能技术发展范式。

智能海战将是未来海战场的主要表现形态，由于智能海战涉及跨领域多技术融合，各研究机构大都按自己的理解和技术优势采用不同的技术方案，将来这些人工智能系统无论是在数据、算法还是采用的计算软/硬件配置方案都会或多或少存在不兼容的问题。按此建设，海军人工智能系统将会烟囱林立，存在严重的互操作问题，原来我们的信息化建设就经历了这样的一个过程。标准化工作就是解决这些问题的很好的抓手。

美国发布的"2019 年美国人工智能战略报告"中，明确将"建立标准测试评估人工智能技术"作为八大战略之一。2019 年 8 月，美国国家标准与技术研究院（NIST）发布了一项标准计划，即《美国在人工智能领域的领导地位：联邦政府参与开发技术标准和相关工具的计划》。从这一标准计划中可以看出美国对人工智能标准化工作的重视。我国近年来也逐渐布局智能标准化工作，国务院在《新一代人工智能发展规划》中将人工智能标准化作为重要支撑保障，提出要"加强人工智能标准框架体系研究。坚持安全性、可用性、互操作性、可追溯性原则，逐步建立并完善人工智能基础共性、互联互通、行业应用、网络安全、隐私保护等技术标准。加快推动无人驾驶、服务机器人等细分应用领域的行业协会和联盟制定相关标准"。工信部在《促进新一代人工智能产业发展三年行动计划（2018－2020 年）》中指出，要建设人工智能产业标准规范体系，建立并完善基础共性、互联互通、安全隐私、行业应用等技术标准，同时构建人工智能产品评估评测体系。

2 智能海战的标准化工作内涵

2.1 标准化有关概念

1）标准的概念

GB/T 2000.1—2002《标准化工作指南 第 1 部分：标准化和相关活动的通用词汇》中对标准的定义是："为了在一定范围内获得最佳秩序，经协商一致制定并由公认机构批准，共同使用的或重复使用的一种规范性文件。"从这个定义我们可以看出：①制定标准的出发点是获得最佳秩序，促进最佳共同效益，不仅是追求某一方的效益最大化，这个目的是衡量标准化活动、评价标准化工作的重要依据。②重复性是制定标准的前提条件，标准是实践经验的总结。比如同一类产品重复设计、检验、生产、使用，同一类概念、方法、符号被大量反复应用等。

2）标准化的概念

GB/T 2000.1—2002 中对标准化的定义是："在一定范围内获得最佳秩序，对现实问题或潜在问题制定共同的和重复使用的条款的活动。"从这个定义我们可以看出：①标准化是一个活动过程，包括制定标准、实施标准、修订标准，是螺旋式上升过程，每完成一次循环，标准化水平就上升一个台阶。效果只有实施才能表现出来，而不是制定一个标准就完事。②这里提到标准化工作不仅针对现实问题，而且针对潜在问题，这个潜在问题就是信息化时代标准化工作上的重大变化和显著特点。比如5G 的标准化就需要先于产业而研究制定，智能海战的标准化工作也属于大的信息化领域范畴，同样要提前开展。

3）标准体系的概念

GB/T 2000.1—2002 中对标准体系的定义是："一定范围内的标准按其内在联系形成的科学的有机整体。"标准体系的形成一般有两种方式：由局部到整体和由整体到局部。绝大多数情况是第一种，先根据实际制定急需的标准，再根据新的需求增加新标准，渐渐形成一个小体系，然后不断调整、修改、完善，这个过程是无止境的，很难说到哪一天就会形成完备的标准体系。第二种由整体到局部一般针对有限目标或者小范围局部标准体系是可行的。很显然，对于智能海战而言，我们需要按照先局部再整体的方式开展建设。

2.2 智能海战标准化工作特点

结合标准化的理论，智能海战的标准化工作内涵主要包括以下几点。

（1）其标准化适用范围是智能技术在海军各领域的应用中所涉及的方方面面，关注更多的应该是技术应用方面，而非技术本身。

（2）其基本原则应该是突出军民融合特色，借力国家或者行业层面的标准化成果，不应该另起炉灶。

（3）其主要目的应该是统一智能技术在海军应用的技术体制，提高海战领域智能化的互操作性，包括数据、接口、协议、方法等，避免五花八门的烟囱林立。

3 智能海战标准化工作的建设内容

2020 年 8 月，《国家新一代人工智能标准体系建设指南》发布。该指南统筹考虑了国家层面人工智能技术标准化工作情况，提出了适用于现阶段的人工智能标准体系和建设重点内容，同时明确了人工智能标准体系结构，如图 1 所示。该体系结构分为 A 基础共性、B 支撑技术与产品、C 基础软/硬件平台、D 关键通用技术、E 关键领域技术、F 产品与服务、G 行业应用和 H 安全/伦理 8 个部分，可以说国家新一代标准化工作的全部内容都是要围绕这张图的 8 大部分展开的。

图 1　人工智能标准体系结构

智能海战标准化工作建设应在国家新一代人工智能标准体系的框架下，在保持统一协调的基础上，结合智能海战特点，突出建设重点。对于 A 基础共性、B 支撑技术与产品、C 基础软硬件平台和 H 安全/伦理 4 个方面，应采用继承的方法，尽量采用国家统一规划制定的标准，同时要针对海军军事应用特点，充分考虑环境适应性、可靠性、保密性等实际情况，在测试评估、安全、大数据、存储及传输等标准上要深入分析其对海战的适用性，继而形成适用的标准目录和主要的修订建议。对于 D 关键通用技术和 E 关键领域技术，建议将这两部分合并为关键技术模块。虽然智能海战涉及面很广，但相对于总体来说，可以看作国家新一代人工智能标准体系的一个大规模的应用场景，所以 D 关键通用技术和 E 关键领域技术对智能海战而言都可认为是这个应用场景的关键技术。只是 D 和 E 的划分维度不同，D 是从技术自身的发展角度划分，而 E 是从技术应用的通用领域角度划分。F 产品与服务和 G 行业应用是整个标准体系涵盖广泛性的体现，对于智能海战自身而言，不需要这么多标准，本文建议将这两部分合并为海战应用模块。海战应用按照作战辅助决策、态势感知与目标探测、情报分析处理、无人系统、智能武器装备、电子对抗和网络对抗、智能化后勤保障、人效增强机器人具体 8 大应用方向细分，初步考虑智能海战标准体系结构如图 2 所示。

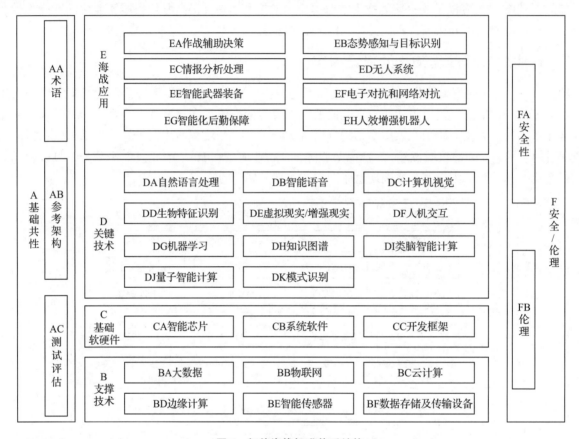

图 2　智能海战标准体系结构

4　智能海战标准化建设思路

（1）要充分依托国家和军队前期基础，做好总体设计，初步搭建智能海战标准体系，并依据体系展开标准化工作。在建设过程中要充分考虑人工智能标准之间存在的相互依存、相互制约的内在联系。因此需要统筹协调，优化标准体系各模块之间、各标准之间的关系，避免出现不配套、不协调及组成不合理等问题。

（2）要统筹大数据、云计算等基础设施相关标准化工作，使海军建设和人工智能发展具备强大的基础支撑。人工智能的应用发展非常依赖基础设施，有了大数据、云计算、传感器和芯片的支撑，人工智能在未来海战中才能发挥效能。以数据为例，无论是无人驾驶，还是图像识别、语音识别，目前应用较为成熟的系统底层架构基本上都基于海量数据的算法，但是海战领域有效数据量少，标准不统一的问题突出，智能化数据的标准化成为影响智能海战应用的制约因素。

（3）要优先考虑开展安全性和测试评估相互配套的标准化工作，确保用于军事用途的人工智能处于可控状态。当前人工智能技术尤其是其在海军军事应用的研究仍处于摸索阶段，人工智能的技术原理还没有完全被解析，深度学习的内核神经网络还具有不可预知性。人工智能技术在军事应用场景的使用是否已具备成熟条件，安全可信程度如何，目前就只具备基本的测试评估手段和能力，就连安全性等性能的总体要求和各项指标还未能研究清晰。因此，在智能海战大规模应用之初，要优先研究安全性等军事应用的核心要素，同步开展测试评估和试验验证平台建设，并通过标准化工作将其固化下来。

参 考 文 献

［1］ 李春田. 标准化概论 ［M］. 北京：中国人民大学出版社，2005.

［2］ 国家标准化管理委员会，中央网信办，科技部，等. 国家新一代人工智能标准体系建设指南 ［EB/OL］. http：//www. gov. cn/zhengce/zhengceku/2020 － 08/09/content_5533454. htm.

海域无人系统仿生集群智能增强技术研究

陈建华，肖玉杰，马　焱，李　烨

（海军研究院　北京　102442）

摘　要：海域无人集群作战是一种海上作战模式的全新概念，对未来海战的影响将是颠覆性的。本文针对海域无人系统集群控制难、智能水平低的难题，开展了生物群体智能优势行为分析，总结了生物群体智能与海域无人系统集群智能的关系，并对海域无人系统仿生集群智能关键技术进行了分析和展望，为发展海域无人系统集群智能提供了支撑。

关键词：海域无人系统；生物群体智能；仿生集群；智能增强

0　引言

海域无人系统是改变未来海上作战模式的颠覆性技术，将在海洋竞争中发挥重要作用。面对复杂的海洋环境及自身平台约束，单一海域无人系统难以完成复杂多变的任务，集群协同样式是未来海域无人系统作战采用的主要方式。美国国防部最新发布的《无人系统综合路线图2017—2042》强调，为适应未来联合作战需求，集群协同是加速无人系统应用的4大驱动力之一。鉴于自然界中普遍存在的如蚁群、蜂群等生物群体涌现出的复杂群体智能特征，不少研究人员认为实现生物集群到海域无人系统集群的映射，将使海域无人系统智能的自学习和自演进成为可能。

为此，针对生物群体智能到海域无人系统集群智能映射难、演进难的问题，本文拟对海域无人系统仿生集群智能增强技术进行展望，从生物群体智能行为研究出发，对海域无人集群发展现状进行分析，为海域无人系统仿生集群智能演进提供理论支撑。

1　海域无人集群发展现状分析

无人水面艇集群技术是一种人工智能技术，是按照作战任务的确定、作战行动的规划、作战行动的执行这一三级作战流程划分的，目前的无人水面艇集群智能程度大体处于中低级。

1.1　作战行动执行层编队控制

在海域无人系统集群控制发展中，以程控或遥控方式实现的编队控制为海域无人集群的初步发展阶段。如近年来我国一些民企演示的海上多无人艇编队，数量众多的无人艇能够依据指令整齐划一地快速航行，时而摆出航母图案，时而变换成汉字。从目前披露的资料来看，这类编队控制基本停留在商业级、消费级的程控或遥控阶段，是集群控制的初级阶段，不是真正的集群样式，智能化水平较低。

1.2　作战行动规划层演示验证

美国开创了海域无人集群战术，相关的智能集群技术走在了世界前列。2014年8月，美海军进行了第一次无人艇集群作战演示。13艘无人艇组成编队，其中5艘自主控制无人艇安装有机器人代理指挥和感知控制架构（CARACaS系统），其余8艘无人艇采用遥控方式。演示中，无人艇群能够从护航模式转变为敌船拦截模式，表明美国无人艇集群已经能够完成系列复杂机动动作，实施对"可疑船只"的包围和拦截，成功完成护航作战任务等"智能动作"。本次演示，美国创新地在无人艇上应用了CARACaS系

陈建华，男（1989—），海军研究院，工程师，研究方向为无人集群智能领域。

统，重点解决了数据交互、自主决策等关键问题，具备 1 人高效操控 20 艘无人艇的能力，提高了无人艇的自动化水平。

1.3 作战任务确定层初步探索

2016 年，美国利用 4 艘无人艇再次进行了为期一个月的海上"蜂群"作战演示，主要进行自主目标探测与识别、跟踪、巡逻等任务演示，其间发现 1 艘未知舰船进入巡逻水域，集群快速协调 1 艘无人艇对未知舰船抵近侦察、追踪，其他艇协同行动。整个过程纯靠集群内部决策，无人工干预，首次实现了集群自主作战。

本次演示表明，美国无人艇智能集群突破了两项关键技术。一是开发了"蜂群意识"，使集群具备任务协同能力。通过对 CARACaS 系统进一步改进，无人艇群在共同行动中，能及时对作战行动重新规划，甚至留出预备力量，体现了一定程度的智能性。二是建立了"行为引擎"，使集群具备多任务能力，开发了多种任务执行触发模块，使无人集群至少能够执行巡逻、识别、追踪、跟踪等不同任务，未来将设计更多通用化任务模块，完成更多、更复杂的作战任务。

2 生物群体智能行为及与无人系统集群的关系

随着集群智能技术的发展，研究人员发现，人工设计的集群方式远不如自然界那些生物群体高效精妙。当前大多数关于群体智能的研究都受到了自然界中昆虫、鱼类、哺乳动物等生物群体智能的启发。

2.1 典型自然生物群体优势行为分析

虽然生物群体中的个体行为简单、能力非常有限，但经过上千年的自然进化，在群体层面已经形成了各具特色、自然协调的最优集群行为机制，有效克服了单体能力不足的缺陷，展现出了一种独特的、复杂的、高级的、美妙的集群智能现象。自然界中，每种生物群体都有着各自不同的生存环境和生活特点，从事着多种多样的特定任务，遵循着各自相应的行为策略、约束原则和行为规则。看似复杂多样的群体任务，都是通过一系列高度协调的群体行为连贯实施实现的。比如，蚁群、狼群等典型生物群体会在各自相应场景和任务条件下展现出不同的生物本能。按照场景 – 任务 – 行为三级实施流程分解，可以总结出典型生物群体优势行为与适用场景和特定任务的内在关联，从而为研究典型生物群体优势行为提供基础信息（如表 1 所示）。

表 1　典型生物群体优势行为

生物群	生物行为概述	执行任务	行为分解
蚁群	通过"信息素"交流觅食信息，快速找到目标	巡视搜索	单体侦查 – 信息共享 – 群体出动 – 分工协作
狼群	明确的社会组织分工，社群稳定，狼群内部存在完备的打击链条	围捕任务分配	探狼游走 – 头狼召唤 – 猛狼围攻
鹰群	发现猎物后，大多采用"突袭"战术。捕捉过程迅速，捕捉前多只鹰快速俯冲	围捕	分组 – 合围 – 分级对抗
沙丁鱼群	前方鱼感知危险后后退并发出告警信号，鱼群整体向远离危险的方向运动，绕过危险后再次聚拢	逃逸	感知后退 – 广播告警 – 绕过危险 – 聚拢远离
蜂群	初始时刻，侦察蜂开始搜索；经过侦查，若找到食源，利用其自身的存储能力，记录位置信息并开始采蜜，此时，该蜜蜂将成为"被雇用者"；蜜蜂完成采蜜后回到蜂巢卸下蜂蜜	觅食	侦查搜索 – 记录位置 – 发布信息 – 采蜜返巢

2.2　生物集群与无人系统集群的关系研究

在进行海域无人系统仿生智能集群研究时，应当注意到生物群体智能和海域无人系统集群智能这两者的相似性和差异性。

相似性是指生物群体和无人系统集群存在自组织、分布式、简单性和自主性等相似性特点。国内外学者研究发现，生物集群和无人系统集群具有诸多相似性（如表2所示）。通过借鉴生物系统涌现的智慧，研究生物群集行为内部的作用机理，并将其映射到海上无人系统集群控制中，可以有效提高海域无人系统在复杂条件下的智能决策能力。

然而，两者存在更多的差异性。一是与生物个体相比，通过加装各类传感器和其他载荷，海域无人系统的单体能力更为综合复杂。然而，若使众多性能优秀的无人系统形成集群，编队操控能力却远远落后于自然界生物群体。二是受海洋复杂风浪流涌、无人系统本身欠驱动非完整约束等动力学特性以及单体无人系统环境感知不完整不确定性等影响，海域无人系统面临着更为复杂的外部和内部环境挑战。

表2　生物集群与无人系统集群对比

特点	集群概念与内涵	生物集群	无人系统集群
自组织	简单个体通过自组织形成一个复杂整体	群体所有生物通过生物信息素自组织形成一个高效率智能群体	多个单一系统通过有线、无线连接方式形成一个协作整体
分布式	群体中无集中控制节点或中心，所有个体地位平等	不存在中心节点，各自与邻近同伴进行信息交互	各单一无人系统在空间上布置分散，在功能上存在中心指挥节点
简单性	群体中每个个体的能力或遵循的行为规则非常简单	个体能力（感知行为）、遵循的行为规则非常简单	尺寸小、价格低廉，仅能携带部分传感器和载荷等资源，完成任务单一
自主性	每个个体都能改变环境，自主决定自身行为，不受其他个体影响	每个个体都具有简单思维和行为特性，可以自主适应环境	在空间中分散布置的各单一无人系统，可在局部范围自主作业

3　海域无人系统仿生集群智能关键技术分析

通过相似性和差异性分析可知，单纯的仿生智能并不能很好地解决海域无人系统集群难题，还应当在仿生智能的基础上进行仿生行为策略增强研究。如果将生物集群优势行为作为基本模拟对象，采用生物群体仿生和人工智能强化相结合的方式，可提高无人艇集群对复杂场景和任务的适应能力，实现海域无人系统智能的演进和跃升，如图1所示。

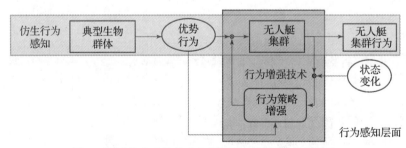

图1　海域无人系统仿生集群智能增强技术总体思路

该系统主要涉及的关键技术如下。

3.1 典型生物群体优势行为特征表示技术

为精确完成海域无人系统集群行为与生物群体优势行为的高度匹配，需要对典型生物群体优势行为进行分解，提取动作序列中的典型特征，形成典型生物群体优势行为特征定量化描述方法。

针对元动作序列中存在的行为特征具有连续性，采集特征的信息量巨大的问题，为精确获取元动作序列中的"兴趣点"和"表征点"，需要研究基于动作行为特征的局部特征提取方法，形成元动作序列的局部特征图像。

针对不同生物集群优势行为具有不同关键特征指标的问题，需要建立科学合理的优势行为特征表示模型，为无人艇集群仿生行为匹配感知提供准确依据。"雷达图"是一种使图形与数值相结合的评价方法，对各分指标进行定量描述，通过采用特定评价函数提取"雷达图"特征量，可以获得评价对象的综合评价结果。基于"雷达图"的典型生物集群优势行为特征表示方法具有易表征集群行为特征、对集群行为具有可计算性、可存储众多生物集群先验知识和可通过"雷达图"融合为行为增强提供基础等优势。

3.2 海域无人集群仿生行为自适应匹配技术

无人集群在执行任务的过程中，外部场景状态、自身任务、总体状态等影响因素具有时变性，无人集群可能需完成海域巡视、目标搜索、强敌围捕、危险逃逸、规避障碍、群体攻击、节能续航等系列任务。为使无人集群在执行任务的全过程中，集成各生物集群优势行为，以最智能的状态应对时变的内部和外部状态，需要对生物群体优势行为各动作进行自适应匹配，需要建立一个无人集群状态行为转移概率网络，以便使集群编队面对状态变化时，能向最高转移概率过渡，形成无人集群最优行为序列，有利于集群编队在复杂时变环境中采用最优的集群行为。具体技术方案如下（示意如图2所示）。

（1）依据面临的实际场景、任务，建立备选的典型生物集群优势行为库。

（2）将行为库中的优势行为"雷达图"输入目标函数，形成各自的效果评价值（实时优势行为转移概率）。

（3）对行为库和各自的效果评价值进行时序组网，形成状态行为转移概率网络，指导无人集群行为指挥。

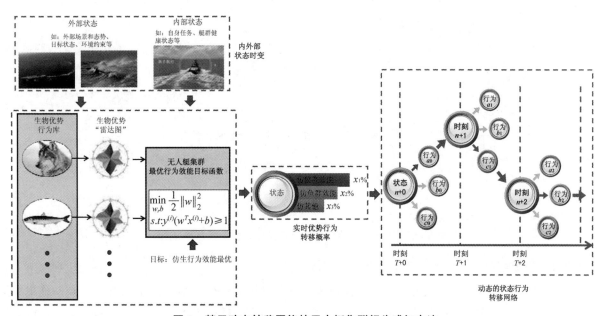

图2　基于动态转移网络的无人艇集群行为感知方法

3.3 海域无人集群仿生智能策略增强技术

受浪涌流复杂海况及海域无人系统复杂任务分工影响，其行为策略不能完全仿照生物群体，需要在已有生物集群优势行为规则的基础上，融合优势行为策略形成行为增强。

3.3.1 无人系统集群协作激励与群体意识开发

在无人系统集群作业时，面对复杂的高弹性变化的动态任务，为了让无人系统集群能够很好地完成各种任务、各种任务的拆解与合并等，需要培养无人系统集群的群体意识。在集群中，每个个体都需要被赋予自我意识和群体意识，意识到自我如何存在、自我存在何处、自我在群体中处于何种地位、群体现处于何种意志等信息，才能在无中心自组织群体中做到彼此交互，服从集群的整体安排。只有这样，才能提升整个无人集群系统的透明度。可以为个体和群体建立相应的模型，通过自启发式学习机制，让集群具备以下两种能力。

（1）自愈和融合能力，无人系统通过收集和处理信息来适应环境，进行个体知识的更新、个体间的交互、历史经验学习等，从而提高生存能力和环境适应能力，如部分个体故障或战损时，无人系统能够自愈，如新个体或子群加入，能快速形成新集群并完成融合。

（2）群体共识能力，采用共识主动性概念的自启发学习机制，能够形成个体自治的信息协调机制，如蚂蚁沿路留下的信息素使蚁群内所有个体形成共识主动性（即群体意识），这种间接的通信机制为缺乏记忆、交流简单的个体提供了一种高效的合作机制，可以作为群体意识启发的基础。

3.3.2 基于多生物融合的无人系统集群智能增强技术

无人系统集群面临着比生物集群更为严峻的挑战，因此单生物集群智能或许不能满足高海况下的海域无人系统集群动态控制要求。为此，探索多生物种群的智能增强技术，提炼适用于海域无人系统变结构集群的生物集群优势行为策略融合和进化机制，是实现海域无人系统集群智能自演进的关键。

为应对新挑战，需要对原有的集群策略进行增强，特别是需要对多种生物集群优势进行有效融合，提升应对未知、复杂局面的有效性。首先，依据典型生物集群优势行为"雷达图"，基于多策略融合的搭配抽取方法，完成基于多生物行为策略的无人系统变结构集群行为模式融合，然后在典型生物优势行为策略及其融合策略的基础上，基于生成对抗神经网络方法，对无人系统变结构集群进行生物行为策略的自演进，形成高于生物行为策略的增强行为策略，总体思路如图3所示。

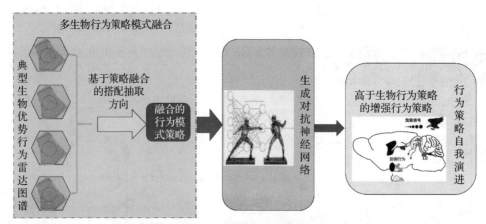

图3　海域无人系统生物优势行为策略融合增强总体思路

3.3.3 基于博弈对抗的无人系统集群智能演进理论

与围棋阿尔法狗一样，无人集群通过自我博弈对抗能最快速地生成最优策略。由于无人系统集群面对的是一个信息多元化，环境和任务信息不完全、不确定的动态随机过程，集群演变的每个步态都必须对不断变化的态势进行判断，并依据一定的准则调整己方战略策略。由此过程可知，进行己方个体之间的合作以及与敌方之间的博弈，是提升对抗推演的一种重要手段。在这方面，国内外已提出不少研究苗头，但还未进行深入研究。首先，态势评估可能是对抗决策的依据，需要对每个个体的周围环境感知信息进行综合和大数据挖掘，分析理解敌我双方的作战意图和战术战法。其次，可以采用机器学习、深度学习等方法进行知识挖掘和模式分类。再次，我们需要充分分析集群博弈对抗演化过程的特点和内涵，研究其非线性动态过程演化机制和作战规则等理论问题，通过无人系统集群博弈对抗实现智能螺旋演进。

4 总结

随着科技的进步，海域无人系统的发展非常迅速，在关心海洋、认识海洋、经略海洋等方面担负着越来越重要的使命，开展海域无人系统技术和运用方法研究，具有十分重要的作用和迫切的战略需求。本文以海域无人系统仿生智能演进为目标，对海域无人集群发展现状进行了分析，从生物群体智能行为及其与无人系统集群关系的角度，揭示了无人系统仿生集群智能设计的可行性，并对海域无人系统仿生集群智能的关键技术进行了分析和展望，为海域无人系统智能演进提供了理论支撑。

参 考 文 献

[1] 胡建章，唐国元，王建军，等. 水面无人艇集群系统研究 [J]. 舰船科学技术，2019，41（07）：83-88.
[2] 段海滨，孙昌浩，史玉回. 群体智能研究进展 [J]. 中国自动化学会通讯，2013，34（3）：65-74.
[3] 胡建章. 水面无人艇集群及其控制方法研究 [D]. 武汉：华中科技大学，2019.
[4] 钮伟，黄佳沁，谬礼锋. 无人机蜂群对海作战概念与关键技术研究 [J]. 指挥控制与仿真，2018，40（1）：20-27.
[5] 段海滨，李沛. 基于生物群集行为的无人机集群控制 [J]. 科技导报，2017，35（7）：17-25.
[6] 何小贤，朱云龙，王玫. 群体智能中的知识涌现与复杂适应性问题综述研究 [J]. 信息与控制，2005，5（34）：560-566.
[7] 许瑞明. 无人机集群作战涌现机理及优化思路研究 [J]. 军事运筹与系统工程，2018，32（2）：14-17.
[8] 王训，王兆魁，张育林. 基于合作博弈的智能集群自主聚集策略 [J]. 国防科技大学学报，2017，2（39）：146-151.

国外一体化防空反导武器系统综述

肖玉杰[1]，刘　方[2]，孙海文[1]，陈　轶[1]

（1. 海军研究院　北京　100161；2. 海军工程大学　湖北武汉　430033）

摘　要：随着空袭目标技术性能和战术能力的不断提高，防空反导武器系统正向着多段多层次一体化立体防御的方向发展。本文通过重点分析当今世界两个军事强国——美国和俄罗斯的一体化防空反导武器系统发展现状，对未来一体化防空反导武器系统的发展提出了一些启示。

关键词：防空反导；一体化网络体系；多段多层次拦截

Overview of Abroad Integrated Air Defense and Antimissile Weapon System

Xiao Yujie[1], Liu Fang[2], Sun Haiwen[1], Chen Yi[1]

（1. Naval Research Academy, Beijing, 100161; 2. Naval University of Engineering, Wuhan Hubei, 430033）

Abstract：With the continuous improvement of the technical performance and tactical capability of air raid targets, the air defense and anti missile weapon system is developing towards multi platform and multi-level integrated three-dimensional defense. By introducing and analyzing the development status of the integrated air defense and anti missile weapon system of the United States and Russia, the paper puts forward some enlightenment for the future development of the integrated air defense and antimissile weapon system.

Keywords：air defense and antimissile; integrated network system; multi segment and multi-level Interception

0　引言

随着信息化、智能化技术的发展，高超声速弹道导弹、超视距巡航导弹、隐身飞机等精确先进制导武器不断涌现，空中目标技术性能不断提升，其在作战样式上也不断发生变化，空中目标更多地实施低空、超低空等自主突防，实施全空域多批次饱和攻击，具备集群协同控制、电子侦察、干扰压制等能力，可在防区外超视距攻击。这使传统的点面单一防空武器系统已无法适应当前以及未来复杂多变的空袭环境，未来防空反导武器系统将由近低空向远高空延伸，由陆地向海洋延伸，形成多层次、全空域、全方位立体防御体系，实现防空反导作战的一体化和智能化。

本文重点介绍和分析了当今世界两个军事强国的一体化防空反导武器系统，即美国的宙斯盾舰艇作战系统、爱国者先进能力防御系统（PAC－3）、末端高空区域防御系统（THAAD）以及俄罗斯的S－500防空导弹系统等，并阐述了防空反导系统未来的发展方向。

1　美国一体化防空反导系统概述

1.1　宙斯盾舰艇作战系统

美军宙斯盾舰艇作战系统是全球第一种全数位化的防空反导系统，该系统由指挥和决策系统、武器

肖玉杰，男，副研究员，博士，研究方向为武器系统与运用工程。通信作者：刘方，女，副教授，博士，研究方向为导弹武器系统。

控制系统、导弹、雷达、显示系统等组成，如图 1 所示。

该系统装备了标准系列导弹，其中包括舰载导弹、RIM－66G 标准－2（中程）导弹、RIM－66L 标准－2（中程）导弹、标准－2 Block、标准－3 导弹、标准－3Block Ⅰ A、标准－3Block Ⅰ B、标准－3Block Ⅱ A、标准－3Block Ⅱ B 等。此外，美海军正在列装新型标准 6 防空导弹，该导弹的最大作战距离为 370 km，最大飞行速度为 3Ma。该导弹具有跨平台协同作战和超视距拦截的能力，其装备的 AN/SPY－1A 相控阵雷达能够自动进行全空域搜索、跟踪，对空最大搜索范围半径为 400 km，可同时监视 400 批目标，自动跟踪 100 批目标，如图 2 所示。

图 1 宙斯盾舰艇

图 2 AN/SPY－1A 相控阵雷达

该系统可实现自主作战模式，指挥决策系统可自动进行威胁评估和目标分配，优先拦截威胁程度大的目标；反应速度快，从发现目标到锁定跟踪目标只需要 0.05s，能有效捕获超声速反舰导弹；拦截成功率高，可对来袭目标进行梯次拦截，从而有效提高舰艇防空能力。

1.2 爱国者先进能力防御系统

爱国者先进能力防御系统（PAC－3）在原 PAC－2 的基础上进行了改进，用于应对末端飞行的弹道导弹、巡航导弹及飞机等，其发射车及导弹如图 3 所示。

PAC－3 由探测雷达、交战指控站、发射装置和导弹等组成。交战指控站是 PAC－3 的中枢神经，负责指挥、控制、通信及火控。探测雷达为 AN/MPD－53 G 波段频率捷变相控阵雷达，既可预警跟踪，又可与导弹通信，如图 4 所示。

图 3 PAC－3 发射车及导弹

图 4 PAC－3 探测雷达

每辆发射车可携带 16 枚导弹。该导弹的最大拦截高度为 20 km，最小拦截高度为 300 m，最大拦截距离为 50 km，最小拦截距离为 500 m，PAC－3 导弹如图 5 所示。

图 5 PAC－3 导弹

该武器系统还可与陆军一体化防空反导作战指挥系统兼容，与其他防空反导武器系统实现资源共享、协同防御。

1.3 末端高空区域防御系统

末端高空区域防御系统（THAAD）又称"萨德系统"，主要用于应对中段结束前以及末段的弹道导弹，在大气层外进行拦截，由 AN/TPY‑2 X 波段固体有源多功能相控阵雷达、TFCC 火控通信系统、发射装置以及作战管理系统组成，如图 6 所示。

AN/TPY‑2 X 波段固体有源多功能相控阵雷达是目前世界上最先进的陆基机动反导探测雷达之一，该雷达对反射面积（RCS）为 1 m^2 的目标的最大探测距离为 1 200 km，具备反隐身目标的能力，且具有很强的机动能力，可在火车、舰船、汽车、飞机上进行运输，如图 7 所示。

图 6 萨德系统　　　　　　　　　图 7 AN/TPY‑2 X 波段固体有源多功能相控阵雷达

指控系统（BM/C3I）由战术作战站和发射车控制站组成。该系统能够与其他防空系统互联互通，共享战场信息，协同进行任务规划，联合进行防空拦截。

萨德系统的最大拦截距离为 200 km，最大拦截高度为 150 km。每辆发射车可携带 10 枚导弹，从装弹到射前准备不超过 30 min，待命导弹接到命令后反应时间仅为几秒钟，具有很强的机动能力和快速反应能力。

1.4 美一体化防空反导体系

美一体化防空反导体系由反导预警系统、反导拦截系统和指控系统等组成。反导预警系统包括 DSP 系列和 SBIRS 系列导弹预警威胁、铺路爪系列远程预警雷达、丹麦眼镜蛇远程预警雷达、AN/TPY‑2 雷达以及海基 X 波段雷达等；反导拦截系统包括宙斯盾、萨德末端高层拦截系统和爱国者末段低层拦截系统，这些拦截系统构成了多层次防空拦截体系。

美国通过反导预警系统探测来自海、空、天的来袭目标，通过 C2BMC 系统进行目标分配，对全军防空反导武器系统进行统一协同控制，对来袭目标进行多段多层次拦截。对于弹道导弹，中段由宙斯盾系统实施拦截，末端由萨德系统和爱国者系统实施双层拦截。

2 俄罗斯一体化防空反导武器系统概述

2.1 S‑500 防空导弹系统组成及性能

S‑500 防空导弹系统又称"普罗米修斯"防空导弹系统，是俄罗斯新一代空天防御系统，是世界上首型防空天一体化综合武器系统。其可以拦截飞机、近空飞行器、弹道导弹、卫星等，最大射程为 600 km，最大拦截高度为 200 km，设计探测距离为 3 000 km，可拦截速度为 5Ma 的高超声速导弹、隐身飞机等目标，其技术指标示意如图 8 所示。

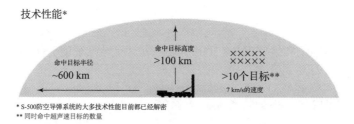

技术性能*

命中目标半径 ~600 km
命中目标高度 >100 km
>10个目标** 7 km/s的速度

* S-500防空导弹系统的大多技术性能目前都已经解密
** 同时命中超声速目标的数量

图8　S-500防空导弹系统技术指标示意

一个S-500作战单元最多可同时拦截10个目标，S-500发射车如图9所示。

S-500防空导弹系统由一体化指控系统、探测预警系统、发射车及导弹等组成。

（1）一体化指控系统包括55K6MA和85J6-2指挥所，可同时指挥控制多型火力单元进行协同防空，该系统还配有1台卫星接收机，可接收来自导航卫星的信息。

（2）探测预警系统包括多部雷达，包括60K6远程搜索雷达、96L6-TC三坐标阵列搜索雷达、91N6E双面相控阵预警和作战管理雷达。60K6远程搜索雷达的最大探测距离为3 000 km，能同时跟踪20个目标。96L6-TC三坐标阵列搜索雷达工作于C波段。91N6E双面相控阵预警和作战管理雷达，工作于S波段。77T6反导火控雷达是一部X波段有源相控阵雷达，可进行探测、跟踪及目标识别。

（3）导弹系统主要有三型导弹：

40N6M主要负远程、超声速目标拦截任务，采用的是雷达双波段红外复合导引头或主动/半主动雷达导引头，最大拦截距离为400 km，可对距离为60 km、高度为40~50 km的弹道导弹进行拦截。采用定向破片战斗部。

77N6-N主要担负战略反导任务，为近程防空导弹，最大拦截高度为165 km，最大拦截距离为150 km。采用动能或定向破片战斗部。

77N6-N1主要担负反低轨道卫星任务，最大拦截高度为200 km，最大拦截距离为700 km。采用动能杀伤或小型核战斗部。

三型导弹示意如图10所示。

图9　S-500发射车

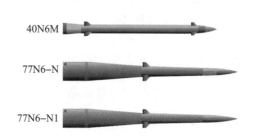

40N6M

77N6-N

77N6-N1

图10　三型导弹示意

2.2　主要特点

（1）该系统具有较强的防御能力，配有多型导弹，可将防空、防天、反导和反卫星融为一体，具备全空域作战能力。

（2）该系统信息化程度高，各火力单元之间可实现互联互通。此外，该系统可与其他防空系统（S-400、S-300、A-235等系统）实现信息共享、联合组网，多个系统进行协同作战，充分调动各防空作战系统整体作战效能。

（3）该系统反应时间短，具有很强的机动能力和灵活性，作战准备时间仅为10 min。

3 发展展望

对美国一体化防空反导系统和俄罗斯 S-500 一体化防空反导系统的分析,对未来一体化防空反导系统的发展有以下 4 个方面的启示。

3.1 建立通用化、模块化、系列化防空反导系统

武器控制系统体系结构经历了集中式、分散式、分布式和全分布式 4 个阶段。为了应对复杂的空袭环境,适应多型防空导弹,具备扩展、装载未来防空导弹的能力,武器控制系统的设计越来越趋向于通用化、模块化和系列化。

(1)未来武器控制系统中应配有多种武器控制台、显控台、发控台等,这些台位应具备相同的功能,在正常情况下行使各自职责,但当某台位发生故障时,其他台位可替代、备份故障台位,这样能够有效提高武器控制系统的可靠性。

(2)系统中各传感器、发射装置、导弹等均采用标配化接口进行组网互联,多平台武器系统亦可采用标准协议进行组网,实现互联互通、资源共享。

(3)发射系统采用模块化、通用化设计,发射筒可根据需求装填不同型号的导弹,战时可迅速进行弹药装填和补给。

3.2 建立自主化、智能化指控系统

随着防空反导系统结构日趋多元化以及空袭环境日趋复杂化,防空反导系统需处理大量数据信息,指挥控制较为庞大的各型设备,传统人工判断已无法适应高效复杂的防空作战。这就需要引入人工智能技术,提高防空反导系统的指挥决策能力,使其具备自主威胁判断、火力分配、任务规划、毁伤评估、火力冲突判断及消解等能力,同时对连续多批次来袭目标具备自主二次拦截的能力,以缩短系统反应时间,提高拦截效率,随着深度学习和强化学习技术的不断发展,防空反导系统可具备自主学习的能力,不断提高适应未来防空作战环境的能力,提高防空作战的可靠性。

3.3 建设一体化网络体系

网络体系建设是构建一体化防空反导系统的关键领域之一,针对多平台多型号跨区域协同防空作战模式需求,要求一体化网络体系具备速度快、安全性高、可靠性好、传输距离不受地域限制等性能,可将侦查通信、指挥控制、作战管理、综合保障等有机结合起来,控制远、中、近、高、中、低防空导弹,干扰武器,定向能武器等多种防空武器进行协同防空拦截。

3.4 建立多段多层次拦截体系

未来一体化防空反导系统应从横向延伸角度发展,实现陆、海协同,对来自陆上、海上各方向的巡航导弹、弹道导弹的中段和末端,甚至初始段进行多段式拦截。从纵向延伸角度发展,实现空、天协同,对纵向空间卫星、弹道导弹进行多层次拦截。总之,未来防空反导将向全空域、全方位立体防御发展,对空袭目标进行梯次拦截,从而大大提高拦截成功率。

4 结论

随着信息化、智能化高新技术不断应用于空袭作战,迫切需要发展一体化协同防空反导系统,对来袭目标实现全航段立体多层次拦截。本文通过研究美、俄一体化防空反导系统,从防空反导系统结构设计、指挥决策、网络技术以及作战模式等方面出发,提出了未来一体化防空反导系统的一些发展思路,为后续发展提供了借鉴。

参 考 文 献

[1] 杨卫丽，夏东坤，陈升泽. 国外洲际弹道导弹及其制导技术发展分析 [J]. 战术导弹技术，2015 (3)：7-11.

[2] 练学辉，郭琳琳，庄雷. 美国"宙斯盾"系统及主要传感器进展分析 [J]. 雷达与对抗，2016，3：14-18.

[3] 罗辉. 美国导弹防御各系统技术状态及发展能力分析 [J]. 中国航天，2010 (12)：35-38.

[4] 岳松堂，李艳琨，李永彬. 美国陆军防空反导装备最新发展态势分析及启示 [J]. 战术导弹，2016 (8)：49-56.

[5] 陆宁，张德阳，姚澜. 俄罗斯S-500防空反导武器系统发展研究 [J]. 中国航天，2017 (6)：69-73.

[6] 方有培，童栎，汪立萍，等. 美海基"宙斯盾"技术发展分析 [J]. 航天电子对抗，2015，31 (5)：13-16+34.

[7] 张勇，姚奕，孙新磊. CEC条件下"标准6"舰空导弹 [J]. 舰船电子工程，2011 (9)：24-26.

[8] 王国田，王航宇，石章松. 美军舰空导弹协同制导技术及其能力分析 [J]. 上海航天，2012 (2)：28-30+41.

[9] 熊瑛，齐艳丽. 美国导弹防御系统能力及装备预测分析 [J]. 战术导弹，2019 (1)：33-36.

[10] 胡磊，张铁男，王彬彬，等. 美国萨德系统建设情况与特点分析 [J]. 飞航导弹，2018 (11)：16-19.

[11] 李乐工. 苏醒的"普罗米修斯"：俄罗斯S-500防空导弹系统发展分析 [J]. 现代军事，2017 (7)：64-68.

濒海试验复杂电磁环境构建方法研究

吴小强，李 超

（江苏自动化研究所第三研究部 江苏连云港 222061）

摘 要：为了有效评估舰载武器装备对海战场环境的适应能力，在分析海战场电磁环境组成的基础上，对濒海试验复杂电磁环境的构建方法展开了研究；利用旁瓣注入和主瓣注入的模拟方法，对警戒搜索雷达和相控阵雷达的回波信号进行了模拟；基于多平台协同模拟同步技术，提出了一种分布式高精度复杂电磁环境三维态势的实现方法，为舰载武器装备濒海试验所需的复杂电磁环境构建提供了技术支撑。

关键词：濒海试验；复杂电磁环境；雷达回波模拟

Study on the Construction Methods of Complex Electromagnetic Environment for Coastal Test

Wu Xiaoqiang, Li Chao

（Jiangsu Automation Research Institute, Lianyungang Jiangsn, 222061）

Abstract：In order to effectively evaluate the adaptability of the warship-load weapons and equipment to the naval battlefield environment, the construction methods of complex electromagnetic environment（CEE）for coastal test is studied, on the basis of analyzing the composition of CEE in naval battlefield; through the method of side-lobe and main-lobe injection, echo signals of the warning search radar and the phased array radar is simulated; based on the technique of the multi-system cooperative simulation, a method of constructing the distributed three-dimensional state with high precision of the CEE is proposed, which can provide technology support for the constructing of the CEE for coastal test of the warship-loaded weapons and equipment.

Keywords：coastal test; complex electromagnetic environment; echo simulation of radar

0 引言

随着各国军队信息化进程的加快、新型舰载武器装备技术的日新月异，海战场电磁环境日趋复杂，电磁空间的斗争更加激烈。电子对抗不再局限于单平台单武器装备，而是趋于体系化协同对抗。因此，武器装备在研制、试验等各个阶段都需进行复杂电磁环境适应性验证，通过这一过程尽可能多地、早地暴露出武器装备的技术和质量问题，以提高武器装备在后续交付应用的可靠性。如何构建一个接近真实作战环境的舰载武器装备试验环境是试验发展过程中一个迫切需要解决的问题。因此，研究逼真的海战场复杂电磁环境的构建方法，是开展舰载武器装备的环境适应性试验与测试的必要条件，对提高舰载武器装备对未来海战场环境的适应能力具有十分重要的现实意义。

目前，舰载武器装备的外场复杂电磁环境试验包括传统半实物试验和检飞试验两种，其中传统半实物试验存在场景相对单一、经费耗费较大、空变特性能力有限、外场环境适应性差等劣势；而检飞试验

吴小强（1984—），男，硕士，高级工程师，研究方向：系统试验测试。

李超（1990—），男，博士，高级工程师，研究方向：复杂电磁环境构建。

*通信作者：吴小强。

虽然可以在一定程度上逼真模拟战场环境，但通常需要调动较多的人员、装备予以配合，存在场景相对简单、人力与经费消耗巨大、计划协调难度大等劣势。

本文在传统半实物试验的基础上，对海战场复杂电磁环境的模拟技术和注入技术进行了一定程度的改进，除了构建频、时、能域外，还对其三维态势的空变特性进行了高精度模拟。通过该方法可以在一定程度上替代外场实装飞行测试或作为实装飞行的补充手段，对开展多维度、可重复的大量试验提供了条件保障，具有效率高、成本低、场景丰富和再现度高等优势。

1　海战场复杂电磁环境的组成

海战场复杂电磁环境是存在于海战场上的人为电磁发射和多种自然电磁现象的总和。具体可细分为：我方辐射电磁环境、敌方辐射电磁环境、敌方回波信号环境、民用辐射电磁环境、自然辐射电磁环境以及辐射传播因素。

1）我方辐射电磁环境

我方辐射电磁环境主要由我方设备辐射的电磁信号组成，主要包括：舰载雷达、电子对抗设备等辐射的信号，被试系统/设备之间通信辐射的信号等。

2）敌方辐射电磁环境

敌方辐射电磁环境主要是指敌方可能释放的各种电磁辐射信号的集合，主要包括：敌方舰载/机载雷达辐射的探测信号、敌方舰载/机载电子的干扰信号、敌方舰载/机载的通信信号、敌方导弹末制导段的侦查探测信号等。

3）敌方回波信号环境

敌方回波信号环境主要是指敌方作战平台反射的我方雷达设备辐射的信号，主要包括：敌方飞机、舰船、导弹等目标反射的回波。

4）民用辐射电磁环境

民用辐射电磁环境主要是指作战海域内一些民用辐射源及设施在工作时产生的电磁环境，主要包括：货船的导航雷达辐射的信号、广播电视发射台辐射的信号和其他一些民用无线通信设备的通信信号等，另外还包括其他区域电台产生经天波、地波以及对流层辐射的传播信号。

5）自然辐射电磁环境

自然辐射电磁环境是指非人为因素产生的电磁环境，静电、雷电和电磁场是几种最主要的电磁现象，此外还包括电子噪声、大地表面磁场与电场、宇宙辐射和太阳活动引起的电场等。

6）辐射传播因素

辐射传播因素是电磁环境的重要构成要素，它对人为电磁辐射和自然电磁辐射都会发生作用，从而改变电磁环境的形态，主要包括：电离层、地理环境、海洋气象环境以及人为因素构成的各种传播媒介。

2　濒海试验复杂电磁环境构建思路

以贴近实战为原则，构建包含各类电磁辐射信号的海战场电磁环境，其中我方辐射电磁环境、民用辐射电磁环境和自然辐射电磁辐射环境在试验区域内是客观存在的；敌方辐射电磁环境和敌方回波信号环境在试验时由于不可能起飞大量的飞机、发射大量的导弹来模拟敌方目标及其探测设备辐射的信号，因此需要模拟相应的电磁辐射信号。海洋气象环境是辐射传播因素的重要组成部分，与舰载雷达对低、小、慢目标的探测能力和红外设备的探测能力有密切关系，并且很难逼真模拟，因此，通常选择濒海试验场景（真实海洋试验环境）来解决此问题。

综上所述，濒海试验复杂电磁环境的构建主要是对敌方辐射电磁模拟环境和敌方回波信号模拟环境的构建，需要逼真地模拟敌方可能释放的雷达辐射信号和电子战电磁辐射信号。构建敌方回波信号环境主要是根据我方被试雷达装备体制来模拟敌方目标的回波信号，其难点在于构建逼真的敌方目标模型，包括雷达散射截面起伏、运动态势等。图1所示为濒海试验复杂电磁环境构建的主要组成。

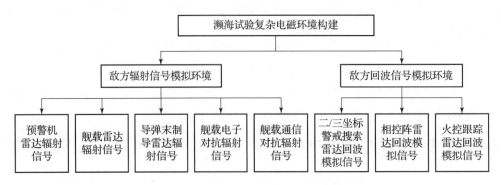

图1 濒海试验复杂电磁环境构建的主要组成

3 濒海试验复杂电磁环境的构建方法

3.1 敌方辐射信号模拟环境的构建方法

敌方辐射信号主要是实际战场环境中敌方电子装备辐射的电磁信号，包括敌方舰载雷达、机载雷达、弹载雷达、电子干扰机、通信等设备辐射的电磁信号。主要模拟的辐射信号有：预警机雷达辐射信号、舰载相控阵雷达辐射信号、舰载警戒/搜索雷达辐射信号、机载火控雷达辐射信号、导弹末制导雷达辐射信号、电子/通信对抗辐射信号等。目前敌方雷达和电子对抗设备型号众多，工作方式也不尽相同，因此，根据可能的作战环境中敌方可能部署的雷达、电子战设备，按照其相应的工作体制模拟电磁信号，如图2所示。

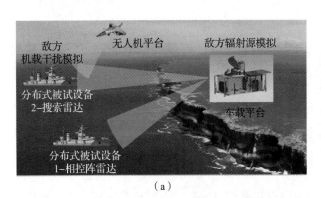

（a） （b）

图2 雷达辐射源和电子干扰模拟试验场景示意

（a）雷达辐射源；（b）电子干扰

3.1.1 雷达辐射信号模拟

雷达辐射信号的模拟，主要利用宽带雷达信号产生架构模拟敌方辐射源信号，配合大范围功率动态调整，实现雷达径向距离变化的影响，利用机动和半机动平台布设模拟雷达方位俯仰变化。通过多层次配合联动，逼真模拟敌方雷达构成的多威胁电磁辐射环境。

3.1.2 电子干扰辐射信号模拟

电子干扰辐射信号的模拟，主要针对被试雷达体制和工作方式等模拟各类干扰信号，利用宽带干扰信号产生和射频存储转发架构，分别实现窄带瞄准式、宽带压制式、箔条干扰信号等压制式干扰，距离、速度及假目标等欺骗式干扰。电子干扰信号模拟设备需侦收被试雷达系统信号并进行参数估计，实时调整干扰策略，以达到更好的干扰效果。电子干扰模拟不需要精确控制干扰源的位置，因此，可通过试验车搭载模拟设备进行灵活机动的布设。

3.2 三维态势高精度回波信号环境的构建方法

回波信号模拟环境又称被试雷达系统回波信号模拟环境。根据目前典型的舰载雷达类型，构建的雷达回波信号模拟器可分为：二/三坐标警戒搜索雷达回波信号模拟器以及相控阵雷达和火控跟踪雷达回波信号模拟器。

3.2.1 二/三坐标警戒搜索雷达回波信号模拟

针对二/三坐标警戒搜索雷达，主要采用旁瓣注入模拟方法，模拟设备接收雷达发射信号，并进行存储、参数测量、分选、调制和转发，产生具有距离、方位、多普勒等综合信息调制的目标回波信号。为了使雷达收到信号的功率与真实目标回波功率一致，回波模拟器输出功率需根据雷达天线扫描、天线方向图主/副瓣增益、被模拟目标航迹信息及雷达散射截面起伏特性进行实时计算。多普勒频偏是根据被模拟目标的航迹在雷达径向上的速度及雷达频率进行计算的。经上述调制后注入被试系统雷达，即可模拟目标回波信号，模拟原理如图 3 所示。

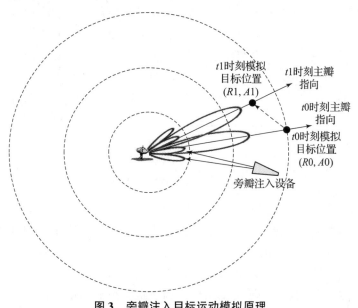

图3 旁瓣注入目标运动模拟原理

对两坐标雷达的旁瓣注入需要获取当前扫描角度、扫描周期和天线方向图信息。其中天线方向图可由被试系统雷达提供或预先测量装订；扫描角度和扫描周期可通过实时测量获取。

对三坐标雷达，主要针对方位向机械扫描、俯仰向电扫描进行雷达测试，分为表1所示的几种情况。

表1 三坐标雷达目标模拟注入方式

情况	方位向	俯仰向	注入方式
情况1	机械扫描	相位扫描，周期	旁瓣注入，合作/非合作方式
情况2	机械扫描	相位扫描，非周期	旁瓣注入，合作方式
情况3	机械扫描	频率扫描，周期	旁瓣注入，合作/非合作方式
情况4	机械扫描	频率扫描，非周期	旁瓣注入，合作/非合作方式

（1）合作测试方式：被试系统雷达提供天线扫描角度信息，通过网络传送给模拟器设备；也可以通过附加装置测量雷达天线扫描角度信息并传送给模拟器设备。

（2）非合作测试方式：回波模拟器主动测量雷达天线方向图和扫描周期信息，但是，如果雷达转速不均匀或进行非周期扫描，则会对于注入的效果和精度带来较大的影响。对于频率扫描雷达，发射频率和电扫描的波位具有一一对应的关系，在非合作测试下，可以通过测量发射频率获取当期雷达扫描的波位。

3.2.2 相控阵雷达和火控跟踪雷达回波信号模拟

基于相控阵雷达或火控跟踪雷达对目标跟踪的比幅、比相和闭环跟踪的特性，需对目标进行三维空域模拟，因此采用主瓣注入法。整体利用移动辐射天线小车与车载目标模拟器实现方位、俯仰和距离的三维空间模拟。具体是通过电控高精度栅尺式行程闭环反馈的水平移动小车实现方位角度变化，通过位于小车上的辐射源天线上下移动实现俯仰角度变化，通过延时模拟距离变化，为相控阵雷达和火控跟踪雷达提供具有高精度空变特性的主瓣注入回波模拟信号，试验场景示意如图4所示。

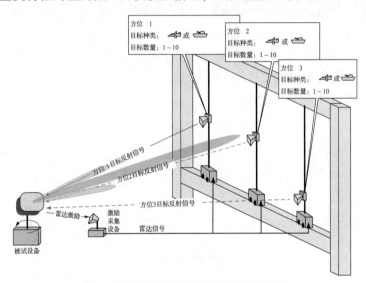

图4　相控阵雷达回波模拟试验场景示意

在图4所示的试验场景中，最左侧为受试相控阵雷达，最右侧为塔吊结构，在塔臂上挂有水平小车和垂直滑轨小车，水平小车可在塔臂上滑动，从而实现仿真信号的高精度方位向变化，而垂直小车可在垂直轨道上滑动，从而实现仿真信号的高精度俯仰向变化，且垂直小车上装载有辐射天线。小车机箱内部的 DRFM 和 DDS 组件可实现仿真信号的时延和相位的高精度变化。

辐射阵元相对于雷达中心的距离，通常采用折中和角跟踪仿真修正结合的方法测量，根据经验，当接收天线边缘与中心相差 50°~60° 时，合成天线方向性图畸变可以修正，设天线中心距轨道长度为 x，天线口径为 d，令天线边缘距天线中心相差 50°，可以得到以下公式：

$$\sqrt{x^2 + (d/2)^2} - x = (50/360) \times \lambda \tag{1}$$

实际中可根据被试系统雷达的波长和天线的口径，确定具体天线与被试系统雷达的距离。

3.2.3 多平台协同模拟同步技术

当二/三坐标警戒搜索雷达、相控阵雷达、火控跟踪雷达的各回波模拟器同步工作时，由于火控跟踪雷达回波模拟器的搭载平台是塔式运动平台，若采用预先装订的目标航迹进行仿真，则塔式运动平台与采用旁瓣注入式或辐射阵列式的其他平台模拟的目标在态势一致性上会有一定的差异。因此，保持多模拟器平台协同模拟的同步，是分布式高精度雷达回波信号模拟的一个关键技术。因此，基于多平台协同模拟同步技术，构建图5所示的工作系统，可以有效解决有运动平台参与下，多个平台协同时的空间态势一致性问题。

在图5所示的系统中，模拟目标的位置由塔式平台上目标模拟设备位置实际确定，其中模拟目标方位和高低角在被试系统雷达与目标模拟设备连线的外延线上，模拟目标的距离通过转发延迟和运动平台的位置确定。设定塔式运动平台与雷达的相对距离为 $L(t)$，模拟目标相对于雷达的距离为 $R(t)$，模拟目标相对于塔式目标模拟设备的距离为 $P(t)$；其中，$L(t)$ 通过塔式运动平台上的定位设备进行实时测量，$R(t)$ 可预先装订在塔式目标模拟设备中。

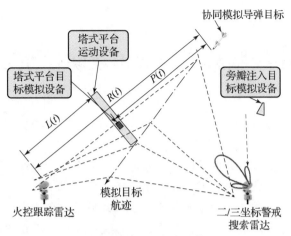

图5 多系统协同模拟原理

此外，为实现多个模拟器的协同，塔式运动平台主控按照一定的节拍将位置信息通过试验网络实时传输给其他模拟平台，其他模拟平台通过该位置信息以及预先装订的 $R(t)$ 信息，计算目标相对于火控跟踪雷达的距离 $R(t)$ 和方位，进而转化成相对于本平台模拟的目标的距离和方位，并进行适当时间的外推，从而实现二/三坐标警戒搜索雷达、相控阵雷达和火控跟踪雷达的各回波模拟器所模拟目标在空间的一致性。

4 结论

能否构建出逼近实战的海战场复杂电磁环境，将直接影响到武器装备战技性能的测试，影响对其作战效能考核的科学性和准确性。本文在分析海战场复杂电磁环境组成的基础上，提出了一种海战场试验电磁环境的构建思路和构建方法，基于多平台协同模拟同步技术，实现了分布式高精度的复杂电磁环境三维态势的构建。该方法简化了分布式战场复杂电磁环境模拟实现需求，既节约了硬件资源、人力资源、成本，也实现了目标、干扰、辐射源等径向、方位向、俯仰向的三维动态模拟，在一定程度上可以替代实装试验、补充传统外场半实物试验，满足逼真的复杂电磁环境中敌方辐射环境和回波环境各要素的场景模拟需求。

参 考 文 献

[1] 顾辉，赵宏伟. 海战场复杂电磁环境解析 [J]. 海军军事学术，2008 (1).

[2] 胡延昭，沈国勤. 复杂电磁环境概念和指标评价体系探析 [J]. 电磁频谱管理，2008 (1)：34 – 37.

[3] 李莉，孙振华，李立伟，等. 装备定型试验中复杂电磁环境研究 [J]. 装备指挥技术学院学报，2009，20 (2)：73 – 76.

[4] 杨萃. 复杂通信电磁环境构建方法初探 [J]. 通信对抗，2009，20 (2)：49 – 52.

[5] 中国船舶重工集团公司. 海军武器装备与海战场环境概论 [M]. 北京：海洋出版社，2007.

[6] 高斌，唐晓斌. 复杂电磁环境效应研究初探 [J]. 中国电子科学研究院学报，2008，3 (4)：345 – 350.

分布式作战概念下的水下攻防体系发展趋势

冯景祥，姚　尧，邢　炜，潘　峰

（中国船舶重工集团公司第七一六研究所　江苏连云港　222061）

摘　要：水下攻防作战是未来海上水下战的主要形式，具有部署分散、信息联通、指控智能、火力集中的分布式作战特点，以较低成本的水下无人装备消耗/牵制敌作战力量，对敌形成"非对称"优势，符合"体系对抗"发展趋势。我国在水下攻防体系及分布式协同作战方面进行了探索，但体系架构及技术基础尚未成熟。本文以促进我国水下攻防体系构建、形成有人无人联合作战能力为目标，分析国外典型项目、典型作战模式，总结国外水下无人系统及有人无人协同应用发展趋势，探讨分布式作战概念下的水下有人无人作战新模式，可为我水下攻防体系构建及水下无人装备发展提供借鉴。

关键词：分布式作战；水下攻防体系；指挥控制

Application of Underwater Attack and Defense System Under the Concept of Distributed Operation

Feng Jingxiang, Yao Yao, Xing Wei, Pan Feng

（The 716 Research Institute of China Shipbuilding Industry Corporation, Lianyungang Jiangsu, 222061）

Abstract：The underwater attack and defense operation is the main form of the future underwater warfare, which has the characteristics of decentralized deployment, information connectivity, intelligent command and control, and centralized firepower, it consumes / contains the enemy's combat forces at a lower cost and form an "asymmetric" advantage over the enemy, which is in line with the development trend of "system confrontation". China has explored the distributed cooperative operation and the development of Underwater Unmanned system, but the architecture and technical foundation are not mature. In order to promote the construction of our underwater attack and defense system, this paper forms the manned unmanned joint combat capability as the goal, analyzes the typical projects and typical operation modes of foreign countries, summarizes the development trend of foreign underwater unmanned system and manned unmanned cooperative application, and discusses the new mode of manned unmanned combat under the concept of distributed operation, which can provide reference for the development of our underwater system and equipment development.

Keywords：distributed operation; underwater attack and defense system; command and control

0　引言

为应对"反介入/区域拒止"环境下敌中远程武器打击威胁，美国提出"第三次消耗战"，利用相对廉价的海上无人装备，构建分布式作战能力，对敌形成"非对称"作战优势。水下战场逐渐呈现无人化趋势，美国海军积极进行水下作战概念创新，发布了《无人潜航器主计划》《水下战纲要》《下一代无人水下系统》《水下战科学与技术目标》《保持海上优势的设计2.0》等指导文件，加快了水下无人系统实战化，力图显著提升美水下领域的作战能力，确保其水下优势。

2015年，美国海军提出"分布式杀伤"概念，即要求"凡舰船，均战斗"（If it floats, it fights），以兵力的分布式部署，形成广域海域的威胁，增加敌方情报、监视与侦察（ISR）资源消耗，提升己方战场生存能力，而后被提升至军兵种战略层面，并在 2017 年《水面部队战略——重返海上控制》战略文件中着重强调。经过美国海军的概念研究及战术实践，配合人工智能及无人自主技术的发展，有效发挥美国在无人系统及指挥控制技术方面的优势，逐渐发展形成了适应"消耗作战"及"网络中心战"的"分布式作战"概念理论，并在各军种应用推广。

美国是分布式作战概念的提出者及引领者，将分布式作战视为应对未来可能发生的大国战争的制胜关键，大力支持 DARPA 积极开展水下无人平台研制、水下无人体系的构建及水下有人无人协同指挥控制等项目的开展。

为谋求继续控制全球公海、濒海要地和咽喉要冲，美国提出"重返亚太"和"亚太再平衡"战略，视西太平洋地区为未来冲突的潜在策源地和主战场，将工作重点转移到了应对未来可能发生的大国战争上。同时，随着我国海洋战略的推进及新兴技术的应用，我国在亚太地区的影响日益增加，成为美国实施海上作战演习的主要假想对象，因此，分析国外新型海上装备发展及无人作战样式，研究分布式作战概念及有人无人协同指挥控制技术，预测国际海上兵力行动意图对我国掌握行动主动权意义重大。本文基于对海上分布式作战及水下无人装备发展的研究，分析总结发展趋势及未来作战样式，以促进水下协同攻防能力形成，实现我国突破岛链封锁、应对海上强敌的目标。

1 国外重点项目现状分析

1.1 海上无人分布式系统

鉴于无人系统对未来海战走势的影响，如图 1 所示，美先后支持开展了近海水下持久监视网（PLUSNet）、跨域海上监视和瞄准（CDMaST）、分布式敏捷反潜系统（DASH）、海德拉预置系统（Hydra）、上浮式有效载荷（UFP）、战术海底网络（TUNA）等项目，逐渐形成了"无人化、智能化、体系化、分布式协同"的海上战略格局。

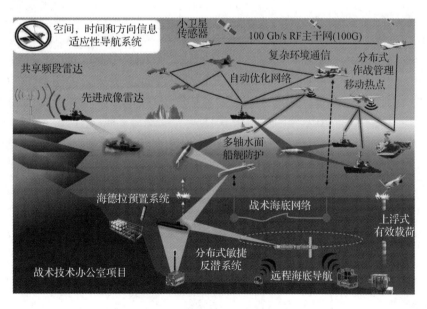

图 1　DARPA TTO 支持项目

1）跨域海上监视和瞄准项目

跨域海上监视和瞄准项目旨在利用 UAV、水面无人艇（USV）、无人潜航器（UUV）等构建适用于广域作战的海上跨域系统，分散有人兵力，降低作战损伤及人员风险，促进海战场指挥、控制、导航、定位、通信、武器和保障等领域的发展，维持美军对作战海域的控制权。跨域海上监视和瞄准项目组成如图 2 所示。

跨域海上监视和瞄准项目于 2015 年 11 月启动，第一阶段完成了海上"系统之系统"概念体系架构开发工作；2017 年 9 月 DARPA 发布了跨域海上监视和瞄准项目第二阶段的工作计划，对技术和作战的可行性进行试验分析，重点开展反潜战和反水面作战架构的开发和验证工作。

跨域海上监视和瞄准项目强调功能分散及无人平台应用，注重分布式部署、快速响应，牵引出了未来海洋新型作战概念 – 系统之系统（Systems of Systems，SoS），这是美海军维持其海上优势的探索实践。

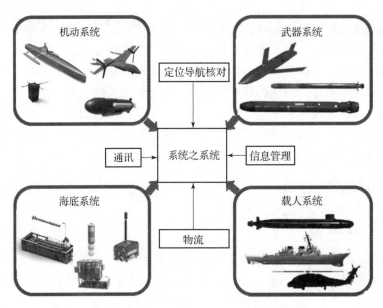

图 2　跨域海上监视和瞄准项目组成

2）分布式敏捷反潜系统

分布式敏捷反潜系统面向浅海及深海反潜任务，利用无人平台携带声光探测设备，进行海上广域持续反潜侦察。浅海系统利用无人机进行水下目标搜索，但受限于技术瓶颈，进展缓慢；深海系统由固定式被动声呐探测系统及机动式 UUV 集群系统组成，即可靠声学路径子系统（TRAPS）和 SHARK UUV 子系统，目前已完成海上试验验证。DASH 深海系统组成如图 3 所示。

分布式敏捷反潜系统项目自 2010 年启动，于 2013 年完成深海系统（TRAPS 及 SHARK）样机研制，于 2016 年开展深海系统样机海上验证。

分布式敏捷反潜系统利用无人机"自上而下"及大潜深 UUV"自下而上"的探测方式，结合固定式及移动式平台探测定位特点，具备横向广域、纵向全深度的监视、侦察及反潜能力。

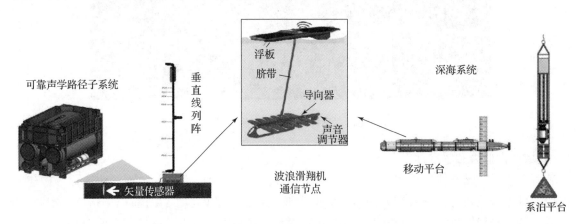

图 3　DASH 深海系统组成

1.2　海上智能化指挥控制系统

随着军事人工智能技术的不断成熟与应用，"智能化海战"作为未来海战的新形态逐渐被各国重视，而指挥控制系统是军事作战体系的"神经中枢"，是战斗力的倍增器，其智能化程度是作战取胜的关键要素之一。

传统的指挥控制主要依靠指挥员的能力、经验、意识、判断，对指挥员的要求较高，且指挥员的心理生理压力较大，存在决策失误风险，尤其随着海上分布式作战环境下无人系统的应用、作战节点的倍增、网络结构的复杂，传统的指挥控制已无法满足未来智能化海战需求。

美国将自主技术、人工智能视为其维持全球军事大国地位的战略核心，在智能顶层系统架构、智能战场态势认知、智能决策建议优化和智能人机协同交互等多个方面展开指挥控制智能化研究，提升指挥控制系统在态势感知、智能分析、敏捷规划、辅助决策、评估预估等方面的能力，支持"深绿""指挥官虚拟参谋"和"阿尔法"等项目开展，推进机器学习、大数据等技术转化应用。美国智能指挥控制项目如图4所示。

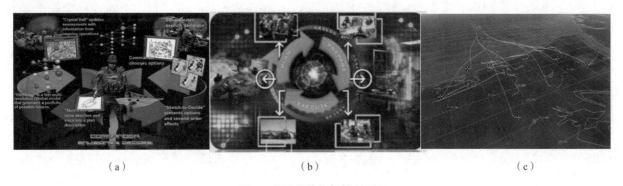

（a）　　　　　　　　　　　　（b）　　　　　　　　　　　　（c）

图4　美国智能指挥控制项目

（a）"深绿"概念图；（b）"指挥官虚拟参谋"概念图；（c）"阿尔法"空战界面

美海军指挥控制项目办公室（PMW 150）旨在为作战人员提供直观、创新、韧性的指挥控制和战术通信解决方案，支持开展全球海上指挥控制系统（GCCS - M）和战术海上指挥控制（MTC2）等项目落地实施，推进人工智能、机器学习在指挥控制系统、作战体系结构、数据驱动决策等方面的应用。

美国先后发布《夺回海上优势：为实施"决策中心战"推进美国水面舰艇部队转型》《马赛克战争：利用人工智能和自主系统来实施以决策为中心的行动》报告，提出"决策中心战"作战概念，即在未来分布式海战中，提升指挥控制系统的智能化辅助决策能力，依靠决策优势占据作战优势，制胜智能化战争。

1.3　海上有人无人指挥控制能力验证

为促进科研人员与海军需求的交互，加深作战人员对新兴技术的了解，进一步推动原型系统设计和部署，更直观地对当今海军技术进行评估，美海军联合部队和海军研发机构牵头开展先进海上技术演习（ANTX），使工业界和学术界能够在低风险的试验环境下开展 UUV、USV、指挥控制原型系统等相关技术展示，ANTX 2017—2019 的主题分别为"对抗环境下的战场准备""人机交互""战争准备：水下安全"，聚焦反情报监视侦察、目标探测、作战机动性、后勤保障、港口防御等技术应用。

通用动力公司团队投资创新海军技术，连续参加 ANTX，将水下空间作战行动概念与最新技术进步联系在一起。2017 年，通用动力公司团队利用 Bluefin - 21 UUV 携带一艘 SandShark UUV 和一个 Blackwing UAV 发射筒，演示了水下无人协同在海上侦察方面的应用；2018 年，通用动力公司团队利用"全局"战区级规划工具对 AN／BYG - 1 潜艇作战系统、Bluefin - 21 UUV 的进行跨域指挥控制，实现了任务重分派，演示了水下对抗环境中多个平台间的通信；2019 年，通用动力公司团队利用 Bluefi - 9 UUV、

SeaTrac USV、岸基模拟潜艇作战系统、岸基模拟水面作战系统和岸基模拟任务作战中心等平台，在对抗环境下实现了多平台的跨域多级指挥、控制和通信（C3）能力，演示了一套有人无人指挥控制管理任务体系结构。

2 发展特点及趋势

2.1 国外发展特点

在分布式作战概念下，水下攻防体系以"有人无人协同、无人自主集群"为典型作战样式，目前水下无人系统以情报侦察、作战支援任务为主，但随着能源技术、通信技术、隐身技术的突破及载荷装载能力、远程精准打击能力的提升，水下无人系统将在有人的指挥控制下，从海上辅助作战向主导战争方向发展。

（1）有人无人协同作战：鉴于当前人工智能及自主控制尚不具备独立执行任务的能力，虽能在某些功能上代替操作员，但依然离不开有人无人协同，发挥人在作战中的主观能动性，在无人系统一定自主能力的条件下，利用有人平台对其进行指挥控制、协作完成作战任务是目前分布式协同作战的主要存在形式。

（2）无人自主集群作战：在无人自主性的基础上，以开放式、分布式、网络化的组织架构，整合无人平台资源和能力，形成了无人自主协同任务能力。无人自主集群作战是应对"消耗作战"，形成"非对称优势"的必然选择，在全时、广域作战方面具备独特优势，可以在最大限度上减少人员伤亡。

（3）海上跨域协同作战：海上作战涉及空中、水面、水下等多个物理域，单域的作战及控制能力不足以应对未来海战"体系对抗"发展趋势。海上跨域协同作战将空、天、水面、水下、海底等装备有机联动起来，形成了跨介质通信、探测、打击能力，可以适应"体系作战"的广域态势感知及远程火力协同任务需求。

2.2 能力需求分析

1）智能指挥控制能力

在分布式作战概念下，有人及无人平台分布式部署增加了作战指挥的难度，要求指挥控制具备多兵力统一协调指挥、最优方案快速生成、作战资源科学分配、复杂环境认知与态势感知等能力，以实现兵力分散后的协同打击，达到提升作战能力的效果。

2）自主控制能力

在复杂海上作战环境下，存在通信丢失、指挥不及时的风险，可能造成水下无人平台失控或分布式系统崩溃的严重后果，从而削弱或丧失作战能力，为解决这一问题，需提升水下无人平台的自主控制能力，增加故障诊断与容错控制、动态航路规划等功能。

3）远程精准打击能力

兵力分布式部署后，各打击节点与打击目标的距离较远，为完成火力的有效聚集并精准打击，在指控系统的统筹分配下，要求武器具备快速、精准、远距离瞄准及打击能力。

4）精确导航与定位能力

在水下环境中，精确导航与定位能力是开展协同打击及隐蔽布放任务的前提条件，为具备该能力，一方面，需利用组合导航、地磁导航、地形导航等提升平台本身的导航精度，另一方面，需利用水声定位手段进行目标定位及导航误差校准。

5）广域组网通信能力

海上通信尤其是水下通信的稳定性、时效性受环境因素影响较大，且传输距离、传输数据量有限，很难满足未来水下作战对信息传递的需求。美军近年来连续开展模块化光学通信（OCOMMS）载荷、机械天线（AMEBA）、水下多声传感器可靠配置异构集成网络（SEA URCHIN）等项目，推动水下光学、声学和无线电通信技术发展，旨在探寻具备低截获、低探测、远程、可靠的通信手段。

6）能源供给与远程投送能力

持续的能源供给和远距离的兵力投送是分布式作战的保障，利用大型运输平台/UUV 进行水下预置武器、机动监听阵、UUV 等无人装备部署可降低运送过程中的暴露及损耗风险，提升部署效率。

2.3 水下作战新模式

在"网络中心战"背景下，以水下有人无人平台为载体，基于一体化信息网络，统筹指挥、控制、通信、导航、武器、保障等要素，形成水下攻防体系，作为未来水下战"体系对抗"的核心，牵引水下平台独立作战向网络化、分布式、有人无人协同的体系对抗模式转变。美军基于水下兵力部署及基础设施建设，由水下预警监视系统、指挥通信系统、攻防作战系统、综合保障系统等构成水下作战体系，呈现无人化、智能化发展趋势；俄罗斯建设声呐"对话"通信系统、水下"格洛纳斯"导航系统、"和声"海上监视系统，配合"波塞冬"无人潜航器强大的潜艇作战能力，形成水下攻防作战体系。

在海上分布式作战概念下，未来水下战争取胜的关键不再取决于单平台的性能提升，具备水下有人无人协同指挥控制、探测与打击节点分散多域部署、武器远程精确聚能、水下无人集群自主作战等特点的水下攻防体系对抗将成为未来水下战争的主要形式。

3 分布式作战概念下水下攻防体系的发展趋势

伴随着新型颠覆性技术的不断应用，海上作战力量呈现多样、集群、跨域、分布的发展趋势，水下攻防体系具备指挥、控制、通信、探测、计算、处理等能力，是应对未来海上多样化作战任务和复杂战场环境的必然选择。

3.1 指挥控制智能化方向发展

在分布式作战背景下，集群式、无人化、分布式部署的海上作战力量增加了指挥员对战场指控的难度，指挥控制系统（C2）逐渐发展为指挥、控制及通信系统（C3），并逐渐向适应未来海军打击群的指挥、控制、通信、计算机、情报、监视和侦察（C4ISR）的方向发展，基于群体智能的指挥控制系统具备趋势滚动预测、战略战役筹划、方案推演分析及优化等能力，能够协调各有人、无人作战平台编队根据战场任务快速组合与重组，从而保证协同系统的适应性、韧性、杀伤力，在未来战争中扮演着"智能大脑"的角色。

3.2 无人集群协同方向发展

无人集群是分布式作战的典型表现形式，随着水下无人系统智能程度的不断提升，根据任务区域大小、无人平台指标性能，确定无人平台数量及部署阵型，自主组网形成区域协同、探测机制，对进入监视区的水下目标进行识别定位、持续跟踪、包围/趋离，实现对重点海域、重要航道的水下区域控制、目标清除。

3.3 有人无人体系化方向发展

单一水下无人平台搭载能力有限、智能化程度不足，无法做到有人平台的临机机动，尚不具备对敌形成威慑的能力。针对不同的水下环境和作战需求，集合海上分布式无人集群，在多链路网络支撑下，联动水下有人无人编队、海上跨域协同编队、水下无人集群编队等，由平台中心向网络中心作战转变，形成体系对抗能力。美国提出 System of System 概念，旨在构建海上作战体系，实现海上作战力量的联合。

3.4 海上信息网络化方向发展

海上无人装备最基础的应用就是探测，信息共享是探测数据效能最大化的有效途径，网络化是解决信息共享问题的最优方案，网络作为陆、海、空、天、网五大战略空间的一种，因其无处不再、高效互通的特点，已被广泛应用于军民各方面。海上信息网络化利用水声、射频、卫星等通信手段将海上无人装备串联组网，便于服务器系统入网对信息进行采集、分化、提取和融合处理，供应需方使用。在作战应用方面，信息网络化是海上作战群各作战单元之间的纽带，同时也是作战群融入整个海上作战体系的关键，美国提出"空海一体战"、"跨域海上监视与精确打击"、分布式作战管理、"作战云"等概念，都十分强调水下信息网络的互联互通能力。

4 结束语

美将水下无人系统视为在"反介入/区域拒止"（A2/AD）环境下谋求不对称优势的有效手段之一，重视作战概念顶层设计、技术转化、产品演习等方面的工作，逐渐构建形成具备"体系化、智能化、无人化、分布式对抗"等典型特征的"未来海战"的轮廓。本文研究分析了国外水下重点项目的研究现状，总结了其发展特点及趋势，可对我国海上分布式作战概念研究及框架设计、水下攻防体系建设等工作起指导作用，为我国应对强敌、提升作战能力提供支撑。

参 考 文 献

［1］王汉刚，王桂波. 美国水下战装备体系发展研究舰船科学技术［J］. 舰船科学技术，2014，36（06）：98 - 103.

［2］Wang Hangang, Wang Guibo. Research on the development of US underwater warfare equipment system［J］. Ship Science and Technology, 2014, 36（6）: 98 - 103.

［3］US Navy. Surface Force Strategy—Return to Sea Control［R］. 2017 - 01 - 09.

［4］韩毅，储欣. 分兵集火、凡船皆战：浅析美军"分布式杀伤"概念［J］. 国防科技，2018，39（05）：98 - 103.

［5］Han Yi, Chu Xin. Analysis of the US military "distributed killing" concept［J］. Defense Technology Review, 2018, 39（05）: 98 - 103.

［6］黄峻松. 分布式杀伤是海上战争形态的发展趋势［J］. 科技导报，2018，36（04）：62 - 68.

［7］Huang Junsong. Distributed lethality is an important factor in the development of maritime warfare［J］. Science & Technology Review, 2018, 36（4）: 62 - 68.

［8］Dick Urban. Briefing prepared for the 16th annual science and engineering technology conference［R］. Defense Advanced Research Projects Agency, 2015.

［9］DARPA. Cross domain maritime surveillance and targeting［R］. DARPA - BAA - 16 - 01, Virginia: PARPA, 2015.

［10］杨智栋，李荣融，蔡卫军，等. 国外水下预置武器发展及关键技术［J］. 水下无人系统学报，2018，26（6）：521 - 526.

［11］Yang Zhidong, Li Rongrong, Cai Weijun, et al. Development and key technologies of preset undersea weapon: a review［J］. Journal of Unmanned Undersea Systems, 2018, 26（6）: 521 - 526.

［12］邱志明，罗荣，王亮，等. 军事智能技术在海战领域应用的几点思考［J］. 空天防御，2019，2（1）：1 - 5.

［13］Qiu Zhiming, Luo Rong, Wang Liang, et al. Some thoughts on the application of military intelligence technology in naval warfare［J］. Air&Space Defense, 2019, 2（1）: 1 - 5.

［14］US Navy. ANTX - 2017.［EB/OL］. https://www.navsea.navy.mil/ Home/ Warfare - Centers/ NUWC - Newport/ What - We - Do/ANTX - 2017.

［15］US Navy. ANTX - 2018.［EB/OL］. https://www.navsea.navy.mil/ Home/ Warfare - Centers/ NUWC - Newport/What - We - Do/ANTX - 2018.

［16］US Navy. ANTX – 2019. ［EB/OL］. https：//www. navsea. navy. mil/ Home/ Warfare – Centers/NUWC – Newport/What – We – Do/ANTX – 2019.

［17］王雅琳，郭佳，刘都群. 2018 年水下无人系统发展综述［J］. 无人系统技术，2019（4）：20 – 25.

［18］Wang Yalin，Guo Jia，Liu Duqun. Summary of the development of unmanned undersea systems in 2018［J］. Unmanned Systems Technology，2019（4）：20 – 25.

［19］Underwood A，Murphy C. Design of a micro-AUV for autonomy development and multi-vehicle systems［C］. OCEANS，2017 – Aberdeen，IEEE，2017.

无人机蜂群对舰艇防空作战的影响及反蜂群对策分析

高明哲，顾晓东，辛泽宇，李　烨

（海军研究院　北京　100161）

摘　要：无人机蜂群作战的发展前景引起了世界各军事强国的高度重视。本文介绍了无人机蜂群技术的国内外发展现状；分析了无人机蜂群作战的优势和对水面舰艇防空作战带来的影响；在总结蜂群自身弱点的基础上，从预警探测、拒止拦截等方面对水面舰艇反无人机蜂群的对策进行了探索分析。

关键词：无人机蜂群；水面舰艇；反无人机

Analysis of the Impact of Drone Swarms on Naval Air Defense Operations and Anti-Swarm Counter measures

Gao Mingzhe, Gu Xiaodong, Xin Zeyu, Li Ye

（Naval Research Institute, Beijing, 100161）

Abstract：The development prospect of drone swarms has attracted the great attention of the world's military powers. In this paper, the domestic and international development status of drone swarm technology is introduced; then the advantages of drone swarm operations and the impact on surface ship air defense operations are analyzed; based on a summary of the swarm's own weaknesses, surface ship countermeasures against drone swarms are explored in terms of early warning detection, denial of interception, etc.

Keywords：drone swarms; surface ships; counter drones

0　引言

无人机蜂群是指将大量无人机个体基于开放式体系架构进行综合集成，以单平台的自主作战能力为基础，以自组网的智能调度技术为支撑，以多平台的协同作战能力为保证，以集群的体系能力涌现为核心，构建的具有低成本、自主性、抗毁性、分布化等特性的新概念作战体系。近年来，随着无人系统在局部作战中的应用以及蜂群技术的逐步成熟，无人机蜂群的发展前景引起了世界各军事强国的高度重视，尤其是美国，其大力投入创新力量推动蜂群技术向作战应用方向发展，无人机蜂群在海上攻防对抗方面为水面舰艇现有的防空体系带来了巨大的颠覆与挑战。

1　无人机蜂群的国内外发展现状

1.1　国外无人机蜂群发展现状

美国在无人机蜂群研究方面处于世界领先地位，从顶层规划、技术攻关和演示验证等层面推动了无人机蜂群作战的快速发展。

在顶层规划方面，20世纪90年代末，美军率先提出无人机蜂群的作战概念；2005年8月，美国国防部发布《无人机系统路线图2005—2030》，预计2025年后无人机将实现全自主智能化集群；2016年5

高明哲，男，博士，工程师，研究方向：系统工程。

月，美国空军发布《2016—2036 年小型无人机系统飞行规划》，计划在 2036 年实现无人机的集群作战；2018 年 8 月，美国国防部发布《无人系统综合路线图 2017—2042》，强调无人系统应聚焦全域作战，提出无人集群与有人系统协作的可行性；2019 年 4 月，美国空军发布《美国空军科技战略：为 2030 年及之后加强美国空军科技》，提出要突破低成本空天平台、合作式自主以及无人机蜂群等关键技术。

在技术攻关、演示验证方面，根据公开的报道和技术资料可知，美国已开展的无人机蜂群项目包括：国防预先研究计划局（DARPA）支持的"小精灵"无人机蜂群项目、"进攻性蜂群使能技术"（OFFSET）项目、"拒止环境协同作战"（CODE）项目，美国海军研究局支持的"低成本无人机集群技术"（LOCUST）项目以及美国国防部战略能力办公室支持的"灰山鹑"微型无人机项目等。

1）"小精灵"无人机蜂群项目

该项目于 2015 年由 DARPA 推出，所使用的"小精灵"无人机作战半径达 900 km，飞行速度最大马赫数约 0.8，续航时间达 3 h，单机成本低于 70 万美元。该项目旨在通过空中有人平台于防区外发射具备组网协同和可回收功能的无人机蜂群，通过自身携带的侦察或电子战载荷，执行近岸侦察、电磁干扰等任务。2017 年，美军完成了"小精灵"无人机空中发射/回收系统的可行性研究；2018 年，完成了全尺寸技术验证系统初步设计；2019 年，开展了 C-130 运输机对"小精灵"无人机蜂群的空中投放和回收飞行试验。

2）"低成本无人机蜂群技术"项目

该项目于 2014 年由美国海军研究局推出，聚焦于发展通过发射管连续发射小型无人机并进行自主协同的无人机蜂群技术。该项目使用的"郊狼"无人机长约 0.9 m，翼展为 1.47 m，起飞质量为 5.4 ~ 6.3 kg，可携带载荷约 0.9 kg，飞行速度可达 110 km/h，续航时间约 90 min，可通过发射管或发射架连续发射，单机成本低于 1 万美元。2016 年 5 月，美军开展了"低成本无人机蜂群"的陆上演示试验，30 架"郊狼"无人机蜂群由陆基平台连续发射，验证了该项无人机蜂群的发射起飞和协同机动能力，并于 2017 年完成了舰载平台和空中平台的发射试验。

3）"灰山鹑"微型无人机项目

该项目于 2014 年由美国国防部战略能力办公室推出，旨在通过有人平台抛洒大量的"灰山鹑"微型无人机蜂群执行低空态势感知和干扰任务。"灰山鹑"无人机翼展仅为 30 cm，投放质量约 0.3 kg，最大飞行速度为 110 km/h，续航时间大于 20 min。根据美国防部披露的试验情况，2016 年 10 月，103 架"灰山鹑"无人机蜂群由 3 架海军 F/A-18F 超级大黄蜂战斗机成功投放，进行空中集群控制试验，演示了集体决策、自适应编队飞行以及自适应修正的蜂群战术，创下了军用无人机集群规模的最高纪录。

1.2 国内无人机蜂群发展现状

国内在无人机蜂群技术研究方面起步较晚，目前主要处于概念和理论研究阶段，仅开展了少量的集群飞行演示试验。2016 年 11 月，在珠海国际航展中，由中国电子科技集团公司、清华大学等单位联合研制的固定翼无人机进行了规模为 67 架的蜂群飞行试验；2017 年 6 月，中国电子科技集团公司进行了 119 架固定翼无人机蜂群飞行试验，演示了空中集结、编队合围、蜂群行动等动作。

2 无人机蜂群对舰艇防空作战的影响

2.1 隐蔽性强，难以掌握作战先手权

纵观美军正在开展的无人机蜂群项目，其组成个体均为小型或微型无人机，雷达反射截面积（RCS）仅为 0.1 m²，甚至更小，光学、红外特征极弱，并具备低空飞行能力。这使无人机蜂群无须采取专门的技术措施就已具备一定的雷达和光学隐身能力，导致舰载搜索、跟踪传感器对蜂群的探测和跟踪距离被严重压缩。另外，空域中密集型群目标的分辨和跟踪是一个技术难题，现有舰载武器系统难以通过平台自身的雷达信号或光学图像对大规模蜂群进行威胁判断和稳定跟踪，这直接影响到舰艇防空火

力的通道分配以及拦截次序决策，进而贻误战机，丧失反蜂群作战的先手权。

2.2 作战模式多样化，难以全面应对

无人机蜂群可以根据作战需求为各单机加装不同的任务载荷。例如：加装末制导、末敏弹药等攻击型载荷对高价值水面舰艇进行饱和打击；加装电子干扰载荷，对舰载雷达、通信以及精确制导武器等进行集群电磁干扰和压制，掩护已方空中目标；加装侦查及监视载荷，对目标海域进行抵近侦察，将战场态势情报通过数据链路实时回传，引导有人飞机进行精确打击；直接充当诱饵进行战术佯攻，引诱对方舰载雷达开机，吸引并消耗对方防空火力储备，为后续空袭兵器开辟安全走廊。通过多种作战模式的组合运用，无人机蜂群展现出极高的体系作战效能，现有舰艇防空作战体系难以有效应对。

2.3 体系生存能力强，难以整体失能

无人机蜂群具备功能分布化和去中心化的特性，损失蜂群中的任何一架无人机都不会导致蜂群整体失能。在交战的任意时刻，运载平台可投放新的无人机加入蜂群，补充已损耗的无人机单元；也可根据态势变化，在系统稳定度不受较大影响的前提下，对蜂群中的部分无人机进行回收补给或分配其他任务，其余无人机通过结构重组继续执行作战任务。无人机蜂群作战的灵活性和抗毁性极大地提高了水面舰艇防空对抗的作战强度。

2.4 成本低廉，难以资源对耗

无人机蜂群单机成本低廉，与舰载防空导弹、有人飞机等高价值目标相比，其单架成本不足有人飞机的百分之一，"郊狼""灰山鹑"等低成本无人机甚至不足有人飞机成本的千分之一。在海上攻防对抗中，一方面，无人机蜂群可通过数量优势压制对方，另一方面，水面舰艇的火炮、舰空导弹等硬杀伤武器无法通过资源对耗的方式与无人机蜂群交战，导航诱骗、链路接管等网电对抗手段难以招架规模庞大的无人机蜂群，导致现有的水面舰艇防空作战体系配置在反蜂群作战费效比方面呈现出巨大的非对称劣势。

3 反无人机蜂群对策探析

3.1 无人机蜂群弱点分析

（1）对 GPS 依赖性强。相比于有人飞机，无人机更加依赖 GPS，某些无人机必须依靠 GPS 定位才能起飞，当无人机失去 GPS 提供的定位、导航等信息时，一定程度上也丧失了作战能力。

（2）过分依靠卫星通信系统。无人机蜂群执行任务时需要依靠卫星通信系统下达作战指令并将传感器搜集到的数据进行回传处理，当卫星通信系统失效时，其作战效能将大幅降低。

（3）电子器件多，抗干扰能力差。无人机蜂群自身的飞行控制系统、通信系统以及携带的电子侦察、电子干扰等载荷电磁敏感性较高，在复杂环境下极易受到电磁干扰或毁伤。

（4）机身多为复合材料，熔点相对较低。组成蜂群的无人机机身绝大部分采用复合材料，相比于钢铁或陶瓷，其材质更轻，熔点更低，更容易因为其机身温度超过熔点而烧毁。

3.2 发展编队空海一体协同防空网络

针对水面舰艇反蜂群探测跟踪能力的短板，大力发展编队空海一体协同防空网络，将水面舰艇、舰载预警机、作战飞机等平台通过光、电、磁等多个维度传感器获取的数据进行融合，通过协同指挥控制系统进行威胁评估后生成战术态势图像并分发共享，改变单个舰艇"各自为战"的局面，大幅提升舰艇编队对低空无人机蜂群的体系感知能力。同时在编队各节点安装协同控制模块，使分布在各平台上的武器系统与协同指挥控制系统直接互联，生成编队布局下的最优反蜂群交战策略，向具备拦截条件的节点

发送火控级精度的复合跟踪信息，缩短武器系统的反应时间。

在此方面，美军在 21 世纪初就着手建立了海军一体化防空火控（NIFC - CA）系统，旨在基于先进的数据网络实现航母、驱护舰、舰载机等主力作战单元的无缝链接，提升航母战斗群的超视距态势感知和防空反导能力。目前，美军已将 E - 2D 预警机、CEC 协同交战系统、宙斯盾系统、联合对地攻击巡航导弹防御网络以及标准 - 6 防空导弹纳入 NIFC - CA 系统，并通过协同反导试验验证了该系统的超视距协同作战能力。

3.3　发展舰载定向能武器等反无人机蜂群新质作战力量

针对水面舰艇反无人机蜂群拒止拦截能力的短板，大力发展舰载高功率微波武器、激光武器等定向能武器。舰载高功率微波武器是一种以水面舰艇为装载平台、利用定向发射的高功率微波毁伤或扰乱目标电子设备的定向能武器。大量效应试验表明，高功率微波可造成无人机的飞控系统紊乱、传感器失灵、通信系统和 GPS 信号中断，从而导致无人机瞬间失控或坠毁。激光武器是一种将高能激光束聚焦照射到目标上，摧毁或使目标失效的定向能武器，能够烧毁无人机或致盲其光电传感器。舰载高功率微波武器和激光武器均具有光速攻击、即发即中、仅消耗电能、持续作战能力强等优势，能够抵消无人机蜂群的数量和费效比优势，有望成为未来海上反无人机蜂群作战的"杀手锏"。

当前，美国空军接收的首套高能激光反无人机系统、正在研制的"战术高功率微波作战响应器"（THOR）和"反电子高功率微波增程型防空系统"（CHIMERA），均具备拦截无人机蜂群的能力。2019 年 10 月 15 日—11 月 6 日，美国空军进行了定向能武器反无人机蜂群系列试验，共有 5 型定向能武器参与。这是美军首次实现多个反无人机系统的联合作战，共成功拦截 80 架无人机，单次最多同时拦截 20 架无人机。

3.4　发展"以群制群"的反无人机蜂群格斗技术

反无人机蜂群格斗是指利用己方无人机蜂群来对抗敌方来袭无人机蜂群的过程。大规模无人机蜂群的格斗过程呈现出了复杂的非线性、动态、混沌、群体自组织等特征，这就需要突破自主认知与学习、群体智能决策、反无人机蜂群对抗规律训练等关键技术，并通过设计和升级改造，研发具备舰载发射起飞、携带反无人机蜂群作战载荷、协同多目标动态决策能力的舰载防御型无人机蜂群武器系统，在敌方无人机蜂群来袭时快速作出反应，形成覆盖指定空域的"防护云"，通过电磁干扰、网捕甚至碰撞攻击等手段摧毁敌方无人机蜂群。

4　结语

近年来，以美国为代表的军事强国大力推动无人机蜂群技术的发展，给水面舰艇防空作战体系带来了巨大的挑战。本文分析了无人机蜂群给水面舰艇防空作战带来的影响与颠覆，从预警探测、拒止拦截等角度，提出要发展编队空海一体协同防空网络、舰载定向能武器、反无人机蜂群等反制措施，对加快构建水面舰艇编队反无人机蜂群防御体系有一定的参考意义。

参 考 文 献

[1] 张阳，司光亚，王艳正. 无人机蜂群电磁作战概念仿真 [J]. 系统工程与电子技术，2020（7）.

[2] 陈晶. 解析美海军低成本无人机蜂群技术 [J]. 飞航导弹，2016，373（01）：24 - 26.

[3] 韩月明，方丹，张红艳，等. 智能无人机集群协同作战效能评估综述 [J]. 飞航导弹，2020（7）.

[4] 姜俊新. 无人机蜂群对防空作战的威胁与对策 [J]. 国防科技，2019，040（006）：108 - 113.

[5] 黄勇，王越，李元锋，等. 无人机蜂群对海作战威胁分析 [J]. 指挥控制与仿真，2019，041（006）：1 - 6.

［6］周文卿，朱纪洪，匡敏驰. 一种基于群体智能的无人空战系统 ［J］. 中国科学 F 辑，2020，050（003）：363 - 374.

［7］李浩，孙合敏，李宏权，等. 无人机集群蜂群作战综述及其预警探测应对策略 ［J］. 飞航导弹，2018，407（11）：54 - 59.

［8］焦士俊，王冰切，刘剑豪，等. 国内外无人机蜂群研究现状综述 ［J］. 航天电子对抗，2019（1）：61 - 64.

［9］余科锋. 反无人机系统中的红外目标检测跟踪方法研究 ［D］. 长沙：国防科学技术大学，2017.

［10］甘林海，王刚，刘进忙，等. 群目标跟踪技术综述 ［J］. 自动化学报，2020，46（3）.

［11］张雅舰，肖峰，吕广庆，等. "蜂群" 无人机对战场环境的影响及对抗技术研究 ［C］. 北京：中国工程院；北京：中国科学院，2018.

［12］胡杭，杨健，陆皖麟，等. 无人机蜂群在渡海登陆（岛）作战中的应用研究 ［J］. 国防科技，2020，041（002）：107 - 112.

［13］陈镜. 无人机蜂群作战特点和对抗体系设想 ［J］. 无线电工程，2020，050（007）：586 - 591.

［14］闫海港，孙晓斌. 海上反无人机蜂群作战概念研究 ［J］. 舰船电子工程，2019，039（011）：38 - 42.

［15］迟凯. 舰载小型无人机集群协同作战的智能控制策略研究 ［J］. 舰船电子对抗，2018（3）：20 - 23.

［16］杜永浩，邢立宁，蔡昭权. 无人飞行器集群智能调度技术综述 ［J］. 自动化学报，2020，46（2）.

船舶维修保障虚拟训练系统研究

姚凌虹，赵育良，于向阳，赵　时，于守淼，袁　涛，王小飞

（海军航空大学青岛校区　山东青岛　266041）

摘　要：针对传统的船舶维修保障类课程训练平台无法体现船舶环境属性的问题，本文将虚拟现实技术这一具有能动性的教学手段，应用于船舶维修保障虚拟训练系统的实现过程，系统遵循模块化设计，通过流程控制和配置管理模块，实现了虚拟平台和学习终端的数据交换和过程控制，依托软件开发平台完成了虚拟训练系统的构建，为相关虚拟训练系统的实现提供了一定参考。

关键词：船舶维修保障；虚拟现实技术；虚拟训练系统

Research on Virtual Training System of Ship Maintenance Support

Yao Linghong, Zhao Yuliang, Yu Xiangyang, Zhao Shi, Yu Shoumiao,

Yuan Tao, Wang Xiaofei,

（Naval Aviation University Qingdao Branch，Qingdao Shandong，266041）

Abstract：Ship maintenance support for traditional teaching training platform can't reflect the problem of ocean marine environments such as property, in this paper, by using virtual reality technology, a powerful means of teaching, applied in ship maintenance support in the process of the implementation of virtual training system. The system follows a modular design, through process control and configuration management module, realized the virtual platform and the study of data exchange and process control terminal, based on a software development platform, and completed the construction of a virtual training system, providing certain reference for related the implementation of virtual training system.

Keywords：ship maintenance support；virtual reality technology；virtual training system

0　引言

近年来，虚拟现实技术充分融合了计算机图形学、人机接口、人工智能以及可视化等信息技术，为学习者构建了一个可感知三维空间的虚拟环境。学习者还可以通过视觉、听觉、触觉与虚拟环境相互交流，实现"身临其境"。虚拟现实技术充分利用真实、互动的特点，结合远程教育、协作学习、场景化设置，建立虚拟教室，构建了一个"广阔"的学习平台，极大地增加了学习内容的形象性，可以帮助学生消化专业知识，有效提升工程能力和创新能力。根据教育部《2016 年教育信息化工作要点》，我国将建设 100 个左右的国家级虚拟仿真实验教学中心，试点开展基于虚拟现实技术的优质虚拟仿真实验教学项目资源库建设。康灿等人将虚拟仿真实验应用于流体机械原理教学环节，依托计算流体动力学技术设计了教学素材，开拓了实践平台，并对其进行了有益探索；朱文华等人以虚拟仿真技术为切入点，对"虚实结合"的实践教学新模式进行了探索。

与船舶维修保障相关的专业课程是高等教育及职业技术教育院校的任职岗位课程，该类课程岗位指

基金项目：海军航空大学"515"综合教学改革立项及教学成果培育项目——航母舰载机保障虚拟现实训练与评估系统的创建与应用。

姚凌虹（1981—），女，讲师，研究方向：航空特设装备保障。

通讯作者：于向阳（1985—），男，讲师，研究方向：航空特设装备保障。

向精准，具有实践性较强的技术生成属性，旨在培养学生基于船舶平台的设备维护、操作使用以及船员级维修能力，传统的教学训练平台无法体现海洋等船舶环境属性，降低了教学训练效率；构建船舶维修保障虚拟训练系统（以下简称"系统"），将虚拟现实技术应用于船舶维修保障实践教学训练中，可以降低训练中的不可控风险，提高了教学训练效率。

1 虚拟现实技术

近年来，国内外教育领域都对虚拟现实技术的研究与实践给予了很大的关注和认可。

1994 年，Grigore C. Burdea 等人在《虚拟现实技术》一书中提出"虚拟现实技术的三角形"这一说法，简明地表示了虚拟现实的 3 个最突出的特征，分别是沉浸感（Immersion）、交互性（Interaction）和构想性（Imagination），即"3I"特征，三者缺一不可。"沉浸感"指参与者在虚拟环境中，获得与现实环境一致的视觉、听觉、触觉等多种感官体验，进而让参与者全身心地沉浸在三维虚拟环境中，产生身临其境的感觉。"交互性"指虚拟现实环境可以通过输入与输出装置，使参与者与虚拟场景中各种对象相互作用，它是人机结合的关键性因素。"构想性"指参与者在虚拟环境中根据所获取的信息和自身在系统中的行为，通过逻辑判断、联想和推理等思维过程，去感知设计者的思想，获取新的知识，提高感性和理性认识，产生新的构思，根据这一特征可看出虚拟现实是启发人的创造性思维活动。

虚拟现实技术充分利用真实、互动的特点，结合远程教育、协作学习、场景化设置，建立虚拟教室，将极大地增加学习内容的形象性，构建了一个"广阔"的学习平台。

虚拟现实技术的实现过程，实质上是设计者为满足学习者的技能训练、效能评估等需求，完成的系统的开发与调试，图 1 所示为虚拟现实系统设计与实现过程原理。设计者通过收集与专业内容相关的实物要素、环境要素、逻辑要素等现实基础信息；围绕三维模型、环境模型、控制模型实现平台建模并输出，完成面向学习者的虚拟平台的构建。学习者"沉浸"于虚拟平台中，通过头盔、触感装置、体感设备、立体声设备等实现基础数据的收集、反馈和存储，为学习者提供视觉、听觉、触觉等空间感知，学习者通过人体行为动作，与虚拟平台进行数据"交互"，并通过数据平台记录全部过程。

2 系统总体设计

舰船维修保障虚拟现实教学系统将船舶维修保障现实环境特征映射到虚拟现实系统的情境中，将具有维修特征的模型部署至系统中，实现了人物在船舶场景中漫游、设备维修、场景交互等教学训练功能，系统组成如图 2 所示。

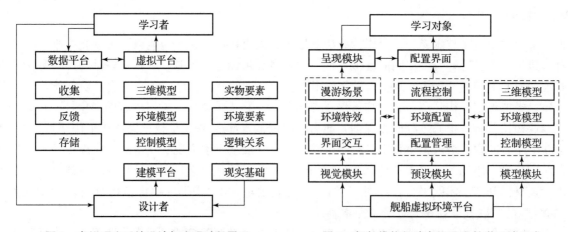

图 1 虚拟现实系统设计与实现过程原理　　　图 2 舰船维修保障虚拟现实教学系统组成

虚拟现实教学系统主要包括两部分：以船舶虚拟环境为核心的平台部分，包括视觉模块、预设模块和模型模块，该部分为系统的基础设施层；以学习对象为中心的外部呈现部分，包括配置界面和呈现模块，该部分为系统的业务呈现层，如图 2 所示。基础设施层依据业务呈现层的教学、训练、评估功能需求，为其提供底层基础数据服务及技术支持。

平台依据学习对象的教学、训练、评估功能需求，构建教学平台、工具、耗材、设备等三维模型，突出工作空间、气象、声音、光源背景、以船舶及海洋为背景的视觉和听觉场景效应的环境模型，以及与不同状况的操作流程、预先配置信息等相关的控制模型；学习对象进入系统配置界面，进入流程、环境等项目并进行预先配置，平台依据相关内容配置的属性、状态等，实现不同工作场景漫游，加载环境特效，同时允许学习对象进行教学、训练、评估过程的界面交互。

3 系统实现的关键模块

3.1 配置模块实现

平台和外部呈现部分的数据交换接口分为配置管理类和预设类两部分。

配置管理类接口负责提供呈现层配置界面的数据流控制与支持，实现各配置项的修改，同时暂存配置数据，并与预设类接口交互进行预设的存取等。图 3 所示为工具类配置管理序列，图 4 所示为初始配置管理序列。

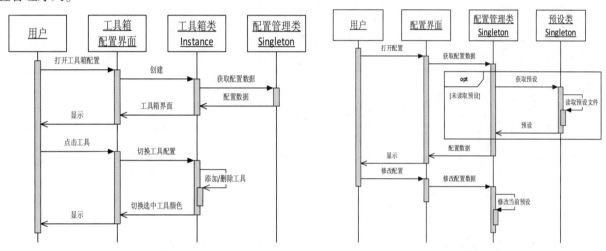

图 3　工具类配置管理序列　　　　　　　　图 4　初始配置管理序列

预设类接口主要针对数据流，实现配置数据的读取、保存、修改、删除等功能。学习者进入系统配置模块，为完成某一设备修理任务，完成配置界面、工具箱配置界面及预设管理界面的编辑，平台通过配置管理与预设进行数据交换。图 5 所示为预设管理序列，图 6 所示为预设实现流程。

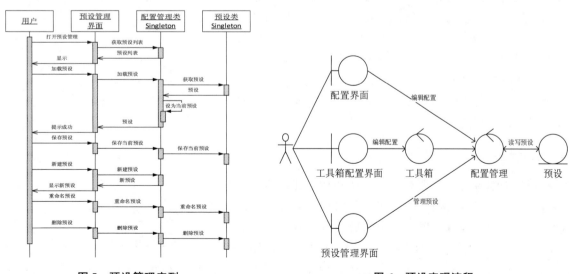

图 5　预设管理序列　　　　　　　　　　　图 6　预设实现流程

3.2　流程控制模块实现

学习者以一定的虚拟角色"浸入"环境系统，其在甲板或工作间的运动属性通过响应器等与系统完成数据交换，系统通过流程控制模块实现教学、训练过程逻辑关系的正误判断和步骤跟踪等。流程控制模块分为流程控制类和辅助提示类，流程控制类提供过程顺序正误判断；辅助提示类提供一系列警告、提示类信息界面显示，以及辅助训练功能等。图 7 所示为流程控制实现过程示意。

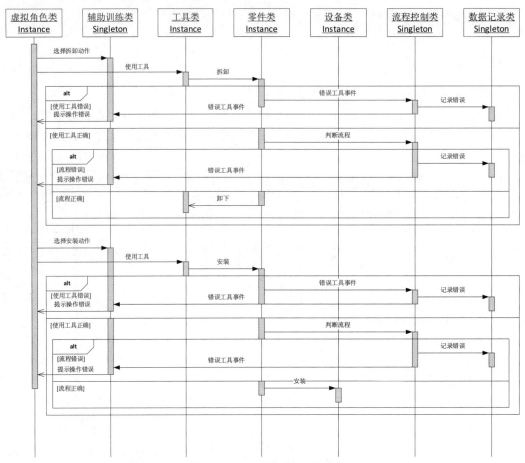

图 7　流程控制实现过程示意

系统配置管理完成初始化后，学习者在船舶环境场景中创建与维修岗位相对应的虚拟角色，辅助训练界面伴随其完成相应任务，包括操作选择提示、零件信息、错误信息等；训练过程中学习者针对不同的维修任务，完成工具的取放与使用，利用工具拆卸或安装零件；流程控制对学习者的操作流程及操作内容进行逻辑判断，完成数据存储记录。图 8 所示为单次训练流程控制示意。

4　系统实现

系统依托 UE4 引擎实现平台创建，充分利用其开源代码和丰富的工具链，以及实现具体功能的骨骼动画系统、物理学碰撞系统、可视化的编辑器、完善的材质编辑器等，为虚拟现实项目开发提供了完整的支持。利用 3D Max 等软件实

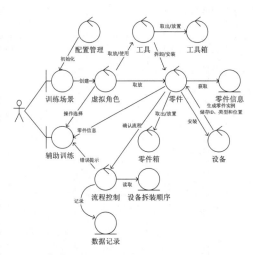

图 8　单次训练流程控制示意

现模型创建，通过 OpenVR（Valve 开发的软件开发工具包和应用程序编程接口）支持 SteamVR（HTC

Vive）和其他虚拟现实设备正常运行，为虚幻引擎和硬件设备搭起了一座可供交互的桥梁，学习者通过硬件设备发出的操控指令可以通过该 SDK 传输给虚幻引擎进而激活对应的事件，从而完成不同的功能。系统实现过程引用的部分类如表 1 所示，系统部分场景及功能界面如图 9 所示。

表 1　系统实现过程引用的部分类

序号	名称	主要功能	序号	名称	主要功能
1	AssemblyPartActor	操作零件和工具	7	MachineryActor	虚拟训练系统的机器类
2	AssemblyToolActor	工具的基类	8	PartsInfoManager	零件信息管理类
3	AssessManager	外部软件的启动类	9	PartsRootSceneComponent	零件节点类
4	CommonLibrary	文件管理类	10	RecordManager	记录管理类
5	ConfigurationManager	配置管理类	11	ToolBoxActor	工具箱类
6	DefaultSettingManager	配置预设类、数据管理类提供数据来源	12	VRTrainingSequence	流程控制类

（a）　　　　　　　　　　　　　　　（b）

图 9　系统部分场景及功能界面

（a）配置界面；（b）操作界面及场景

5　结论

本文将虚拟现实技术应用于船舶维修保障虚拟训练系统的构建过程；系统总体设计模块化，逻辑关系清晰；流程控制和配置管理模块，利于虚拟现实平台和学习终端数据交换的有效控制；与传统的船舶维修保障实装训练平台相比，虚拟现实教学系统降低了训练风险，易于控制教学过程。

参 考 文 献

[1] 祖强，魏永军. 国家级虚拟仿真实验教学中心建设现状探析 [J]. 实验技术与管理，2015（11）：156 – 158.

[2] 王卫国，胡今鸿，刘宏. 国外高校虚拟仿真实验教学现状与发展 [J]. 实验室研究与探索，2015，34 （5）：214 – 219.

[3] 康灿，梅冠华，代翠，吴贤芳. 虚拟仿真在流体机械原理课程教学中的应用 [J]. 实验室研究与探索，2017，36（11）：155 – 158.

[4] 朱文华，蔡宝，石坤举，等. 虚实结合的减速器拆装的研究 [J]. 实验室研究与探索，2017，36（11）：98 – 102.

[5] 徐兆吉，马君，何仲，等. 虚拟现实技术：开启显示与梦想之门 [M]. 北京：人民邮电出版社，2016.

[6] 胡卫夕，胡腾飞. VR 革命：虚拟现实将如何改变我们的生活 [M]. 北京：机械工业出版社，2016.

[7] 邓灵博，杨振宇，付国玉. 虚拟现实技术及其在军事上的应用 [J]. 电脑知识与技术：学术交流，2007，2 (12).

[8] 徐素宁，韦中亚，杨景春. 虚拟现实技术在虚拟旅游中的应用 [J]. 地理与地理信息科学，2001，17 (3)：92 – 96.

[9] 刘德建，刘晓琳，张琰，等. 虚拟现实技术教育应用的潜力、进展与挑战 [J]. 开放教育研究，2016，22 (4).

[10] 朱文华. 虚拟现实技术与应用 [M]. 北京：知识产权出版社；上海：上海科学普及出版社，2007.

飞行器智能信息处理实践教学模式探索

刘 博[1]，罗晓燕[1]，李 露[1*]，万 寒[2]，周付根[1]

(1. 北京航空航天大学 宇航学院 北京 100191；

2. 北京航空航天大学 计算机学院 北京 100191)

摘 要：顺应航空航天信息化智能化人才培养发展趋势，北京航空航天大学申请设立了飞行器控制与信息工程新专业，在"建设空天信融合特色的世界一流大学"的发展目标和培养"领军领导型人才"的总体目标的驱动下，结合新专业，建设了一门以飞行器智能信息处理为主题的实验课程。课程按照"理论讲解—课堂演示—动手实践"三位一体教学模式，以无人机为平台，提炼项目实例用于实践教学，并融入人工智能前沿方法，设计了层次化实验内容，为不同年级的学生提供了丰富的实践课程。除了实验理论讲解，课程组还通过特邀专题讲座和以赛促教等多种形式调动学生兴趣，使学生逐步学习积累，最终使学生独立搭建无人机平台智能化信息处理系统。学生反馈教学模式新颖，实践效果明显，教学效果良好，且后续可以扩展至其他实践课程及平台。

关键词：飞行器；智能信息处理；实践教学；飞行器控制与信息工程

Reform and Exploration for Aircraft Intelligent Information Processing Experiment

Liu Bo[1], Luo Xiaoyan[1], Li Lu[1], Wan Han[2], Zhou Fugen[1]

(1. Beihang University, School of Astronautics, Beijing, 100191；

2. Beihang University, School of Computer Science, Beijing, 100191)

Abstract：Conform to the development trend of talent education in the field of aerospace information and intelligence aerospace, Beihang University setup the new major of Aircraft Control and Information Engineering, driven by the development goal to build a world-class university with integrated characteristics of space, sky and information, and the overall goal to cultivate the leading talents, an experimental course was setup with the theme of intelligent information processing of aircraft in combination with the new major. The course takes unmanned aerial vehicle as the platform and takes refining project example as the experimental teaching content, it adopts the cutting-edge methods of artificial intelligence and stimulates students' interest through intelligent and modular sorting of project instance problems, in accordance with the mode of combining "theoretical explanation—classroom demonstration and hands—on practice", students gradually accumulate and finally complete intelligent information processing system of unmanned aerial vehicle platform. Students think that the teaching mode is novel, the practice effect is obvious, and the teaching effect is good, and can be extended to other practice courses and platforms.

Keywords：aircraft; intelligent information processing; practice teaching; aircraft control and information engineering

0 引言

信息技术已逐渐成为航空航天类专业人才的必备技能，以美国、欧洲都建设了符合社会发展的航空航天专业院系，综合机械、力学、信息与控制等技术，完善人才培养模式。近年来，我国航天总体、推进、制造等技术的发展日趋完善，但在近卫星遥感、通信广播、导航定位和在轨服务等空间信息资源产业化应用方面的短板日益凸显，航天领域迫切需要具有航天总体、控制和信息处理及应用知识的复合型人才。在此背景下，教育部增设了航空航天类第 8 个特色专业"飞行器控制与信息工程"，以适应新时期航空航天技术发展趋势和行业人才需求。

立足"双一流"建设目标和航空航天传统优势，2017 年，北京航空航天大学设立了以"人工智能＋航天"为特色的飞行器控制与信息工程专业，由宇航学院航天信息工程系承担教学和人才培养任务。经过 3 年的建设，确立以导弹、火箭、卫星和飞船等航天飞行器系统为背景，讲授航天飞行器控制、图像探测与识别、信息处理技术的基本理论、系统设计方法和试验技术等知识的专业方向特色，以期培养具备航天飞行器控制与信息系统设计与分析的基础理论和方法以及工程实践能力的复合型人才。

作为人才培养的重要环节，实验教学是巩固理论知识，锻炼和培养综合灵活应用知识解决实际工程问题能力的重要手段，也是实现多学科交叉融合，培养复合型领军人才的重要平台。面向飞行器智能感知、决策和控制的实际需求，在培养"领军领导型人才"总体目标的驱动下，本专业开设了一门以飞行器智能信息处理为主题的实验课程——"飞行器信息智能信息处理实验"。本课程为飞行器控制与信息工程专业学生的实践类选修课程，主要面向飞行器控制与信息工程专业的大二、大三学生。在介绍飞行器所涉及的智能化信息处理相关理论和具体工程实践步骤的基础上，通过让学生实际操作、动手验证，加深学生对与飞行器控制与信息工程相关的实际工程问题的理解，主要培养学生对学科的专业认识，并提高学生查阅资料能力、实验动手能力、数据处理能力、综合分析能力以及运用多学科知识解决问题的能力。课程建设以无人机为平台，提炼项目实例作为实验教学内容，课程采用人工智能前沿方法，通过对项目实例问题的智能模块化梳理，调动学生兴趣。课程按照"理论讲解—课堂演示—动手实践"三位一体的教学模式，使学生逐步学习积累，最终使学生独立搭建无人机平台智能化信息处理系统，且后续可以将这一模式扩展至其他实践课程及平台。

1 以三位一体为模式，探索实践教学方法

无人机系统及其应用是一个多学科高度交叉融合的领域，涵盖控制、信息、电子、传感器等领域。鉴于大二、大三学生知识面尚窄，所学课程不能完全覆盖课程实验所需的基础知识，为此本课程探索出了一种"理论讲解—课堂演示—动手实践"三位一体的教学模式。

每次实验包括 3 个课时。第一课时为理论讲解，以教师课程授课为主，并辅以简单的实例演示，主要介绍本次实验所涉及的主要理论知识，使学生在实验中有理可依，有据可循，而不是盲目调参；相应的，学生也可通过在实验中实践，巩固所学知识，更进一步加深理解。讲授的理论知识不仅包括本专业课程所授内容，还适量包含其他学科的相关理论，应着重阐明多学科之间的交叉点和融合面。第二课时为课堂演示，在展示实验结果的基础上，对实验内容进行模块化分解，理清各个模块的功能需求及各模块之间的数据和逻辑关系，潜移默化地培养学生分析问题、分解任务和多任务统筹协调的能力；在此基础上，概要设计每个模块的实现方法和步骤，指导学生进行详细规划和具体实现。第三课时为动手实践，学生根据前两个课时所了解到的理论知识以及概要规划，进行整个实验的详细设计和具体实现。

2 以实际项目为牵引，凝练实验教学内容

随着低空空域的逐步开放和无人机技术的蓬勃发展，空基监视逐渐成为态势感知中的一项关键技术，并已成为当今世界许多国家安全监视体系的重要组成部分。作为最灵活的广域监视手段，空基监视在交通运输安全、救灾抢险保障、重要区域巡视等多方面发挥着越来越重要的作用。课程组教师依托四旋翼无人机视觉控制平台承担了多项无人机空基平台智能感知决策的任务。依托于承担的相关项目，以国家重大需求为牵引，课程组凝练出了具有高阶性、创新性和挑战度的层次化实验教学内容。以实例为导向、以传统理论基础为根本、以人工智能技术为前沿的实验内容，针对各个年级学生设置了基础、综合、提高等分级实验内容，如图 1 所示。

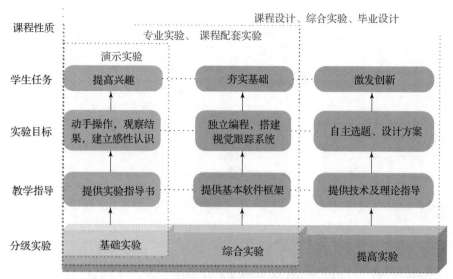

图 1　飞行器智能信息处理实验课程层次化实验设计

（1）基础——演示性：实验指导书给出具体流程步骤，学生通过实际动手操作，观察分析结果，对于无人机飞行器控制和智能信息处理建立直观的感性认识。

（2）综合——案例性：在演示实验的基础之上，设计综合实验，要求学生了解飞行器控制及图像处理相关理论知识，并且具备一定的编程能力，能够利用所提供的软件框架实现一个综合性的视觉跟踪任务。

（3）提高——创新性：熟练掌握飞行器控制及智能信息处理相关理论知识，设计开放性实验环节，由学生自主选题，设计某一应用场景下的无人机视觉控制任务、方案并实现。

基于以上实验内容，可同时为大一至大四学生开设实验课程，满足不同年级学生的需求。对于没有专业基础的低年级学生，可以从基础实验入手，根据实验指导书给出的详细流程步骤，完成演示性实验。对于大三已经学过控制理论、图像处理和模式识别等专业课程的学生，可以要求其通过独立编程完成一个综合性的基于无人机的智能信息处理任务。而对于大四学生，可以在要求更高的课程设计、综合实验环节进一步以实际应用为背景考虑系统化的需求、设计和功能实现，并拓展至本科毕业论文。

在实验内容方面，需根据实际项目的需求，凝练出涵盖视觉信息获取、信息处理及感知和智能决策和控制的实验内容，具体授课内容及实验内容安排如表 1 所示。

表 1　飞行器智能信息处理实验授课内容及实验内容

分级实验	授课内容	实验内容
基础	飞行器控制与信息工程专业及相关应用背景；飞行器（无人机）发展介绍；无人机视觉导航	熟悉四旋翼硬件平台，遥控器操作
	飞行器智能信息处理实验课程介绍；实验内容 Demo 演示及实验步骤讲解	熟悉软件平台
	四旋翼无人机控制理论基础	无人机飞控基础实验：控制认知实验：无人机的传感器校准；控制器调试实验：多旋翼无人机 PID 控制器原理与参数整定
	数字图像处理基础及程序设计基础	智能信息处理基础实验：1. 颜色识别实验；2. 形状识别实验；3. 相机标定实验；4. 图像拼接实验（手动）

分级实验	授课内容	实验内容
综合	无人机及其在电力系统中的应用等	基于视觉的飞控综合实验： 人脸跟踪识别实验； 图像拼接实验（自动）； 无人机钻圈飞行试验； 无人机路径规划及定点降落
	飞行器吊舱系统介绍	
提高	手势及语音识别系统演示	开放实验： 利用给定的程序框架，设计某一应用场景下的无人机视觉控制的任务、方案，并实现

3 以学生兴趣为导向，注入相关前沿知识

当前高校推行学科大类招生，从形式上看是招生方式发生了变化，但实质上则是人才培养模式的变革。学生培养由统一接受单一学科背景下的专业教育，向以接受多学科交叉、通识教育为基础的宽口径教育的转变。建立以兴趣为导向的创新人才培养体系，则是当前高校教育中至关重要的一个的环节。创新离不开兴趣，创新人才培养需要重视、尊重和培养学习兴趣，而培养学生自主学习、主动探索的兴趣，更离不开实践。因此，在基础学习阶段的通识教育中，高校教师有责任为学生提供更多具有学科交叉特点的实验实践课程，使学生在更广泛的学科背景下找到自己感兴趣的方向。

实验课程团队根据专业培养计划设计教学大纲，除安排实验课程相关理论及程序设计课程之外，还可邀请相关专业人士开展专题讲座，丰富授课形式和课程内容。在专业基础课程及基础实验课程完成之后，邀请冯如杯获奖的高年级师兄师姐做专题报告，除了给学生们讲解演示冯如杯获奖项目中无人机的创新创意，还能以自己在专业学习和科技活动中的亲身经历给低年级学生提供帮助和指导。此外，还可邀请无人机领域的创业先锋，使学生了解无人机行业应用，如无人机在电力领域的全自动巡检团队，从多个维度拓展学生对无人机领域的认识和了解，激发学生学习热情。

在课堂教学之余，提倡以赛促教，积极鼓励学生参与无人机科技竞赛，教学团队组织研讨把综合性较强的大赛进行项目分解，实施项目式教学，将竞赛项目融入日常教学，鼓励学生以实验课程平台为基础，跨专业跨学院组队参加冯如杯、国际空中机器人大赛 – IARC 等比赛，充分调动学生的学习兴趣和创新能力，提高学生自主学习和解决问题的能力。

同时，鉴于人工智能技术是国家的重大发展方向，"人工智能 + "智力赋能可全面提升产业发展水平。相应的，人工智能人才的培养也成为教育发展改革的核心问题，近年来得到了广泛的关注。视觉处理是与人工智能技术结合非常紧密的领域，人工智能技术的很多发展都是在视觉领域孕育而生的。因此，本课程的无人机空基视觉平台为人工智能技术的教育教学提供了一个非常好的平台。针对以上实验内容，学生可在学习基本视觉处理方法的基础上进一步实验和探索基于深度卷积网络的视频处理技术，积累智能处理实际经验，为大四毕业设计或研究生阶段的学习打下基础。此外，高年级或者参加科技竞赛的同学还可基于本平台研发有趣味的应用实例，比如利用基于场景分离的人群计数方法来统计上课同学人数、利用视频流实时抓拍识别人脸等，这样可以寓教于乐，提升学生的学习积极性，使学生乐于挑战难题。

4 结语

本文以飞行器智能信息处理实践课程为主题开展探索，提出"理论讲解—课堂演示—动手实践"三位一体的教学模式。通过项目实例分析，分解智能信息处理模块，以高阶性、创新性和挑战度为目标设

计层次化实验内容，并引入人工智能前沿理论开展课程教学。学生通过分组合作、分步实践、综合系统设计，完成对无人机智能信息处理的理解与实践。学生反馈教学模式新颖，实践效果明显，教学效果良好，对未来的扩展很有信心。

参 考 文 献

[1] 樊邦奎, 张瑞雨. 无人机系统与人工智能 [J]. 武汉大学学报 (信息科学版), 2017, 11: 1523 - 9.

[2] Tian S, Cao X, Li Y, et al. Glance and stare: trapping flying birds in aerial videos by adaptive deepspatio - temporal features [J]. IEEE Transactions on Circuits and Systems for Video Technology, 2017, PP (99): 1 - 1.

[3] 朱立华. 无人飞行器自主检测与避障技术研究 [D]. 南京: 东南大学, 2016.

[4] 鲜斌. 微小型无人机智能自主控制研究 [R]. 天津: 天津大学, 2019 - 04 - 11.

[5] 陈自力, 江涛, 范君乐. 无人机智能数据链体系结构 [J]. 无线电工程, 2009, 39 (04): 4 - 6 + 10.

[6] 樊知非. 基于云平台的无人机智能控制系统的研究 [D]. 西安: 西安电子科技大学, 2018.

[7] 克洛德·泰西耶, 屈特·塞尔梅乌斯. 用于控制飞行器飞行控制面的系统和方法 [P]. 中国专利: CN111348180A, 2020 - 06 - 30.

[8] Meier L, Honegger D, Pollefeys M. A node-based multithreaded open source robotics framework for deeply embedded platforms [C]. Seattle: 2015 IEEE International Conference on Robotics and Automation (ICRA), 2015.

[9] H Shao, H Fu. Design and implementation of intelligent building engineering information management system [C]. Changsha: 20147th International Conference on Intelligent Computation Technology and Automation, 2014. 158 - 161 (doi: 10. 1109/ICICTA. 2014. 46).

[10] Nabil K M. Organizing aircraft navigation system as real time reference model architecture [C]. East Syracuse, NY: 2013 IEEE/AIAA 32nd Digital Avionics Systems Conference (DASC), 2013. 2D2 - 1 - 2D2 - 8 (doi: 10. 1109/DASC. 2013. 6712545).

[11] B Chen, D Gao, L Wang. Research of multi-information integration for the aircraft ground centralized deicing monitoring system based on wireless data transmission [J]. IEEE Access, 2018, 6: 52460 - 52470, doi: 10. 1109/ACCESS. 2018. 2870146.

[12] Y Ma, H Liu, Y Zhang, et al. Intelligent decision making for UAV based on Monte Carlo Simulation [C]. Singapore: 2018 15th International Conference on Control, Automation, Robotics and Vision (ICARCV), 2018. 521 - 525 (doi: 10. 1109/ICARCV. 2018. 8581333).

[13] H Cai, W Zhang, Z Zhu. Quality management and analysis of aircraft final assembly based on digital twin [C]. Hangzhou, China: 2019 11th International Conference on Intelligent Human—Machine Systems and Cybernetics (IHMSC), 2019. 202 - 205 (doi: 10. 1109/IHMSC. 2019. 00054).

[14] D Isereau, C Capraro, E Cote, et al. Utilizing high - performance embedded computing, agile condor, for intelligent processing: An artificial intelligence platform for remotely piloted aircraft [C]. London: 2017 Intelligent Systems Conference (IntelliSys), 2017. 1155 - 1159.

飞行员研究生军地联合培养模式研究

王海龙，鲁华平，陈柏松

（空军航空大学航空作战勤务学院　吉林长春　130022）

摘　要：飞行员是空中战斗力的主体，其学历结构是影响战斗力生成的主要因素，但学历提升一直受制于飞行员不能长期离岗的制约，借力军地联合培养是化解矛盾的有效途径。本文研究了飞行员研究生比例偏低的主要原因，分析了飞行员研究生教育融入地方高等教育资源的主要优势，构建了军队飞行员研究生军地联合培养模式，为飞行员研究生军地联合培养改革提供借鉴。

关键词：飞行员；研究生教育；军地联合；培养模式

0　引言

飞行员是军队指挥军官队伍的重要组成部分，是航空兵部队的主体力量。进入新世纪后，世界空军发展呈现出了体系网络化、信息化，平台隐身化、智能化、无人化，武器远程精确化，空天一体化等趋势，对飞行员培养提出了新的更高的时代要求。目前，飞行员中具有硕士研究生以上学历的人数比例相对于其他兵种指挥军官偏低，离建设世界一流空军要求还存在较大差距。导致飞行员学历结构不尽合理、高学历飞行员比例偏低的因素复杂，但根本原因在于尚未形成有效稳定的飞行员研究生培养教育体系和培训模式。借鉴英美等发达国家空军高学历层次飞行员培养经验，在加快形成全要素、多领域、高效益军民融合深度发展格局的背景下，积极探索依托优质高等教育资源联合培养飞行员研究生模式机制，是加速提升航空兵部队飞行人才学历层次的重要途径。

1　飞行员研究生比例偏低的主要原因

飞行员是军队指挥军官队伍的重要组成部分，是一个特殊的群体。按照单位可分为飞行院校和作战部队两类飞行员；按照职务可分为领导职务和非领导职务两类飞行员；按照岗位可分为飞行指挥员、普通飞行员、飞行教员三类飞行员。飞行员研究生比例偏低的主要原因有以下三个方面。

1.1　飞行员本科学历教育基础较薄弱

飞行员院校教育经历了无学历、大学专科、非完整本科、大学本科的发展历程，1979年开始大专教育，1986年开始非完整的本科教育，2004年开始本科教育。飞行员本科学历教育要求学生在4年内要完成航空体育、航空心理、航空理论、飞行训练等其他军官没有的教学训练内容，因各个时期组训方式不同，教学时间为1~2年不等，本科基础教育可以达到国家、军队对本科教育的基本要求，专业教育需要优化组合开设综合性的专业课程。研究生入学考试是择优竞赛，因此，飞行员无论是以本科学历还是以同等学力参加研究生考试，在英语、高等数学和专业课程考试中都会面临更大的困难和挑战，每年录取的人数十分有限。

1.2　飞行员研究生教育工学矛盾突出

飞行员职业成长具有特殊性。一是职业成长的连续性，飞行学员若要成长为一名合格的机型飞行员必须经历"初级飞行训练—高级飞行训练—作战飞机改装训练"三个阶段，其间飞行训练不得中断，不允许攻读研究生；二是转机型教育的复杂性，大部分飞行员要伴随装备升级、建制转隶、任务转换完成不同机型间的改装训练，飞行训练任务繁重，攻读研究生有机会，但工作与求学有冲突；三是转岗教育的多样性，根据航空兵部队建设需要，一部分飞行员将由飞行岗位转到飞行指挥岗位、飞行教学岗位和飞行试飞岗位，新岗位对知识能力素质的新要求为飞行员研究生教育提供了新机会，但飞行技术训练间断时间一般不得超过规定要求，这会制约长时间离职学习。

1.3　飞行员研究生教育军队渠道还不够顺畅

2001 年，空军指挥学院首次开启了飞行指挥军官学术型研究生教育，涵盖兵种战术学、合同战术学、作战指挥学 3 个学科（方向）。2012 年，军事硕士专业学位研究生与指挥军官任职培训学员融合式培养实施办法试行后，飞行指挥军官接受研究生教育的渠道初步形成。国防大学、国防科技大学等军队院校也曾临时、零星地承担过飞行员研究生教育。空军航空大学、海军航空大学、陆军航空兵学院 3 所承担飞行人才训练任务的军事高等院校，虽然拥有研究生学位授予权，但都还没有形成稳定有效的普通飞行员、飞行教员研究生培养体系。总体上看，满足飞行员全员、全方位需的研究生教育格局还没有形成。

2　飞行员研究生教育融入地方高等教育资源的主要优势

解决飞行员研究生比例偏低的问题，既需要不断完善军队研究生教育体系，更需要引入地方优质高等教育资源。90% 的美军军官硕士、博士学位研究生教育任务依靠地方院校来完成。以硕士学位的获得为例，美军陆军军官研究生主要依靠地方院校培养，70% 的空军、20% 的海军军官研究生教育任务都是依托地方研究生教育机构来完成的。

2.1　多样化的研究生入学考试方式拓宽了飞行员准入口径

飞行员研究生入学考试存在特殊性。一是可以参加研究生入学考试的时机比其他军官晚 2～3 年以上，二是飞行训练任务中的考研复习准备很难充分，三是基层部队考研资源相对缺乏，这些特殊性增加了飞行员入学考试的难度。地方院校研究生入学考试方式相对灵活，允许面向国家急需人才的艰苦地区和艰苦行业的优秀在职人员组织单独考试，一定程度上降低了飞行员入学考试的难度，拓宽了飞行员接受研究生教育的口径。

2.2　灵活的研究生培养机制有利于化解飞行员工学矛盾

飞行员参加研究生学习不能影响飞行技术的保持，更不能影响部队作战训练任务，研究生学习不能长期脱离部队，需要在任务间隙实施，需要针对性强、更加灵活的培养模式，需要培养单位在驻地实施部分教学和指导。选择飞行部队驻地就近的地方大学开展研究生教育，有利于部队和研究生培养单位协商制定有针对性的研究生培养方案，有利于研究生参加课程学习和课题研究，有利于研究生和指导教师更加便捷地进行学术交流。

2.3　丰富的研究生教育资源为飞行员研究生教育提供了多元化选择

我国恢复研究生教育 30 多年来，已建立了相对完备的学位与研究生教育体系，成为研究生教育大国，部分学科已跻身世界一流行列，研究生教育资源丰厚遍布。开展飞行员研究生军地联合培养，充分利用地方院校丰富优质的研究生教育资源，有利于弥补空军航空大学、空军指挥学院、国防大学单线培养存在的飞行教官、飞行心理、航空体育、飞行原理学科结构缺陷，满足飞行员研究生教育多样化需求，改善飞行员学缘结构；有利于借助地方院校开放办学条件，拓宽飞行员国际视野，增强国际军事演习和交流能力；有利于加强军队军地院校学科交流，推动军队飞行院校学科建设水平提升。

3　飞行员研究生军地联合培养模式设计

目前，军队军地院校飞行员研究生教育成熟稳定的培养模式尚未形成，地方院校研究生教育全面布局、体系完善、资源丰厚，军地联合培养飞行员研究生的最佳机遇期已经到来。

3.1 建立军队军地院校分区联合的飞行员研究生联合培养力量体系

从 2011 年起，空军航空大学与清华大学、北京大学、北京航空航天大学共同开展了本科飞行学员联合培养计划，这项工作的持续良性发展，首先得益于有一支共识、合力的融合教育力量。飞行员研究生联合教育比起本科联合教育涉及的范围更广、单位更多、层次更高。一是要借力各级军民融合领导机构，构建以中央军民融合发展委员会为统领，中央军委军民融合局、各省（区、市）军民融合发展领导机构和工作机构通力合作的领导机制，形成联合培养领导力量；二是以飞行院校为主体形成联合培养牵头力量，发挥陆军航空兵学院、海军航空大学、空军航空大学、哈尔滨飞行学院、石家庄飞行学院、西安飞行学院在飞行员研究生联合培养计划中的主导作用，依靠飞行院校优质飞行教育资源引领地方优质研究生教育资源向飞行人才培养聚合；三是分区、就近形成联合培养教学力量，按照飞行学院区域分工，结合航空兵部队驻地分布就近双向选择，从曾有国防生教育签约经历的高校中择优选择那些国防教育意识强、国防生教育质量较高、部队反应较好的地方高校，组建飞行员研究生联合教育单位；四是加强军队飞行院校与其他军队院校校级联合，发挥军队院校研究生优质教育资源在飞行员研究生教育中的辅助作用，形成军内飞行员联合教育力量。

3.2 构建军地院校学科互补的飞行员研究生联合培养学科布局

飞行员队伍研究生教育学科需求有其特殊性，既不同于其他军兵种军官，即便是飞行员，不同的群体需求也不尽相同。一是由于航空兵担负的使命任务不同，歼击航空兵、轰炸航空兵、强击航空兵、侦察航空兵、运输航空兵、舰载航空兵、特种航空兵等兵种对飞行员作战训练的知识结构要求不尽相同，主要涉及战役学、战术学、军队指挥学、军事训练学等军事学学科和军事飞行相关学科，军事飞行相关学科主要包括心理学、体育学、大气科学、航空宇航科学与技术、控制科学与工程、信息与通信工程、兵器科学与技术、安全科学与工程、教育学、管理科学与工程等学科；二是同一兵种不同岗位对飞行员岗位任职的知识结构要求不尽相同，军事飞行相关学科是共性需求，但飞行教官侧重军事训练学，指挥员侧重战役学和军队指挥学，战斗机飞行员侧重战术学；三是同一岗位对飞行员的知识结构存在多样化要求，由于飞行员本科专业教育针对的是首次岗位任职，军事飞行相关学科覆盖面广，但专业教育的深度相对不够，要形成飞行员专业自主研究能力和特长，需要将飞行员队伍的研究生教育"化整为零"，根据飞行员个体多样化的学科选择集合形成整体学科研究能力。正是由于飞行员学科需求的复杂性，美国空军军官学校依托 9 个学科门类培养飞行员。随着军队研究生教育结构的调整，军队院校学位授权将更加契合主体培训任务，进一步加快学术学位向专业学位转变，军队飞行院校学科布局将以军事类学科为主，兼顾支撑军事飞行的相关工学学科，这一学科结构布局不能完全满足飞行员研究生培养学科要求，为联合培养留下了接口。飞行员研究生联合培养学科布局将以支撑军事飞行的心理学、体育学、教育学、大气科学、管理科学与工程为重点，兼顾与飞行员职业发展相关的其他学科。联合培养学科类型以专业学位为主，面向飞行教官适当兼顾学术学位。

3.3 构建深度融合的飞行员研究生联合培养模式

深度融合按照"需求牵引、资源优组、组织灵活、精心协作"的思路，对人才培养的全过程、全要素、全方面进行优化重组，形成相互衔接、有机融合、特色鲜明的军地联合人才培养模式，为实现军地教育生源互补、学分互认，缓解工学矛盾，节约教育资源，提高教育质量效益，需做到以下几点：①联合制定人才培养方案，军地院校共同参与，以飞行员专业知识能力素质特殊要求为牵引，通过优化培养目标、培养方案、教学内容、培养环节、培养过程、制度机制，制定形成适合飞行员职业发展的人才培养方案；②构建联合教学机制，区分课程性质，学位课由地方院校主要承担，与飞行员岗位需求相关的专业课、选修课由军队院校主要承担，结合部队飞行训练实际，驻地集中学、进校跟班学、网络在线学

3 种方式相结合；③建立双导师制，形成地方院校为主、部队院校为辅的论文指导机制，部队院校导师主要负责选题和过程指导，地方院校导师主要负责研究资源调配和关键问题指导；④制定联合培养院校之间的学分互认转换制度，打破教育时空的限制，实现各类教育资源的有效共享，充分满足飞行员的个性化需求，增强学员学习的选择性；⑤统一联合培养质量标准和课程教学标准，规范课程教学目标、知识能力素质标准、教学主要环节、考核方式和要求，统一论文标准，评估学位选题意义、学术水平、创新能力、写作表达能力，统一毕业要求，对最低培养年限、课程学分、论文发表、论文评审、论文答辩进行统一规范。

参 考 文 献

[1] 刘岩峰. 基于飞行职业特点创新飞行人员军事硕士专业学位教育 [J]. 空军石家庄飞行学院学报，2013 (3)：40.

[2] 付国强. 中外飞行教育比较研究 [M]. 北京：军事科学出版社，2013.

[3] 易旭. 浅谈飞行院校研究生飞行教员培养 [J]. 军事飞行教育，2011 (5)：67.

[4] 李琳，曾杰. 中外研究生教育比较综述 [J]. 中国集体经济，2009 (11)：175.

[5] 徐德胜，许从年. 中美依托国民教育培养军事人才比较研究 [J]. 海军工程大学学报，2010 (3)：27.

[6] 田祖良. 推进军队专业技术人才军民融合培养基本问题研究 [M]. 北京：军事科学出版社，2012.

[7] 向宏，等. 精英型军队指挥人才军民融合培养机制研究与实践 [M]. 北京：国防工业出版社，2015.

[8] 陈柏松. 中美空军飞行指挥军官学历教育专业比较分析 [J]. 空军航空大学学报，2012 (3)：63 - 64.

大型商用飞机制造业创新人才培养模式探索
——基于榕树在森林中占位的启示

丁晓妮

（上海飞机设计研究院　上海　201210）

摘　要： 大型商用飞机制造是建设创新型国家的标志性工程，是新时期改革开放的标志性工程，大飞机梦是中国"两个百年"强国梦的重要组成部分。科技创新的关键是人才，中国如何去培养大型商用飞机制造业创新人才，尤其是在被波音、空客技术专利几乎全面覆盖的密林下培养研发、制造、客服、运营、维护、管理等人才，是值得深思的问题。本文从打破森林平衡的创新者——榕树的故事中受到启发，结合当前中国大型商用飞机研制的实际形势，提出构建"传承者—搅局者—潜伏者"——三位一体的创新人才培养模式，以供参考。

关键词： 商用飞机研制；创新人才；培养模式；榕树占位

The Cultivation Mode of Innovative Talents for Large Commercial Aircraft Manufacturing
——Based on the Revelation of Eucalyptus Trees in the Forest

Ding Xiaoni

（Shanghai Aircraft Design Institute，Shanghai，201210）

Abstract： Large commercial aircraft manufacturing is a landmark project to build an innovative country，a landmark project of reform and opening-up in the new era，and the dream of large aircraft manufacturing is an important part of China's dream of "two hundred years" of great power. The key to scientific and technological innovation is talent，how to train commercial aircraft research and development innovation talent，especially by Boeing，Airbus technology patents almost fully covered by the industry chain to cultivate our large passenger aircraft research，development，manufacturing，customer service，operation，maintenance，management of all aspect talents that is worth thinking about. This paper is inspired from the story of the innovator eucalyptus tree that breaks the forest balance，and combines with the actual situation of the development of commercial aircraft manufacturing in China，puts forward the model of cultivating the Tone innovative talents of the "Inheritor—Disruptor—Latent" for reference.

Keywords： commercial aircraft development；innovative talent；cultivating model；eucalyptus tree occupies

0　引言

近日看到一篇文章，内容大致是这样的：在一个成熟的森林中，成熟的高大的林木占据了绝对的优势，它们几乎拥有森林中所有的天空和阳光，稳定而宁静，那些未发芽的种子和新生长的植物幼苗因为太阳光被一层层树冠遮挡完全没有机会吸收阳光，在森林的地面上，这些种子和幼苗都在等待机会，等待上层的树冠被打开一个窗口。如果这个森林中没有大树倒下，没有大树因为狂风暴雨而折断，那些林下土壤里的种子和幼苗是不会有生长爬高的机会的。

在这个时候无声的搅局者出现了，它们就是榕树。榕树的种子藏在它们结出的无花果里，有很多动物，特别是鸟儿，非常喜欢吃这些无花果。当鸟儿和其他动物吃掉无花果之后，就会把榕树的种子带到各个地方。当这些鸟儿或动物在其他的大树上歇脚的时候，种子就会随着它们的粪便跌落在大树的枝丫之上，而顽强的榕树种子就会借着一点点的雨水以及树洞里面的枯枝落叶，在这里生根发芽，长出幼苗。这棵幼苗越长越大，它们那些像胡须一样的气生根逐渐伸向了地面。当气生根接触土壤之后，就会迅速地变粗变硬，将大树牢牢地抱住。大树会被抱得越来越紧，缠得越来越密，终于有一天，榕树的树冠会覆盖原有大树的树干，而它们的根系也早已包裹住原有大树的根系。在接下来的时间里，这棵被围困的大树就会因为缺乏营养，缺乏太阳带来的光照而逐渐枯萎，随着时间的推移，中心的大树就会慢慢地化为尘土，归于自然。因为榕树的空洞，因为没有有力的支撑，所以在很大的风暴来临的时候，空心的榕树很容易倒下。当空心榕树被吹倒的时候森林就会露出一大片林窗，就好像在森林的树冠层打开了一扇窗户，透过这扇窗户，阳光就可以直射到地面，那些在树冠层以下，隐忍生存了很多年的小树小苗就会借着这个机会茁壮成长。而当榕树倒下的时候又会砸向另外的大树，就会再一次出现被称为绞杀植物的战斗现象。榕树是自力更生的好模范，它们通过自己的光合作用，通过自己吸收土壤里的养分来达成改造森林的目的。

这篇文章让我脑洞大开，大型商用飞机制造业创新人才的培养完全可以向打破森林平衡的创新者——榕树学习！

1 全球大型商用飞机制造业发展现状

全球大型商用飞机制造商有欧洲空客公司、美国波音公司、中国商飞公司，以及俄罗斯联合飞机公司。波音公司、空客公司几乎已经垄断了世界大型商用飞机市场，在资金、技术和遍布全球的销售服务体系方面占有绝对的竞争优势，截至 2020 年，波音公司和空客公司的专利情况如图 1～图 3 所示。

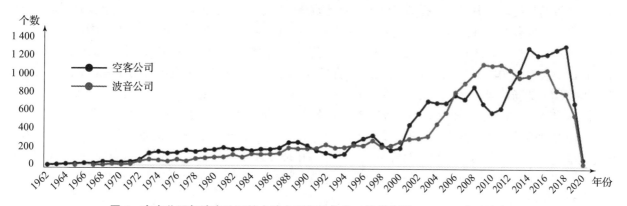

图1　空客公司与波音公司的全球专利保护态势（数据来源 Clarivate 专利检索）

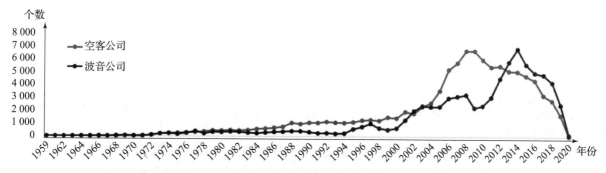

图2　空客公司与波音公司的全球专利申请态势（数据来源 Clarivate 专利检索）

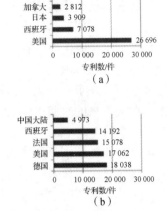

(a)

	波音公司	空客公司
美国	34 468	22 264
欧洲专利局	13 044	21 059
德国	1 614	14 197
法国	257	11 494
中国	5 780	7 024
世界知识产权组织	5 554	6 132
加拿大	3 932	5 033
日本	6 221	4 267
俄罗斯	1 131	2 526
西班牙	924	2 465
英国	1 502	1 596
巴西	1 170	1 577
肯尼亚	1 279	758
澳大利亚	2 112	664
印度	166	533

(c)

	波音公司	空客公司
美国	16 503	3 024
欧洲专利局	2 272	3 999
德国	81	4 099
法国	30	3 302
世界知识产权组织	833	2 484
加拿大	1 516	1 649
英国	277	359
中国	187	244
西班牙	1	55
日本	38	17
比利时	30	14
荷兰	14	29
挪威	3	39
瑞典	10	30
巴西	33	6

(d)

图3 波音公司与空客公司专利布局来源国家/地区（数据来源 Clarivate 专利检索）

（a）波音公司专利管辖权分布；（b）空客公司专利管辖权分布；（c）专利布局来源国家/地区；（d）最早专利来源国家/地区

从图3中数字及态势图能看出，在全球大型商用飞机研制领域，两大巨头的专利保护犹如密林，几乎让后来发展者无机可乘。

中国的商用飞机研制起步并不晚。20世纪50年代的Y7与波音技术相当，20世纪70年代的Y10与空客技术相当，20世纪80年代的MPC75与巴西技术相当，20世纪90年代的AE100与加拿大技术相当，21世纪初的ARJ21与俄罗斯技术相当，但进步却很慢。

中国商用飞机的发展经历了几个阶段。一是1958—1978年，测绘仿制学苏联，其中以Y7系列/新舟60为代表测仿苏联/乌克兰AN24/12。二是1978—2002年，国际合作向西看，中德合作进行MPC75总装，中美合作进行MD82/90总装，中美、中法合作进行AE100总装，中欧合作进行A320总装。国际合作造飞机的年代里，中国的工程师们低头弯腰地贡献着智慧。三是2002—2015年，中国启动国产支线飞机项目、大型客机项目，进入了自主研发自己干的时代。随着国民经济迅猛发展，国防建设长足进步，科技水平迅速提升和综合国力大幅增强对大型商用飞机的发展提出强烈需求，同时也提供了坚强保障，在此契机下，2015年中国与俄罗斯联合启动宽体客机项目，中国商用飞机研制昂首挺胸地进入了创新发展找伙伴的新阶段。

2014年5月23日，习近平总书记视察中国商飞公司时指出，"大型客机是建设创新型国家的标志性工程，新时期改革开放的标志性工程，大飞机梦是中国'两个百年'强国梦的重要组成部分"。科技创新的关键是人才，中国如何去培养创新人才，尤其是在被波音公司、空客公司技术专利几乎全面覆盖的密林下去培养大型商用飞机研发、制造、客服、运营、维护、管理等方面的人才，体系化的构建培养模式尤为重要。

2 大型商用飞机制造业创新人才培养的启示

2.1 传承者

传承才会有创新，传承者至关重要。

中国商用飞机的研制虽然起步不晚，但是因为种种原因，其发展受到严重挫折，经历了"几上几下"的局面，直到2000年在珠海国际航展上公开宣布正式启动新型支线飞机的项目，中国才开始进入自力更生和积累的阶段。

年轻的设计师们虽然掌握着现代的技术理论知识，但是没有经历过飞机研制的历练，所学知识只是"纸上谈兵"，必须在真实型号研制中摸爬滚打，才能成为具有工程化经验的飞机设计师。

一位经历过型号研制历练的设计师离开，带走的是经验，留下的是一个个没有完成的设计方案，而继任者不得不重新开启方案设计，与供应商沟通交流，不可避免地又要走弯路，甚至犯同样的错误，这不仅在设计上缺乏连续性，也会严重耽误项目研制的进度。

如果有一支由传承者组成的队伍，将过往型号中的技术、经验、教训等进行总结存档，那么携带现代先进理论的后继者，将踩着前辈的肩膀成长与创新，而不必再从零开始摸爬滚打。

显然新型支线飞机、大型客机领域已经培育出诸多研发技术、制造、适航、管理等各方面的专家，当这些专家离开具体的型号任务后，便立即扮演起传承者这一新角色。企业要做的就是充分调动专家们的主动性，去用文字系统性地纪实技术、经验及教训。

2.2 搅局者

托尔斯泰说过："带着问题，解决问题，正确的道路是这样，吸取你的前辈所做的一切，然后再往前走。"

森林中搅局的榕树得以立足的重要竞争手段是绞杀。那么在波音公司、空客公司占领绝对优势的商用飞机研制领域，要做一名合格的搅局者需要具备什么样的关键素质呢？通过什么样的竞争手段，在商用飞机研制这片天地创设出后备力量伺机成长的天窗呢？

高度的自觉性和独立性、强烈的求知欲和好奇心、广博的知识、敏锐的洞察力、丰富的想象力和坚强的意志特征缺一不可，这是搅局者的杀手锏。

企业要充分尊重搅局者本人的贡献，发明专利由其本人申请，严防挂名行为。这能极大提高发明人的积极性，尤其保护了最具有创新能力的年轻人，无论他们在公司是什么地位，自己的能力都可以完全发挥出来，而不用担心成果被侵占。

企业还要为搅局者搭建科学宽松的体制、机制平台，在合规的前提下灵活使用科技项目、课题经费，让经费能依据项目实际需求发挥其作用。

同时，企业还要为搅局者配备专业的专利服务机构，辅助他们完成"绞杀"，开辟空窗区域。

2.3 潜伏者

森林中新生的种子和植物幼苗一直在等待机会，等待上层树冠被打开一个窗口。同理，创新人才的培养阶梯中，潜伏者不可或缺。他需要有长远的战略眼光和极度的隐忍精神，才能伺机苗壮成长。

企业要为潜伏者设立与传承者、搅局者交流的高技术论坛，创新对话平台，为愿意创新的人才在硬件环境和软件环境上提供创新便利，构建以贡献度为标准的评价体系，避免评价结果和个人收入以及职称评定等直接关联致使研究导向功利化。

3 总结

创新，不再是个别精英的灵光一现，而是按照一个全新理念，朝着大型商用飞机研制的明确目标有条不紊地进行着的由一个企业、一个行业乃至一个国家的许多人和高新技术参与合作的日常群体活动。

期望在"传承者–搅局者–潜伏者"三位一体的努力下，实现中国大型商用飞机研制的创新发展，为中国走向航空强国培养具有创新能力的人才群体。

参 考 文 献

[1] 吴光辉. 新世纪的"福音"：民机发展的华丽转身 [J]. 民用飞机设计与研究，2020 (5).

[2] Sternberg R J. Implicit theories of intelligence, creativity and wisdom [J]. Journal of Personality and Social Psychology, 1985, 49 (3)：607 – 627.

航天会议执行业务骨干创新培养模式初探

孙 欣

（北京空间科技信息研究所 北京 100086）

摘 要：本文以航天会议论坛的执行保障为探讨范围，以创新培养该领域会议执行业务骨干员工为研究目的，以近2～3年典型会议执行期间的员工培养为基础，探索适合大多数航天会议执行的业务骨干培养新模式，使航天会议在执行过程中既确保会议本身顺利进行，又承担起人才挖掘、人才培养、人才试炼等的骨干人才创新培养功能，解决航天会议执行人员专业度不高、统筹性不强、独当一面的能力较弱等现实问题，为航天会议执行建立骨干人员备岗制、建立专业丰富的骨干人才库。

关键词：航天类会议；会议执行；业务骨干；培养；创新；模式

A Preliminary Study on Innovation Training Mode of Business backbone of Space Conference

Sun Xin

（Beijing Institute of Space Science and Technology Information, Beijing, 100086）

Abstract：This paper takes the implementation guarantee of the aerospace conference forum as the scope of discussion, and takes the innovative training of the key staff of the conference implementation business in this field as the research purpose, typical meeting during execution by nearly 2 to 3 years of training people for case basis, to explore new modes of the executive business backbone training of the most aerospace conference, make the space class meeting in the process of execution ensure the meeting itself, and take the talent excavation, the backbone of the talent training, talent tried to train the innovative talents, to solve the problems, such as the space conference executive professional degree is not high, personnel are less able to acquire the overall, so that backbone personnel for duty is established with the space of the executive system, and the professional talent pool is also set up.

Keywords：aerospace conference, conference execution, business backbone, training, innovation, mode

0 引言

随着中国航天技术的腾飞，航天成果日新月异。航天领域内专家交流、成果展示、大众科普的需求被触发，航天会议论坛成为满足需求、扩大交流、促进合作、引发关注的一个有效平台。本单位在大力发展会议经济的倡导下，多次圆满保障了第一至第三届航天航空航海产业发展论坛、第二届航天工程论坛、月球和深空探测国际学术研讨会、中国航天科技集团先进制造研讨会、中国航天科技集团智能制造研讨会等航天领域国内外、高端学术研讨、交流会议，为航天类会议执行业务骨干创新培养模式的初探提供基础和可能。

1 以员工为本，到合适的岗位去

航天会议执行具有周期长、细项多、对接复杂、整体难度大的特点，需要执行人员具备强烈的责任感、坚决的担当意识、积极向上的自主性，换言之就是员工首先要自己肯干、肯吃苦、肯奉献，才能通过一系列的创新培养途径获得自身能力提升和效益提升。

因此要以员工为本,积极与员工沟通交流,解决员工现实工作中的问题和困惑,对想担重任、敢担重任、能担重任的员工进行定制化培养,向业务骨干积极对标,激发员工的自身能动性,发挥员工自身优势,为航天会议执行业务储备人才。对于自身定位不清晰、不积极的员工,可以在交流沟通后让其选择性承担与航天会议执行业务相关的挑战性和压力相对较小的业务细项,先培养其参与其中的热情和兴趣,提升其相关业务领域的执行能力,为今后观察其主观态度、提升其业务能力打基础。

没有不优秀的员工,只有人岗不匹配的浪费。以员工为本,将航天会议执行业务的成就感和归属感最大化,牵引、激励员工主动投身业务领域,使其在工作实践中体现个人价值。

2 以能力为准,接受更大的挑战

员工是企业最宝贵的资源,能力是员工最核心的竞争力。然而人有高矮胖瘦,能力也有大小强弱。针对个人的不同能力和擅长领域,将航天会议执行业务员工创新培养成为业务骨干的通路全面打通,以业务能力为准则,使能力与业务执行匹配,制定员工伸手就能够到的业务挑战目标,挖掘员工潜力。

按照综合能力、专项能力、执行能力3个维度进行划分。

对于综合能力强,能独当一面的员工,给资源、给位置、给自由、给团队,辅助其构建以个人能力和魅力为核心的资源网和业务团队,给予一定位置以便其调动更多可协调的内外部力量,并给予一定自由,使其在外部宽松+自我施压的良性工作环境中实现自律及团队管理,将其打造为团队核心领军人物,使其发挥团队业务标杆和业务骨干的全面带动作用,成为激励员工成长和发展的活样板。

对于专项能力强,能较好完成其中1~2个专项业务的员工,给资源、给自由、给成长,引导其完成由专项人才向综合人才成长的跨越式发展。以其擅长的专项业务为基础,给予一定执行自由,并逐步引导其承担专项外的整体抓总业务,提升其统筹协调、抓总把控能力,完成其业务能力承上启下、团队人才成长维稳、团队业务表率的作用和使命,这将成为综合能力强的员工的有力臂助和实力备岗。

对于执行能力强,但是对策划、前期筹备及抓总能众多关键环节表现较弱的员工,给机会、给指导、给成长,挖掘其现场执行外的其他专项能力,全力培养其成为专项能力强者,实现员工自我成长和价值体现。对于有意愿主动承担专项业务的员工,给机会、给指导,手把手带领其完成专项业务,使其获得成就感和价值感,增强其成为专项人才的个人意愿。

对于团队中综合能力、专项能力、执行能力都较弱的员工,先找到其能力弱的原因,专业知识不够者补充专业知识、专业能力不够者加强在工作中的锤炼、对个人意识不到位者进行积极引导,激发其实现自身价值的欲望和能动性。在重点关注培养中完成执行能力的提升,使其在航天会议执行中贡献力量,以减少专项人才及综合人才在会议执行中的压力和琐事。对于执行能力提升后仍有自我提升意愿的员工,继续挖掘其专项能力,先从小型会议的一个专项练起,然后在会议规模、专项保障并行数量上进行提升,助推其成为专项人才,其中极为优秀的专项人才可以根据自身意愿向综合型人才过渡,开创由底层执行到综合把控的全维度、一揽子成长通路。员工成长路线如图1所示。

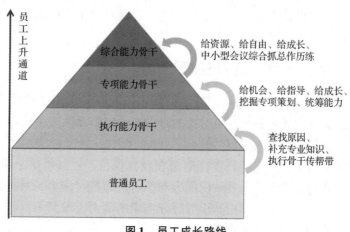

图1 员工成长路线

3 以规范为基，将好经验普适推广

在对员工的工作意愿和能力进行充分了解和分类的基础上，组织业务骨干对航天会议论坛执行的各个环节及关键点进行总结归纳。形成执行保障的基本流程模式和基础模板，提高重复低能动性工作的完成效率，形成统一对接模式，进一步提高执行团队间的沟通和对接效率。

其中，各个骨干人员通过撰写航天会议论坛执行操作流程及模板，积累优秀经验，使经验进一步推广，统一优秀执行的标准。团队其他成员也可以通过学习航天会议论坛执行操作流程及模板，提高工作效率，在更加广泛和深度的实际工作中，检验操作流程及模板的适用性，提出实践检验后的想法和困扰，为航天会议论坛执行操作流程及模板的持续更新和优化提供一手素材。骨干及团队学习提升模型如图2所示。

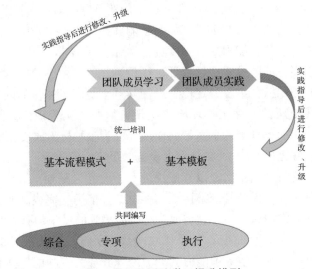

图2　骨干及团队学习提升模型

4 以培训为手，助推团队人才成长

形成全员爱学习、全员爱培训的良好学习及培训氛围。特别是骨干人员的业务强化学习和团队普通成员的业务基础学习要两手抓。通过提高骨干人员的实力，提高团队执行航天会议论坛的天花板上限；通过提高团队普通成员的业务基础能力，提高团队执行能力的短板下限，最终达到团队全体成员执行能力的整体跃迁。

长期保持综合业务骨干有备份、专项业务骨干有发展、执行业务骨干有潜力的稳定的金字塔式的航天会议执行团队格局。积极鼓励员工寻找业务培训机会，提升自身专业水平，并以此为基础将团队成员的自我学习、统一培训等内化提升力纳入个人考核，对于有强烈愿望进行培训学习的员工，以奖励的形式适时安排外出培训并在培训后做好培训成果分享等工作。

5 以激励为尺，去留得当、赏罚分明

航天会议执行过程艰苦而琐碎，复杂而多变，创新培养业务骨干除了摸清个人意愿、提升自身能力、小会试炼、大会检验的系列成长路径，更重要的是需要使整个团队成员获得强烈的归属感和价值认同感，因此公平、有效的激励机制尤为重要。

对于综合能力强的业务骨干，按照项目责任制全权授权执行，使其对整个执行过程进行深度把控。对内提升其高难度业务完成能力、团队人员调配能力和执行进程把控能力。对外提升其发现问题解决问题的能力、与甲方客户深度沟通的能力和把脉甲方客户需求的能力。按照不同维度划分维度内等级，根据每次航天会议执行的完成情况进行及时测评并在职位晋升、薪酬分配、团队话语权等方面进行倾斜。

对于专项能力强的业务骨干，按照专项完成程度、专项执行优化贡献程度、专项业务人才一对多培养程度等维度划分等级。对内在提高其自身专项执行能力的基础上，通过小会试炼、大会检验的创新培养模式使其早日完成由专项人才向综合人才的转变。对外在专项执行过程中，增加其与甲方客户的接触机会与深度，培养其从整体全局角度完成与客户自主独立接洽的能力。对专项业务执行情况和与客户对接情况进行考核，专项难度大、与客户对接融洽的专项负责人在薪酬分配、团队话语权等方面应由团队综合业务负责人给予倾斜和鼓励。

对于执行能力强的业务骨干，按照现场执行承担任务的难易程度给予薪酬回报。同时要对内激发其成为专项负责人的意愿，并通过会议执行过程中专项负责人一对多的指导，提升其专项执行能力，助推其由严格的被动执行转变为积极的专项推动。

对于团队中综合能力、专项能力、执行能力都较弱的员工，也要根据其自身能力特点采取薪酬激励、荣誉激励、职位激励等多种方式进行能力挖掘。对于极个别自身意愿不强烈、缺乏责任心和执行力的员工要给予及时的谈心和帮助，查明原因，对于确实是主观思想不积极、不愿意从事会议执行业务的员工，可以鼓励其在部门内其他业务板块或单位内其他业务板块中寻找自己感兴趣的业务领域，在新的岗位上发光发热。

航天会议执行业务骨干创新培养模式，归根结底是顺应员工自身心理和需求的、因人而异的培养模式，从员工内心意愿出发，采取理论提升、理论实践结合、小会大会试炼、薪酬激励、荣誉激励、职位激励等多种途径，激发员工自主自愿从事航天会议执行业务的内生动力，从而达到业务提升与员工自身价值体现双丰收的最终目标，实现航天会议执行业务团队的良性、可持续发展。

宇航总体单位青年科研人员精准化培训方法研究

严 艺[1]，邢 健[2]，周东强[1]

（1. 北京空间飞行器总体设计部 北京 100094；
2. 中国空间技术研究院遥感卫星总体部 北京 100094）

摘 要：针对宇航总体单位青年员工开展积极的培训对增强组织竞争力有重要意义，单位需对青年人才培训体系作出精准的评估和把控。现有的培训体系设计研究较少涉及定量化和训前评估。本文提出了一种基于量化模型的宇航总体单位青年科研人员精准培训体系构建方法，建立了培训内容和效能评价模型。实践验证表明，该模型能够对培训体系的内容和效能进行定量化评价，可为宇航总体单位青年科技人员精准化培训体系的设计、训前评估和后期效果评价提供较好的应用支撑。

关键词：航天总体单位；青年科技人员；精准化培训方法

0 引言

宇航总体单位具有全面提升服务国家战略发展、保障国家战略利益的职责，需要进一步解放和发展生产力、完善宇航系统总体作用，以更好地支撑航天强国建设。基于此背景和形势，传统培训方法将不再适应新时期的发展大局，不能稳定提高员工的工作能力，因此，新体制员工培训体系的研究和运营势在必行，青年员工作为航天事业的生力军，其培训具有十分重要的意义。对组织来说，青年员工培训能够挖掘新生代优势力量，充实人才队伍。对青年员工来说，该培训是最直接的能力上升通道，也是全面深入了解单位的最直接窗口。青年员工培训的目的在于提升职业技能、增强工作能力和传播组织文化。为切实达到培训目标，需对培训体系作出精准的评估和把控。

国内外培训效果评估模型主要有四层次模型、五层次评估、CIRO 方法、CIPP 模型和五层次 ROI 框架模型等，它们综合考虑了组织内各种因素对培训效果的影响，在组织层面上为评估培训效果提供了思路，但上述方法均为基于培训目标的定性研究或主观分析，较少涉及定量化和训前评估研究，缺乏直观的培训内容及效能的展示方式和评估手段，存在一定局限性。

本文提出了一种基于量化模型的宇航总体单位青年科技人员精准培训体系构建方法。以培训知识要素为单元，通过培训设计和实施评价因子的概念定义、权重分配与赋值计算，建立培训体系评价模型，对培训体系内容和效能进行综合定量化评价，指导培训体系构建。该方法适用于宇航总体单位青年科技人员培训体系的评估，并可按不同阶段的发展战略需求指导青年人才精准培训体系的设计。

1 宇航总体单位青年科技人员培训体系评价模型

为适应新时期航天事业高质量发展的要求，进一步加强员工培训的体系化、系统化、科学化能力提升建设，以考夫曼评估理论模型为基础，结合宇航总体单位的中心任务和培训需求实际，围绕"训前设计评估、训后效果评估"的思路，提出宇航总体单位青年科技人员培训体系评价定量化模型。该模型包括培训内容评价模型和培训效能评价模型两部分，主要评估因素有：①培训资源的质量、有效性、可用性；②培训手段、方法和学员接受程度；③学员对知识、技能的获得情况；④学员在工作中对知识、技能的应用情况；⑤学员对培训效能的反馈。体系设计流程如图 1 所示。

1.1 培训内容评价模型

培训内容评价包括两个维度：工作能力和组织内核。工作能力包括专业技术能力、行业理解能力和

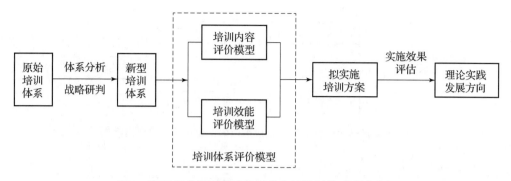

图1 基于评价模型的青年科技人员培训体系设计流程

团队协作能力；组织内核包括组织战略、组织文化和组织制度。培训内容评价模型根据培训各课程在两个维度所占权重确定培训内容类型的定量化模型。宇航总体单位青年科技人员培训内容类型定义如表1所示。

表1 宇航总体单位青年科技人员培训内容类型定义

工作能力权重/%	组织内核权重/%	培训内容类型
75～100	25～0	能力侧重Ⅰ型
55～75	45～25	能力侧重Ⅱ型
45～55	55～45	均衡型
25～45	75～55	文化侧重Ⅱ型
0～25	100～75	文化侧重Ⅰ型

确定培训内容类型的流程为：从培训具体内容中提炼知识要素，即组成培训总体目标的各项知识技能要点；定义各知识要素在内容评价维度中的权重；由各知识要素的培训时长占比和内容评价维度权重计算培训体系类型，模型构建流程如图2所示。

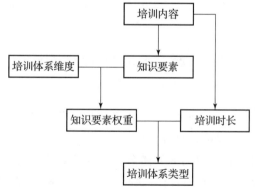

图2 宇航总体单位青年科技人员培训体系类型评价模型构建流程

1.2 培训效能评价模型

培训效能评价模型通过培训设计评价因子与实施评价因子的定量化计算和比较，对培训效能进行综合量化评价。模型总体构建流程为：对任一知识要素，定义培训设计评价因子和培训实施评价因子；分配各评价因子在知识要素效能评价中的权重；提出各评价因子的量化算法；比较培训设计效能和实施效能，综合分析体系效能。模型构建流程如图3所示，其中培训设计评价因子包括培训时长、师资队伍、学员属性和配套设施，培训实施评价因子包括内容适用度、目标完成度和课程满意度。

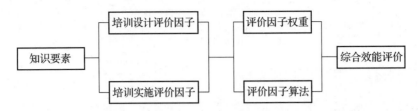

图3　宇航总体单位青年科技人员培训体系效能评价模型构建流程

1.2.1　培训设计评价因子计算方法

1）培训时长

培训需保证一定的课时数以确保需传达的内容和理念宣贯到位，但课时数增加也会对信息接受效率产生影响，即对于任一知识要素课程，在初始的部分课时中培训效果显著，但在达到一定时长后，培训效果逐渐降低。设某知识要素培训时长为 H，则该知识要素的时长评价因子 V_L 为

$$V_L(H) = 1 - e^{-\lambda H} \tag{1}$$

其中 λ 为斜率系数，不同类型知识要素的接受难易程度不同，能力侧重类知识要素 λ 取 0.25，文化侧重类知识要素 λ 取 0.5。培训效果随培训时长变化示意如图4所示，相比技术能力类知识要素，青年员工对组织文化类知识要素的接受速度更快，但产生疲劳效应也更快。

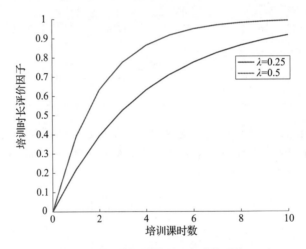

图4　培训效果随培训时长变化示意

2）师资队伍

师资队伍评价因子（V_T）指培训教师的相关履历，包括两个影响因素：授课教师的职称和教龄（T_A），其中职称权重为40%，教龄权重为60%。

职称评价依据的是宇航总体单位现有的职称体系。对于教龄的评价标准，认为教师教学生涯的初始3年能够迅速积累经验，水平获得较明显提升；教师教龄为 3～10 年时，教师进入知识技能沉淀期，主要提升来自业务水平的不断积累；教师教龄为 10～30 年时，教师在其擅长领域的业务能力、教学风格已日臻成熟，直至成为专家级培训师。对教龄的评价方法为

$$V_T(T_A) = \begin{cases} 0.1T_A + 0.15, & T_A \in [0,3] \\ 0.05T_A + 0.3, & T_A \in [3,10] \\ 0.01T_A + 0.7, & T_A \in [10,30] \\ 1, & T_A \geqslant 30 \end{cases} \tag{2}$$

教师能力随教龄变化示意如图5所示。

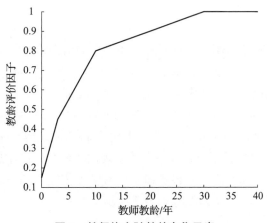

图5　教师能力随教龄变化示意

3）学员属性

学员属性评价因子指在不考虑个体主观状态的情况下，仅根据客观事实预先估计学员的新知识接受能力，包括两个影响因素：学员学历和年龄，权重各为50%。

学历依据学员所获最高学历计算，有相关工作经验者单独考虑。年龄属性的评价标准综合记忆力和理解力两方面因素，理解力根据年龄段评价划分，记忆力 M 与年龄（F_A）的关系为：

$$M = -0.001(F_A - 20)^2 + 1 \tag{3}$$

学员记忆能力随年龄变化示意如图6所示。

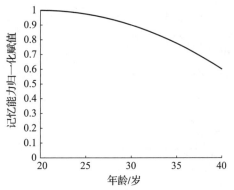

图6　学员记忆能力随年龄变化示意

4）配套设施

配套设施评价因子指培训场所、设备等客观实物，根据培训实际情况评价。

1.2.2　培训实施评价因子计算方法

培训实施评价因子包括内容适用度、目标完成度和课程满意度。其定义为：①内容适用度指培训内容与参训人员培训需求的匹配程度，体现为课程内容是否充实、是否紧密结合实际、是否促进青年自身发展；②目标完成度指培训目标的达成度，体现为教师是否思路清晰表达合理、课程是否重点突出、组织形式是否得当；③课程满意度指培训内容获得参训人员的认同程度，体现为教师是否答疑到位、师生互动是否积极、培训效果是否与参训人员心理预期相符合。采集青年员工主观数据，计算培训实施评价因子。

2　基于模型的青年科技人员培训体系设计与实施

以某宇航总体单位2019年度青年科技人员内部培训为例，该单位当前发展战略和工作部署可概括为：坚持人才强企、创新引领，建立各岗位人才精准培训体系，打造创新型人才队伍，为实现航天技术创新和重大工程研制的不断进步提供智力支撑。

2.1 培训体系设计

根据上述战略部署和前述模型，制定内训和外训相结合的培训策略。以该单位2019年度青年科技人员内部培训为例，培训内容由通识培训和技术培训组成，其中通识培训包括单位制度文化、团队协作建设和基础业务通识；技术培训包括工程技术进阶和科研项目实训。

培训教师主要由单位领导和技术带头人组成，高级职称占比82.9%。参训人员中，年龄25岁以下占比为3.8%，25～30岁占比为84.9%，30～35岁占比为11.3%；博士学历占比为34%，硕士学历占比为58.5%。培训师资力量雄厚，青年科技人员群体呈现出年轻化、高学历的特点。

根据培训具体内容，提炼知识要素，确定各知识要素中工作能力和组织内核所占权重，根据表1所述的分类定义，计算培训类型。培训体系设计如表2所示。

表2 培训体系设计

培训结构	培训内容	知识要素	技术权重/%	文化权重/%	培训课时
单位制度文化	组织历史与发展 组织精神与员工成长 青年创新能力培养 质量主题教育 组织文化建设 青年关爱与单位制度 杰出员工代表交流	组织文化	0	100	24
		单位制度	20	80	4
		应知应会	20	80	16
团队协作建设	团队组建 团队任务挑战与竞赛	团建素拓	20	80	18
基础业务通识	宇航概论 航天器系统设计 专业技术与发展 科研现场教学	业务通识	90	10	24
		现场教学	90	10	8
工程技术进阶	卫星研制项目管理 卫星研制经费概算 系统工程设计 卫星任务分析与设计 卫星模拟测试	实操训练	100	0	30
科研项目实训	虚拟卫星设计大赛 青年课题研究答辩	实战模拟	80	20	60

在本案例中，组织文化知识要素权重为37.8%，工作能力知识要素权重为62.2%，培训类型为能力侧重Ⅱ型。以上结果与该单位的总体战略部署和针对青年技术人员的培养策略相适应，说明培训内容设计合理。组织机构可利用本方法，在培训方案策划阶段直观评价培训内容，为培训的形式选择和内容策划提供参考。

2.2 培训效能评估

2.2.1 案例效能评估

对本案例实施效能进行评估，按前述算法计算培训设计效能值，采用问卷调研法和个体访谈法计算培训实施效能值，通过两者的比较完成培训定量化效果评估。本案例中各知识要素的培训设计效能和实施效能如表 3 所示。

表 3 案例效能评价

知识要素	通识培训						专项培训	
	组织文化	单位制度	应知应会	团建素拓	业务通识	现场教学	实操训练	实战模拟
培训设计评价因子效能值	0.934	0.864	0.927	0.903	0.915	0.88	0.884	0.877
培训实施评价因子效能值	0.854	0.831	0.853	0.84	0.854	0.902	0.862	0.863
效能值偏差/%	−9.4	−4.0	−8.7	−7.5	−7.1	+2.4	−2.6	−1.6

2.2.2 案例分析

采用问卷调查的形式计算各知识要素的培训实施评价因子。从效能值偏差结果可以看出，青年员工更倾向于参加现场教学类的课程，完成度更高。所有知识要素的培训设计评价效能值与培训实施评价效能值均在 0.83 以上，且偏差均在 10% 以内。可以得出结论：培训模型可信度较高，培训效果显著。从长远角度来看，通过不断地积累数据和经验，该模型可对培训策划的不断完善提供必要的数据化参考。

采用座谈交流的形式，了解青年对岗位工作的适应与胜任情况，听取青年对培训的反馈和建议，同时帮助青年通过实际工作引领思考，全方位提升其能力。

1）培训时长

一方面，本案例培训时长充足，最大限度地保证了培训效果。另一方面，在培训总时长有所限制的情况下，可以采用本方法获得期望效能条件下的最优课程时长设计方案。

2）师资队伍

本案例中通识培训的师资队伍大部分为资深教师，教学经验与职场阅历丰富，能够准确恰当地将组织需要宣贯的思想和知识传达到位，这对宇航总体单位来说至关重要。技术培训则大多启用青年教师，与学员年龄接近，互动效果明显具有优势，这对实操训练和实战模拟环节十分关键，可使培训达到良好的主观评价效果，这也是技术培训效能偏差值较低的原因。

3）学员属性

本案例中青年技术人员全部为硕士及以上学历，学员学习能力较强，有助于提高培训目标的完成度，这同时也对培训内容设计提出了更高要求。

4）配套设施

在本案例中，培训供有设施完善的多媒体教室、产品实验室、电子协同会议室和素拓基地，为保障培训效能提供了强有力的支撑。

综上所述，参训学员对此次培训参与感强、认同度高，有效完成了培训目标，为岗位工作的深入开展奠定了坚实的基础。

3 结束语

本文提出了一种基于量化模型的宇航总体单位青年科技人员精准培训体系构建方法，建立了培训内容和效能评价模型，并以某宇航总体单位内部培训为例，进行了培训内容设计和效能评估。结果表明，该模型能够对青年科技人员培训体系的内容和效能进行定量化评价，并可以指导培训体系的精准构建。

本文相比于现有组织培训体系研究中基于培训目标的定性研究或主观分析，提出了定量化的青年科技人员培训评价新方法，通过案例评估为今后进一步完善理论研究和实践方案指明了方向，可为宇航总体单位青年人才培训体系构建提供有益的方法参考和数据支撑，并对培训的定量化设计和评估研究起到推动和示范作用。

参 考 文 献

［1］ Kirkpatrick D L. Evaluating training programs：the four levels ［M］. San Francisco：Berret – Koehler，1994.

［2］ Kaufman R，Keller J，Watkins R. What works and what doesn't：evaluation beyond Kirkpatrick ［J］. Performance and Instruction，1995，35（2）：8 – 12.

［3］ 杰克·菲利普斯. 培训评估与衡量方法手册 ［M］. 天津：南开大学出版社，2001.

［4］ 毛乃佳. 基于 CIPP 模型和柯式模型构建教师培训评估体系 ［J］. 北京教育学院学报，2010（8）：15 – 17.

［5］ 杰克·菲利普斯，罗恩·斯通，帕特丽夏·菲利普斯. 人力资源计分卡：计量与评价 HR 投资回报率 ［M］. 北京：人民邮电出版社，2006.

［6］ 王晓春. 评估人力资源项目的投资回报 ROI 计量法 ［J］. 中国人力资源开发，2008，53（11），32 – 35.

国外在轨运行航天器故障统计及成因分析

张鑫伟，张召才，付　郁

（北京空间科技信息研究所　北京　100094）

摘　要：针对航天器技术发展水平较高的美国、欧洲、俄罗斯、日本、印度等国家或地区的在轨运行航天器系统，从故障发生时间、故障等级、故障部位等维度，系统梳理其2017—2019年发生的在轨故障分布情况。从中可以看出，美国研制的航天器在长寿命、高可靠性方面表现出色，欧洲有效载荷近年表现不佳，俄罗斯则存在整体差距；低轨巨型小卫星星座发展极大地改变了卫星设计、制造和测试理念，单星部件冗余备份向星座功能冗余转变，在轨航天器发生故障特别是严重故障的概率呈现上升趋势。

关键词：在轨运行；航天器故障；空间环境；微小卫星

1　数据范围及说明

纵观人类航天活动发展过程，随着航天技术的不断提高，航天器寿命在不断延长。1960—1964年，航天器平均寿命仅约为0.5年。1965—1969年，航天器平均寿命已超过1年，但发射后2~5年内航天器元器件会因空间辐射等原因陆续损坏。从20世纪70年代以后，由于航天器电子系统采用了集成度较高的大规模/超大规模微电子器件，航天器设计寿命开始超过8年，电子系统性能提高的同时也对空间环境更为敏感。发展至今，高轨航天器的设计寿命已超过了15年。航天器长寿命、高可靠运行成为当前航天领域的热点关注方向。

随着航天技术的日益发展，新型材料、高性能新型微电子器件和新技术越来越多地被采用，这在提高航天器技术性能的同时，也增加了发生在轨故障的风险，对航天器长寿命、高可靠在轨运行带来的危险更加严峻。不同轨道、不同领域的航天器设计寿命有较大的差别，并且不同领域航天器的设计理念、技术水平也有很大差异，这些因素叠加会对不同轨道、不同领域、不同类型的航天器在轨故障带来不同影响。本研究基于英国Seradata咨询公司的航天器故障数据库，针对2017—2019年的国外航天器在轨故障情况展开多维度量化分析，通过交叉比对具有内在关联的多维度数据，力图在故障发生随机性之外，提炼出一般规律性特点。2017—2019年可检索到的国外航天器在轨运行故障总计214次，涉及143个航天器，本论文中统计的在轨故障包含了同一航天器在轨运行期间发生的多次故障[1,2]。

2　国外航天器在轨故障统计分析

1）按时间分布分析

航天器在轨运行的全寿命周期不同阶段，在轨发生故障的概率具有很大不同。把航天器在轨运行的时间按设计寿命归一化处理，将其寿命周期按照10%间隔划分为10个相等区间，加上超期服役共计11个区段，分析航天器在不同寿命时间段的故障情况。

2017—2019年，国外143个航天器发生的214次在轨故障中，有113个航天器在寿命期内发生了164次故障，有35个航天器在超期服役期间发生了50次故障。统计结果显示，航天器在轨运行发生故障的时间分布呈现出"两头大、中间小"的"哑铃型"分布，即航天器在入轨初期阶段和寿命末期、超期服役阶段的故障发生概率较高，在轨运行的寿命中段发生故障的概率较低。在寿命初期阶段，由于航天器刚经历发射过程的力学环境和温度、压力的变化，并在进入轨道真空环境后，要经受太空辐射影响，因此发生故障概率较高。随着航天器迈入稳定运行阶段，故障显著减少，进入了故障随机发生阶段。但是由于空间环境长期综合作用、元器件老化等原因，卫星运行到寿命末期和超期服役阶段后，故障概率会再次提高[3,4]。国外航天器近三年在故障按不同寿命阶段分布统计如图 1 所示。

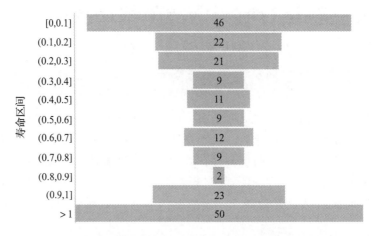

图 1　国外航天器近三年在轨故障按不同寿命阶段分布统计

2）按故障等级分析

根据国际上的故障严重程度划分标准，在轨故障分为Ⅰ级、Ⅱ级、Ⅲ级故障，即影响卫星正常服务的故障，包括永久性故障和临时性故障等，以及短时的、可自行恢复的Ⅳ级故障。

统计结果显示，国外在轨航天器Ⅰ级故障次数最多，达到 65 次；Ⅳ级故障 59 次，排名第二位；其后依次是Ⅱ级故障 50 次，Ⅲ级故障 40 次。微小卫星发射数量高速增长，是航天器Ⅰ级故障次数居高不下的根本原因。这类主要用于开展技术试验，或者以星座内部整星间备份替代单星高可靠性的设计理念建设低轨大规模商业遥感和商业通信星座，单星一般不采用星上单机备份、功能冗余，可靠性相比中大型航天器较低。具体到各故障等级，Ⅰ级和Ⅱ级故障在寿命期内的分布表现为寿命初期和寿命末期数量多，寿命中期数量少，并且超期服役阶段的Ⅰ级故障数远多于其他等级故障，这表明航天器在发射过程中所经受的力学震动冲击以及长期在轨运行后所出现的部组件老化，是诱发Ⅰ级和Ⅱ级故障的主要原因；Ⅲ级故障在寿命期内的分布表现为寿命初期多，寿命中期和后期少；Ⅳ级故障在寿命期内的分布相对其他 3 类故障更为均衡，主要在于空间环境是诱发Ⅳ级故障的主因，其出现具有较高随机性。国外航天器在轨故障等级按时间段分布统计如图 2 所示。

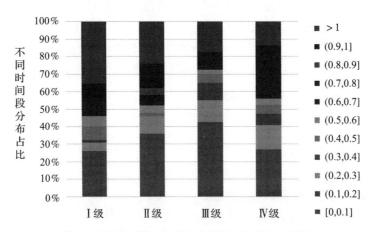

图 2　国外航天器在轨故障等级按时间段分布统计

3）按故障部位分析

2017—2019 年，国外在轨航天器发生的 214 次故障中，可明确故障部位的有 188 次，另有 26 次故障部位不可查（不可查有两种原因：一是技术原因导致故障部位无法确定，二是运营机构和研制机构出于技术保密原因没有公布故障部位）。188 次部位可查的故障中，有效载荷故障次数最多，达到 74 次，这主要是由于有效载荷故障一般不会直接导致航天器失效，同一载荷多次发生故障的情况较多；姿态与轨道控制、电源、测控故障次数基本持平，分别为 30 次、27 次和 25 次；推进、机构与结构故障次数分别为 17 次和 15 次。

统计数据显示，电源分系统在寿命初期和超期服役阶段发生故障的概率最高，其中在寿命初期，主要是航天器发射过程的力学环境会导致太阳翼驱动机构卡住或损坏[5]，以及入轨进入热真空环境时出现的冷焊效应、温度效应导致电池阵不能展开；在超期服役阶段，主要是蓄电池功能下降或失效、太阳能电池阵光电转换效率下降等。推进分系统在超期服役阶段发生故障的概率最高，特别是推进分系统的 6 次 I 级故障中有 5 次发生在超期服役阶段，燃料泄漏、点火或推力器切换失败等是导致推进分系统故障的主要原因。测控分系统主要在超期服役阶段发生故障，姿态与轨道控制分系统在寿命末期发生故障的概率最高[6,7,8]。各分系统故障按故障发生时间分布统计如图 3 所示。

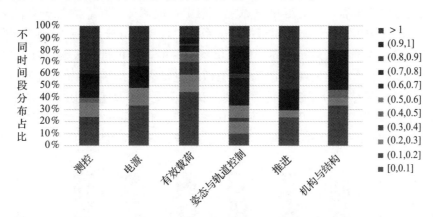

图 3 各分系统故障按故障发生时间分布统计

4）按研制国家分析

各国研制航天器近三年在轨故障按时间分布统计如图 4 所示。

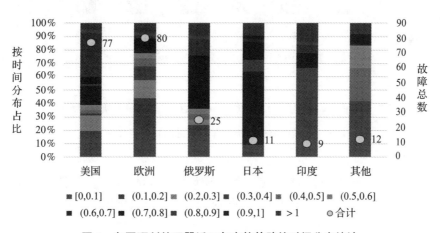

图 4 各国研制航天器近三年在轨故障按时间分布统计

故障是依托于航天器而存在的，统计故障航天器的研制国家/地区，能够间接分析各国/地区航天器研制能力的可靠性。

从故障发生次数看，欧洲研制的航天器发生故障次数最多，达到 80 次；美国研制的航天器发生故障次数排名第二位，达到 77 次；其后依次是俄罗斯 25 次，日本 11 次，印度 9 次。需要指出的是，以 2019 年年底为界，美国研制并在轨运行的航天器数量是欧洲的 2.5 倍，但二者发生故障的次数基本持平，主要原因是欧洲"伽利略"卫星系统近年持续发生大面积故障事件，仅 2017 年和 2019 年就共计发生 49 次故障。从故障发生的时间分布看，美国研制的航天器在超期服役阶段发生故障次数最多，超过 40% 的在轨故障发生在超期服役阶段；欧洲研制的航天器在寿命初期发生故障次数最多，特别是在刚入轨阶段

（设计寿命的前10%）和在轨运行早期阶段（设计寿命的10%至20%期间），发生故障的概率远高于其他阶段；俄罗斯研制的航天器在寿命末期发生故障次数最多。

总体看，美国研制的航天器在长寿命、高可靠性方面表现出色；欧洲研制的航天器在有效载荷方面近年表现不佳，导航卫星原子钟、遥感卫星多光谱成像仪、通信卫星天线等均多次发生在轨故障，并且即便不计"伽利略"系统的大面积故障（49次），欧洲研制的航天器在寿命初期故障率仍高于美国，可以认为，欧洲研制的航天器在适应发射过程力学环境和初入轨道时的热真空环境方面与美国存在差距，需要加强航天器抗力学冲击测试和热真空环境测试；俄罗斯航天器研制能力相较美国和欧洲存在整体差距，特别是从其在轨故障主要集中于寿命末期可以推断，俄罗斯需要加强航天器抗辐射加固、部组件技术能力。

5）按技术领域分析

从各类航天器的故障部位看，通信卫星故障主要集中在电源分系统、测控分系统和有效载荷分系统；对地观测卫星故障主要集中于姿态与轨道控制分系统、有效载荷分系统；导航卫星仅统计到有效载荷故障，导航卫星以星座组网方式运行，同一代卫星系统一般通过批量化采购、批量化制造方式研制，因此其在轨故障也容易在轨大批量复现；空间探测器故障主要集中于姿态与轨道控制分系统，载人航天器故障则主要集中于机构与结构分系统；科学与技术试验卫星由于大量使用立方体卫星，故障总数较高，但因其不同卫星具有不同的轨道设计、不同的任务载荷、不同的任务操作等，因此科学与技术试验卫星的故障部位具有较明显的随机分布特点。各领域航天器近三年在轨故障按分系统统计如图5所示。

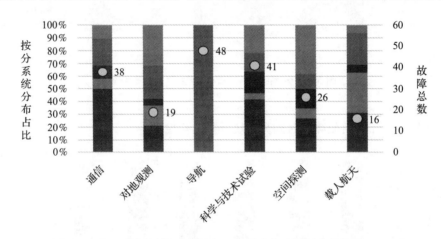

图5　各领域航天器近三年在轨故障按分系统统计

6）按质量区间分析

本研究按航天器发射质量，划分为超大型（发射质量大于5 000 kg）、大型（发射质量大于2 000 kg且小于等于5 000 kg）、中小型（发射质量大于200 kg且小于等于2 000 kg）和微小型（发射质量小于等于200 kg）四类。

综合不同质量航天器所发生的在轨故障的故障等级分布和故障发生时间分布看，微小型和中小型航天器在入轨初期阶段（设计寿命的前10%）发生故障的概率最高，其中微小型航天器发生Ⅰ级故障的概率最高，其原因在于，一方面微小型航天器大量使用COTS器件以降低成本，COTS器件相比宇航级器件的可靠性普遍较低[9]，另一方面微小型航天器在设计理念方面普遍采用"二八原则"，追求的是"好使够用"而非过度强调可靠性，卫星较少采用单机备份或功能备份[10]。大型和超大型航天器故障主要集中于寿命末期和超期服役阶段，其在轨寿命更长，但整体发生故障的概率相对较低，主要原因是这两类航天器一般是高价值航天器，基于成熟的公用平台研制，具有更好的抗辐射加固等级、部组件可靠性和技术成熟度等。不同质量航天器近三年在轨故障按时间分布统计如图6所示。

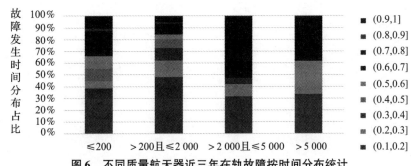

图 6　不同质量航天器近三年在轨故障按时间分布统计

3　国外在轨运行航天器故障统计带来的思考

第一，加强航天器在轨故障数据反演与分析。建立国外航天器在轨故障常态化跟踪机制，深化国外航天器故障机理研究、故障处置模式分析，持续开展国内、国外航天器在轨故障情况对比对标分析，通过多维度（技术机理、时序分布、设计理念等）交叉分析和关联判断，充分挖掘故障信息，促进国内航天器在轨运行故障模式与影响分析（FMEA）工作，提升故障预判能力。

第二，制定形成系列化、标准化的航天器在轨运行与故障维护手册。规范卫星故障处理流程与解决方案，以故障数据库为依托，构建系列化、标准化的卫星在轨故障维护手册。将卫星的常见故障纳入日常的卫星健康管理，实现常见故障的自动化处理，或查阅维护手册后具有标准化、流程化人工处理方案，提高卫星运管单位故障解决能力，缩短故障解决周期，提高效率效益。

第三，以经验知识为依托，优化航天器设计、研制和地面测试。把研究挖掘的故障经验知识，应用到航天器设计、研制、地面测试和在轨运行的全过程。要客观把握航天器设计理念主动选择与航天器在轨故障随机偶发之间的辩证关系，针对高价值任务（如航天重大工程）与高效费比任务（如商业小卫星）采取差异化设计理念，形成并坚持差异化研制模式、评审机制、在轨运行管理模式和故障处置机制；针对蓄电池、太阳翼驱动机构、陀螺、动量轮等有限寿命部件，强化空间寿命验证试验，暴露产品寿命薄弱环节，改进产品设计、加工和装配工艺，尽可能延长产品寿命，解决卫星可靠性短板。

参 考 文 献

[1] X. Ji, J. Wang. Statistical Analysis of Spacecraft Failure in Full – Life Based on STED. 2019 IEEE 10th International Conference on Mechanical and Aerospace Engineering (ICMAE), Brussels, Belgium, 2019：89 – 96.

[2] Mak Tafazoli, A study of On – Orbit Spacecraft Failures [J]. Acta Astronautica, 2009, 64：195 – 205.

[3] So Young Kim, Jean – Francois Castet, Joseph H. Saleh. Spacecraft Electrical Power Subsystem：Failure Behavior, Reliability, and Multi – state Failure Analyses, Reliability [J]. Engineering & System Safety, 2012, 98：55 – 65.

[4] Dong Zhao, Hao Yang, Bin Jiang, Liyan Wen. Attitude Stabilization of a Flexible Spacecraft under Actuator Complete Failure [J]. Acta Astronautica, 2016, 123：129 – 136.

[5] Li J., Post M., Wright T., Lee R. Design of Attitude Control Systems for CubeSat – Class Nanosatellite [J]. Journal of Control Science and Engineering, 2013, 1：1 – 15.

[6] Markley F. L., Crassidis J. L. Fundamentals of Spacecraft Attitude Determination and Control, Vol. 33 [M]. New York：Springer, 2014.

[7] Jean – Francois Castet, Joseph H. Saleh. Beyond Reliability, Multi – State Failure Analysis of Satellite Subsystems：A Statistical Approach [J]. Reliability Engineering & System Safety, 2010, 95（4）：311 – 322.

[8] Dubos G. F., Castet J. – F., Saleh J. H. Statistical Reliability Analysis of Satellites by Mass Category：Does Spacecraft Size Matter [J]. Acta Astronautica, Vol. 67, Nos. 5 – 6, 2010, pp. 584 – 595.